普通高等教育“十二五”规划教材

# 冶金传输原理

刘坤 冯亮花 刘颖杰 王志英 编著

北京
冶金工业出版社
2023

## 内 容 提 要

本书内容涵盖冶金、材料类专业本科学生学习传输原理所需的相关基本知识。全书共分三篇，系统介绍了由三种传输现象单独或综合构成的动量、热量和质量传递过程的基本概念、基本规律和基本方法，以及冶金反应工程基本原理在冶金中的应用。书中各章均有学习要点、典型例题、本章小结、思考题与习题。

本书为冶金、材料类专业的本科生教材，也可供相关学科的研究生和工程技术人员参考。

**图书在版编目(CIP)数据**

冶金传输原理/刘坤等编著．—北京：冶金工业出版社，2015.3(2023.1 重印)

普通高等教育“十二五”规划教材

ISBN 978-7-5024-6863-7

Ⅰ.①冶…　Ⅱ.①刘…　Ⅲ.①冶金过程—传输—高等学校—教材　Ⅳ.①TF01

中国版本图书馆 CIP 数据核字(2015)第 045754 号

**冶金传输原理**

**出版发行**　冶金工业出版社　　**电　话**　(010)64027926

**地　址**　北京市东城区嵩祝院北巷 39 号　　**邮　编**　100009

**网　址**　www. mip1953. com　　**电子信箱**　service@ mip1953. com

责任编辑　宋　良　高　娜　美术编辑　吕欣童　版式设计　孙跃红

责任校对　王永欣　责任印制　禹　蕊

北京虎彩文化传播有限公司印刷

2015 年 3 月第 1 版，2023 年 1 月第 5 次印刷

787mm×1092mm　1/16；20. 25 印张；488 千字；306 页

**定价 46. 00 元**

**投稿电话　(010)64027932　投稿信箱　tougao@ cnmip. com. cn**

**营销中心电话　(010)64044283**

**冶金工业出版社天猫旗舰店　yjgycbs. tmall. com**

(本书如有印装质量问题，本社营销中心负责退换)

# 前　　言

本书阐述了冶金过程中传输的基本原理，内容包括“动量传输”、“热量传输”、“质量传输”及“冶金反应工程”，即“三传一反”。本书编者是在长期从事“冶金传输原理”课程教学及参考了国内外相关教材的基础上编写而成的，内容涵盖冶金、材料类本科学生学习传输原理所需的相关基本知识。通过学习该教材，读者能够深入了解复杂反应过程中各因素影响机理，从而为改进操作和设备，提高控制和设计水平奠定一定的理论基础；借助教材中提供的物理模型和数学模型，可应用电子计算机模拟求解许多工程问题，预测运行结果以便及时控制获得最佳的经济效益。本教材所包含的“三传”问题，与多种生产技术和科技领域都有密切联系，可作为有关院校材料、冶金及化工等专业本科生和研究生的学习教材，也可作为工程技术人员或科研工作者的参考资料。

全书分为三篇，共 11 章。第一篇为动量传输，共 5 章；第二篇为热量传输，共 4 章；第三篇为质量传输和冶金反应工程，共 2 章。主要包括动量传输中的流体特征即流动性、压缩性及黏性引出连续介质、不可压缩及理想流体三大假设模型；三大基本定律引出连续性方程、运动方程及能量三大方程；不可压缩流体的一维管路计算；可压缩性流体一维收缩 - 渐扩喷管内的流动工况并与实际炼钢氧枪的应用相结合；从研究方法上利用相似定理及模型研究方法处理试验数据和进行模型试验；热量传输中的导热的基本定律及应用，稳态及不稳态导热的特点及应用；将边界层理论内容合并到热量传输中与对流给热部分内容融合到一起，具体揭示边界层理论、类比法及实验法求解阻力及对流给热问题；黑体辐射基本概念、基本定律及灰体辐射换热的网络计算方法；质量传输中的分子扩散传质和对流流动传质的基本概念及规律；动量、热量和质量传输三者的类似原理，作为传输原理的概括和综合；以实际冶金反应过程为研究对象，研究伴随各类传递（动量、热量、质量）过程的冶金化学反应的规律，以解决工程问题为目的，研究实现不同冶金反应的各类冶金反应器的特征，并把二者有机结合起来，使传输原理的基本规律在冶金反应中得以具体的应用。

本书只对传输原理作了一些基本阐述，但仍嫌篇幅大，内容深，读者可根据专业需要进行取舍，或另补充内容。本书动量传输篇由冯亮花参与编写，热量传输篇由刘颖杰参与编写，质量传输篇由王志英参与编写，课后习题由刘忠锁参与编写。

编者所在课程组的研究生为教材编写付出了大量劳动，在此一并表示感谢。

授课老师如需要本书的习题答案和教学课件，可至冶金工业出版社网站（www.cnmip.com.cn）教学服务栏目下载。

非常感谢辽宁科技大学教务处对本教材的大力支持。

由于编者水平有限，书中的疏漏与不妥之处，恳请读者批评指正。

编　者
2014 年 9 月

# 目　　录

## I　动量传输

## Ⅲ　质量传输与反应工程学

# 本书符号表

## 动量传输部分

| 符号 | 意义 |
|---|---|
| $A$ | 面积，$m^2$ |
| $c$ | 声速，m/s |
| $a$ | 加速度，$m/s^2$ |
| $c_p$ | 定压比热容，J/(kg·K) |
| $c_v$ | 定容比热容，J/(kg·K) |
| $c_f$ | 平板阻力损失系数 |
| $c_{fx}$ | 平板局部阻力损失系数 |
| $d$ | 直径，m |
| $d$ | 比重，无量纲 |
| $d$ | 相对密度，无量纲 |
| $d_f$ | 非球形颗粒直径，m |
| $d_p$ | 固体球形颗粒直径，m |
| $E_V$ | 体积弹性模数，Pa |
| $F$ | 力，N |
| $F_D$ | 摩擦阻力，N |
| $f$ | 单位质量力，kg |
| $G$ | 重力，N |
| $g$ | 重力加速度，$m/s^2$ |
| $H$ | 距离，m |
| $h$ | 焓，kJ |
| $h_f$ | 沿程阻力损失，$N/m^2$ |
| $h_j$ | 局部阻力损失，Pa |
| $h_w$ | 全流程的总损失，$N/m^2$ |
| $\gamma$ | 绝热指数，无量纲 |
| $L$ | 长度，m |
| $M$ | 动量，kg·m/s |
| $m$ | 质量，kg |
| $p$ | 压强（压力），$N/m^2$ 或 Pa |
| $p_{abs}$ | 绝对压强，Pa |
| $p_{re}$ | 相对压强，Pa |
| $p_a$ | 大气压强，Pa |
| $\Delta p$ | 压强差，Pa |
| $q_m$ | 质量流量，kg/s |
| $q_V$ | 体积流量，$m^3/s$ |
| $R$ | 气体常数，$m^2/(s^2 \cdot K)$ |
| $Re_{cr}$ | 临界雷诺数，无量纲 |
| $r$ | 半径，m |
| $t$ | 时间，s |
| $\tau$ | 切应力，Pa |
| $V$ | 体积，$m^3$ |
| $v$ | 比体积（质量体积），$m^3/kg$ |
| $v$ | 瞬时速度，m/s |
| $\bar{v}$ | 平均速度或时均速度，m/s |
| $v_c$ | 下临界速度，m/s |
| $v_c'$ | 上临界速度，m/s |
| $v_f$ | 流体在孔隙中的实际流速，m/s |
| $v_\theta$ | 切向速度，m/s |
| $v'$ | 脉动速度，m/s |
| $We$ | 韦伯数，无量纲 |
| $x$ | $x$ 轴向距离，m |
| $x_{cr}$ | 层流到过渡区的转折点，m |
| $\alpha$ | 动能修正系数，无量纲 |
| $\alpha_V$ | 体膨胀系数，$K^{-1}$ |
| $\gamma$ | 重度，$N/m^3$ |
| $\delta$ | 流动边界层厚度，m |
| $\delta_b$ | 层流底层厚度，m |
| $\Delta$ | 绝对粗糙度，m |
| $\bar{\Delta}$ | 相对粗糙度 |
| $\varepsilon$ | 孔隙度，无量纲 |
| $\xi$ | 局部阻力损失系数，无量纲 |
| $\nu$ | 运动粘性系数，$m^2/s$ |
| $\theta$ | 夹角，(°) |

$\lambda$ 分子平均自由程，m

$\lambda$ 沿程阻力损失系数，无量纲

$\mu$ 动力黏性系数，Pa·s

$\mu_{eff}$ 有效黏性系数，Pa·s

$\rho$ 密度，$kg/m^3$

$\sigma$ 表面张力，N/m

$\tau_{粘}(\tau_\mu)$ 粘性切应力，Pa

$\tau_{附}(\tau_t)$ 附加切应力，Pa

$\nabla$ 哈密顿算子

$\beta$ 等温压缩率，$Pa^{-1}$

$°E$ 恩氏黏度系数，无量纲

## 热量传输部分

$\lambda$ 导热系数，W/(m·℃)

$t$ 温度,℃

$\tau$ 时间，s

$A$ 吸收率，无量纲

$a$ 热量传输系数(或导温系数)，$m^2/s$

$c_0$ 黑体的辐射系数,5.67W/($m^2$·$K^4$)

$c_1$ 普朗克第一常数，$c_1 = 3.742 \times 10^{-16}$ W·$m^2$

$c_2$ 普朗克第二常数，$c_2 = 1.439 \times 10^{-2}$ m·K

$D$ 透射率，无量纲

$E$ 实际物体辐射力，$W/m^2$

$E$ 扩散活化能，kJ/mol

$E_b$ 黑体的辐射力，$W/m^2$

$E_\lambda$ 单色辐射力，$W/m^3$

$E_\theta$ 定向辐射力，W/($m^2$·Sr)

$G$ 投射辐射能，$W/m^2$

$\alpha$ 对流换热系数或表面传热系数，W/($m^2$·℃)

$I$ 辐射强度，W/($m^2$·Sr)

$J$ 有效辐射，$W/m^2$

$K$ 传热系数，W/($m^2$·℃)

$K_\lambda$ 单色减弱系数，1/m

$k$ 热导率，W/(m·℃)

$Q$ 热流量，W

$q$ 热流密度，$W/m^2$

$R$ 反射率，无量纲

$R$ 热阻，$m^2$·K/W

$S$ 平均射线程长，m

$T$ 绝对温度，K

$\alpha$ 吸收率，无量纲

$\delta_t$ 温度边界层厚度，m

$\varepsilon$ 发射率（黑度），无量纲

$\varepsilon_g$ 气体发射率，无量纲

$\theta$ 过余温度，K

$\sigma_b$ 斯忒藩-玻耳兹曼常数，$5.67 \times 10^{-8}$ W/($m^2$·$K^4$)

$\omega$ 立体角，sr

$\varphi_{ij}$ 表面 $i$ 对表面 $j$ 的角系数，无量纲

## 质量传输部分

$C$ 组分的浓度，$mol/m^3$

$D_{AB}$ 组分 A 在组分 B 的扩散系数，$m^2/s$

$K$ 传质系数，m/s

$J_A$ 传质通量，kmol/($m^2$·s)

$\delta_c$ 浓度边界层厚度，m

## 特 征 数

$Bi = \frac{\alpha L}{\lambda}$, 毕渥数

$Eu = \frac{\Delta p}{\rho v^2}$, 欧拉数

$Fo = \frac{at}{l^2}$，傅里叶数

$Fr = \frac{v^2}{gL}$，弗劳德数

$Gr = \frac{\beta g l^3 \Delta t}{\nu^2}$，格拉晓夫数

$Ho = \frac{vt}{L}$，均时性特征数

$Le = \frac{a}{D}$，路易斯数

$Nu = \frac{\alpha L}{\lambda}$，努塞尔数

$Pe = Re \cdot Pr = \frac{vL}{a}$，贝克来数

$Pr = \frac{\nu}{a}$，普朗特数

$Re = \frac{vL}{\nu}$，雷诺数

$Sc = \frac{\nu}{D}$，施密特数

$Sh = \frac{K_C L}{D}$，谢伍德数

$St = \frac{Nu}{Re \cdot Pr} = \frac{\alpha}{\rho v c_p}$，斯坦顿数

$St' = \frac{Sh}{Re \cdot Sc}$，斯坦顿数

$St'' = \frac{Sh}{Nu \cdot Le}$，斯坦顿数

$Eo = \frac{g \Delta\rho d_b^2}{\sigma}$，重力与表面张力之比

# I　动量传输

## 1　流体的基本性质及流体静力学

**本章学习要点：** 主要介绍流体的基本概念。分析流体与固体的区别，流体的基本性质，介绍牛顿内摩擦定律，作用在流体上的两种力，推导流体静力学方程及应用，了解测量流体压强的常用测压计原理与结构。

### 1.1　流体的概念及连续介质假设

#### 1.1.1　流体的概念

所谓流体是指没有固定的形状、易于流动，受任何微小剪切应力作用都能连续变形的一种物质。流体包括液体和气体。

流体和固体的差别在于宏观上表现为流体具有流动性。设如图 1.1 所示固体平板受到剪切力的作用，变形扭曲，发生 $\theta$ 角变形，弹性极限范围内，$F$ 大小不变，则变形不变。对于图 1.2 所示流体，$F$ 大小不变地连续作用时，$t_2 > t_1 > t_0$，流体会连续变形下去，只要此剪切力 $F$ 作用存在，则变形不会终止。因此说，流体是容易变形和流动的物体。

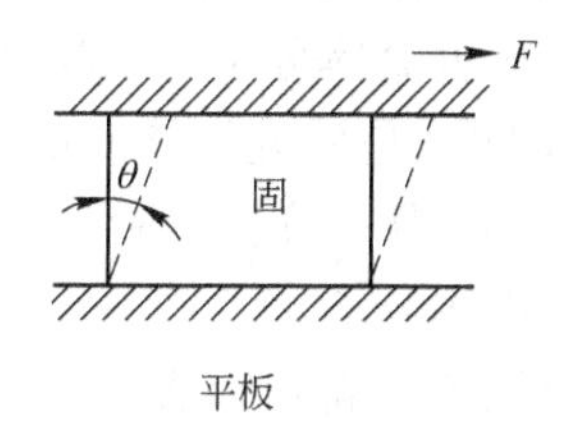


图 1.1　固体受力变形

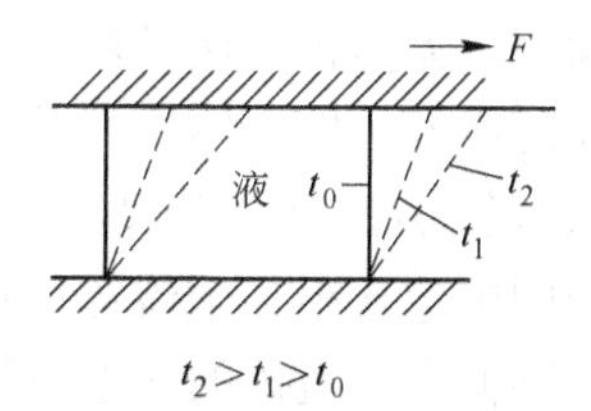


图 1.2　流体受力变形

在微观上，固体的分子排列紧密，分子间的引力和斥力都较大，分子被束缚在平衡位置附近，只能做微小的振动而不能相对移动。因此，分子间的距离和相对位置都较难改变，可以承受压力、拉力和剪力，在所受作用力不大时，可以保持自身体积和形状固定不变。液体和气体与固体相比，分子排列松散，分子间引力较小，分子运动强烈，除在平衡位置附近作振动外，还可离开平衡位置作无规则的相对移动，使分子间距离和相对位置发生较大改变，不能承受拉力和剪力，因而不易保持一定的形状，表现出较大的流动性，所以液体和气体统称为流体。这就是流体与固体在力学性质上存在显著区别的根本原因。

同为流体，液体和气体还存在以下不同的特性。

液体分子间的距离比气体分子之间的距离小，分子之间的引力尚能使液体保持一定的体积，故在重力作用下有边界（自由）面，有比较固定的体积，而在受力压缩时因分子之间的斥力较大，故而有一定抗力，所以液体具有不可压缩的特性。

气体由于分子之间的距离很大，引力很弱，既不能保持一定的形状，也不能保持一定的体积，总是完全地充满所占容器的空间，没有自由面，表现出较大的膨胀性。同时由于气体分子之间的斥力很弱很容易被压缩，因此，气体被认为是可压缩的流体。

那么，只要所研究的问题不涉及压缩性时，建立的流体力学规律对气体和液体均是适用的；否则，气体和液体应分别处理。

### 1.1.2 连续介质假设

流体是由分子所组成，而分子是存在空隙的。如果考虑到这种微观上物质的不连续性，并从每一个分子的运动出发去掌握整个流体平衡与运动的规律，是很困难的，甚至是不可能的。1753 年欧拉建议采用“连续介质”这一概念来对流体的运动进行研究，即把真正的流体看成是一种假想的、由无限多流体质点所组成的稠密而无间隙的连续介质，而且这种连续介质仍然具有流体的一切基本力学性质。

将流体看成是一种连续介质是可行的，因为流体力学所研究的并不是个别分子的微观运动，而是研究由大量微小的流体质点组成的宏观流体的机械运动。宏观流体总是具有一定体积的。即使是微小的流体质点，虽然其体积相对于流动空间来说很小可忽略不计，但它相对于分子间距和分子的平均自由行程来说，却是足够大的，其内仍含有大量的分子。例如，在标准状况下，每立方毫米的空气中包含 $2.7\times10^{16}$ 个分子，空气分子的平均自由行程约为 $7\times10^{-6}$cm，可见分子间距和分子的平均自由行程都是极其微小的，它与机械运动的距离相比是微不足道的，所以在对流体进行宏观研究时，完全可以把流体看成是既没有空隙也没有分子运动的连续介质。流体质点从几何上讲，宏观上看仅是一个点，无尺度、无表面积、无体积，从微观上看，流体质点中又包含很多流体分子。从物理上讲，具有流体诸物理属性。即流体质点是体积为无穷小的流体微团，是研究流体时的最小单元。流体微团虽很微小，但它有尺度、有表面积、有体积，可作为一阶、二阶、三阶微量处理。流体微团中包含很多个流体质点，也包含很多很多个流体分子。

基于这种概念，流体的状态参数（如密度、流速、压强等）都可写成空间坐标的连续函数。连续介质假设是流体力学中第一个带有根本性的假定，正是有了连续介质假设，才可以将一个微观的问题化为宏观的问题来处理，这样就可以引用解析数学连续函数理论来研究流体处于平衡和运动状态下的状态参数分布及研究流体的运动和平衡规律。本书所研究的流体均指连续介质。

当然，流体的连续介质假设是相对的。例如，在研究稀薄气体流动问题时，这种经典流体力学的连续性将不再适用，而应以统计力学和运动理论的微观近似来代替。此外，对流体的某些宏观特性（如粘性和表面张力等），也需要从微观分子运动的角度来说明其产生原因。

## 1.2　流体的密度、重度、比容

流体具有质量和重量，流体的密度、重度、比容是流体最基本的物理量。

单位体积的流体所具有的质量称为密度，以 $\rho$(kg/m$^3$) 表示。对于均质流体，各点密度相同，即

$$\rho = \frac{m}{V} \tag{1.1}$$

式中　$m$——流体的质量，kg；

　　$V$——质量为 $m$ 的流体所占有的体积，m$^3$。

某种液体的质量（重量）与同体积的 4℃ 时蒸馏水的质量（重量）之比（相对密度），用 $d$ 表示，即

$$d = \frac{\rho}{\rho_w} \tag{1.2}$$

式中　$\rho_w$——标准大气压下（1atm = 760mmHg = 101325N/m$^2$）温度 4℃ 时水的密度；

　　$d$——相对密度，无因次量，如水的 $d = 1$。

单位体积的流体所具有的重量称为重度，以 $\gamma$(N/m$^3$) 表示。对于均质流体，各点具有的重量相同，即有

$$\gamma = \frac{G}{V} \tag{1.3}$$

式中　$G$——流体所受的重力，N；

　　$V$——重力为 $G$ 的流体所占有的体积，m$^3$。

流体的密度和重度有以下关系

$$\gamma = \rho g \quad 或 \quad \rho = \frac{\gamma}{g} \tag{1.4}$$

式中　$g$——重力加速度，通常取 $g = 9.81\text{m/s}^2$。

密度的倒数称为比体积，以 $v$(m$^3$/kg) 表示

$$v = \frac{1}{\rho} = \frac{V}{m} \tag{1.5}$$

它表示单位质量流体所占有的体积。

对于非均质流体，因质量非均匀分布，各点密度不同。取包围空间某点 $A$ 在内的微元体积 $\Delta V$，设其所包含的流体质量为 $\Delta m$，重力为 $\Delta G$，则当 $\Delta V \to 0$ 时，$A$ 点的密度、重度

和比体积分别为

$$\rho_A = \lim_{\Delta V \to 0} \frac{\Delta m}{\Delta V} = \frac{dm}{dV} \tag{1.6}$$

$$\gamma_A = \lim_{\Delta V \to 0} \frac{\Delta G}{\Delta V} = \frac{dG}{dV} \tag{1.7}$$

$$v_A = \lim_{\Delta V \to 0} \frac{\Delta V}{\Delta m} = \frac{dV}{dm} \tag{1.8}$$

## 1.3 流体的压缩性和膨胀性

流体和固体不同，其体积大小将随压强和温度的变化而变化。当温度不变，体积随作用在流体上的压强增大而缩小，这种特性称为流体的压缩性；当压强不变，流体温度升高时，其体积增大，这种特性称为流体的膨胀性。液体和气体在这两种性质上的差别是很大的。

### 1.3.1 液体的压缩性和膨胀性

液体压缩性的大小，一般用等温压缩率$\beta$表示。其意义是指温度不变时，由压强变化所引起的液体体积的相对变化量，即

$$\beta = -\frac{1}{V}\left(\frac{\Delta V}{\Delta p}\right)_T \tag{1.9}$$

式中 $\beta$——等温压缩率，$Pa^{-1}$；

$V$——液体原来的体积，$m^3$；

$\Delta V$——体积的变化量，$m^3$；

$\Delta p$——压强的变化量，Pa。

负号表示压强增加时体积缩小，故加上负号后$\beta$永远为正值。对于0℃的水在压强为$5.065\times10^5$Pa(5atm)时，$\beta$为$0.539\times10^{-4}Pa^{-1}$，可见水的压缩性是很小的。其他液体的情况与水类似，压缩性也是很小的。因此，在工程上可把液体看成是不可压缩的。只有在特殊情况下，如研究管中水击作用和高压造型机的液压传动系统以及水下爆炸，才必须考虑液体的压缩性。

液体膨胀系数的大小用体积膨胀系数$\alpha_V$表示。其意义是指在压强不变时，温度每变化1K所引起的液体体积的相对变化量，即

$$\alpha_V = \frac{1}{V}\left(\frac{\Delta V}{\Delta T}\right)_p \tag{1.10}$$

式中 $\alpha_V$——体积膨胀系数，$K^{-1}$；

$V$——液体原来的体积，$m^3$；

$\Delta V$——体积的变化量，$m^3$；

$\Delta T$——温度的变化量，K。

标准大气压下，当温度较低（10~20℃）时，水的体积膨胀系数仅为$1.5\times10^{-4}K^{-1}$；

当温度较高（90～100℃）时，也仅为$7\times10^{-4}K^{-1}$。因此，在工程实际中，除了供热系统外，可以不考虑液体的膨胀性。

### 1.3.2 气体的压缩性和膨胀性

温度与压强的改变，对气体体积变化的影响很大。根据物理学中理想气体状态方程可知，对一定质量的理想气体，当温度不变时，气体体积与压强成反比，即压强增加一倍，体积减为原来的一半；当压强不变时，体积与热力学温度成正比，温度每升高1K，体积就膨胀1/273。由此可见，气体具有很大的压缩性和膨胀性。但当气体流速不高（小于70m/s），或在运动过程中温度、压强变化不大（相对压强小于$1.013\times10^{2}$Pa）时，也可将气体看做和水一样是不可压缩流体。这样，关于液体平衡和运动规律也同样适合于气体的流动。比如在车间的通风除尘系统和气体输送系统的设计计算中，因管道内的气流速度一般都小于20m/s，故可以不考虑气体的压缩性和膨胀性，按液体的运动和平衡规律进行处理。

## 1.4 流体黏性

黏性是流体所具有的重要属性，凡是实际流体，无论是气体还是液体，都具有黏性。

### 1.4.1 流体黏性的概念

如图1.3所示，流体在宽度（与纸面垂直）与长度都足够大的两平行平板间的稳定流动。下平板不动，上平板以速度$v$相对于下平板平行运动。用测速仪器来测量该流通断面上各点速度，便会发现紧贴在上平板上的流体质点速度亦为$v$；下平板不动，速度为零，紧贴于其上的流体速度亦为零；中间的各点流速则按线性规律分布。

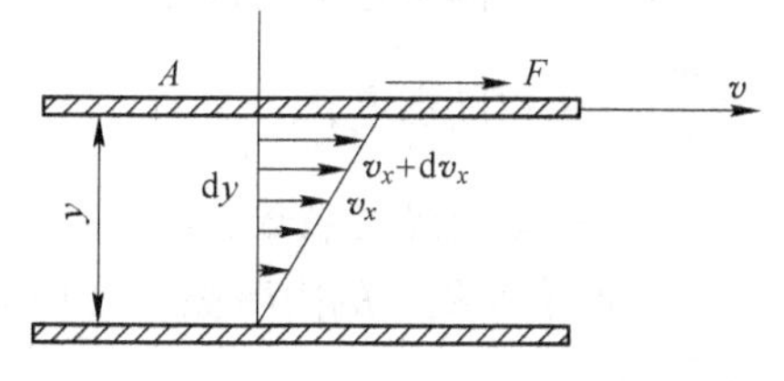

图1.3 流体平行平板间的流动

上面的现象是流体黏性的表现。我们可以把其中的运动看成是许多无限薄的流体层在作相对运动。由于流体的任意两层间都有速度差，故速度快的流体层对速度慢的流体层会产生一个拖力使它加速，而速度慢的流体层对速度快的流体层则有个阻力使它减速。拖力和阻力是大小相等而方向相反的一对作用力，称做内摩擦力和黏性阻力。所以流体黏性又可简单定义为流体中发生相对运动时，流体层与层之间产生内摩擦力的一种性质。流体黏性只有在流体层间有相对运动时才会呈现出来，静止的流体不会表现出黏性，因而也不存在内摩擦力。

内摩擦力产生的物理原因：

（1）由于分子作不规则运动时，各液体层之间互有分子迁移掺混，快层分子进入慢层时给慢层以向前的碰撞，交换能量，使慢层加速；慢层分子迁移到快层时，给快层以向后的碰撞，形成阻力而使快层减速。这就是分子的不规则运动的动量交换形成的内摩擦力。

（2）当相邻的流体层有相对运动时，快层分子的引力拖动慢层，而慢层分子的引力阻滞快层，这就是两层流体之间吸引力所形成的阻力。

### 1.4.2 牛顿黏性定律

根据大量的实验研究，17 世纪牛顿通过牛顿平板实验研究了流体的黏性。图 1.4 即为牛顿平板实验装置，下板固定，上板可动，且平板面积足够大，可以忽略边缘对流体的影响，$h$ 为两平板间的距离。

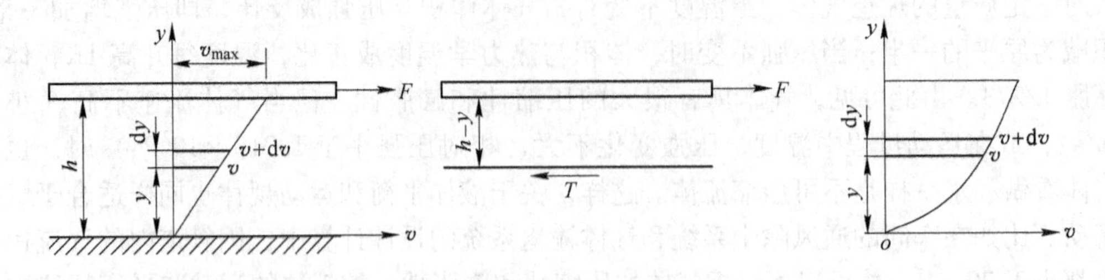


图 1.4 牛顿平板实验示意图

牛顿于 1686 年提出流体运动产生的内摩擦力大小与沿接触面法线方向的速度变化（即速度梯度）成正比，与接触面的面积成正比，与接触面上的压强无关。这个关系称为牛顿的黏性定律（Newton's Law of Viscosity），即

$$F = \mu A \frac{dv_x}{dy} \tag{1.11}$$

式中 $F$——流体层接触面上的内摩擦力，N；

$A$——流体层之间的接触面积，$m^2$；

$\frac{dv_x}{dy}$——速度梯度，$s^{-1}$；

$\mu$——动力黏度系数，Pa · s。

若以单位面积上的内摩擦力（剪应力，又称为动量通量）表示，则牛顿黏性定律可以表示为

$$\tau = -\mu \frac{dv_x}{dy} \tag{1.12}$$

式中，负号表示动量通量的方向与速度梯度的方向相反，即动量朝着速度减低的方向传输。通常把满足牛顿黏性定律的流体称为牛顿流体，即 $\tau \sim \frac{dv_x}{dy}$ 是一条通过原点斜率为 $\mu$ 的直线，否则称为非牛顿流体。实验证明大多数气体、水和油类都属于牛顿流体。本书所讨论的内容只限于牛顿流体。

### 1.4.3 动力黏度、运动黏度和恩氏黏度

液体黏性的大小以黏度来表示和度量，黏度可以分为以下三种。

1.4.3.1 动力黏度系数 $\mu$

从牛顿黏性定律可得

$$\mu = -\frac{\tau}{\frac{\mathrm{d}v_x}{\mathrm{d}y}} \tag{1.13}$$

动力黏度系数表示单位速度梯度下流体内摩擦力的大小，它直接反映了流体黏度的大小。在 SI 制中，$\mu$ 的单位为 Pa · s。

1.4.3.2 运动黏度系数 $\nu$

动力黏度系数 $\mu$ 与流体密度的比值称为运动黏度系数，以 $\nu$ 表示，即

$$\nu = \frac{\mu}{\rho} \tag{1.14}$$

在 SI 制中，$\nu$ 的单位为 $m^2/s$。

1.4.3.3 恩氏黏度系数

恩氏黏度系数是一种相对黏度，它仅适用于液体。恩氏黏度系数是被测液体与水的黏度的比较值。其测定方法是：将 200mL 的待测液体装入恩氏黏度计中，测定它在某一温度下通过底部 $\phi$2.8mm 标准小孔口流尽所需时间 $t_1$，再将 200mL 的蒸馏水加入同一恩氏黏度计中，在 20℃标准温度下，测出其流尽所需的时间 $t_2$，时间 $t_1$ 与时间 $t_2$ 比值就是该液体在该温度下的恩氏黏度系数，即

$$^{\circ}E = \frac{t_1}{t_2} \tag{1.15}$$

恩氏黏度系数 $^{\circ}E$ 是无量纲数。当 $^{\circ}E > 2$ 时，它与运动黏度系数 $\nu$ 之间的关系式（经验公式）为

$$\nu = \left(0.0731^{\circ}E - \frac{0.0631}{^{\circ}E}\right) \times 10^6 \tag{1.16}$$

### 1.4.4 温度和压强对流体黏度的影响

液体黏度随温度和压强而变化，由于分子结构及分子机理的不同，液体和气体的变化规律是截然相反的。

液体黏度大小取决于分子间的距离和分子引力。当温度升高或压强降低时液体膨胀，分子间距增大，分子引力减小，黏度降低；反之，温度降低，压强升高时，液体黏度增大。

气体分子间距较大，内聚力较小，但分子运动较剧烈，黏性主要来源于流层分子的动量交换。当温度升高时，分子运动加剧，所以黏性较大；而当压强提高时，气体的动力黏度和运动黏度减小。

### 1.4.5 理想流体的概念

所有的流体都是有黏性的，只是其大小程度不同而已。由于黏性的存在，使得对流体运动规律的研究变得更复杂。为了便于理论分析，引入理想流体的概念，这种实际上并不存在于自然界中的假想流体不具有黏性。这一假设的引入大大简化了分析，容易得到流体运动的规律，建立某些基本方程。当黏度影响不大时，便可直接应用此方程来解决实际问题；对于黏度影响较大，而不能忽略时（如流体的能量损失等问题），则可以专门对黏性

的作用进行理论分析和实验研究，然后再对理想流体的分析结果进行修正和补充，得到实际流体的运动规律。

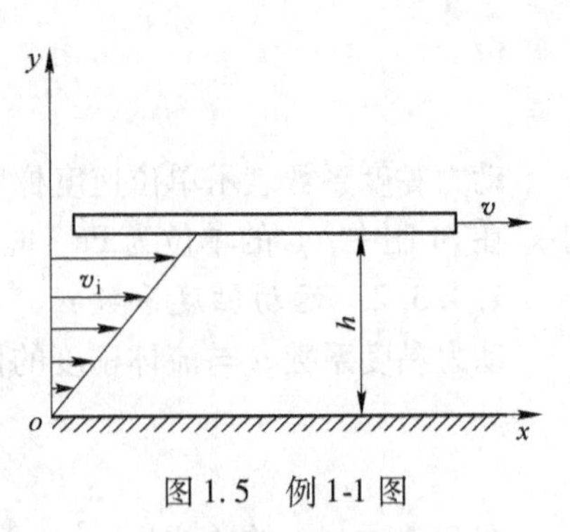

图 1.5 例 1-1 图

**例 1-1** 一无限大平板在另一固定平面上作如图 1.5 所示的平行运动，$v=0.3\text{m/s}$，间隙高 $h=0.3\text{mm}$，其中充满比重为 $d=0.88$、黏度为 $\mu=0.065\text{Pa}\cdot\text{s}$ 的流体，间隙中的流速按线性分布。试求：(1) 流体的运动黏度系数 $\nu$；(2) 上平板壁面上的切应力 $\tau_{上}$ 及其方向；(3) 下平面壁面上的切应力 $\tau_{下}$ 及其方向。

**解：**(1) $\nu=\mu/\rho=65\times10^{-3}/(0.88\times10^{3})=7.4\times10^{-5}\text{m}^2/\text{s}$(相对密度概念的应用)

(2) $\tau_{上}=\mu\left.\dfrac{\mathrm{d}v}{\mathrm{d}y}\right|_{y=h}=\mu v/h$

$=65\times10^{-3}\times0.3/(0.3\times10^{-3})=65\text{N/m}^2$(牛顿内摩擦定律的应用)

分析：上平板壁面向右运动，上平板所受切应力即摩擦阻力同其运动方向相反，故所得 $\tau$ 的正值应指向 $x$ 轴负方向，即指向左边。

(3) 分析：流体速度成线性分布，故任一位置处单位面积内摩擦力大小相等。

所以，$\tau_{下}=\mu v/h=65\text{N/m}^2$。

与下平面相接触的流体向右流动，其所受内摩擦力与其运动方向相反，故其方向向左，相反，下平面所受内摩擦力向右。

**例 1-2** 管道内流体速度分布为 $v=0.02y-y^2$，式中 $v$ 为距管壁 $y$ 处的速度。试求：(1) 管壁处之切应力；(2) 距管壁 0.5cm 处的切应力；(3) 若管道直径 $d=2\text{cm}$，在 100m 长度的管壁上其总阻力为若干？设流体的黏度 $\mu=0.4\text{Pa}\cdot\text{s}$。

分析：本题速度成抛物线分布，速度梯度不是常数，因此流体内摩擦力同其所在位置有关。

**解：**先求速度梯度 $\dfrac{\mathrm{d}v}{\mathrm{d}y}=0.02-2y$

(1) 管壁处的切应力为

$$\tau_0=\mu\left.\frac{\mathrm{d}v}{\mathrm{d}y}\right|_{y=0}=0.4\times0.02=0.008\ \ \text{N/m}^2$$

(2) 距管壁 0.5cm 处的切应力为

当 $y=0.5\text{cm}$ 时，

$$\frac{\mathrm{d}v}{\mathrm{d}y}=0.02-2\times0.5\times10^{-2}=0.01\ \ 1/\text{s}$$

所以
$$\tau=\mu\frac{\mathrm{d}v}{\mathrm{d}y}=0.4\times0.01=0.004\ \ \text{N/m}^2$$

(3) 当 $d=2\text{cm}$，$l=100\text{m}$ 时的总阻力为（总阻力为单位内摩擦力乘以表面积）

$$F=\tau_0\pi dl=0.008\times\pi\times2\times10^{-2}\times100=0.05\ \ \text{N}$$

## 1.5　作用在流体上的力

作用在流体上的力就其产生原因的不同可分为质量力和表面力两类。

### 1.5.1　质量力

质量力是指作用在流体内部任何一个流体质点上的力，其大小与质点质量成正比，是由加速度所产生的，与质点以外的流体无关，例如重力和惯性力。

若流体密度为$\rho$，质点所具有的体积为$\mathrm{d}V$，则质量力在$x$、$y$、$z$三个坐标方向的分力为$F_x = f_x\rho\mathrm{d}V$，$F_y = f_y\rho\mathrm{d}V$，$F_z = f_z\rho\mathrm{d}V$，其中$f_x$、$f_y$、$f_z$代表单位质量流体的质量力分量。根据牛顿第二定律，它们就是加速度在三个坐标轴上的投影，即单位质量力在数值上等于加速度。

### 1.5.2　表面力

表面力是指作用在所研究流体体积表面上的力，其大小与表面积成正比，是由与所研究流体接触的相邻流体或固体的作用而产生的。表面力按其作用方向可以分为两种：一种是沿流体表面内法线方向的法向力，一种是与流体表面相切的切向力。

无论流体处于静止还是运动状态，法向力始终存在，并且根据流体性质只能是压力。流体黏性所引起的内摩擦力就是切向力，静止（或者相对静止）流体以及处于运动的理想流体都不存在内摩擦力，因而切向力为零。

## 1.6　流体静力学

### 1.6.1　流体静压强及其特性

1.6.1.1　流体静压强的概念

静止流体的任何表面上不存在内摩擦力。同时静止的流体不能抵抗拉力，所以作用在静止流体表面上的唯一的力就是压力。它的方向处处沿着表面的内法线方向，称做流体静压力。若在流体表面上任取一微小面积$\Delta A$，设作用在$\Delta A$上的流体静压力为$\Delta P$，则表面上任一点的流体静压强可以定义为

$$p = \lim_{\Delta A \to 0} \frac{\Delta P}{\Delta A} = \frac{\mathrm{d}P}{\mathrm{d}A} \tag{1.17}$$

所以流体静压强是指单位面积上的流体静压力，其单位为$\mathrm{N/m^2}$，也称Pa。

1.6.1.2　流体静压强的特性

流体静压强具有两个重要特性：

（1）流体静压强的方向是沿着作用面的内法线方向的。现证明如下：

若流体静压强的方向不垂直于作用面（图1.6），则必然存在剪应力$\tau$；若静压强方向不指向作用面，则必然存在拉应力$\sigma$，这些都将违背流体的性质和静止的条件。因此，流体静压强的方向是沿着作用面的内法线方向。

(2) 静止流体中任一点的静压强值只能由该点的坐标位置决定，而与该压强的作用方向无关，即沿各个方向作用于同一点的静压强是等值的。现证明如下：

假设从静止平衡流体中分离出一微小四面体（图1.7），体积为 $dV$，与坐标轴相重合的边长分别为 $dx$、$dy$、$dz$。$p_x$、$p_y$、$p_z$ 和 $p_n$ 代表周围流体对此微小四面体的压强。当处于平衡状态的微小体积 $dV$ 逐渐缩小，以零为极限时，图中的 $p_x$、$p_y$、$p_z$ 和 $p_n$ 将代表 $o$ 点来自不同方向的流体静压强。

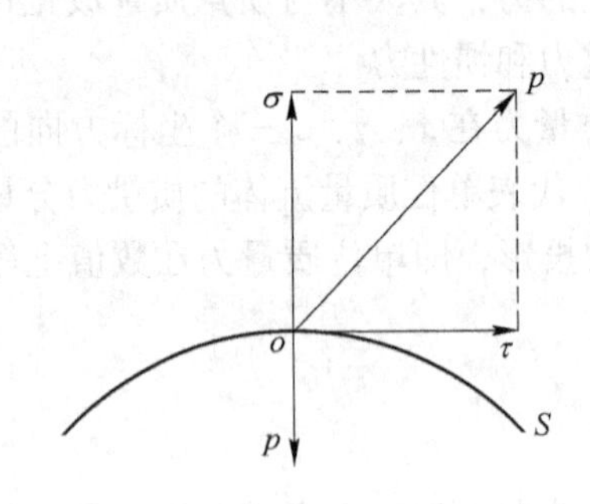


图1.6　流体静压强的方向

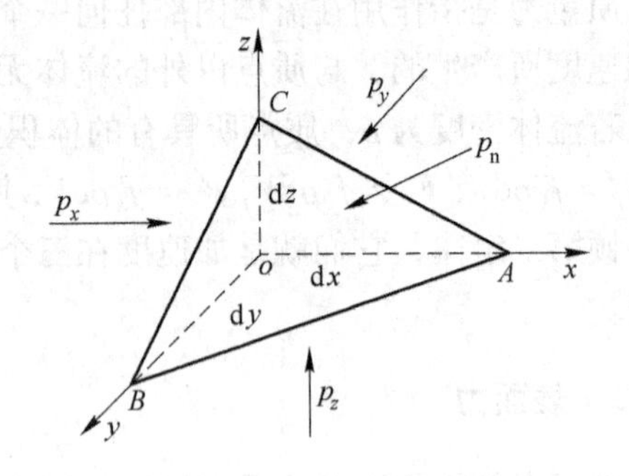


图1.7　静态平衡的微小四面体

以 $dA$ 表示四面体倾斜面 $ABC$ 的微小面积，按照力的平衡条件，可以求出 $x$ 方向力的平衡方程为

$$p_x \frac{1}{2}\mathrm{d}y\mathrm{d}z - p_{\mathrm{n}}\mathrm{d}A\cos(\mathrm{n},x) + \frac{1}{6}f_x\rho\mathrm{d}x\mathrm{d}y\mathrm{d}z = 0 \tag{1.18}$$

式中　$\cos(\mathrm{n},x)$ ——$p_{\mathrm{n}}$ 与 $x$ 轴夹角的余弦。

由于

$$\mathrm{d}A\cos(\mathrm{n},x) = \mathrm{d}A_x = \frac{1}{2}\mathrm{d}y\mathrm{d}z \tag{1.19}$$

故有

$$p_x - p_{\mathrm{n}} + f_x\rho\frac{1}{3}\mathrm{d}x = 0 \tag{1.20}$$

同理可得

$$p_y - p_{\mathrm{n}} + f_y\rho\frac{1}{3}\mathrm{d}y = 0 \tag{1.21}$$

$$p_z - p_{\mathrm{n}} + f_z\rho\frac{1}{3}\mathrm{d}z = 0 \tag{1.22}$$

当微小体积 $dV$ 以零为极限时，$dx$，$dy$ 和 $dz$ 均趋近于零，因而可得

$$p_x = p_y = p_z = p_{\mathrm{n}} \tag{1.23}$$

由此可见，任一固定点的流体静压强对任何方向来说都是相等的。按照连续介质的概念，流体静压强不是矢量，而是标量，仅是空间坐标的连续函数，即

$$p = p(x,y,z) \tag{1.24}$$

由此可得静压强的全微分为

$$\mathrm{d}p = \frac{\partial p}{\partial x}\mathrm{d}x + \frac{\partial p}{\partial y}\mathrm{d}y + \frac{\partial p}{\partial z}\mathrm{d}z \tag{1.25}$$

### 1.6.2　流体的平衡微分方程

1.6.2.1　流体平衡微分方程

本节主要研究压强在静态平衡流体内的分布规律。为此，设想从平衡流体中分离出一微小平行六面体（图 1.8），边长分别为 d$x$、d$y$ 和 d$z$，各与相应的坐标轴平行。六面体中心 $C$ 点坐标为（$x$，$y$，$z$），压强为 $p$。

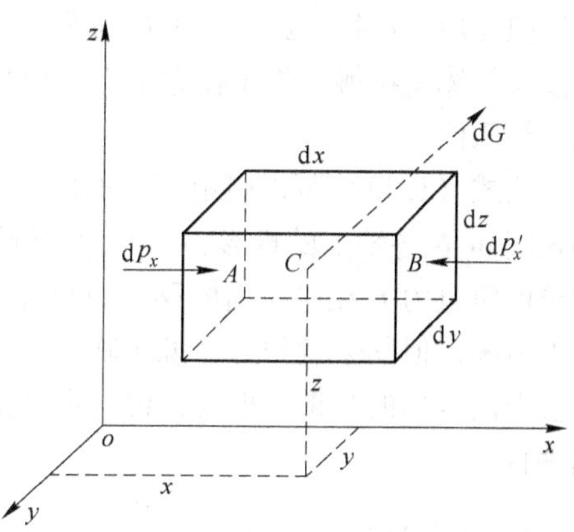


图 1.8　微小平行六面体

先求 $x$ 方向力的平衡关系。在静止流体内，由于表面力只有压力，因此六面体左侧面中点 $A$ 的压强

$$p_{\mathrm{A}} = p - \frac{\partial p}{\partial x}\frac{\mathrm{d}x}{2} \tag{1.26}$$

左侧面的面积很微小，$p_{\mathrm{A}}$ 可以看做是整个左侧面上的平均压强，故左侧面上的压力为

$$\mathrm{d}p_x = \left(p - \frac{\partial p}{\partial x}\frac{\mathrm{d}x}{2}\right)\mathrm{d}y\mathrm{d}z \tag{1.27}$$

同理，右侧面上的压力为

$$\mathrm{d}p'_x = \left(p + \frac{\partial p}{\partial x}\frac{\mathrm{d}x}{2}\right)\mathrm{d}y\mathrm{d}z \tag{1.28}$$

沿 $x$ 方向力平衡方程为

$$\left(p - \frac{\partial p}{\partial x}\frac{\mathrm{d}x}{2}\right)\mathrm{d}y\mathrm{d}z - \left(p + \frac{\partial p}{\partial x}\frac{\mathrm{d}x}{2}\right)\mathrm{d}y\mathrm{d}z + f_x\rho\mathrm{d}x\mathrm{d}y\mathrm{d}z = 0 \tag{1.29}$$

化简得

$$f_x - \frac{1}{\rho}\frac{\partial p}{\partial x} = 0 \tag{1.30}$$

同理可得

$$f_y - \frac{1}{\rho}\frac{\partial p}{\partial y} = 0$$

$$f_z - \frac{1}{\rho}\frac{\partial p}{\partial z} = 0$$

式（1.30）是由瑞士学者欧拉于 1755 年提出的，称为欧拉静平衡方程。它表示作用于平衡流体上的质量力和表面力相互平衡，说明流体静压强沿某方向的梯度直接等于流体密度与该方向单位质量力的乘积，也就是说流体静压强沿某方向存在有梯度，必是质量力在该方向有分量的缘故。

1.6.2.2　等压面

将式（1.30）中的各式分别乘以 d$x$、d$y$ 和 d$z$，然后相加并整理可得：

$$\frac{\partial p}{\partial x}\mathrm{d}x + \frac{\partial p}{\partial y}\mathrm{d}y + \frac{\partial p}{\partial z}\mathrm{d}z = \rho(f_x\mathrm{d}x + f_y\mathrm{d}y + f_z\mathrm{d}z) \tag{1.31}$$

由式（1.25）知上式左边是 $p$ 的全微分，故有

$$\mathrm{d}p = \rho(f_x\mathrm{d}x + f_y\mathrm{d}y + f_z\mathrm{d}z) \tag{1.32}$$

式（1.32）又称为压强差公式，表示当点坐标变化为 $dxdydz$ 时流体静压强的变化量。在平衡流体中，压强相等的点组成的面称为等压面。在等压面上 $p=c$，$dp=0$，由式（1.32）得等压面微分方程式

$$f_x dx + f_y dy + f_z dz = 0 \tag{1.33}$$

通过积分后，可得一族互相平行的等压面。液体的自由面是等压面中的一个特殊面，通常它多与气体相接触，作用在它上面的压强也就是气体的压强。两种互不相混液体的分界面也是等压面。

从式（1.33）可以引出等压面的一个重要特性。式中 $dx$、$dy$、$dz$ 是等压面上任意微小长度 $dl$ 在各轴上的投影，$f_x$、$f_y$、$f_z$ 是单位质量力在各轴上的投影，则 $(f_x dx + f_y dy + f_z dz)$ 为单位质量力 $F$ 在等压面内移动微小长度 $dl$ 所做的功。因单位质量力及微小长度 $dl$ 本身均不为零，但其数量积为零说明其做功为零。只有当单位质量力 $F$ 垂直于微小长度 $dl$ 时，才会得出这样的结果。也就是说，在平衡流体中通过每一点的等压面必与该点所受质量力相垂直。

### 1.6.3 静力学基本方程

#### 1.6.3.1 静力学基本方程

当质量力为重力时，$f_x = f_y = 0$，$f_z = -g$，根据式（1.32）可得

$$dp = -\rho g dz \tag{1.34}$$

等压面 $dp=0$，代入上式可得 $z=$常数。也就是说，在重力场中，水平面为等压面。

对于不可压缩流体，密度 $\rho$ 为常量，对式（1.34）进行积分可得，

$$p = -\gamma z + C \tag{1.35}$$

即

$$z + \frac{p}{\gamma} = C \tag{1.36}$$

在图1.9中任取两点，若点1和点2的垂直坐标分别为 $z_1$ 和 $z_2$，静压强分别为 $p_1$ 和 $p_2$，则上式又可写成

$$z_1 + \frac{p_1}{\rho g} = z_2 + \frac{p_2}{\rho g}$$

或

$$z_1 + \frac{p_1}{\gamma} = z_2 + \frac{p_2}{\gamma} \tag{1.37}$$

式（1.37）是流体静力学基本方程，表明重力作用下静止流体中任一点的 $z + \frac{p}{\gamma}$ 总是相等。

#### 1.6.3.2 静止流体中的压强分布

为了确定式（1.35）积分常数 $C$，可假定在平衡液体中液面上某点的压强为 $p_0$、$h = z_0 - z$，则

$$p = p_0 + \gamma h \tag{1.38}$$

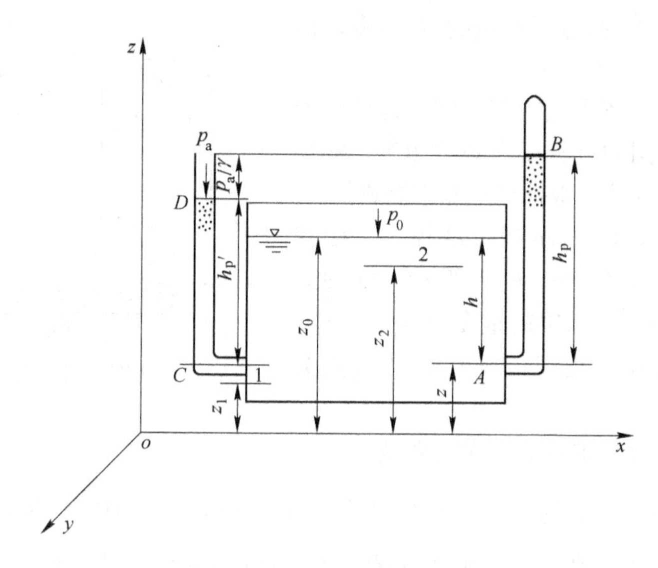


图 1.9　重力作用下的静止液体

式（1.38）表述了重力场作用下平衡流体中的压强分布规律，液面压强 $p_0$ 有任何变化，都会引起流体内部所有各点压强产生同样的变化。这种液面压强在流体内部等值传递的原理就是帕斯卡原理。工程上水压机、液压传压装置等就是根据这一原理设计的。

若已知流体内一点的静压强和两点之间的垂直距离，就可以求得另一点的静压强。例如在图 1.9 中，已知液面上的压强是容器上方气体的压强 $p_0$，液面距基准面的坐标为 $z_0$，那么液体内任一点的静压强为

$$p = p_0 + \rho g(z_0 - z) = p_0 + \gamma(z_0 - z)$$

令 $z_0 - z = h$，则有

$$p = p_0 + \rho gh = p_0 + \gamma h \tag{1.39}$$

式（1.38）示出了静止流体在重力作用下压强的产生和分布规律，是式（1.36）的另一种表达形式，也称为不可压缩流体中压强的基本公式。由此可知：

（1）在重力作用下，流体静压强只是坐标 $z$ 的函数，随深度 $h$ 增大而增大。一般在液压站内，油泵多安装在油箱下面，其目的就是要造成一定深度来提高油泵的入口压强。

帕斯卡在 1648 年表演了一个著名的裂桶实验：他用一个密闭的装满水的桶，在桶盖上插入一根细长的管子，从楼房的阳台上向细管子里灌水。结果只用了几杯水，就把桶压裂了，桶里的水就从裂缝中流了出来。

（2）静压强由液面压强 $p_0$ 和液体自重所引起的压强 $p = \rho gh$ 两部分组成。液面压强是外力施加于液体而引起的，有三种加载方式：一是通过固体对液面施加外力而产生压强，如液压技术中通过活塞或柱塞对液缸里的油液加压；二是通过对液面施加外力而产生的压强，如蒸汽锅炉等；三是通过不同工质的液体使液面产生压强，如降低测压计中被测液体对测压计内的液体产生压强。在敞口容器和大坝、闸门等“开敞”工程中的液面压强为大气压强 $p_a$，而壁面各方面同时也受到大气压的作用，可以互相抵消，计算可使 $p_0 = p_a = 0$，静压强 $p = \rho gh$。

（3）深度 $h$ 一致的各点静压强 $p$ 是常数，即等压面是水平面。

（4）连通容器内紧密连续而又同一性质的均匀液体中，深度相同的点其压强必然相等。锅炉水箱上的玻璃水位计就是根据这一原理制成的。

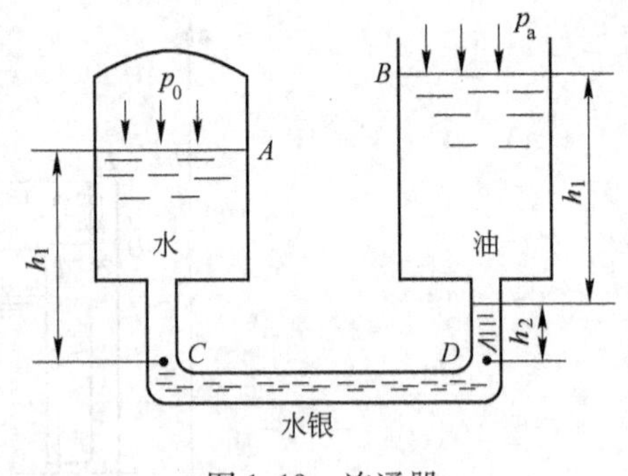


图 1.10　连通器

**例 1-3**　在图 1.10 所示静止液体中，已知 $p_a = 9.8\text{N/cm}^2$，$h_1 = 100\text{cm}$，$h_2 = 20\text{cm}$，油的重度 $\gamma_1 = 0.00745\text{N/cm}^3$，水银的重度 $\gamma_2 = 0.133\text{N/cm}^3$，$C$ 点与 $D$ 点高度相同，问 $C$ 点的压强为多少？

**解：** 由式（1.39）求得 $D$ 点的压强为

$$p_D = p_a + \gamma_1 h_1 + \gamma_2 h_2 = 9.8 + 0.00745 \times 100 + 0.133 \times 20 = 13.205 \quad \text{N/cm}^2$$

因为 $C$ 点与 $D$ 点同高，又是紧密连续、同一性质的液体，压强应该相等，故可得 $C$ 点的压强为

$$p_C = p_D = 13.205 \quad \text{N/cm}^2$$

1.6.3.3　流体静力学基本方程的能量意义与几何意义

如图 1.9 所示，若用一根上部分抽成完全真空的闭口玻璃管接到压强为 $p$ 的 $A$ 点时，容器内的液体将沿管上升到一定的高度 $h_p$，再用一根上部分敞开通大气的玻璃管接到与 $A$ 点相同高度、压强同为 $p$ 的 $C$ 点时，容器内的液体也将沿管上升到一定的高度 $h'_p$。在 $A$、$B$ 两点，应用式（1.37）得

$$z + \frac{p}{\gamma} = (z + h_p) + 0$$

移项得

$$h_p = \frac{p}{\gamma}$$

在 $C$、$D$ 两点同样应用式（1.37）可得

$$h'_p = \frac{p - p_a}{\gamma} = \frac{p'}{\gamma}$$

故 $B$、$D$ 两点垂直距离为

$$h_p - h'_p = \frac{p_a}{\gamma}$$

$z$ 为 $A$、$C$ 点高于基准面的位置高度，称为位置水头，亦即单位重量液体对基准面的位能，称为比位能。

$h'_p = \dfrac{p'}{\gamma}$ 为 $C$ 点处的液体在压强差 $p'$ 作用下能够上升的高度，称为测压管高度或相对压强高度。$h_p = p/\gamma$ 为 $A$ 点处的液体在压强 $p$ 作用下能够上升的高度，称为静压高度或绝

对压强高度。

相对压强高度与绝对压强高度，均称为压强水头，也可理解为单位重量液体所具有的压力能，称为比压能。

位置高度与测压管高度之和 $z + p'/\gamma$ 称为测压管水头。位置高度与静压高度之和 $z + p/\gamma$ 称为静压水头。比位能与比压能之和，表示单位重量液体对基准面具有的势能，称为比势能。

根据式（1.36）可得

$$z + \frac{p'}{\gamma} = C \quad 及 \quad z + \frac{p}{\gamma} = C$$

由此可知，在同一静止液体中，各点的测压管水头是相等的，各点的静压水头也是相等的。在这些点处，单位重量液体的比位能可以不等，比压能也可以不等，但其比位能与比压能可以互相转化，比势能总是相等的。这就是流体静力学基本方程的能量意义与几何意义。

由图 1.9 可知，静压水头与测压管水头之差，就是相当于大气压强 $p_a$ 的液柱高度。

#### 1.6.3.4　静压强的表示方法及压强单位

（1）静压强的表示方法。地球表面被厚达数万米的大气层包围，由于受到地球引力的作用，大气层产生的压强称为大气压强，常用符号 $p_a$ 表示。在一般工程中，大气压强 $p_a$ 到处存在，并自相平衡，不显示其影响，所以绝大多数测压仪表都是以大气压强 $p_a$ 为零点的，因此测得的压强是实际压强和大气压强的差值，称为相对压强或表压强。以绝对零值（绝对真空）为基准的压强称为绝对压强。当绝对压强小于大气压强时，表压强为负值。表压强的绝对值称为真空度或负压。

（2）压强单位。工程上表示流体静压强的常用单位有三种：

1）压力单位 $N/m^2$(Pa)、$N/cm^2$ 等；

2）大气压、标准大气压（atm）和工程大气压（at）；

3）液柱高度、米水柱（$mH_2O$）、毫米水柱（$mmH_2O$）或毫米汞柱（mmHg）。

我国法定计量单位规定只能用国际单位制，若遇到上述两种单位都应换算为国际单位帕斯卡（Pa）。表 1.1 列举了压强单位换算关系。

**表 1.1　压强单位的换算**

| 压强单位 | 1 帕斯卡 (Pa) | 1 标准大气压 (atm) | 1 工程大气压 (at) | 1 毫米水柱 ($mmH_2O$) | 1 毫米汞柱 (mmHg) |
|---|---|---|---|---|---|
| 换　算 | 1Pa | 101325Pa | 98067Pa | 9.81Pa | 133.32Pa |

**例 1-4**　如图 1.11 所示，若烟囱高度 $h = 20$m，烟气平均温度 $t = 300$℃，平均密度 $\rho_y = 0.44\text{kg/m}^3$，外界空气平均密度 $\rho_k = 1.29\text{kg/m}^3$，试求烟囱的抽力 $p$。

**解：**烟囱的抽力是由炉门 $B$ 内外所受压强不等而引起的气体流动，因此烟囱抽力 $p$ 的大小可以表示为 $p_{B2} - p_{B1}$。

若忽略烟气的压缩性，认为其密度 $\rho$ 不变，则气体在重力作用下的压强分布规律与液

体相同，可应用流体静力学基本方程 $p = p_a + \rho gh$ 计算，即

$$p_{B1} = p_a + \rho_y gh$$
$$p_{B2} = p_a + \rho_k gh$$

烟囱的抽力

$$p = p_{B2} - p_{B1} = gh(\rho_k - \rho_y)$$
$$= 9.81 \times 20 \times (1.29 - 0.44) = 166.77 \text{ Pa}$$

由此可知，烟囱的高度越大，抽力越大，越有利于外界空气进入炉内，促进燃烧。

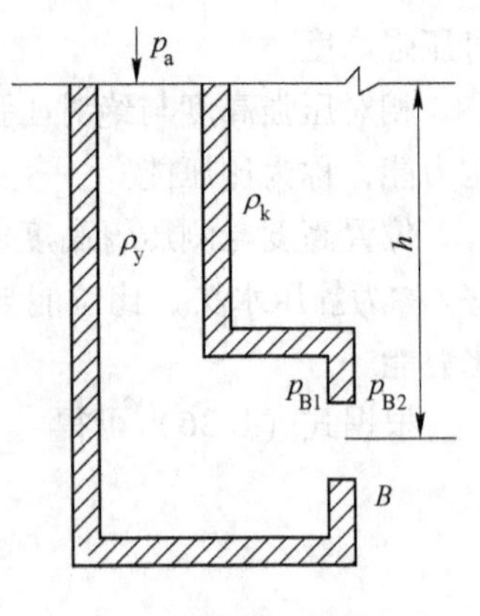


图 1.11　烟囱的抽力

### 1.6.4　流体压强的测量

测量流体压强的常用测压计有三类：一类是可以测量较高压强的金属测压计，是利用金属的弹性变形来测量压强的；一类是电测式测压计，是利用压力传感器把被测压强转换为电量，便于远程测量和动态测量；还有一类就是根据静力学基本公式用液柱高度直接测量出压强的液柱式测压计，多用于测量较小的压强，测量精度高。下面说明几种液柱式测压计的测压原理。

1.6.4.1　测压管

这是一种最简单的液柱式测压计（图 1.12），一根垂直放置的玻璃管上端开口与大气相通，下端用橡胶管与被测容器相连。当 $p_0 > p_a$ 时，量出液柱高度 $h$，根据式（1.39），容器上被测点 $A$ 处的绝对压强和表压强分别为

$$p_A = p_a + \rho gh = p_a + \gamma h$$
$$p'_A = \rho gh = \gamma h \tag{1.40}$$

为减小毛细管现象引起的误差，测压管内径应不小于 5mm，由于受到测压管高度的限制，这种测压管一般用于测量较小的压强（小于 40kPa）。

将上述测压管改成图 1.13 所示形式，则成为真空计。此时 $p_0 < p_a$，量出液柱高度 $h$，则有

$$p_0 = p_a - \rho gh = p_a - \gamma h \tag{1.41}$$

式中，$p_0$ 为容器内的绝对压强，容器内的真空度则应为 $\gamma h$。

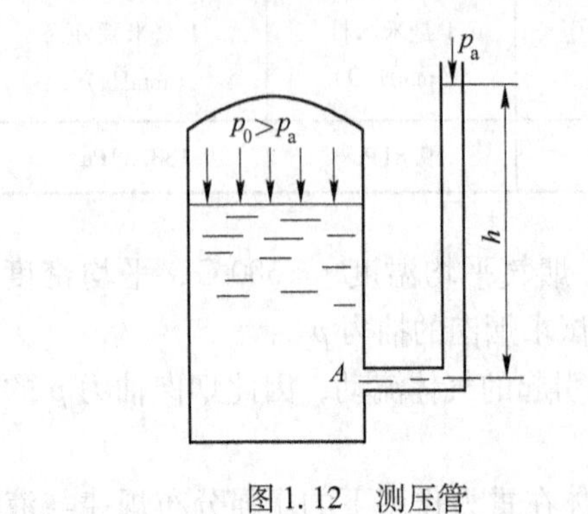


图 1.12　测压管

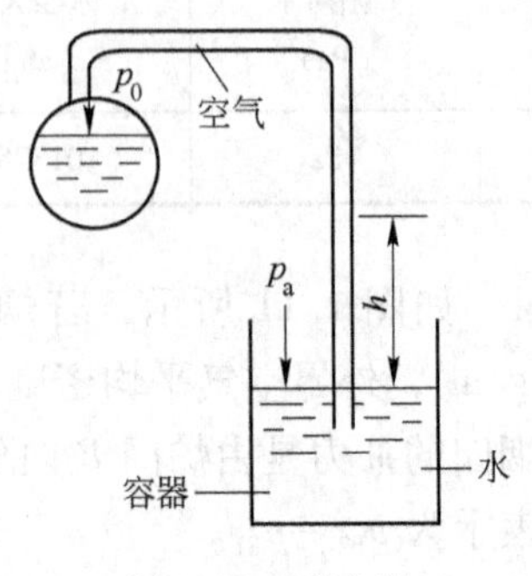


图 1.13　真空计

1.6.4.2 U形管测压计

U形管测压计应用很广，如图1.14所示。一个两端开口的U形玻璃管内装有工作液体（工作液体密度$\rho_2$大于被测液体密度$\rho_1$）一端与大气相通，一端与被测容器相连。分别量出工作液体左侧液面距被测点$A$的高度$h_1$和距右侧液面高度$h_2$，据式（1.39）则有

$$p_A = p_B - \rho_1 g h_1,\ p_C = p_a + \rho_2 g h_2 \tag{1.42}$$

由于$B$、$C$两点位于同一等压面上，故$p_B = p_C$，代入以上两式，则被测点$A$处的绝对压强和表压强分别为

$$p_A = p_a + \rho_2 g h_2 - \rho_1 g h_1,\ p'_A = \rho_2 g h_2 - \rho_1 g h_1 \tag{1.43}$$

当容器内被测的是气体时，则因$\rho_1 \ll \rho_2$，$\rho_1 g h_1$项可以忽略不计。U形管中的工作液体采用水银，可用于测量较大压强（300kPa以下），也可采用油、水、酒精、$CCl_4$等，原则是不能与被测液体混合，并且液柱高度适中。

当被测液体压强超过300kPa时，可以把几个U形管组合成复式U形测压计，如图1.15所示。由于U形管上端接头处充满气体，其重量可忽略不计，则$B$-$B$、$C$-$C$、$D$-$D$各位于同一等压面，则有

$$p_A = p_B - \rho_1 g h,\ p_B = p_C + \rho_2 g h_1$$
$$p_C = p_D + \rho_2 g h_2,\ p_D = p_a + \rho_2 g h_3$$

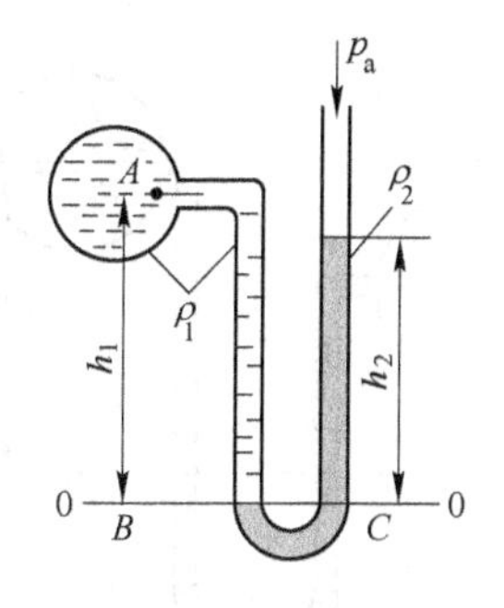


图1.14 U形管测压计

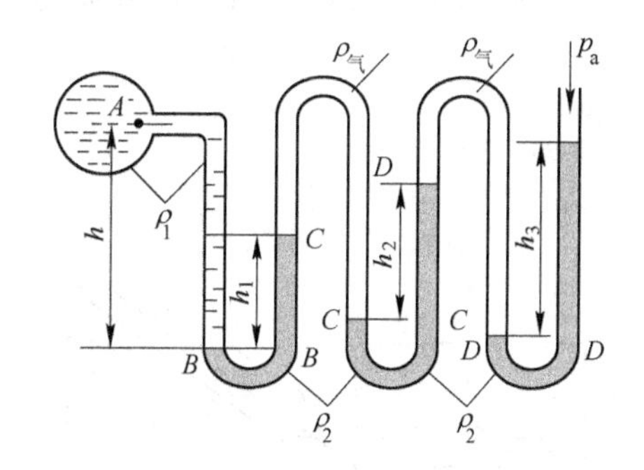


图1.15 复式U形管测压计

即$A$点处的绝对压强和表压强分别为

$$p_A = p_a - \rho_1 g h + \rho_2 g(h_1 + h_2 + h_3) \tag{1.44}$$

$$p'_A = \rho_2 g(h_1 + h_2 + h_3) - \rho_1 g h$$

同样，当被测的是气体时，$\rho_1 g h$项可忽略不计。

1.6.4.3 U形管差压计

如图1.16所示，将U形管两端分别与两个容器（或两点）相连，就能测出两处的压强差值，这就是压差计。由

$$p_A = p_1 + \rho_1 g h_1,\ p_B = p_2 + \rho_1 g h_2 + \rho_2 g h,\ p_A = p_B$$

则有压差

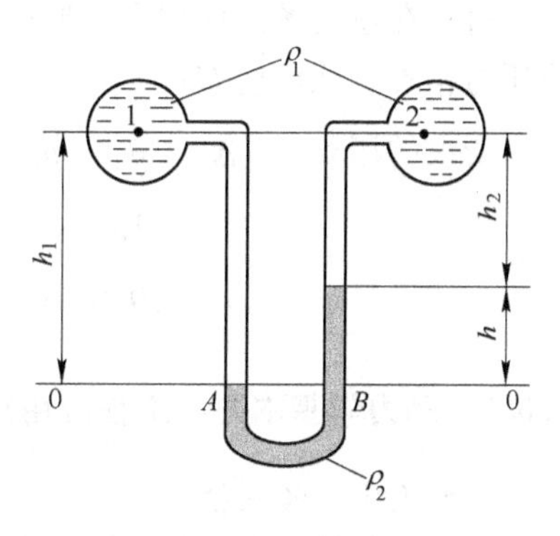


图1.16 U形管差压计

$$\Delta p = p_1 - p_2 = \rho_1 g h_2 + \rho_2 g h - \rho_1 g h_1 \tag{1.45}$$

若两被测点1、2位于同一高度，即 $h = h_1 - h_2$，则上式可以写成

$$\Delta p = p_1 - p_2 = \rho_2 g h - \rho_1 g(h_1 - h_2) = (\rho_2 - \rho_1) g h \tag{1.46}$$

若被测的是气体，则因 $p_1 \ll p_2$，有

$$\Delta p = p_1 - p_2 = \rho_2 g h \tag{1.47}$$

1.6.4.4　微压计

当被测流体的相对压强很小时，为了放大读数，提高测量精度，常采用斜放的测压管，如图1.17所示。由于 $l = \dfrac{h}{\sin\theta}$，即使液柱高度 $h$ 很小，$l$ 的读数较大，所以它可以测出微小的压强，称为微压计。微压计的倾角 $\theta$ 一般保持在10°~30°的范围内，于是读数比垂直放置的测压管放大2~5倍。若微压计中工作液体不用水，而采用重度更小的液体（如酒精），测压管上读数 $l$ 还可以放大。这种测压计常用于测量通风管道内的气体压强，此时可以忽略空气重度的影响，则通风管道被测点的压强等于微压计液面上的压强 $p$，即

$$p = p_a + \rho g l \sin\theta,\ p' = \rho g l \sin\theta \tag{1.48}$$

**例1-5**　有如图1.18所示的容器 $A$ 和 $B$，用U形测压计来测量它们的压差。容器 $A$ 中液体的相对密度是 $\delta_A = 0.85$，容器 $B$ 中液体的相对密度 $\delta_B = 1.2$，$z_A = 200\text{mm}$，$z_B = 240\text{mm}$，$h = 60\text{mm}$，U形测压计中的介质为汞，问压差为多少？

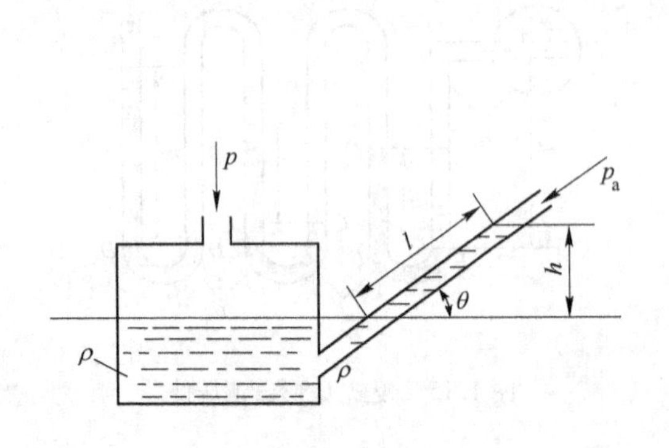

图1.17　微压计

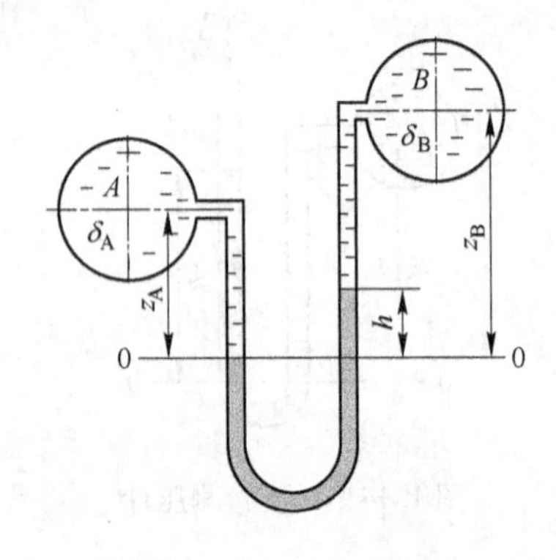

图1.18　例1-5图

**解：**在重力场的作用下，同一液体同一水平面上压力相等。故U形计中 $O$-$O$ 面上两边压力相等，从而应有：

所求的压差　$\Delta p = p_A - p_B = \rho_B g z_B - \rho_A g z_A + g h(\rho_{汞} - \rho_B)$

$= 1.2 \times 1000 \times 9.81 \times 0.24 - 0.85 \times 1000 \times 9.81 \times 0.2 +$

$9.81 \times 0.06 \times (13.6 \times 1000 - 1.2 \times 1000) = 8456\ \text{N/m}^2$

### 1.6.5　静力学基本方程工程应用实例

1.6.5.1　水压机

水压机（液压千斤顶、刹车系统等）是一种利用油水平衡控制对钢管进行静水压试验

的机器。它主要由以下几部分组成：钢管传送装置、水路系统、油路系统和控制系统。水压机是一种利用液体压力能来传递能量，以实现各种压力加工工艺的机器。利用帕斯卡原理——加在被封闭液体上的压强会大小不变地由液体向各个方向传递。大小根据静压力基本方程（$p = p_0 + \rho gh$），盛放在密闭容器内的液体，其外加压强 $p_0$ 发生变化时，只要液体仍保持其原来的静止状态不变，液体中任一点的压强均将发生同样大小的变化。这就是说，在密闭容器内，施加于静止液体上的压强将以等值同时传到各点，这就是帕斯卡原理，或称静压传递原理（如图 1.19 所示）。

两连通的容器一端放小柱塞 $A_1$，另一端连以大柱塞 $A_2$，当小柱塞受到外力 $p_1$ 作用后溶液中的液体各部分都将产生相同的压力，因此在大柱塞处由于面积大将产生更大的力量。力量关系如下：

$$F_2 = F_1 \frac{A_2}{A_1}$$

1.6.5.2　活塞式井下增压器

井下增压器是实现高压喷射钻井的核心部件，由液动机和增压泵组成（图 1.20），其理论基础是流体静力学。帕斯卡定律指出，流体静压力可以等值地传递到流体的所有方向。

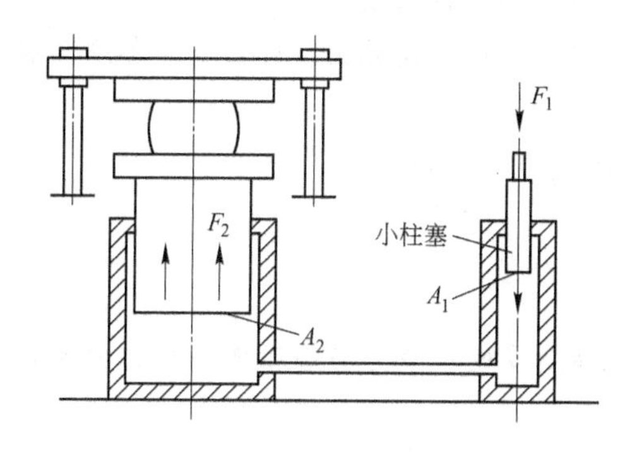


图 1.19　液压机的工作原理

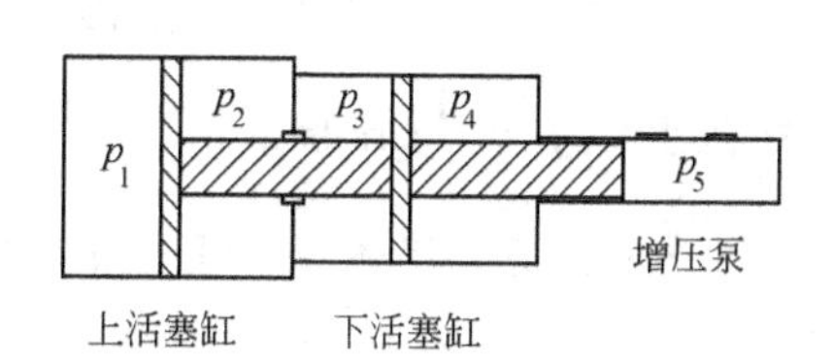


图 1.20　活塞式增压器增压原理图

活塞式增压器基于帕斯卡定律，采用活塞式液动机结构，把压力能转换为机械能，再由活塞把机械能转化为增压缸钻井液的压力能来实现小排量增压的目的。为了提高增压效果，活塞式井下增压器采用单作用双活塞缸结构（图 1.20）。在增压冲程中，2 个活塞缸上腔分别与上游高压流体相连，由于流体对静压的传递作用，上游较高的流体压力会传递到活塞缸上腔中。2 个活塞缸下腔与下游低压流体相连，下游低压腔内较低的流体压力会传递到活塞缸下腔中。这样在活塞缸的上下腔出现 1 个静压差，这个静压差作用在活塞上后推动活塞向下运动，活塞缸与活塞一起形成了液动机结构，把流体压力能转换为机械能。活塞与柱塞连接在一起向下运动，柱塞在增压缸向下运动过程中，把机械能传递给柱塞缸中的小排量钻井液，使增压缸中的钻井液压力上升，从而达到增压的目的。增压冲程中，上游钻井液损失的压力能被化为增压缸中小排量钻井液的超高压形式的压力能，是增压器增压理论的核心。

## 本章小结

流体是受任何微小剪切应力都产生连续变形的物质，包括液体和气体。本章主要介绍了流体的物理性质。

流体的特征：①黏性；②可压缩性；③流动性。

密度：$\rho = \lim_{\delta V \to 0} \frac{\delta m}{\delta V} = \frac{dm}{dV} kg/m^3$

比体积：$v = \frac{1}{\rho} m^3/kg$

相对密度：$d = \frac{\rho}{\rho_w}$

压缩性：$\beta = -\frac{1}{V}\frac{dV}{dp}\left(或 = -\frac{1}{dp}\frac{dV}{V}\right)$

膨胀性：$\alpha_V = \frac{1}{V}\frac{dV}{dT}\left(或 = -\frac{1}{dT}\frac{dV}{V}\right)$

牛顿内摩擦定律：$F = \mu A \frac{dv_x}{dy}$

静压强的两个特性：

(1) 流体静压强的方向与作用面垂直并指向作用面的内法线方向。

(2) 静止流体中任意一点流体压强的大小与作用面的方向无关。即任一点各方向静压强都相同。

流体平衡微分方程式：$f_x = \frac{1}{\rho}\frac{\partial p}{\partial x}, f_y = \frac{1}{\rho}\frac{\partial p}{\partial y}, f_z = \frac{1}{\rho}\frac{\partial p}{\partial z}$

矢量形式：$\boldsymbol{f} = \frac{1}{\rho} \mathrm{grad} \boldsymbol{p}$

物理意义：静止流体中，某一点单位质量流体所受的质量力与静压强（压力梯度）相平衡。

适用条件：理想流体（$\mu=0$）和实际流体；

可压缩流体和不可压缩流体（与 $\rho$ 无关）；

静止状态或相对静止状态。

压强差公式：$f_x dx + f_y dy + f_z dz = \frac{1}{\rho} dp$

表示当点坐标变化为 dxdydz 时流体静压强的变化量。

等压面方程：$f_x dx + f_y dy + f_z dz = 0$

性质：在平衡的流体中通过每一点的等压面必与该点所受的质量力相垂直。

流体静力学基本方程：

$$z + \frac{p}{\gamma} = C \quad 或 \quad z_1 + \frac{p_1}{\gamma} = z_2 + \frac{p_2}{\gamma} \tag{1}$$

$$p = p_0 + \gamma h \tag{2}$$

适用条件：不可压缩性流体，质量力只受重力。

物理意义：静止流体中的能量守恒定律——在重力作用下静止的流体中，各点单位重量流体具有的位势能，压强势能之和是相同的，即总势能保持不变。

压强的计算：绝对压强、相对压强、真空度。

$$\begin{cases} p_{abs} = p_a + p_{re} \\ p_{re} = p_{abs} - p_a \\ p_v = p_a - p_{abs} = -p_{re} \end{cases}$$

度量单位：Pa($N/m^2$)，atm，mmHg，$mmH_2O$，at

1atm = $1.01325 \times 10^5$Pa($N/m^2$) = 760mmHg = 10332.2$mmH_2O$

1at($1kgf/m^2$) = 980665.5Pa($N/m^2$) = 735.56mmHg = 10000$mmH_2O$

压强的测量：

(1) 液柱式测压计：$p = p_a + \gamma h$

(2) U 形管测压计：$p = \gamma_1 h_1 + \gamma_2 h_2$

(3) 倾斜微压计：$p = p_a + \rho g l \sin\theta$

## 思考题与习题

### 思考题

1-1 流体定义及流体有哪些特性？

1-2 引入流体连续介质模型有何作用，这一模型在什么条件下不能适用？

1-3 何谓流体$\rho$、$\gamma$、$d$ 及 $\nu$？

1-4 何谓流体膨胀性、压缩性，如何表示？

1-5 什么叫不可压缩性流体的假设，引入有何意义，什么情况下不可以使用？

1-6 流体黏性如何产生，其黏性力大小如何确定？

1-7 何谓牛顿流体？

1-8 何谓理想流体，提出此假设有何意义？

1-9 作用在流体上的力有哪几种，各如何表示，有何不同？

1-10 何谓流体静压力，有何特性？

1-11 流体平衡方程式表达式，物理意义及适用条件？

1-12 何谓等压面？

1-13 流体静力学基本方程式如何表示，分析其物理意义及几何意义？

1-14 何谓绝对压强、相对压强及真空度，三者有何关系？

1-15 列举几种测压计结构及原理。

### 习　题

1-1 当温度为20℃时，空气和水的运动黏度之比 $\frac{\nu_{空气}}{\nu_{水}} = 15$，则必有（　　）。

A. $\mu_{水} < \mu_{空气}$　　B. $\mu_{水} = \mu_{空气}$　　C. $\mu_{水} > \mu_{空气}$　　D. $\left(\frac{\mu}{\rho}\right)_{水} > \left(\frac{\mu}{\rho}\right)_{空气}$

1-2 理想流体是指（　　）。

A. 平衡流体　　B. 运动流体　　C. 忽略密度变化的流体　　D. 忽略黏性的流体

1-3 不可压缩流体是指（　　）。

A. 平衡流体　　B. 运动流体　　C. 忽略密度变化的流体　　D. 忽略黏性的流体

1-4 在下列各组流体中，属于牛顿流体的为（　　）。

A. 水、新拌水泥砂浆、血浆　　B. 水、新拌混凝土、泥石流

C. 水、空气、汽油　　D. 水、汽油、泥浆

1-5 若某流体的动力黏度 $\mu = 0.1\text{N} \cdot \text{s/m}^2$，黏性切应力 $\tau = 3.5\text{N/m}^2$，则该流体的流速梯度 $\frac{dv}{dy} =$（　　）。

A. 35/s　　B. 35m/s　　C. $35\text{m}^2/\text{s}$　　D. $35\text{m}^3/\text{s}$

1-6 如图所示，平板在油面上作水平运动，已知平板运动的速度 $v = 1\text{m/s}$，平板与固壁的距离 $h = 5\text{mm}$，油的运动黏度 $\mu = 0.1\text{Pa} \cdot \text{s}$，则作用在单位面积平板上的黏滞力 $F =$（　　）。

A. 10N　　B. 15N　　C. 20N　　D. 25N

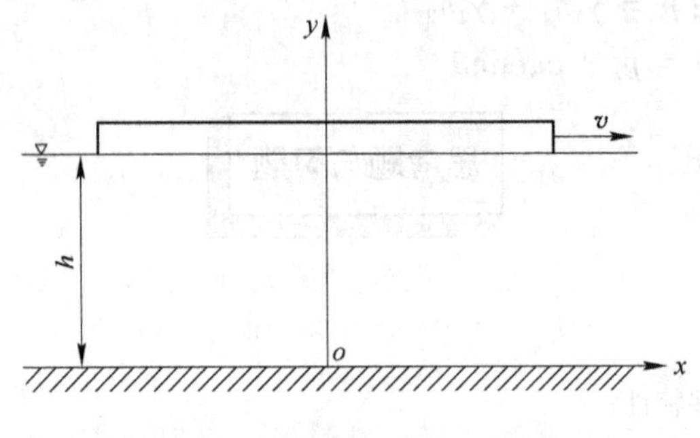


习题 1-6 图

1-7 流体静压强 $p$ 的作用方向为（　　）。

A. 平行受压面　　B. 垂直受压面　　C. 指向受压面　　D. 垂直指向受压面

1-8 平衡流体力学内任一点的压强大小（　　）。

A. 与作用方位无关，但与作用位置有关　　B. 与作用方位有关，但与作用位置无关

C. 与作用方位、作用位置均有关　　D. 与作用方位、作用位置均无关

1-9 绝对压强 $p_{abs}$ 与当地大气压 $p_a$、相对压强 $p_{re}$ 或真空值 $p_v$ 之间的关系为（　　）。

A. $p_{abs} = p_{re} + p_a$　　B. $p_{abs} = p_{re} - p_a$　　C. $p_{abs} = p_a - p_{re}$　　D. $p_{abs} = p_v + p_a$

1-10 在平衡液体中，质量力恒与等压面（　　）。

A. 重合　　B. 平行　　C. 相交　　D. 正交

1-11 如图所示，已知 $h_1 = 20\text{mm}$，$h_2 = 240\text{mm}$，$h_3 = 220\text{mm}$，求水深 $h$。

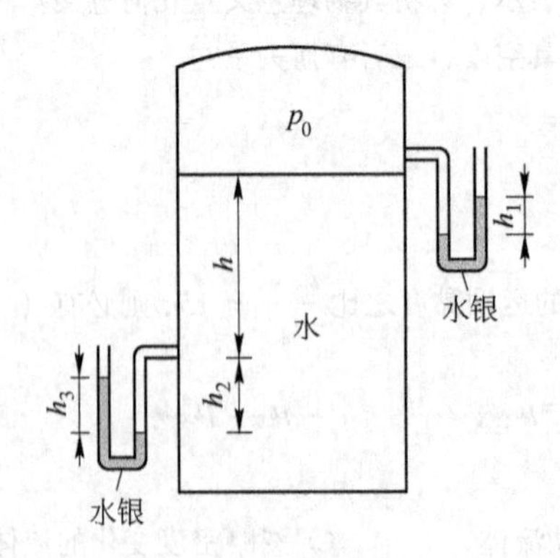


习题 1-11 图

# 2 流体动力学

**本章学习要点**：介绍研究流体运动的方法及与流动相关的基本概念；依据质量守恒建立连续性微分方程，依据动量守恒建立理想流体和实际流体的动量方程，沿流线积分得到理想流体和实际流体的伯努利方程，讨论了伯努利方程在流速、流量测试方面及工程上的应用。

## 2.1 流体运动的基本概念

### 2.1.1 研究流体运动的两种方法

在流体力学中根据着眼点不同，研究流体运动有两种不同方法：拉格朗日（Lagrange）法和欧拉（Euler）法。拉格朗日法着眼于流动空间内每一流体质点的运动轨迹以及运动参数（速度、压强、加速度等）随时间的变化，综合所有流体质点的运动，得到整个流体的运动规律。

为区别各个流体质点，将初始位置 $a$、$b$、$c$（拉格朗日变数）作为各个质点的标识。经 $\mathrm{d}t$ 后运动轨迹（不同时刻某一固定点的运动轨迹）即运动方程为：

$$\begin{aligned} x &= x(a,b,c,t) \\ y &= y(a,b,c,t) \\ z &= z(a,b,c,t) \end{aligned} \tag{2.1}$$

如固定 $t$，可得到不同流体质点在空间的位置分布。

速度为：

$$\begin{aligned} v_x &= \frac{\partial x}{\partial t} = x'(a,b,c,t) \\ v_y &= \frac{\partial y}{\partial t} = y'(a,b,c,t) \\ v_z &= \frac{\partial z}{\partial t} = z'(a,b,c,t) \end{aligned} \tag{2.2}$$

加速度为：

$$a_x = \frac{\partial v_x}{\partial t} = \frac{\partial^2 x}{\partial t^2} = x''(a,b,c,t)$$

$$a_y = \frac{\partial v_y}{\partial t} = \frac{\partial^2 y}{\partial t^2} = y''(a,b,c,t) \tag{2.3}$$

$$a_z = \frac{\partial v_z}{\partial t} = \frac{\partial^2 z}{\partial t^2} = z''(a,b,c,t)$$

对于某个确定的流体质点，$a$、$b$、$c$ 为常数，而 $t$ 是变量时，由式（2.1）可得到某一质点在不同时刻的运动规律；对于某个确定时刻，$t$ 为常数，$a$、$b$、$c$ 为变量时，可得到某一时刻不同流体质点的运动规律。要得到全部流场情况，得综合流场所有质点的运动规律，流场中跟踪某一个质点来测量某个参量是极其困难的，而且该方法得到的速度式（2.2）为偏微分量，加速度式（2.3）为二阶微分量，数学处理存在较大困难，所以拉格朗日法只限于研究流体的少数特殊情况（如波动和振荡），而在一般情况下很少采用。

欧拉法着眼点不是个别流体质点，而是流场中固定的坐标点，即研究流体质点通过空间固定点时运动参数随时间变化的规律，综合流场中所有点的运动参数变化情况，得到整个流体的运动规律。例如在某一时刻，流场中各空间点上流体质点的速度一般来说其大小和方向都是不相同的，因此速度是空间坐标 $(x,y,z)$ 的函数；另一个方面，在不同时刻流体通过同一空间点的速度也可以是不相同的，这样速度也是时间 $t$ 的函数。因此，运动速度应是 $x$、$y$、$z$ 和 $t$ 四个自变量的连续函数，即

$$\begin{aligned} v_x &= v_x(x,y,z,t) \\ v_y &= v_y(x,y,z,t) \\ v_z &= v_z(x,y,z,t) \end{aligned} \tag{2.4}$$

同理，其他运动状态参数，如压强 $p$ 也可以表示为

$$p = p(x,y,z,t)$$

加速度是速度项对时间的全导数，两个固定空间点速度不同，反映出流体质点通过时矢量发生变化，所以产生速度变化，故产生了加速度变化

$$\boldsymbol{a} = \frac{\mathrm{D}\boldsymbol{v}}{\mathrm{D}t} \tag{2.5}$$

根据复合函数的求导法则，流体运动的加速度可以表示为

$$\begin{aligned} a_x &= \frac{\mathrm{d}v_x}{\mathrm{d}t} = \frac{\partial v_x}{\partial t} + \frac{\partial v_x}{\partial x}\frac{\mathrm{d}x}{\mathrm{d}t} + \frac{\partial v_x}{\partial y}\frac{\mathrm{d}y}{\mathrm{d}t} + \frac{\partial v_x}{\partial z}\frac{\mathrm{d}z}{\mathrm{d}t} \\ &= \frac{\partial v_x}{\partial t} + v_x\frac{\partial v_x}{\partial x} + v_y\frac{\partial v_x}{\partial y} + v_z\frac{\partial v_x}{\partial z} \end{aligned} \tag{2.6}$$

同理：

$$a_y = \frac{\mathrm{d}v_y}{\mathrm{d}t} = \frac{\partial v_y}{\partial t} + v_x\frac{\partial v_y}{\partial x} + v_y\frac{\partial v_y}{\partial y} + v_z\frac{\partial v_y}{\partial z} \tag{2.7}$$

$$a_z = \frac{\mathrm{d}v_z}{\mathrm{d}t} = \frac{\partial v_z}{\partial t} + v_x\frac{\partial v_z}{\partial x} + v_y\frac{\partial v_z}{\partial y} + v_z\frac{\partial v_z}{\partial z} \tag{2.8}$$

式（2.6），式（2.7），式（2.8）中偏导数 $\frac{\partial v_x}{\partial t}$，$\frac{\partial v_y}{\partial t}$，$\frac{\partial v_z}{\partial t}$ 表示通过空间固定点的流体质点

速度随时间的变化率，称为当地加速度（或时变加速度）；而 $\frac{\partial v_x}{\partial x}$，$\frac{\partial v_y}{\partial y}$，$\frac{\partial v_z}{\partial z}$ 等表示同一瞬间流体质点速度随空间坐标的变化率，称迁移加速度（或位变加速度）。

同速度相类似，任一个矢量 $\boldsymbol{A} = A(x,y,z,t)$ 对时间求全导数，有：

$$\frac{\mathrm{D}\boldsymbol{A}}{\mathrm{D}t} = \frac{\partial \boldsymbol{A}}{\partial t} + (v\ ,\nabla)\boldsymbol{A} = \frac{\partial \boldsymbol{A}}{\partial t} + v_x\frac{\partial \boldsymbol{A}}{\partial x} + v_y\frac{\partial \boldsymbol{A}}{\partial y} + v_z\frac{\partial \boldsymbol{A}}{\partial z} \tag{2.9}$$

其中 $\nabla = \frac{\partial}{\partial x}\boldsymbol{i} + \frac{\partial}{\partial y}\boldsymbol{j} + \frac{\partial}{\partial z}\boldsymbol{k}$（哈密顿算子）具有微分性与矢量性的双重性质，$\boldsymbol{A}$ 无论是标量、矢量均成立。

如均量是流体密度 $\rho = \rho(x,y,z,t)$，其随时间的变化率为

$$\frac{\mathrm{D}\rho}{\mathrm{D}t} = \frac{\partial \rho}{\partial t} + v_x\frac{\partial \rho}{\partial x} + v_y\frac{\partial \rho}{\partial y} + v_z\frac{\partial \rho}{\partial z}$$

### 2.1.2　稳定流与非稳定流

如果流体经过流场内空间各点的运动参数不随时间而改变，则这种流动称为稳定流；反之，若运动参数随时间而改变，则称为非稳定流。恒定水位的孔口出流就是稳定流的实例，如图 2.1(a)所示，此时孔口处的流速和压力不随时间变化，流体经孔口流出后为一束形状不变的射流；变水位的孔口出流是非稳定流的实例，如图 2.1(b)所示。

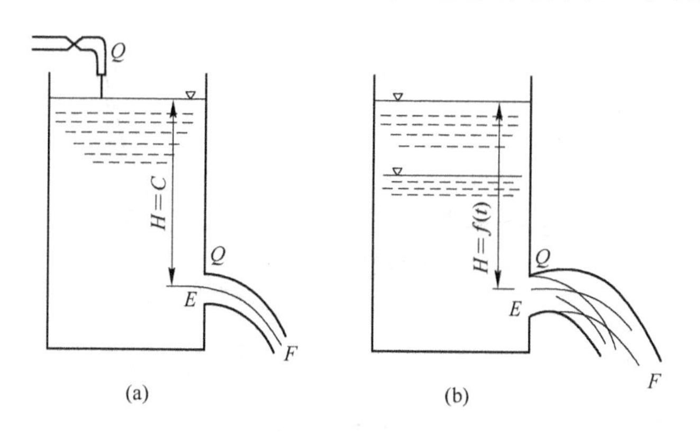


图 2.1　稳定流与非稳定流
（a）稳定流；（b）非稳定流

对于非稳定流，流场中速度和压强分布可表示为

$$v = v(x,y,z,t)$$
$$p = p(x,y,z,t)$$

对于稳定流，上述参数可表示为

$$v = v(x,y,z)$$
$$p = p(x,y,z)$$

所以，稳定流的数学条件是：$$\frac{\partial \boldsymbol{A}}{\partial t} = 0$$

研究流体运动时，稳定流有特别重要的意义。因为在实际问题中，很多情况同稳定流比较接近。因此，在分析中把他们按稳定流来处理就会使问题得到简化并容易解决。如容器截面比较大、孔口较小，即使没有充水和溢流装置保持水位恒定，其水位的下降也是相当缓慢的，这时按稳定流误差不会很大。

### 2.1.3 迹线和流线

迹线是流场中某一流体质点在某一过程中的运动轨迹。迹线上各点的切线表示某一质点在不同位置时的流动方向。如在流动的水面上洒上一些木屑，木屑随水流漂流的途径就是某一水点的运动轨迹。它是由拉格朗日法得到的空间中的一条曲线。

流线是某一瞬间在流场中连续的不同位置上各质点的流动方向线。它是欧拉法得到的空间中的一条曲线。

如图 2.2 所示，设在某一时刻 $t_0$，取流场中某一质点 1，作出其速度矢量$\boldsymbol{v}_1$，同时在沿矢量$\boldsymbol{v}_1$的方向与点 1 相距微小距离的点 2 上作出另一质点的速度矢量$\boldsymbol{v}_2$，再沿$\boldsymbol{v}_2$的方向与点 2 相距微小距离的点 3 作出速度矢量$\boldsymbol{v}_3$，如此继续下去，便能画出其他相邻各点的速度矢量，得到 1234…折线，当这个微小距离接近无限小时，这条折线就成了连续的光滑曲线，即称作 $t_0$ 时刻的流线。由图看出流线的定义为：流场中某一瞬时的一条空间曲线，在该线各流体质点所具有的速度方向与曲线上各点的切线方向重合。在流场中，同一时刻可以做出无数条流线，代表着这个时刻流体运动的图像和运动方向。

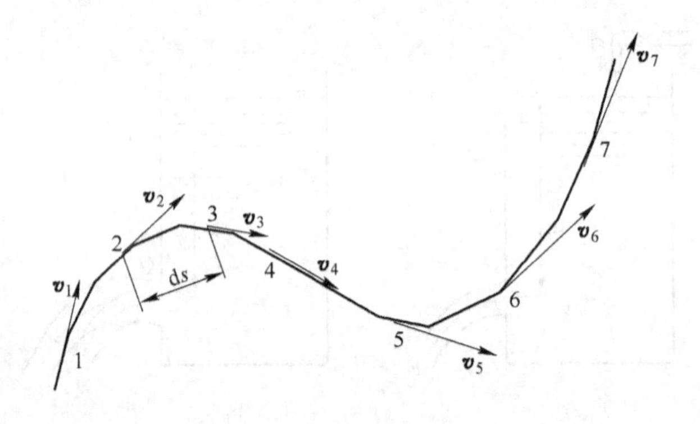


图 2.2 流线

在稳定流中，因各点速度不随时间而变化，故流线形状不随时间而变化，流体质点必沿某一确定的流线运动，此时流线与迹线重合。在非稳定流中，流线的位置和形状随时间而变化，因此流线和迹线不重合。

在某一时刻，通过流场中的某一点只能作出一条流线，流线不能转折，也不能相交，否则转折点和相交点速度不唯一，这是不可能的。

如图 2.3 所示为三种不同边界条件下流体流动图，也称“流线谱”。其中，图 2.3(a)是闸门下液体出流时的流线分布；图 2.3(b)是经突然放大的流线分布；图 2.3(c)是绕球体运动的流线分布。从图中可知，当固体边界渐变时，固体边界是流体运动的边界线，即流体沿边界流动；若边界突然变化，流体由于惯性作用主流会脱离边界，在边界与主流间形成漩涡区，这时固体边界就不是边界流线了。另外，在流线分布密集处流速大，在流线分布稀疏处流速小。因此，流线的分布疏密程度就表示了流体运动的快慢程度。

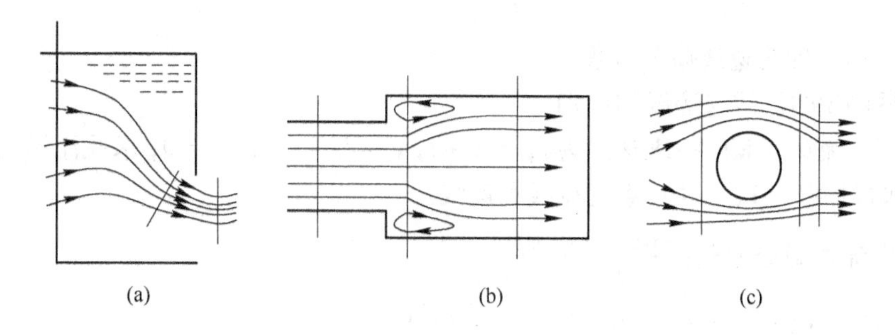


图 2.3　不同边界的流线图

下面分析流线的微分方程。如图 2.2 所示，速度矢量 $v$ 表示流线 $s$ 上任一点的流速，它在坐标 $x$，$y$，$z$ 方向的分量为 $v_x$，$v_y$，$v_z$，沿速度矢量的方向取流线上一微小位移 $ds$，由于它与速度矢量是重合的，故有

$$\begin{aligned}\cos\theta_x &= \frac{dx}{ds} = \frac{dx/dt}{ds/dt} = \frac{v_x}{v}\\ \cos\theta_y &= \frac{dy}{ds} = \frac{dy/dt}{ds/dt} = \frac{v_y}{v}\\ \cos\theta_z &= \frac{dz}{ds} = \frac{dz/dt}{ds/dt} = \frac{v_z}{v}\end{aligned} \tag{2.10}$$

式中　$\theta_x$，$\theta_y$，$\theta_z$——速度矢量的方向角。

由式（2.10），有

$$\frac{dx}{v_x} = \frac{dy}{v_y} = \frac{dz}{v_z} \tag{2.11}$$

这就是空间直角坐标系的流线微分方程。对于极坐标，根据流线上某点的切线和该点的速度矢量相重合的条件，可知切线速度分量（$v_\theta$）与径向速度分量（$v_r$）之比和微小弧长的切线分量（$rd\theta$）与径向分量（$dr$）之比相等，即

$$\frac{v_\theta}{v_r} = \frac{rd\theta}{dr} \tag{2.12}$$

于是可得极坐标的流线微分方程

$$r\frac{d\theta}{v_\theta} = \frac{dr}{v_r} \tag{2.13}$$

当以欧拉法表示流体运动物性时，可用欧拉法与拉氏法相互转换求出描述迹线的方程式。如一流场的欧拉表达式为：

$$\begin{aligned}v_x &= f(x,y,z,t)\\ v_y &= f(x,y,z,t)\\ v_z &= f(x,y,z,t)\end{aligned} \tag{2.14}$$

由于 $v_x = \dfrac{dx}{dt}$、$v_y = \dfrac{dy}{dt}$、$v_z = \dfrac{dz}{dt}$，所以有：

$$\frac{\mathrm{d}x}{v_x}=\frac{\mathrm{d}y}{v_y}=\frac{\mathrm{d}z}{v_z}=\mathrm{d}t \quad (t\text{ 为自变量}) \tag{2.15}$$

式（2.15）即为迹线微分方程。

下面举例说明流线与迹线的区别。

已知有一流场，其欧拉表达式为 $v_x=x+t$，$v_y=-y+t$，$v_z=0$，求此流场的流线方程式及 $t=0$ 时过 $M(-1,\ -1)$ 点的流线和迹线。

（1）由流线微分方程：$\dfrac{\mathrm{d}x}{x+t}=\dfrac{\mathrm{d}y}{-y+t}$

两边积分：$\ln(x+t)+C_1=-\ln(-y+t)+C_2$

整理：$\ln(x+t)\cdot(-y+t)=C$

所以 $\begin{cases}(x+t)(-y+t)=C\\ z=B\end{cases}$

分析：

1）取流场中任一点 $A(1,\ 2,\ 3)$，$t=1$ 时，$C=-2$，$B=3$

流线方程为：$\begin{cases}(x+1)(-y+1)=-2\\ z=3\end{cases}$

2）$t=1.5$ 时

流线方程为 $\begin{cases}(x+1.5)(-y+1.5)=-1.25\\ z=3\end{cases}$

结论：不同时刻通过同一点流线不同。

3）当 $t=1$ 时，过另一空间点 $A'(1,\ 1.5,\ 3)$ 时，$C=-1$，$B=3$

流线方程为：$\begin{cases}(x+1)(-y+1)=-1\\ z=3\end{cases}$

结论：同一时刻不同空间点的流线不同。

（2）当 $t=0$ 时，$x=-1$，$y=-1$ 代入 $C=-1$，过 $M(-1,\ -1)$ 点流线方程为双曲线 $xy=1$。

（3）迹线方程：

$$\left.\begin{aligned}\frac{\mathrm{d}x}{\mathrm{d}t}&=v_x=x+t\\ \frac{\mathrm{d}y}{\mathrm{d}t}&=v_y=-y+t\end{aligned}\right\}\xrightarrow{\text{非奇次常系数线性方程}}\begin{cases}x=C_1\mathrm{e}^t-t-1\\ y=C_2\mathrm{e}^t+t-1\end{cases}$$

（4）$x$，$y$ 随 $t$ 变化规律，当 $t=0$，$x=-1$，$y=-1$ 代入 $C_1=C_2=0$

过 $M(-1,\ -1)$ 点的迹线方程为：

$$\begin{cases}x=-t-1\\ y=t-1\end{cases}\xrightarrow{\text{消去 }t}x+y=-2$$

**结论**：本例说明虽然给出的是速度分布式（欧拉法），即各空间点上速度分量随时间的变化规律，仍然可由此求出一个指定流体质点在不同时刻经历的空间位置，即运动轨迹（拉格朗日法）。

### 2.1.4　流管与流束

流场中任取一条封闭曲线，如图 2.4 所示，过封闭曲线的每一点做流线，这些流线将组成一个管状表面，称为流管。稳定流动时，流管的形状是不变的，由于流管是由流线组成的，所以流体质点不能穿过流管而流动。

流管内部的流体构成流束，它在管内有其自身的许多曲线，所以流管是流束的表面。在流束内，与流线正交的面叫有效断面（或过水断面），如图 2.5 所示。有效断面面积为微小面积 $dA$ 的流束称为微小流束，无限多微小流束所组成的总的流束称为总流。流线互相平行时，流束的有效断面是平面，如图 2.5 中的有效断面 1 和 3；流线不平行时，流束的有效断面是曲面，如图 2.5 中的有效断面 2。在微小流束的有效断面上，各点的运动参数可以认为是相等的，这样就可以运用数学积分的方法求出相应的总有效断面的运动参数。

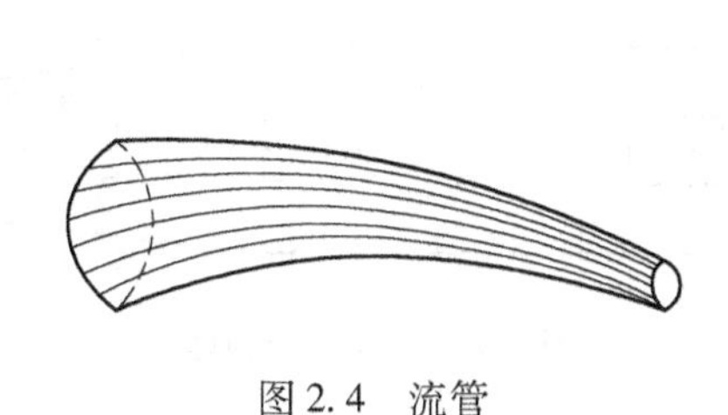

图 2.4　流管

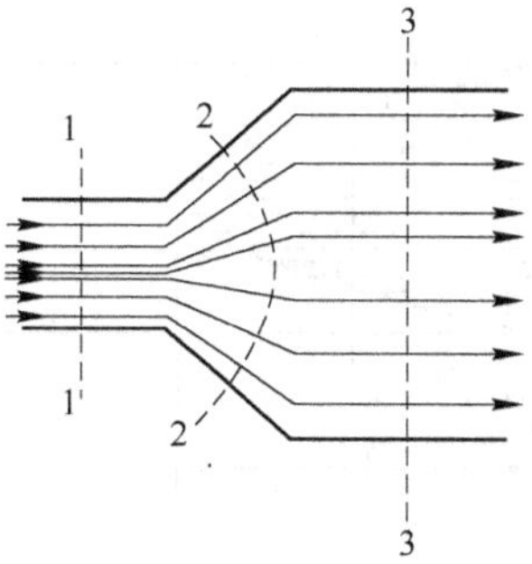

图 2.5　有效断面

### 2.1.5　流量和平均速度

单位时间内流过有效断面的流体的数量叫流量。若流体的数量以质量计算，则称为质量流量；以体积计算，称为体积流量，流体为液体时流量常用体积流量表示。由于在微小流束的有效断面 $dA$ 上的流速 $v$ 相同，则其体积流量为

$$dq_v = v dA \tag{2.16}$$

总流的体积流量为

$$q_v = \int_Q dq_v = \int_A v dA \tag{2.17}$$

由于实际流体具有黏性，因此任一有效断面上各点的速度大小不等。由实验可知，总有效断面上的速度分布为曲线，如图 2.6 所示。为了计算流量方便，根据流量相等的原则，引入平均速度的概念，由于

$$q_v = \int_A v dA = \bar{v} \int_A dA \tag{2.18}$$

则平均速度为

$$\bar{v} = \frac{\int_A v \mathrm{d}A}{\int_A \mathrm{d}A} = \frac{q_v}{A} \tag{2.19}$$

工程上所指的管道中流体的流速，就是这个断面的平均速度。

### 2.1.6　系统和控制体

系统和控制体是流体力学中两个既有区别又有联系的概念。

系统是一团流体质点的集合，在运动中系统的形状和位置可以不断变化，而它所包含的流体质点却始终不变，系统是与拉氏法相联系的。如图 2.7 所示流道，$t_1$ 时刻在位置 1 选取一个系统，$t_2$ 时刻这个系统运动到了位置 2，$t_3$ 时刻在位置 3。在运动中系统的形状和位置都发生了变化，但它所包含的流体质点却不变。由于系统始终包含相同的流体质点，所以系统与拉格朗日法相联系。

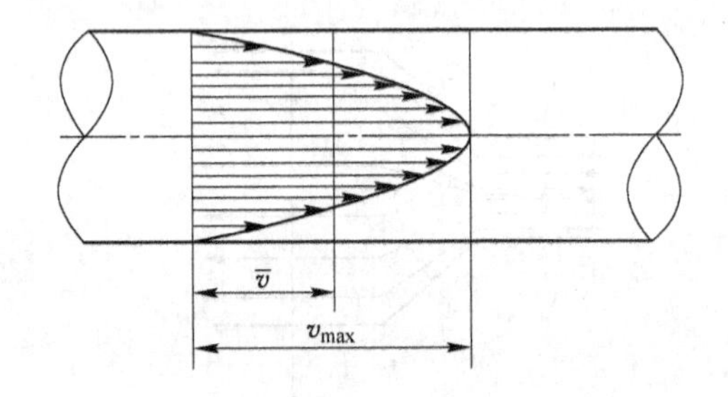


图 2.6　有效断面上流速分布

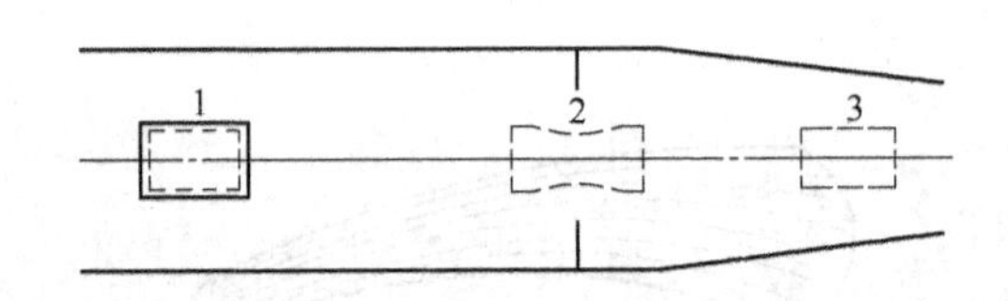


图 2.7　系统和控制体

控制体是指流场中的某一确定空间区域，其周界即为控制面，我们常选六面体作为控制体，六个面即为控制面。控制体一经选定，其形状和位置都不再变化，而其内部所包含的流体质点一般是变化的，是与欧拉法相联系的概念。如图 2.7 中选定的控制体与 $t_1$ 时刻的系统重合，如实线所示。以后系统运动，离开了 1 位置，但控制体仍留在原处。控制体内所包含的流体质点在不同时刻是不同的，流体可以流进流出控制体。

由以上分析可知，系统内流体质点不变，故无法与外界进行质量交换，即有能量与动量交换也仅限于系统边界；控制体可以有质量流进流出，进行与外界的质量、能量、动量的传递，且可引起控制体内动量、能量及质量的变化，因此本章基于控制体推导连续性方程及动量方程。

## 2.2　连续性方程

运动流体的连续性是指流体充满它所占据的空间（即流场），并不出现任何形式的空间或裂隙。连续性方程是物理学上质量守恒定律在流体运动学内的数学表达式。一切有物理意义的合理流动都必须遵守连续性原理。

### 2.2.1　直角坐标系下的连续性方程

在流场中任取一微小平行六面体，其边长分别为 d$x$、d$y$、d$z$，如图 2.8 所示。设顶点

$A$ 的流体速度为 $v$，它在坐标轴上的分量为 $v_x$、$v_y$、$v_z$，则单位时间内沿 $x$ 方向从侧面流入六面体的流体质量为 $\rho v_x \mathrm{d}y\mathrm{d}z$，从右侧面流出六面体的流体质量为 $\left(\rho v_x + \frac{\partial(\rho v_x)}{\partial x}\mathrm{d}x\right)\mathrm{d}y\mathrm{d}z$，则在 $\mathrm{d}t$ 时间内，沿 $x$ 轴流入、流出六面体的流体质量差为

$$\mathrm{d}q_{mx} = \rho v_x \mathrm{d}y\mathrm{d}z\mathrm{d}t - \left(\rho v_x + \frac{\partial(\rho v_x)}{\partial x}\mathrm{d}x\right)\mathrm{d}y\mathrm{d}z\mathrm{d}t = -\frac{\partial(\rho v_x)}{\partial x}\mathrm{d}x\mathrm{d}y\mathrm{d}z\mathrm{d}t \tag{2.20}$$

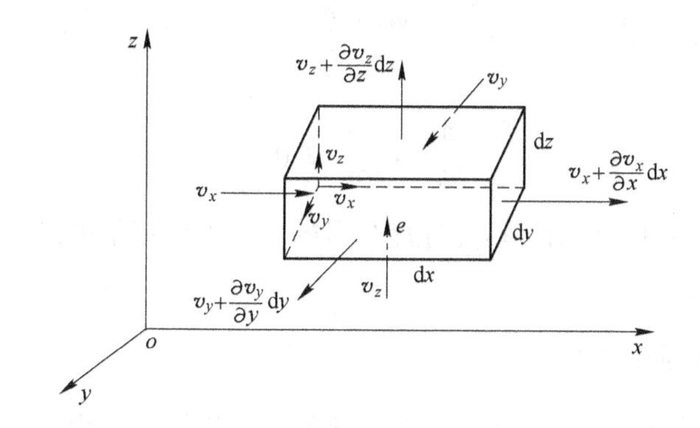


图 2.8 微小平行六面体

同理，在 $\mathrm{d}t$ 时间内，沿 $y$ 轴和 $z$ 轴流入、流出六面体的流体质量差为

$$\mathrm{d}q_{my} = -\frac{\partial(\rho v_y)}{\partial y}\mathrm{d}x\mathrm{d}y\mathrm{d}z\mathrm{d}t \tag{2.21}$$

$$\mathrm{d}q_{mz} = -\frac{\partial(\rho v_z)}{\partial z}\mathrm{d}x\mathrm{d}y\mathrm{d}z\mathrm{d}t \tag{2.22}$$

于是 $\mathrm{d}t$ 时间内流入与流出微小六面体空间的流体质量差值为

$$\mathrm{d}q_m = \mathrm{d}q_{mx} + \mathrm{d}q_{my} + \mathrm{d}q_{mz} = -\left(\frac{\partial(\rho v_x)}{\partial x} + \frac{\partial(\rho v_y)}{\partial y} + \frac{\partial(\rho v_z)}{\partial z}\right)\mathrm{d}x\mathrm{d}y\mathrm{d}z\mathrm{d}t \tag{2.23}$$

根据质量守恒定律，单位时间内流入、流出六面体的质量差值，必然会引起六面体内的流体密度的变化。假使 $t$ 时刻流体的密度为 $\rho$，$t+\mathrm{d}t$ 时刻流体的密度则为 $\rho + \frac{\partial \rho}{\partial t}\mathrm{d}t$，那么 $\mathrm{d}t$ 时间内，六面体内流体的质量改变为

$$\mathrm{d}q'_m = \left(\rho + \frac{\partial \rho}{\partial t}\mathrm{d}t\right)\mathrm{d}x\mathrm{d}y\mathrm{d}z - \rho\mathrm{d}x\mathrm{d}y\mathrm{d}z = \frac{\partial \rho}{\partial t}\mathrm{d}x\mathrm{d}y\mathrm{d}z\mathrm{d}t \tag{2.24}$$

由连续性原理

$$\mathrm{d}q_m = \mathrm{d}q'_m \tag{2.25}$$

将式（2.23）和式（2.24）代入上式，化简得

$$\frac{\partial \rho}{\partial t} + \frac{\partial(\rho v_x)}{\partial x} + \frac{\partial(\rho v_y)}{\partial y} + \frac{\partial(\rho v_z)}{\partial z} = 0 \tag{2.26}$$

这就是流体的连续性方程。应用哈密顿算子 $\nabla = \frac{\partial}{\partial x} + \frac{\partial}{\partial y} + \frac{\partial}{\partial z}$，并使用矢量形式，可将

上式化简为

$$\frac{\partial \rho}{\partial t} + \nabla(\rho v) = 0 \tag{2.27}$$

对于不可压缩流体（稳定流或非稳定流），$\rho = c$（常数），上式化简为

$$\frac{\partial v_x}{\partial x} + \frac{\partial v_y}{\partial y} + \frac{\partial v_z}{\partial z} = 0 \tag{2.28}$$

或

$$\nabla v = 0 \tag{2.29}$$

对于二维流动

$$\frac{\partial v_x}{\partial x} + \frac{\partial v_y}{\partial y} = 0 \tag{2.30}$$

由此可见，表示不可压缩流体质点速度分量的三个函数不是可以任意写出来的，它们必须满足连续性方程。

### 2.2.2 一维总流的连续性方程

工程中一维流动也比较常见，下面讨论一维流动的连续性方程。设有微小流束的两个不同的有效截面面积分别为 $dA_1$ 和 $dA_2$，相应的速度分别为 $v_1$ 和 $v_2$，密度分别为 $\rho_1$ 和 $\rho_2$，如图 2.9 所示。若以可压缩流体稳定流动来考虑，微小流束的形状不随时间改变，没有流体自流束表面流入与流出。根据质量守恒定律，在 dt 时间内流入与流出微小流束的流体质量差值为零，即

$$dq_m = v_1\rho_1 dA_1 dt - v_2\rho_2 dA_2 dt = 0 \tag{2.31}$$

则有

$$\rho_1 v_1 dA_1 dt = \rho_2 v_2 dA_2 dt \tag{2.32}$$

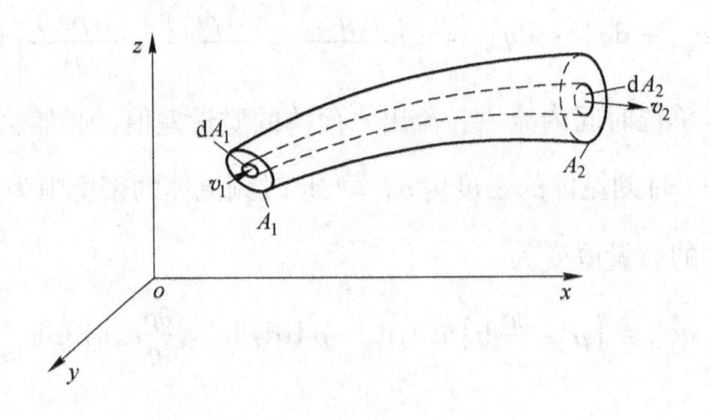


图 2.9 微小流束和一维流动

将上式对相应的有效截面进行积分，得

$$\iint \rho_1 v_1 dA_1 dt = \iint \rho_2 v_2 dA_2 dt \tag{2.33}$$

引入 $\rho_{1m}$，$\rho_{2m}$ 表示断面 1、2 上流体的平均密度，引入平均流速 $\bar{v}$，$\bar{v}A = \iint_A v dA$，上式可写成

$$\rho_{1m}\bar{v}_1A_1 = \rho_{2m}\bar{v}_2A_2 \tag{2.34}$$

对于不可压缩流体，$\rho$ 为常数，则有

$$\bar{v}_1A_1 = \bar{v}_2A_2 \tag{2.35}$$

上式表明，一维总流在不可压缩流体稳定流动条件下，沿流程体积流量保持不变，各有效截面中平均速度与有效截面面积成反比，即截面变大处，流速变小；断面变小处，流速变大。救火用的水龙头喷嘴，采矿用的水枪喷嘴都是利用这一规律，缩小有效截面而获得高速水流的。

**例 2-1**　不可压缩流体的速度分布为：$v_x = 3(x+y^3)$、$v_y = 4y+z^2$、$v_z = x+y+2z$，试分析该流动是否连续？

**解：**$\dfrac{\partial v_x}{\partial x}+\dfrac{\partial v_y}{\partial y}+\dfrac{\partial v_z}{\partial z} = \dfrac{\partial}{\partial x}(3(x+y^3))+\dfrac{\partial}{\partial y}(4y+z^2)+\dfrac{\partial}{\partial z}(x+y+2z) = 3+4+2\neq 0$

因为不满足连续方程，所以流动不连续。

**例 2-2**　可压缩流体流场可用下式描述：$\rho v = [axi - bxyj]e^{-kt}$，试计算 $t=0$ 时，点（3，2，2）处密度的时间变化率。

**解：**因为 $\nabla\rho v + \dfrac{\partial\rho}{\partial t} = 0$

所以 $\dfrac{\partial\rho}{\partial t} = -\nabla\rho v = -\left(\dfrac{\partial}{\partial x}\boldsymbol{i}+\dfrac{\partial}{\partial y}\boldsymbol{j}+\dfrac{\partial}{\partial z}\boldsymbol{k}\right)[ax\boldsymbol{i} - bxy\boldsymbol{j}]e^{-kt} = -(a-bx)e^{-kt}$

当 $t=0$ 时，$x=3$、$y=2$、$z=2$ 处：$\dfrac{\partial\rho}{\partial t} = -(a-3b) = 3b-a\ \ \mathrm{kg/(m^3\cdot s)}$

**例 2-3**　有一个三维不可压缩流场，已知其 $x$ 方向和 $y$ 方向的分速度分别为 $v_x = x^2 - y^2z^3$，$v_y = -(xy+yz+zx)$，求其 $z$ 方向分速度的表达式。

**解：**不可压缩流体的连续性方程为

$$\frac{\partial v_x}{\partial x}+\frac{\partial v_y}{\partial y}+\frac{\partial v_z}{\partial z} = 0$$

由已知条件 $\dfrac{\partial v_x}{\partial x} = 2x$，$\dfrac{\partial v_y}{\partial y} = -(x+z)$，将其代入连续方程，得

$$\frac{\partial v_z}{\partial z} = -x+z$$

积分后，得

$$v_z = -xz+\frac{z^2}{2}+C(x,y)$$

积分常数可以是常数，也可以是 $x,y$ 的函数。可以满足本题所要求的 $v_z$ 表达式有无穷多个。取最简单的情况，即 $C(x,y) = 0$，则

$$v_z = -xz+\frac{z^2}{2}$$

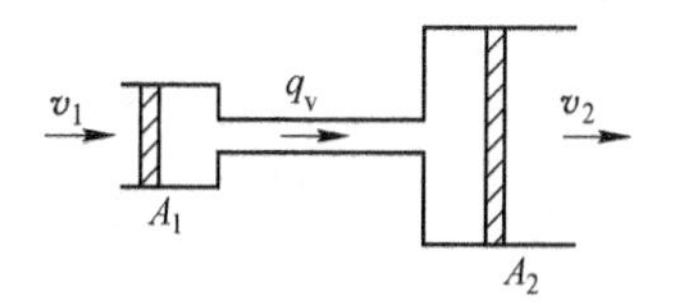


图 2.10　例 2-4 图

**例 2-4**　一液压系统中有两个串联油缸，工作流量为 $q_v$，活塞面积分别为 $A_1$、$A_2$。求两个活塞的运动速度比。

**解：**液压油可视为不可压缩流体，由一元流动连续性方

程得到

$$v_1 = q_v/A_1;\ v_2 = q_v/A_2$$

故

$$v_2 = (A_1/A_2)\cdot v_1$$

分析讨论能使 $v_2$ 产生更大范围变化的措施：可在两个串联油缸中间外加入一个油缸。如通过油缸向液压系统中输油，流量为 $q_v$，即 $v_1\cdot A_1 + q_v = v_2\cdot A_2$；如通过油缸从液压系统中抽油，流量为 $q_v$，即 $v_1\cdot A_1 = v_2\cdot A_2 + q_v$。

## 2.3　理想流体的运动微分方程——欧拉方程

本节讨论理想流体运动与力的关系，即根据牛顿第二定律（动量守恒定律）建立动力学方程。理想流体不考虑切向的黏性摩擦力的作用，因此，作用在流体表面的力只有垂直受力面并指向法线方向的压力。

在运动的理想流体中，任取一微小平行六面体，如图 2.11 所示，其边长分别为 dx、dy、dz，平均密度为 $\rho$，顶点 $A$ 处的压强为 $p$，流速沿各坐标轴的分量为 $v_x$、$v_y$、$v_z$，因各表面面积很小，可以认为其上压强均匀分布，则左侧面上的压强为 $p$，右侧面上的压强为 $\left(p + \frac{\partial p}{\partial x}\mathrm{d}x\right)$。流体的单位质量力在 $x$ 轴上的分量为 $f_x$，则微小六面体的质量力在 $x$ 轴上的分量为

$$F_x = f_x\rho\,\mathrm{d}x\mathrm{d}y\mathrm{d}z \tag{2.36}$$

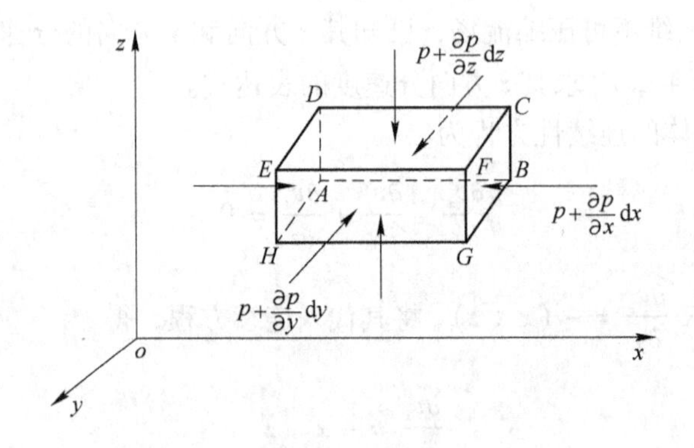


图 2.11　理想流体微小平行六面体

根据牛顿第二定律 $F = ma$，$x$ 轴上可得

$$\left.\begin{aligned} f_x - \frac{1}{\rho}\frac{\partial p}{\partial x} &= \frac{\mathrm{d}v_x}{\mathrm{d}t} \\ f_y - \frac{1}{\rho}\frac{\partial p}{\partial y} &= \frac{\mathrm{d}v_y}{\mathrm{d}t} \\ f_z - \frac{1}{\rho}\frac{\partial p}{\partial z} &= \frac{\mathrm{d}v_z}{\mathrm{d}t} \end{aligned}\right\} \tag{2.37}$$

若用矢量表示，则为

$$\begin{cases} \boldsymbol{f} - \dfrac{1}{\rho}\nabla \boldsymbol{p} = \dfrac{\mathrm{D}\boldsymbol{v}}{\mathrm{D}t} \\ \boldsymbol{f} = f_x\boldsymbol{i} + f_y\boldsymbol{j} + f_z\boldsymbol{k} \end{cases} \tag{2.38}$$

式中 $\boldsymbol{f}$——质量力；

$\nabla \boldsymbol{p}$——压强梯度；

$\dfrac{\mathrm{D}\boldsymbol{v}}{\mathrm{D}t}$——实质导数，即加速度，在 $x$ 轴上 $\dfrac{\mathrm{D}v_x}{\mathrm{D}t} = \dfrac{\partial v_x}{\partial t} + v_x\dfrac{\partial v_x}{\partial x} + v_y\dfrac{\partial v_x}{\partial y} + v_z\dfrac{\partial v_x}{\partial z} = a_x$。

式（2.37）就是理想流体的运动微分方程，是1755年由欧拉首先提出，又称欧拉方程。它表示了理想流体所受的外力和运动的关系，是流体动力学中一个重要的方程。

若考虑到加速度可以表示为时变加速度和位变加速度之和，则式（2.37）可以表示为

$$\left.\begin{aligned} f_x - \frac{1}{\rho}\frac{\partial p}{\partial x} &= \frac{\partial v_x}{\partial t} + v_x\frac{\partial v_x}{\partial x} + v_y\frac{\partial v_x}{\partial y} + v_z\frac{\partial v_x}{\partial z} \\ f_y - \frac{1}{\rho}\frac{\partial p}{\partial y} &= \frac{\partial v_y}{\partial t} + v_x\frac{\partial v_y}{\partial x} + v_y\frac{\partial v_y}{\partial y} + v_z\frac{\partial v_y}{\partial z} \\ f_z - \frac{1}{\rho}\frac{\partial p}{\partial z} &= \frac{\partial v_z}{\partial t} + v_x\frac{\partial v_z}{\partial x} + v_y\frac{\partial v_z}{\partial y} + v_z\frac{\partial v_z}{\partial z} \end{aligned}\right\} \tag{2.39}$$

这是比式（2.38）更为详细的欧拉运动微分方程。方程中包含了以 $x$、$y$、$z$ 和 $t$ 为独立变量的四个未知数 $v_x$、$v_y$、$v_z$ 和 $p$，再补充上连续性方程，共有四个方程，从理论上讲是可以求解的。

当 $v_x = v_y = v_z = 0$ 时，说明流体处于平衡静止状态，可得欧拉平衡微分方程（1.30），所以平衡方程只是运动方程的特例。

**例 2-5** 设有一不可压缩的理想流体的稳定流，其流线方程为：$x^2 - y^2 = C$。求：（1）其加速度 $a$ 的大小；（2）当质量力可忽略时，求此情况下的压力分布方程式。

**解：** 流线方程 $x^2 - y^2 = C$ 为二维理想稳态流体。

（1）已知流线微分方程形式：$\dfrac{\mathrm{d}x}{v_x} = \dfrac{\mathrm{d}y}{v_y} \Rightarrow v_y\mathrm{d}x - v_x\mathrm{d}y = 0$

对 $x^2 - y^2 = C$ 两边同时微分，得 $2x\mathrm{d}x - 2y\mathrm{d}y = 0$

所以 $v_x = 2y$，$v_y = 2x$。对于稳定流：$\dfrac{\partial v_x}{\partial t} = \dfrac{\partial v_y}{\partial t} = 0$，有

$$\frac{\partial v_x}{\partial x} = \frac{\partial(2y)}{\partial x} = 0 \qquad \frac{\partial v_x}{\partial y} = \frac{\partial(2y)}{\partial y} = 2$$

$$a_x = \frac{\mathrm{d}v_x}{\mathrm{d}t} = \frac{\partial v_x}{\partial t} + v_x\frac{\partial v_x}{\partial x} + v_y\frac{\partial v_x}{\partial y} = 0 + 0 + (2x)(2) = 4x$$

$$\frac{\partial v_y}{\partial x} = \frac{\partial(2x)}{\partial x} = 2 \qquad \frac{\partial v_y}{\partial y} = \frac{\partial(2x)}{\partial y} = 0$$

$$a_y = \frac{\mathrm{d}v_y}{\mathrm{d}t} = \frac{\partial v_y}{\partial t} + v_x\frac{\partial v_y}{\partial x} + v_y\frac{\partial v_y}{\partial y} = 0 + (2y)(2) + 0 = 4y$$

$$a = \sqrt{a_x^2 + a_y^2} = 4\sqrt{x^2 + y^2}$$

（2）根据理想流体运动微分方程：忽略质量力，则二维流：

$$\rho\frac{\mathrm{d}v_x}{\mathrm{d}t}=-\frac{\partial p}{\partial x}\Rightarrow 4\rho x=-\frac{\partial p}{\partial x},\ \rho\frac{\mathrm{d}v_y}{\mathrm{d}t}=-\frac{\partial p}{\partial y}\Rightarrow 4\rho y=-\frac{\partial p}{\partial y}$$

各项分别乘 $\mathrm{d}x$，$\mathrm{d}y$，两项相加得：

$$4\rho(x\mathrm{d}x+y\mathrm{d}y)=-\mathrm{d}p\Rightarrow 2\rho(x^2+y^2)=-p+C_1$$

得

$$p=-2\rho(x^2+y^2)+C_1$$

## 2.4　实际流体的运动微分方程——纳维尔-斯托克斯方程

实际流体的运动微分方程可以仿照欧拉运动微分方程去推导，不同之处在于实际流体具有黏性，因此作用于微小六面体的各个表面的力不仅有法向应力 $p$，还有切向应力 $\tau$。与顶点 $A$ 相邻的三个面上的应力分布如图 2.12 所示，应力中的第一个角标表示作用面的外法线方向为正，另外三个面上的应力可以通过把对应面上的应力按泰勒级数展开，略去二阶无穷小量而得到。为简明起见，只画出微小六面体在 $x$ 轴方向所受到的应力，如图 2.13 所示。

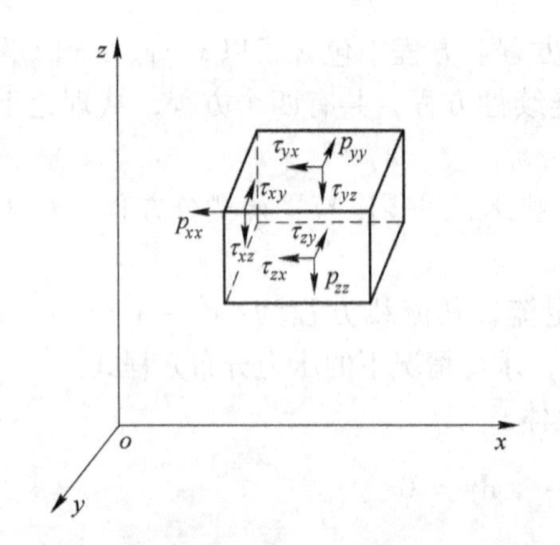


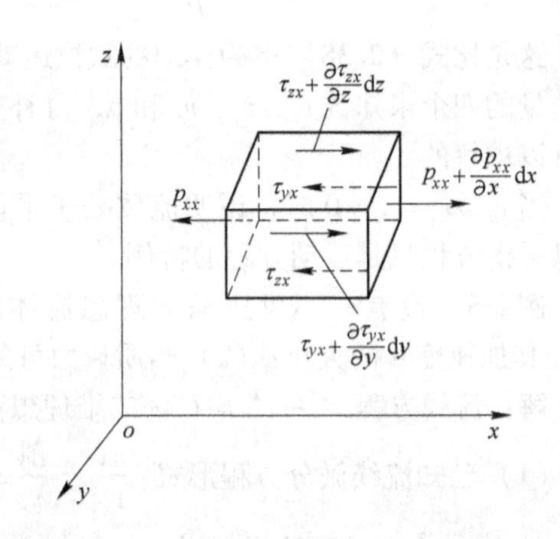


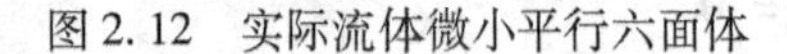

图 2.12　实际流体微小平行六面体　　　图 2.13　实际流体微小平行六面体简化模型

在 $x$ 方向应用牛顿第二定律可得

$$f_x\rho\mathrm{d}x\mathrm{d}y\mathrm{d}z+\frac{\partial p_{xx}}{\partial x}\mathrm{d}x\mathrm{d}y\mathrm{d}z+\frac{\partial\tau_{yx}}{\partial y}\mathrm{d}x\mathrm{d}y\mathrm{d}z+\frac{\partial\tau_{zx}}{\partial z}\mathrm{d}x\mathrm{d}y\mathrm{d}z=\rho\frac{\mathrm{d}v_x}{\mathrm{d}t}\mathrm{d}x\mathrm{d}y\mathrm{d}z \tag{2.40}$$

等式两边同时除以 $\mathrm{d}x\mathrm{d}y\mathrm{d}z$，得

$$\rho f_x+\left(\frac{\partial p_{xx}}{\partial x}+\frac{\partial\tau_{yx}}{\partial y}+\frac{\partial\tau_{zx}}{\partial z}\right)=\rho\frac{\mathrm{d}v_x}{\mathrm{d}t} \tag{2.41}$$

考虑到流体直线变形会产生附加法向应力，其方向与直线变形方向相反，大小为动力黏度与直线变形速度乘积之 2 倍，于是有

$$p_{xx}=-p+2\mu\frac{\partial v_x}{\partial x} \tag{2.42}$$

另外，切应力与变形速度有关

$$
\left.\begin{aligned}
\tau_{yx} &= \tau_{xy} = \mu\left(\frac{\partial v_y}{\partial x} + \frac{\partial v_x}{\partial y}\right) \\
\tau_{zx} &= \tau_{xz} = \mu\left(\frac{\partial v_z}{\partial x} + \frac{\partial v_x}{\partial z}\right)
\end{aligned}\right. \tag{2.43}
$$

将式（2.42）和式（2.43）代入式（2.41）中，令$\mu$ = 常数，可得

$$
\rho f_x - \frac{\partial p}{\partial x} + \mu\left(\frac{\partial^2 v_x}{\partial x^2} + \frac{\partial^2 v_x}{\partial y^2} + \frac{\partial^2 v_x}{\partial z^2}\right) + \mu \frac{\partial}{\partial x}\left(\frac{\partial v_x}{\partial x} + \frac{\partial v_y}{\partial y} + \frac{\partial v_z}{\partial z}\right) = \rho \frac{\mathrm{d} v_x}{\mathrm{d} t} \tag{2.44}
$$

对于不可压缩流体，根据连续性方程，上式等号左侧最后一项为零，两端同时除以$\rho$，并以$\nu = \frac{\mu}{\rho}$代入，则有

$$
\left.\begin{aligned}
f_x - \frac{1}{\rho}\frac{\partial p}{\partial x} + \nu\left(\frac{\partial^2 v_x}{\partial x^2} + \frac{\partial^2 v_x}{\partial y^2} + \frac{\partial^2 v_x}{\partial z^2}\right) &= \frac{\mathrm{d} v_x}{\mathrm{d} t} \\
f_y - \frac{1}{\rho}\frac{\partial p}{\partial y} + \nu\left(\frac{\partial^2 v_y}{\partial x^2} + \frac{\partial^2 v_y}{\partial y^2} + \frac{\partial^2 v_y}{\partial z^2}\right) &= \frac{\mathrm{d} v_y}{\mathrm{d} t} \\
f_z - \frac{1}{\rho}\frac{\partial p}{\partial z} + \nu\left(\frac{\partial^2 v_z}{\partial x^2} + \frac{\partial^2 v_z}{\partial y^2} + \frac{\partial^2 v_z}{\partial z^2}\right) &= \frac{\mathrm{d} v_z}{\mathrm{d} t}
\end{aligned}\right\} \tag{2.45}
$$

应用拉普拉斯算子$\nabla^2 = \frac{\partial^2}{\partial x^2} + \frac{\partial^2}{\partial y^2} + \frac{\partial^2}{\partial z^2}$，则上式可改写为

$$
\left.\begin{aligned}
f_x - \frac{1}{\rho}\frac{\partial p}{\partial x} + \nu \nabla^2 v_x &= \frac{\mathrm{d} v_x}{\mathrm{d} t} \\
f_y - \frac{1}{\rho}\frac{\partial p}{\partial y} + \nu \nabla^2 v_y &= \frac{\mathrm{d} v_y}{\mathrm{d} t} \\
f_z - \frac{1}{\rho}\frac{\partial p}{\partial z} + \nu \nabla^2 v_z &= \frac{\mathrm{d} v_z}{\mathrm{d} t}
\end{aligned}\right\} \tag{2.46}
$$

或

$$
f - \frac{1}{\rho}\nabla p + \nu \nabla^2 v = \frac{\mathrm{D} v}{\mathrm{D} t}
$$

这就是实际不可压缩流体的运动微分方程式，是由法国的纳维尔（Navier）和英国的斯托克斯（Stokes）于1826年和1847年先后提出的，故又称纳维尔-斯托克斯方程式（也称N-S方程）。该式表明，实际流体在运动过程中所受的质量力、压力、黏性力与运动惯性力是平衡的。

**例2-6** 试用N-S方程推出两平板间间距为$b$，其流体的速度分布、切应力分布、流量及平均速度。工程应用背景如滑动轴承润滑油流动，滑块与导轨间隙流动，活塞与缸壁间隙流动等。

**解：** 已知条件：

（1）$\rho$ = 常数；$\mu$ = 常数

（2）定常流动：$\frac{\partial}{\partial t} = 0$

（3）充分发展流动：$\dfrac{\partial v_x}{\partial x}=\dfrac{\partial^2 v_x}{\partial x^2}=0$，$v_x=v_x(y)$

（4）体积力为重力：$f_x=0$，$f_y=-g$

基本方程：连续性方程与 N-S 方程

$$\frac{\partial v_x}{\partial x}+\frac{\partial v_y}{\partial y}=0 \qquad \frac{\partial v_x}{\partial x}=\frac{\partial v_y}{\partial y}=0 \qquad v_y=0$$

$$\rho\left(\frac{\partial v_x}{\partial t}+v_x\frac{\partial v_x}{\partial x}+v_y\frac{\partial v_x}{\partial y}\right)=\rho f_x-\frac{\partial p}{\partial x}+\mu\left(\frac{\partial^2 v_x}{\partial x^2}+\frac{\partial^2 v_x}{\partial y^2}\right)$$

$$\rho\left(\frac{\partial v_y}{\partial t}+v_x\frac{\partial v_y}{\partial x}+v_y\frac{\partial v_y}{\partial y}\right)=\rho f_y-\frac{\partial p}{\partial y}+\mu\left(\frac{\partial^2 v_y}{\partial x^2}+\frac{\partial^2 v_y}{\partial y^2}\right)$$

简化得：

$$\frac{\partial p}{\partial x}=\mu\frac{\mathrm{d}^2 v_x}{\mathrm{d}y^2}$$

$$\frac{\partial p}{\partial y}=\rho f_y=-\rho g$$

由第二式

$$p=-\rho g y+f(x)$$

第一式左边与 $y$ 无关，右边与 $x$ 无关，只能均为常数。

取 $p$ 为截面平均压强，$\dfrac{\mathrm{d}^2 v_x}{\mathrm{d}y^2}=\dfrac{1}{\mu}\dfrac{\mathrm{d}p}{\mathrm{d}x}=C$

积分得

$$v_x=\frac{1}{2\mu}\frac{\mathrm{d}p}{\mathrm{d}x}y^2+C_1y+C_2$$

边界条件

$$y=0,\ v_x=0,\ C_2=0$$

$$y=b,\ v_x=0,\ C_1=-\frac{1}{2\mu}\frac{\mathrm{d}p}{\mathrm{d}x}b$$

（1）速度分布 $v_x=\dfrac{1}{2\mu}\dfrac{\mathrm{d}p}{\mathrm{d}x}(y^2-by)$，最大速度 $v_{\max}=-\dfrac{b^2}{8\mu}\dfrac{\mathrm{d}p}{\mathrm{d}x}$

（2）切应力分布 $\tau=\dfrac{\mathrm{d}p}{\mathrm{d}x}\left(y-\dfrac{b}{2}\right)$，壁面切应力 $\tau_{\mathrm{w}}=\dfrac{b}{2}\dfrac{\mathrm{d}p}{\mathrm{d}x}$

（3）流量 $q_{\mathrm{v}}=\displaystyle\int_0^b v_x\mathrm{d}y=\int_0^b\frac{1}{2\mu}\frac{\mathrm{d}p}{\mathrm{d}x}(y^2-by)\mathrm{d}y=-\frac{b^3}{12\mu}\frac{\mathrm{d}p}{\mathrm{d}x}$

（4）平均速度 $\bar{v}=\dfrac{q_{\mathrm{v}}}{b}=-\dfrac{b^2}{12\mu}\dfrac{\mathrm{d}p}{\mathrm{d}x}=\dfrac{2}{3}v_{\max}$

## 2.5 理想流体和实际流体的伯努利方程

### 2.5.1 理想流体沿流线的伯努利方程

由理想流体运动微分方程

$$\left.\begin{aligned} f_x - \frac{1}{\rho}\frac{\partial p}{\partial x} &= \frac{\mathrm{d}v_x}{\mathrm{d}t} \\ f_y - \frac{1}{\rho}\frac{\partial p}{\partial y} &= \frac{\mathrm{d}v_y}{\mathrm{d}t} \\ f_z - \frac{1}{\rho}\frac{\partial p}{\partial z} &= \frac{\mathrm{d}v_z}{\mathrm{d}t} \end{aligned}\right\}$$

引入稳定流动，变换去除 $t$，则公式右侧变换为

$$\left.\begin{aligned} \frac{\mathrm{d}v_x}{\mathrm{d}t} &= \frac{\mathrm{d}v_x}{\mathrm{d}x}\frac{\mathrm{d}x}{\mathrm{d}t} = v_x\frac{\mathrm{d}v_x}{\mathrm{d}x} \\ \frac{\mathrm{d}v_y}{\mathrm{d}t} &= \frac{\mathrm{d}v_y}{\mathrm{d}y}\frac{\mathrm{d}y}{\mathrm{d}t} = v_y\frac{\mathrm{d}v_y}{\mathrm{d}y} \\ \frac{\mathrm{d}v_z}{\mathrm{d}t} &= \frac{\mathrm{d}v_z}{\mathrm{d}z}\frac{\mathrm{d}z}{\mathrm{d}t} = v_z\frac{\mathrm{d}v_z}{\mathrm{d}z} \end{aligned}\right\}$$

质量力只有重力：$f_x = f_y = 0, f_z = -g$，即

$$\left.\begin{aligned} v_x\frac{\mathrm{d}v_x}{\mathrm{d}x} &= -\frac{1}{\rho}\frac{\partial p}{\partial x} \\ v_y\frac{\mathrm{d}v_y}{\mathrm{d}y} &= -\frac{1}{\rho}\frac{\partial p}{\partial y} \\ v_z\frac{\mathrm{d}v_z}{\mathrm{d}z} &= -\frac{1}{\rho}\frac{\partial p}{\partial z} - g \end{aligned}\right\}$$

各项分别乘 d$x$、d$y$、d$z$ 得（由此运动方程转化为能量方程）：

$$\left\{\begin{aligned} v_x\mathrm{d}v_x &= -\frac{1}{\rho}\frac{\partial p}{\partial x}\mathrm{d}x \\ v_y\mathrm{d}v_y &= -\frac{1}{\rho}\frac{\partial p}{\partial y}\mathrm{d}y \\ v_z\mathrm{d}v_z &= -\frac{1}{\rho}\frac{\partial p}{\partial z}\mathrm{d}z - g\mathrm{d}z \end{aligned}\right. \xrightarrow{\text{三项相加}}$$

$$v_x\mathrm{d}v_x + v_y\mathrm{d}v_y + v_z\mathrm{d}v_z = -\frac{1}{\rho}\left(\frac{\partial p}{\partial x}\mathrm{d}x + \frac{\partial p}{\partial y}\mathrm{d}y + \frac{\partial p}{\partial z}\mathrm{d}z\right) - g\mathrm{d}z \tag{2.47}$$

上式左侧是 $v^2/2$ 的全微分，即

$$v_x\mathrm{d}v_x + v_y\mathrm{d}v_y + v_z\mathrm{d}v_z = \frac{1}{2}\mathrm{d}(v_x^2 + v_y^2 + v_z^2) = \mathrm{d}\left(\frac{v^2}{2}\right)$$

右侧第一项括号里表达式是 $p$ 的全微分，即

$$\frac{\partial p}{\partial x}\mathrm{d}x + \frac{\partial p}{\partial y}\mathrm{d}y + \frac{\partial p}{\partial z}\mathrm{d}z = \mathrm{d}p$$

将 $v^2/2$ 和 $p$ 的全微分代入式（2.47）得：

$$\mathrm{d}\left(\frac{v^2}{2}\right) = -g\mathrm{d}z - \frac{1}{\rho}\mathrm{d}p \tag{2.48}$$

考虑到$\rho$=常数，上式可写为

$$\mathrm{d}\left(z+\frac{p}{\rho g}+\frac{v^2}{2g}\right)=0 \tag{2.49}$$

式（2.49）即为伯努利方程的微分形式。

沿流线进行积分，

$$z+\frac{p}{\gamma}+\frac{v^2}{2g}=C \tag{2.50}$$

式中，$C$为常数。此即理想流体运动微分方程的伯努利积分。它表明在质量力只有重力的作用下，不可压缩的理想流体稳定流动时，函数值$\left(z+\frac{p}{\gamma}+\frac{v^2}{2g}\right)$沿流线上是不变的。

若在同一流线上任取1、2两点，可得

$$z_1+\frac{p_1}{\gamma}+\frac{v_1^2}{2g}=z_2+\frac{p_2}{\gamma}+\frac{v_2^2}{2g} \tag{2.51}$$

这就是理想不可压缩流体在重力作用下沿流线（或微小流束）运动的伯努利方程，是伯努利在1738年发表的。

### 2.5.2 实际流体沿流线的伯努利方程

和讨论理想流体的伯努利方程一样，实际流体运动微分方程的积分问题仍在同样特定条件下进行讨论。式（2.46）经移项整理得

$$\left.\begin{aligned}\frac{\partial}{\partial x}\left(f-\frac{p}{\rho}-\frac{v^2}{2}\right)+\nu\nabla^2 v_x=0\\ \frac{\partial}{\partial y}\left(f-\frac{p}{\rho}-\frac{v^2}{2}\right)+\nu\nabla^2 v_y=0\\ \frac{\partial}{\partial z}\left(f-\frac{p}{\rho}-\frac{v^2}{2}\right)+\nu\nabla^2 v_z=0\end{aligned}\right\} \tag{2.52}$$

将式（2.52）中的各个方程，对应乘以d$x$、d$y$、d$z$，然后相加，得

$$\mathrm{d}\left(f-\frac{p}{\rho}-\frac{v^2}{2}\right)+\nu(\nabla^2 v_x\mathrm{d}x+\nabla^2 v_y\mathrm{d}y+\nabla^2 v_z\mathrm{d}z)=0 \tag{2.53}$$

由式（2.53）可以看出，$\nu\nabla^2 v_x$、$\nu\nabla^2 v_y$、$\nu\nabla^2 v_z$为单位质量流体所受切向应力在相应轴上的投影，所以上式中的第二项即为这些切向应力在流线微小长度d$l$上所做的功。因为这些由黏性产生的切向应力的合力总是与流体运动方向相反，故所做的功应为负功，因此可将上式中的第二项表示为

$$\nu(\nabla^2 v_x\mathrm{d}x+\nabla^2 v_y\mathrm{d}y+\nabla^2 v_z\mathrm{d}z)=-\mathrm{d}W_\mathrm{R} \tag{2.54}$$

式中　$W_\mathrm{R}$——阻力功。

将式（2.54）代入式（2.53），得

$$\mathrm{d}\left(f-\frac{p}{\rho}-\frac{v^2}{2}-W_\mathrm{R}\right)=C$$

将上式沿流线积分，得

$$f - \frac{p}{\rho} - \frac{v^2}{2} - W_R = C \tag{2.55}$$

这就是实际流体运动微分方程的伯努利积分。它表明在质量力的作用下，实际不可压缩流体稳定流动时，函数值$\left(f - \frac{p}{\rho} - \frac{v^2}{2} - W_R\right)$是沿流线不变的。

若质量力只有重力，则：

$$gz + \frac{p}{\rho} + \frac{v^2}{2} + W_R = 0 \tag{2.56}$$

若在同一流线上任取1、2两点，可得：

$$z_1 + \frac{p_1}{\rho g} + \frac{v_1^2}{2g} + W_{R1} = z_2 + \frac{p_2}{\rho g} + \frac{v_2^2}{2g} + W_{R2} \tag{2.57}$$

经整理得

$$gz_1 + \frac{p_1}{\rho} + \frac{v_1^2}{2} = gz_2 + \frac{p_2}{\rho} + \frac{v_2^2}{2} + (W_{R2} - W_{R1}) \tag{2.58}$$

式中，$(W_{R2} - W_{R1})$表示单位质量实际流体自点1运动到点2的过程中，内摩擦力所做的功，其值总是随流动路程的增加而增大的。

令$h'_w = \frac{1}{g}(W_{R2} - W_{R1})$，表示单位质量的实际流体从点1到点2的过程中所接受的摩擦阻力功（或能量损失），则上式写成

$$gz_1 + \frac{p_1}{\rho} + \frac{v_1^2}{2} = gz_2 + \frac{p_2}{\rho} + \frac{v_2^2}{2} + gh'_w$$

或

$$z_1 + \frac{p_1}{\gamma} + \frac{v_1^2}{2g} = z_2 + \frac{p_2}{\gamma} + \frac{v_2^2}{2g} + h'_w \tag{2.59}$$

这就是实际流体沿流线（或微小流束）流动的伯努利方程，其中$z$和$\frac{p}{\gamma}$的意义已在流体静力学中做了说明。从能量和几何角度两方面来看，$z$称为比位能或位置水头（简称位头）；$\frac{p}{\gamma}$称为比压能或压强水头（简称压头）；$z + \frac{p}{\gamma}$称为比势能或静水头。同样，$\frac{v^2}{2g}$是单位重量流体经过给定点时的动能，称为比动能，亦表示因其具有速度$v$可以向上自由喷射而能够达到的高度，又称为速度水头（简称速度头）；$h'_w$是单位重量流体在流动过程中所损耗的机械能，称为能量损失又称为损失水头。

理想流动和实际流动的几何意义如图2.14所示，因此可以这样来理解伯努利方程：单位重量理想流体在整个流动过程中，其总比能（或总水头）为一个不变的常数，而实际流体在流动过程中，其总比能是有一定损失的，总水头必然沿流向降低。

### 2.5.3 实际流体总流的伯努利方程

总流是由许多微小流束所组成的。当流线间夹角很小，流线曲率很小，即流线几乎是一些平行直线时的流动称为缓变流动。在这种流段中，离心惯性力很小，可以忽略；且内摩擦力在这种有效断面上几乎没有分量，因此，在这种有效断面上的压强分布符合流体静

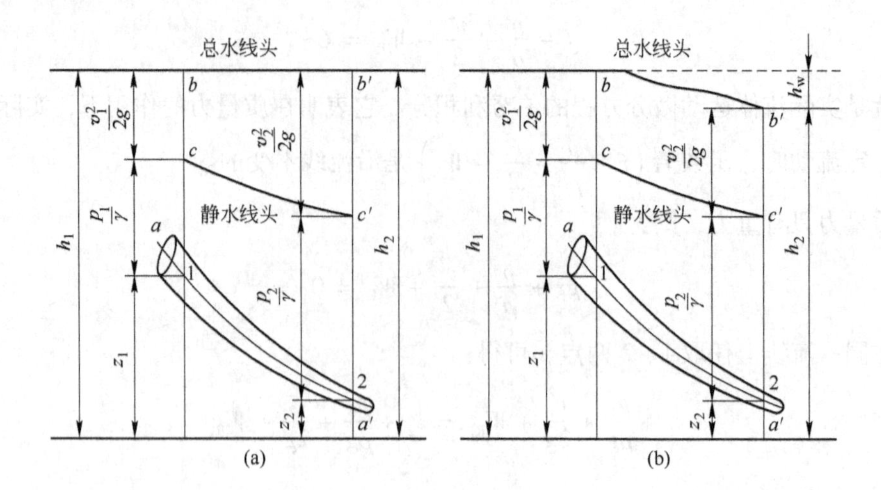


图 2.14　伯努利方程的几何意义

（a）理想流体；（b）实际流体

压强分布规律。如将伯努利方程中的有效断面取在这样的流段中是适当的。

设有不可压缩实际流体作稳定流动，如图 2.15 所示。在其中取一微小流束，依式 (2.59) 写出其伯努利方程

$$z_1 + \frac{p_1}{\gamma} + \frac{v_1^2}{2g} = z_2 + \frac{p_2}{\gamma} + \frac{v_2^2}{2g} + h'_w$$

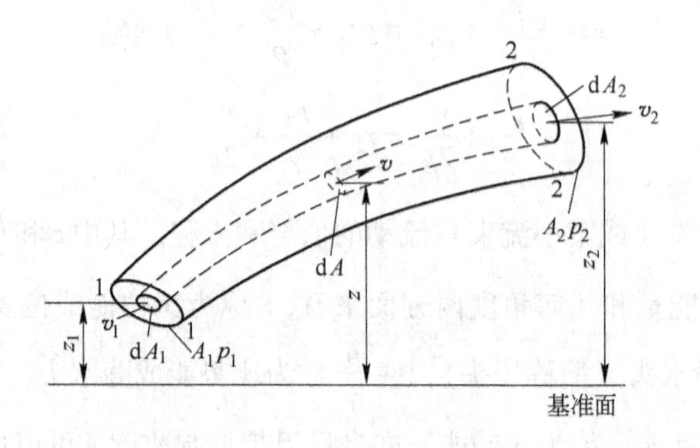


图 2.15　微小流束和总流

设单位时间内沿此微小流束流过的流体重量为 $\gamma dq_v$，能量关系为：

$$z_1\gamma dq_v + \frac{p_1}{\gamma}\gamma dq_v + \frac{v_1^2}{2g}\gamma dq_v = z_2\gamma dq_v + \frac{p_2}{\gamma}\gamma dq_v + \frac{v_2^2}{2g}\gamma dq_v + h'_w\gamma q_v$$

将式中各项沿相应有效断面对流量进行积分，则得总流的能量方程为：

$$\int_{A_1}\left(z_1 + \frac{p_1}{\gamma}\right)\gamma dq_v + \int_{A_1}\frac{v_1^2}{2g}\gamma dq_v = \int_{A_2}\left(z_2 + \frac{p_2}{\gamma}\right)\gamma dq_v + \int_{A_2}\frac{v_2^2}{2g}\gamma dq_v + \int_{A_2}h'_w\gamma dq_v \quad (2.60)$$

设有效断面 1-1 和 2-2 取在缓变流段中，因 $z + \dfrac{p}{\gamma}$ = 常数，且 $\rho$ = 常数，则有

$$\int_A\left(z+\frac{p}{\gamma}\right)\gamma\mathrm{d}q_v=\left(z+\frac{p}{\gamma}\right)\int_A\gamma\mathrm{d}q_v=\left(z+\frac{p}{\gamma}\right)\gamma q_v$$

而

$$\int_A\frac{v^2}{2g}\gamma\mathrm{d}q_v=\int_A\frac{v^2}{2g}\gamma v\mathrm{d}A=\frac{\int v^3\mathrm{d}A}{\bar{v}^3A}\frac{\bar{v}^3A}{2g}\gamma=\frac{\int v^3\mathrm{d}A}{\bar{v}^3A}\frac{\bar{v}^2}{2g}\gamma q_v=\alpha\frac{\bar{v}^2}{2g}\gamma q_v$$

式中 $\alpha$——动能修正系数；

$\bar{v}$——平均流速。

则有

$$\alpha=\frac{\int_A v^3\mathrm{d}A}{\bar{v}^3A} \tag{2.61}$$

式（2.60）中最后一项 $\int_{q_v}h'_w\gamma\mathrm{d}q_v$ 是指各流体质点自有效断面 1-1 流到有效断面 2-2 时，机械能损失之和。如以 $h'_w$ 表示单位重量流体的平均能量损失，即

$$h_w=\frac{\int_{q_v}h'_w\gamma\mathrm{d}q_v}{\gamma q_v}$$

则

$$\int_{q_v}h'_w\gamma\mathrm{d}q_v=\gamma q_vh_w$$

根据上述分析，式（2.60）可写为

$$\left(z_1+\frac{p_1}{\gamma}\right)\gamma q_v+\frac{\alpha_1\bar{v}_1^2}{2g}\gamma q_v=\left(z_2+\frac{p_2}{\gamma}\right)\gamma q_v+\frac{\alpha_2\bar{v}_2^2}{2g}\gamma q_v+\gamma q_vh_w$$

为书写方便，总流有效断面上的平均速度 $\bar{v}$ 仍以 $v$ 表示。

将上式通除以 $\gamma q_v$，则得单位重量实际流体总流的能量变化规律，即

$$z_1+\frac{p_1}{\gamma}+\frac{\alpha_1v_1^2}{2g}=z_2+\frac{p_2}{\gamma}+\frac{\alpha_2v_2^2}{2g}+h_w \tag{2.62}$$

这就是不可压缩实际流体在重力场中稳定流动时的总流伯努利方程。一般来说，式中的 $z$ 值通常是已知的，可以在取得 $p_1$ 和 $p_2$ 的实测数据和流量数据后推算出流道中的阻力损失 $h_w$，也可用下一章介绍的方法计算阻力 $h_w$ 后，再联用连续性方程求未知的 $p$，$v$ 等参量。

式（2.62）中的动能修正系数 $\alpha$ 通常都大于1。若流道中的流速越均匀，$\alpha$ 值越趋近于1。在一般工程中，大多数情况下流速都比较均匀，$\alpha$ 为 1.05 ~ 1.10，所以在工程计算中可取 $\alpha=1$。

## 2.6 伯努利方程的应用

### 2.6.1 应用条件

伯努利能量方程是动量传输的基本方程之一，在解决工程实际问题中有极其重要的作用，被广泛地使用。但由于伯努利方程是在一定积分条件下导出的，所以其适用条件

如下：

（1）不可压流体（一般气流速度小于50m/s时可按不可压流体处理）；

（2）稳定流动；

（3）只在重力作用之下（质量力只有重力）；

（4）沿流程流量保持不变；

（5）所取的有效断面必须符合缓变流条件（但两个断面之间并不要求是缓变流段）。

在应用伯努利方程时还应注意以下几点：

（1）在运用实际流体总流的伯努利方程时，经常要与总流的连续性方程联合使用。

（2）有效断面的选取一般是一个选在待求未知量所在的断面上，另一个选在已知量较多的断面上。

（3）位置势能为零的基准面（或线）的选取可以是任意的。一般可选在管轴线上，或选在所取的有效断面位置最低的一个断面上。在同一个问题中，必须使用同一基准面。

（4）式中的压强 $p$ 既可用绝对压强，也可用相对压强，但等式两侧必须一致。

（5）如果在两个有限断面之间有机械能输入或输出时，可以用 $\pm E$ 表示该能量（对系统输入的能量用正号，由系统输出的能量用负号），则式（2.62）写成

$$z_1 + \frac{p_1}{\gamma} + \frac{\alpha_1 v_1^2}{2g} \pm E = z_2 + \frac{p_2}{\gamma} + \frac{\alpha_2 v_2^2}{2g} + h_w \tag{2.63}$$

### 2.6.2 毕托管

毕托管是用来测量运动流体中某点流速的仪器，如图2.16所示。设在流场中某一水平的微小流束（或流线）上，沿流向取1、2两点，并安装如图2.16(a)所示的两个垂直于流动方向的开口测压管，可列伯努利方程

$$\frac{p_1}{\gamma} + \frac{v_1^2}{2g} = \frac{p_2}{\gamma} + \frac{v_2^2}{2g} + h'_w \tag{2.64}$$

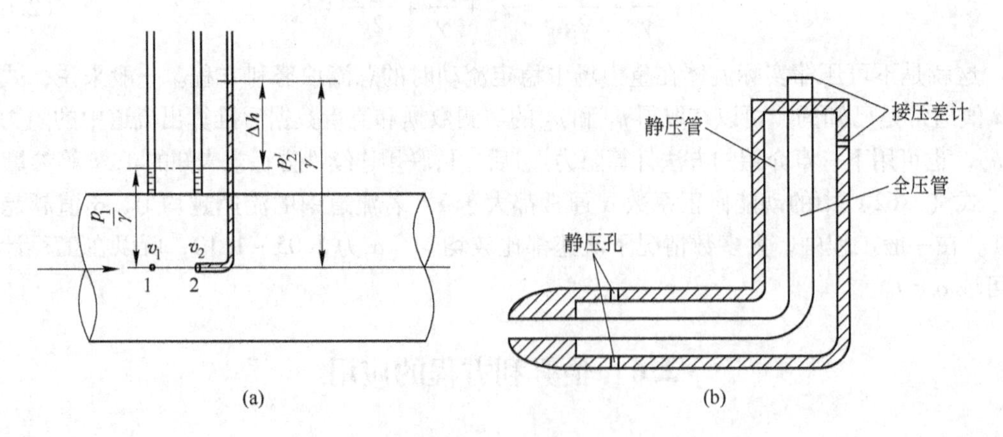


图2.16 毕托管

（a）原理图；（b）结构示意图

式（2.64）说明，液体质点流经1、2两处时的总水头是相等的。现若在2点装上一支正对流向并弯成90°的弯管，当液体进入此管上升到某高度 $h$ 后，速度变为零（2点称

为驻点)，而压强增大到$p_2$。液体上升的高度$h=\frac{p_2'}{\gamma}$，也可列出能量方程

$$\frac{p_1}{\gamma}+\frac{v_1^2}{2g}=\frac{p_2'}{\gamma}+h_w' \tag{2.65}$$

当1、2两点取的无限接近时，可以忽略其间能量损失，因此$h_w'=0$，故得

$$\frac{p_1}{\gamma}+\frac{v_1^2}{2g}=\frac{p_2'}{\gamma}$$

则

$$\frac{v_1^2}{2g}=\frac{p_2'}{\gamma}-\frac{p_1}{\gamma}=\Delta h$$

即

$$v_1=\sqrt{2g\Delta h} \tag{2.66}$$

工程上常把$p_1$称为静压，$\frac{\rho v^2}{2}$称为动压，静压和动压之和称为全压或总压。2点测到的全压与未受扰动的1点的全压相同。可见，若能测得某点的全压和静压，就能求得该点的速度。

毕托管测速就是利用上述原理制成的。图2.16(b)为其结构示意图，中心为全压测管，静压测管包围在其周围。在驻点之后适当距离的外壁上沿周围垂直于流向开几个小孔，作为静压管口。两管分别接在U形压差计的两端，得到全压和静压的差值，即可求出测点的流速

$$v_1=\sqrt{2g\Delta h\frac{\rho_1-\rho}{\rho}} \tag{2.67}$$

式中，$\rho$为被测液体的密度；$\rho_1$为U形测压计内液体的密度。

在实际应用中，考虑到流体的黏性及毕托管对流体的干扰，在式(2.66)及式(2.67)中还应乘以流体修正系数$\varphi$。$\varphi$由实验确定，一般取$\varphi=0.97$。

### 2.6.3　文丘里管

文丘里管是用来测量管路中流体流量的仪表。它是由渐缩管、喉管和渐扩管所组成，如图2.17所示。在文丘里管入口前的直管段和喉管处连结U形管压差计。设置水平基准面0-0，取面积分别为$A_1$、$A_2$的有效断面1-1及2-2，其直径分别为$d_1$，$d_2$，列总流的伯努利方程(忽略其间能量损失，动能修正系数取$\alpha=1$)

$$z_1+\frac{p_1}{\gamma}+\frac{\alpha_1 v_1^2}{2g}=z_2+\frac{p_2}{\gamma}+\frac{\alpha_2 v_2^2}{2g} \tag{2.68}$$

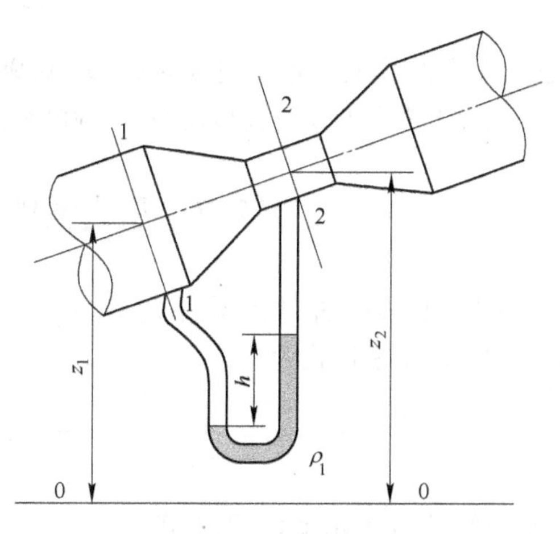

图2.17　文丘里管

根据连续性方程

$$v_1A_1 = v_2A_2$$

代入式（2.68），得

$$\left(z_1 + \frac{p_1}{\gamma}\right) - \left(z_2 + \frac{p_2}{\gamma}\right) = \frac{1}{2g}(v_2^2 - v_1^2) = \frac{v_1^2}{2g}\left(\frac{d_1^4}{d_2^4} - 1\right)$$

由此得

$$v_1 = \frac{1}{\sqrt{\frac{d_1^4}{d_2^4} - 1}}\sqrt{2g\left[\left(z_1 + \frac{p_1}{\gamma}\right) - \left(z_2 + \frac{p_2}{\gamma}\right)\right]} \tag{2.69}$$

设
$$\left(z_1 + \frac{p_1}{\gamma}\right) - \left(z_2 + \frac{p_2}{\gamma}\right) = \Delta h$$

则式（2.69）可写成

$$v_1 = \frac{1}{\sqrt{\frac{d_1^4}{d_2^4} - 1}}\sqrt{2g\Delta h}$$

或
$$v_1 = C\sqrt{\Delta h}$$

式中，$C = \frac{\sqrt{2g}}{\sqrt{\frac{d_1^4}{d_2^4} - 1}}$。对于某一种固定尺寸的文丘里管，因其 $d_1$、$d_2$ 是定值，故 $C$ 为常数，

由此可得理想情况下的流量为

$$q_{v0} = A_1v_1 = \frac{\pi d_1^2}{4}C\sqrt{\Delta h} \tag{2.70}$$

若考虑能量损失，应乘以修正系数 $\mu$，则

$$q_v = \mu q_{v0} = \mu\frac{\pi d_1^2}{4}C\sqrt{\Delta h} \tag{2.71}$$

式中，$\mu$ 值由实验确定，通常为 0.95～0.99。

工程上常用的还有孔板流量计、喷嘴流量计等。

## 2.7 稳定流的动量方程积分形式

根据理论力学中质点系的动量定理，质点系动量的变化率等于作用在质点系各外力的矢量和，数学表达式为

$$\frac{d}{dt}(\Sigma q_m v) = F \tag{2.72}$$

如果用符号 $M$ 表示动量，则上式可写成
$$\frac{dM}{dt} = F \tag{2.73}$$

或 $$\mathrm{d}M = F\mathrm{d}t \tag{2.74}$$

现将这一定理引用到稳定流动中，设在总流中任选一微小流束段1-2，其有效断面分别为1-1及2-2，如图2.18所示。$p_1$，$p_2$分别表示作用于有效断面1-1及2-2上的压强，$v_1$及$v_2$分别表示流经有效断面1-1及2-2时的速度，经d$t$时间后，流束段1-2将沿着微小流束运动到1′-2′的位置，流束段的动量因而发生变化。这个动量变化，就是流束段1′-2′的动量与流束段1-2的动量$M_{1\text{-}2}$两量的矢量差，但因是稳定流动，在d$t$时间内经过流束段1′-2的流体动量无变化，所以这个动量变化又应等于流束段2-2′与流束段1-1′两者的动量差，即

$$\mathrm{d}M = M_{2\text{-}2} - M_{1\text{-}1} = \mathrm{d}q_{\mathrm{m}2}v_2 - \mathrm{d}q_{\mathrm{m}1}v_1 = \rho\mathrm{d}q_{\mathrm{v}2}\mathrm{d}tv_2 - \rho\mathrm{d}q_{\mathrm{v}1}\mathrm{d}tv_1$$

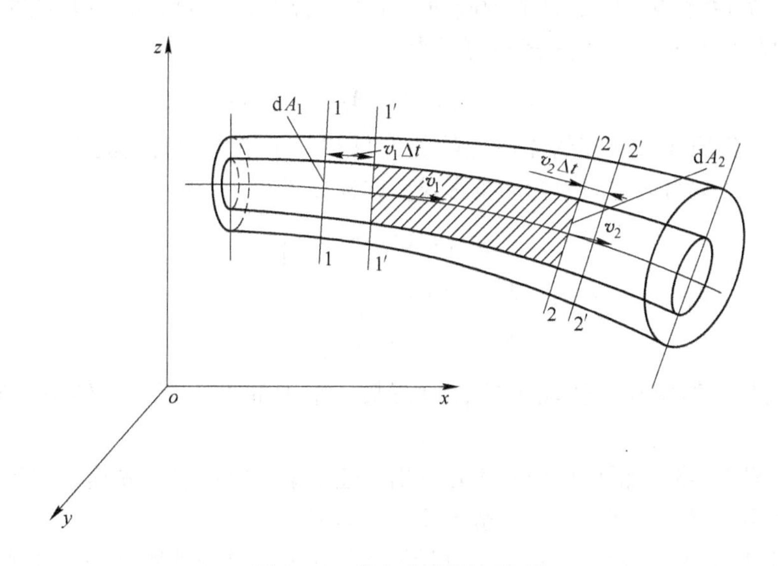


图2.18　稳定流动总流模型

将上式推广到总流中去，得

$$\Sigma\mathrm{d}M = \int_{q_2}\rho v_2\mathrm{d}q_{\mathrm{v}2}\mathrm{d}t - \int_{q_1}\rho v_1\mathrm{d}q_{\mathrm{v}1}\mathrm{d}t \tag{2.75}$$

按稳定流的连续性条件，有

$$\int_{A_2}\rho\mathrm{d}q_{\mathrm{v}2} = \int_{A_1}\rho\mathrm{d}q_{\mathrm{v}1}$$

因为断面分布速度难以确定，故要求出单位时间的动量表达式的积分是有困难的，工程上常用平均流速$\bar{v}$代替点速度$v$来表示动量，可建立关系

$$\beta\rho\bar{v}q_{\mathrm{v}} = \int_q\rho v\mathrm{d}q_{\mathrm{v}}$$

则 $$\beta = \frac{\int_A v^2\mathrm{d}A}{\bar{v}^2A}$$

式中，$\beta=1.02$称为动量修正系数，它的大小取决于断面上流速分布的均匀程度。据实

测，在直管（或直渠）的高速水流中，$\beta=1.02\sim1.05$，为了简化计算，可取$\beta=1$。

将动量修正系数的概念引入动量表达式（2.75）得

$$\Sigma \mathrm{d}M = \rho q_{v}\mathrm{d}t(\beta_2 v_2 - \beta_1 v_1)$$

取$\beta_1=\beta_2=1$，上式为

$$\Sigma \mathrm{d}M = \rho q_{v}\mathrm{d}t(v_2 - v_1)$$

由式（2.73）即得外力矢量和

$$F = \rho q_{v}(v_2 - v_1) \tag{2.76}$$

这就是不可压缩稳定流动总流的动量方程。式中$F$为作用于流体上所有外力的合力，它应包括流速段1-2的重力$G$，两有效断面上压力的合力$p_1A_1$及$p_2A_2$及其他的边界面上所受到的表面力的总值$R_w$，因此上式也可写为

$$F = G + R_w + p_1A_1 + p_2A_2 = \rho q_{v}(v_2 - v_1) \tag{2.77}$$

其物理意义为，作用在所研究的流体上的外力总和等于单位时间内流出与流入的动量之差。为便于计算，常写成空间坐标的投影式，即标量式

$$\left.\begin{aligned} F_x &= \rho q_{v}(v_{2x} - v_{1x}) \\ F_y &= \rho q_{v}(v_{2y} - v_{1y}) \\ F_z &= \rho q_{v}(v_{2z} - v_{1z}) \end{aligned}\right\} \tag{2.78}$$

式（2.77）说明了作用在流体段上的合力在某一轴上的投影等于流体沿该轴的动量变化率。

伯努利方程在实际生活中应用有小孔流出流速求解、虹吸管、测速、测流量、喷雾器等，其应用主要是根据伯努利方程求解流速、压力或位置。

**例2-7**　用图2.19所示的毕托管来测量气流的流速。已知被测气体的密度$\rho=1.23\mathrm{kg/m^3}$，若相连的差压计读数$h$为150mm$H_2O$，求气流速度是多少？

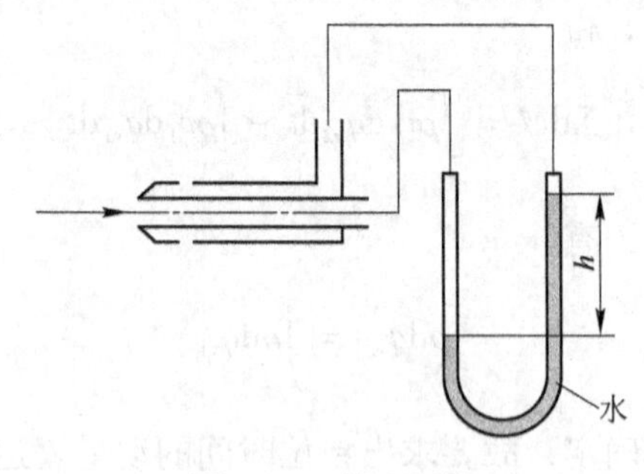


图2.19　例2-7图

**解**：运用能量方程于毕托管，可得：

$$p_s - p_0 = \rho v_0^2/2$$

$$h(\gamma_{水} - \gamma_{气}) = \rho v_0^2/2$$

将数值代入，就有：

$$0.15\times(1000\times9.81 - 1.23\times9.81) = 1.23v_0^2/2$$

$$v_0 = 48.9\ \ \mathrm{m/s}$$

**例 2-8** 离心水泵（如图 2.20 所示）的体积流量为 $q_v = 20m^3/h$，安装高度 $h_s = 5.5m$，吸水管内径 $d_2 = 100mm$，吸水管阻力 $h_w = 0.25m$ 水柱，水池面积足够大，试求水泵进水口处以 mmHg 表示的真空度。水温 10℃ 时水的运动黏性系数 $\nu = 1.308 \times 10^{-6} m^2/s$。

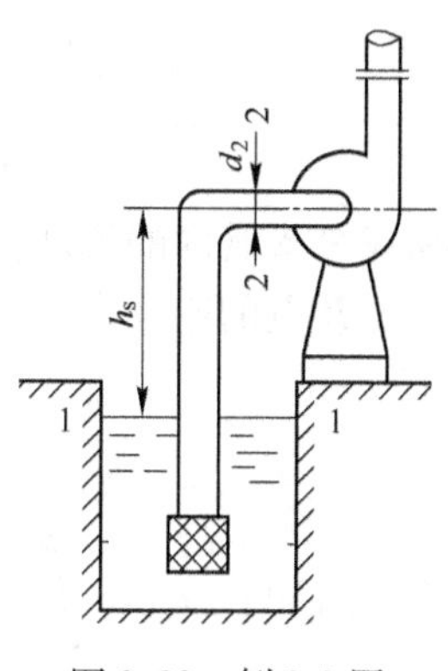

图 2.20 例 2-8 图

**解：** 选择 1-1 截面（水池面）和 2-2 截面（水泵进水口）列伯努利方程，取池面为基准，所以 $z_1 = 0$，$p_1 = p_a$。因为水池面足够大，可视 $v_1 = 0$，水黏性系数为 $\nu = 1.308 \times 10^{-6} m^2/s$。则

$$z_1 + \frac{p_1}{\gamma} + \alpha_1 \frac{v_1^2}{2g} = z_2 + \frac{p_2}{\gamma} + \alpha_2 \frac{v_2^2}{2g} + h_w$$

$$v_2 = \frac{q_v}{\frac{\pi}{4} d_2^2} = \frac{20 \times 4}{3.14 \times 3600 \times 0.1^2} = 0.71 \quad m/s$$

$Re = \frac{vd}{\nu} = \frac{0.71 \times 0.1}{1.308 \times 10^{-6}} = 5.4 \times 10^4 > 2300$，吸水管内为紊流流动，故取 $\alpha_2 = 1$，得

$$\frac{p_1}{\gamma} = h_s + \frac{p_2}{\gamma} + \alpha_2 \frac{v_2^2}{2g} + h_w$$

水泵进口处真空度：

$$h_v = \frac{p_a - p_2}{\gamma} = h_s + \frac{v_2^2}{2g} + h_w = 5.5 + \frac{0.71^2}{2 \times 9.81} + 0.25 = 5.78 mH_2O$$

换算成水银柱： $h_v' = \frac{h_v \gamma_{H_2O}}{\gamma_{Hg}} = \frac{5.78 \times 1}{13.6} = 0.425 mHg = 425 mmHg$

**例 2-9** 喷雾器如图 2.21 所示，已知喷管中心线距液面高度 $h = 50mm$，喷管直径 $d_1 = 2mm$，与液面相连的小管内径 $d_2 = 3mm$。若活塞直径 $D = 20mm$，移动速度 $v_0 = 1m/s$，流体不可压缩，液体的密度为 $\rho_1 = 860kg/m^3$，空气的密度为 $\rho_2 = 1.23kg/m^3$。求液体的流量是多少？

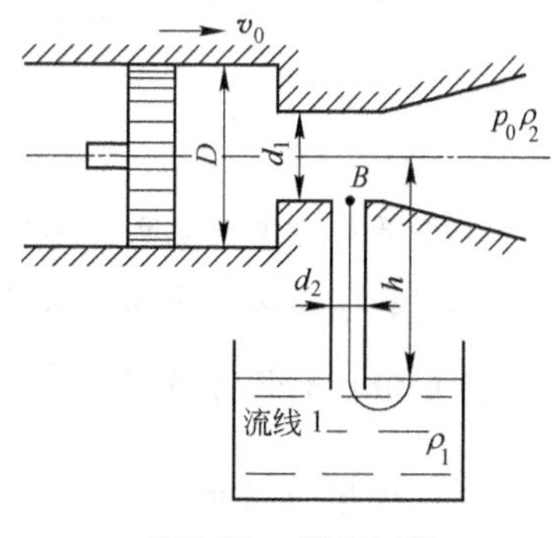

图 2.21 例 2-9 图

**解：** 首先，求直径为 $d_1$ 的截面处的速度 $v_1$。由质量守恒定律有：

$$\frac{1}{4} \pi D^2 v_0 = \frac{1}{4} \pi d_1^2 v_1$$

因此， $v_1 = \frac{D^2}{d_1^2} v_0 = \frac{20^2}{2^2} \times 1 = 100 \quad m/s$

取喷雾器周轴线为流线，在喷管处与 B 相邻气体的压力为 $p_1$，无穷远点的压力为大气压 $p_0$，速度为零，建立伯努利方程为：

$$\frac{p_1}{\gamma_2} + \frac{v_1^2}{2g} = \frac{p_0}{\gamma_2} + 0$$

$$p_1 = p_0 - \frac{\gamma_2}{2g}v_1^2 = 1.01325 \times 10^5 - \frac{1 \times 1.23}{2 \times 9.81} \times 100^2$$

$$= 9.52 \times 10^4 \ \text{Pa}$$

再考虑分叉管内的流动。取流线 1，假设容器很大，液面下降的速度为零，压力为大气压力 $p_0$，$B$ 点的速度为 $v_2$，压力 $p_2 = p_1$，以自由面为参考面，沿流线 1 列伯努利方程为：

$$h + \frac{p_1}{\gamma_1} + \frac{v_2^2}{2g} = \frac{p_0}{\gamma_1} + 0$$

得液体流速：$$v_2 = \sqrt{\frac{2g(p_0 - p_1 - \gamma_1 h)}{\gamma_1}}$$

$$= \sqrt{\frac{2 \times 9.81 \times (1.01325 \times 10^5 - 9.52 \times 10^4 - 860 \times 9.81 \times 0.05)}{860}}$$

$$= 3.67 \ \text{m/s}$$

液体的流量为：$$q_v = \frac{1}{4}\pi d_2^2 v_2 = \frac{1}{4} \times 3.14 \times 3^2 \times 10^{-6} \times 3.67 = 2.59 \times 10^{-5} \ \text{m}^3/\text{s}$$

从求解过程可以看出，喷雾器的原理是高速气流使喷管口处形成低压区，将流体“吸”上来，与气体混合后喷出。显然，调节活塞速度 $v_0$、液柱高度 $H$ 等因素，可以改变液体的流量。

根据伯努利原理可以解释如下现象：1912 年秋天，“豪克”号的船头撞在“奥林匹克”号的船舷上，撞出个大洞，酿成一件重大海难事故，航海上称这种现象为“船吸现象”。究竟是什么原因造成了这次意外的船祸？为什么到水流湍急的江河里去游泳是很危险的事？在火车飞速而来时，为什么站在离路轨很近的地方会很危险？足球比赛颇为神奇的“香蕉球”，乒乓球运动员在削球或拉弧圈球时，为什么球会在空中沿弧线飞行呢？

## 本章小结

2-1 掌握研究流体运动两种不同的方法：拉格朗日法和欧拉法。

2-2 重点掌握流线，迹线，流管，流束，流量等基本概念。

(1) 流线的微分方程：$\frac{dx}{v_x} = \frac{dy}{v_y} = \frac{dz}{v_z}$

(2) 迹线的微分方程：$\frac{dx}{v_x} = \frac{dy}{v_y} = \frac{dz}{v_z} = dt$

2-3 连续性方程是物理学上质量守恒定律在流体运动学内的数学表达式。一切有物理意义的合理流动都必须遵守连续性原理。

(1) 理论依据：质量守恒

(2) 连续性方程：$\frac{\partial \rho}{\partial t} + \frac{\partial}{\partial x}(\rho v_x) + \frac{\partial}{\partial y}(\rho v_y) + \frac{\partial}{\partial z}(\rho v_z) = 0$

矢量形式：$\frac{\partial \rho}{\partial t} + \nabla(\rho v) = 0$

此式即为连续性微分方程的一般形式。适用于不可压缩和可压缩流体、理想和实际流体、稳态及非稳态流动

(3) 对不可压缩性流体：$\rho = \text{const}$

$$\frac{\partial v_x}{\partial x} + \frac{\partial v_y}{\partial y} + \frac{\partial v_z}{\partial z} = 0 \quad \text{或} \quad \text{div}\boldsymbol{v} = 0$$

(4) 稳定流动：所有流体物性参数均不随时间而变，$\frac{\partial \rho}{\partial t} = 0$ 或 $\text{div}(\rho \boldsymbol{v}) = 0$

(5) 平面流动：$\frac{\partial v_x}{\partial x} + \frac{\partial v_y}{\partial y} = 0$

(6) 一维定常总流连续性方程：$\rho_1 v_1 A_1 = \rho_2 v_2 A_2$

公式说明：

①适用条件：定常流动，可压缩和不可压缩流体

②不可压缩流体：$\rho = \text{const}$

$$v_1 A_1 = v_2 A_2$$

③沿途有分支时（一维流体且不可压缩）

$$v_1 A_1 = v_2 A_2 + v_3 A_3 + \cdots$$

2-4 稳定流动的动量方程——积分形式

(1) 理论依据：动量定理。

(2) 数学描述：物体动量的时间变化率等于作用在该物体上的外力之和。

(3) 不可压缩流体稳定流动的动量方程：$\Sigma \boldsymbol{F} = \rho q_{v2} \boldsymbol{v}_2 - \rho q_{v1} \boldsymbol{v}_1$。

2-5 三维理想流体的运动方程——欧拉运动微分方程

(1) 理想流体欧拉运动微分方程：$\frac{\text{d}\boldsymbol{v}}{\text{d}t} = \boldsymbol{f} - \frac{1}{\rho}\text{grad}p$

(2) 说明：

①适用于不可压缩流体和可压缩流体

②理想流体

③当流体处于平衡静止状态时，$v_x = v_y = v_z = 0$，方程变成欧拉平衡方程式

$$\boldsymbol{f} - \frac{1}{\rho}\nabla \boldsymbol{p} = 0$$

④通常 $\boldsymbol{f}$ 已知，不可压缩流体 $\rho = \text{const}$，可压缩流体要加上流体状态方程，未知数有 $v_x$、$v_y$、$v_z$ 及 $p$ 四个，方程有：连续性方程、三个方向的动量方程、流体的状态方程

2-6 实际流体运动方程——纳维尔-斯托克斯方程（N-S 方程）

(1) 三维不可压缩黏性流体流动微分方程（N-S 方程）：

$$\left.\begin{aligned}\rho f_x - \frac{\partial p}{\partial x} + \mu\left(\frac{\partial^2 v_x}{\partial x^2} + \frac{\partial^2 v_x}{\partial y^2} + \frac{\partial^2 v_x}{\partial z^2}\right) = \rho\frac{\text{d}v_x}{\text{d}t}\\ \rho f_y - \frac{\partial p}{\partial y} + \mu\left(\frac{\partial^2 v_y}{\partial x^2} + \frac{\partial^2 v_y}{\partial y^2} + \frac{\partial^2 v_y}{\partial z^2}\right) = \rho\frac{\text{d}v_y}{\text{d}t}\\ \rho f_z - \frac{\partial p}{\partial z} + \mu\left(\frac{\partial^2 v_z}{\partial x^2} + \frac{\partial^2 v_z}{\partial y^2} + \frac{\partial^2 v_z}{\partial z^2}\right) = \rho\frac{\text{d}v_z}{\text{d}t}\end{aligned}\right\}$$

矢量形式：
$$\rho \frac{d\boldsymbol{v}}{dt} = \rho \boldsymbol{f} - \nabla p + \mu \nabla^2 \boldsymbol{v}$$

（2）公式适用条件：

1）不可压缩流体；

2）黏度$\mu$不变（气体当$\mu$受$T$影响小时可适用）；

3）层流问题。

（3）N-S 方程形式变换：

1）方程未知数$v_x$，$v_y$，$v_z$，$p$（$\rho$，$\mu$不变）

矢量形式：
$$\rho \frac{d\boldsymbol{v}}{dt} = \rho \boldsymbol{f} - \nabla p + \mu \nabla^2 \boldsymbol{v}$$

2）$\mu = 0$时，N-S 方程变为理想 Euler 方程
$$\rho \frac{d\boldsymbol{v}}{dt} = \rho \boldsymbol{f} - \nabla p$$

3）静止状态：欧拉方程→欧拉平衡方程
$$\boldsymbol{f} - \frac{1}{\rho}\nabla p = 0$$

2-7 伯努利方程

（1）伯努利方程微分形式：$g dz + \frac{1}{\rho}dp + v dv = 0$

说明：

①适用范围：理想流体、稳定流体、质量力只有重力，且沿某一根流线；

②揭示了沿某一根流线运动着的流体质点速度、位移和压强、密度四者之间的关系，但在管道中流动时，因截面上各点参量不同，不能应用。

（2）理想流体微元流束的伯努利方程：$\frac{v^2}{2} + gz + \frac{p}{\rho} = C$ 或 $z + \frac{p}{\gamma} + \frac{v^2}{2g} = C$

说明：

①适用条件：理想流体、不可压缩性流体、稳定流动、质量力只有重力，且沿某一根流线；

②任选一根流线上的两点，则：$z_1 + \frac{p_1}{\gamma} + \frac{v_1^2}{2g} = z_2 + \frac{p_2}{\gamma} + \frac{v_2^2}{2g}$；

③静止流体：$z + \frac{p}{\gamma} = C$。

（3）伯努利方程的应用：

①毕托管是用来测量运动流体中某点流速的仪器；

②文丘里管是用来测量管路中流体流量的仪表；

③虹吸现象；

④喷雾器。

（4）黏性流体总流的伯努利方程：
$$z_1 + \frac{p_1}{\gamma} + \alpha_1 \frac{v_1^2}{2g} = z_2 + \frac{p_2}{\gamma} + \alpha_2 \frac{v_2^2}{2g} + h_w$$

公式适用条件：

①实际流体；

②不可压缩流体；

③稳定流动；

④缓变流（质量力只有重力）。

## 思考题与习题

### 思考题

2-1 研究流体运动的拉格朗日法和欧拉法的实质是什么？

2-2 在欧拉法中加速度的表达式是什么，何谓时变加速度和位变加速度？

2-3 何谓流线、迹线、一维流动、二维流动、三维流动、稳定流动及非稳定流动？

2-4 流线和迹线有何区别和联系？

2-5 何谓流管、流束、有效截面及流量？

2-6 平均流速引入的条件及意义是什么？

2-7 系统和控制体各有何特点，研究问题时有何不同？

2-8 推导连续性方程的理论依据是什么，如何描述？

2-9 连续性方程有几种形式，其各适用条件？

2-10 连续性方程的积分形式及简化形式条件？

2-11 理想流体的动量微分方程及推导依据？

2-12 欧拉运动微分方程不同形式、理论依据、数学描述、方程适用条件及应用？

2-13 稳定流动的动量方程积分形式、理论依据及适用条件？

2-14 理想流体稳定流动伯努利方程及适用条件？

2-15 伯努利方程的物理意义及几何意义？

2-16 N-S 方程有什么物理意义？方程中哪些是惯性力项、质量力项、表面力项和黏性力项，哪些项是线性的，哪些项是非线性的？

2-17 总流伯努利方程适用条件，物理意义及几何意义？

2-18 试列举几个测量流量的装置，讨论其结构及原理。

2-19 N-S 方程受力情况与欧拉方程有何不同？

2-20 N-S 方程与伯努利方程应用有何不同？

### 习 题

2-1 均匀流过流断面上各点的（　　）等于常数。

A. $p$　　B. $z+\dfrac{p}{\rho g}$　　C. $\dfrac{p}{\rho g}+\dfrac{v^2}{2g}$　　D. $z+\dfrac{p}{\rho g}+\dfrac{v^2}{2g}$

2-2 已知不可压缩流体的流速为 $v_x=f(y,z)$，$v_y=f(x)$，$v_z=0$，则该流动为（　　）。

A. 一元流　　B. 二元流　　C. 三元流　　D. 均匀流

2-3 在恒定流中，流线与轨迹在几何上（　　）。

A. 相交　　B. 正交　　C. 平行　　D. 重合

2-4 控制体是指相对于某个坐标系来说（　　）。

A. 由确定的流体质点所组成的流体团　　B. 由流体流过的固定不变的任何体积

C. 其形状，位置随时间变化的任何体积　D. 其形状不变而位置随时间变化的任何体积

2-5 渐变流过流断面近似为（　　）。

A. 抛物面　B. 双曲面　C. 对数曲面　D. 平面

2-6 已知突然扩大管道突扩前后管段的管径之比 $\frac{d_1}{d_2}=0.5$，则突扩前后断面平均流速之比 $\frac{v_1}{v_2}=$（　　）。

A. 4　B. 2　C. 1　D. 0.5

2-7 恒定总流的连续性方程，伯努利方程，动量方程中的流速为（　　）。

A. 断面平均流速　B. 断面上的最大流速

C. 断面形心处的流速　D. 断面上压力中心处的流速

2-8 毕托管是一种测量（　　）的仪器。

A. 点流速　B. 断面平均流速　C. 压强　D. 流量

2-9 关于水流流向的正确说法是（　　）。

A. 水一定是从高处往低处流

B. 水一定是从流速大处往流速小处流

C. 水一定是从机械能大处往机械能小处流

D. 水一定是从测压管水头高处往测压管水头低处流

2-10 已知圆管过流断面上的流速分布为 $v=v_{\max}\left[1-\left(\frac{r}{r_0}\right)^2\right]$。式中，$v_{\max}$ 为管轴处的流速，$r_0$ 为某点到管轴的距离，则该圆管断面平均流速与断面上最大流速之比 $\frac{\bar{v}}{v_{\max}}=$（　　）。

A. 1/2　B. 2/3　C. 3/4　D. 4/5

2-11 已知虹吸管的直径 $d=150\text{mm}$，布置情况如下图所示，喷嘴直径 $d_2=50\text{mm}$，不计水头损失，求虹吸管的输水量及管中 $A$、$B$、$C$、$D$ 各点的压强值。

2-12 文丘里流量计倾斜安装如下图所示，入口直径为 $d_1$，喉口直径为 $d_2$，试用能量方程式和连续方程式推求其流量计算公式。

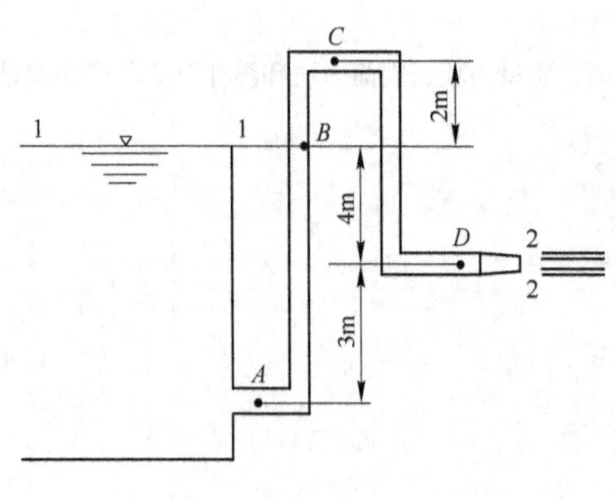


习题 2-11 图

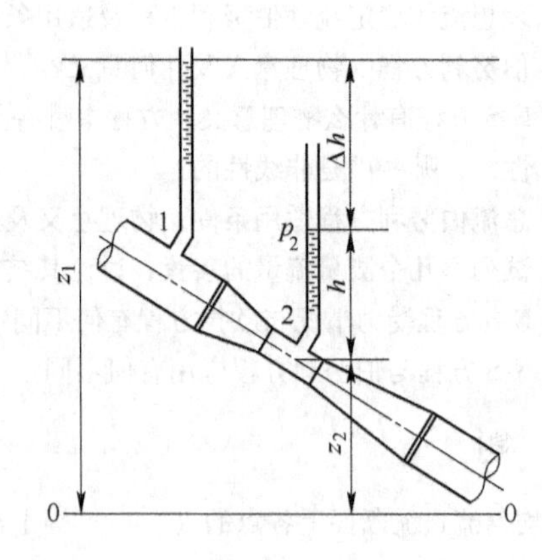


习题 2-12 图

2-13 有如图所示的虹吸装置。吸管直径为75mm，吸管最高点高出水面1.8m，出口低于水面3.6m，当时的气压等于10m水柱高。不计损失，试决定出流流速、流量及最高点的压力值。

2-14 若速度场和密度场分别为 $v=-\frac{x}{t}\boldsymbol{i}+3z^2\boldsymbol{j}-\left(\frac{z^3}{y}+y\right)\boldsymbol{k}$，$\rho=4ty$，问是否满足连续方程？

2-15 矿山排风管将井下废气排入大气。为了测量排风的流量，在排风管出口处装有一个收缩、扩张的管嘴，其喉部处安装一个细管，下端插入水中，如下图所示。喉部流速大，压强低，细管中出现

一段水柱。已知空气密度 $\rho = 1.25\text{kg/m}^3$，管径 $d_1 = 400\text{mm}$、$d_2 = 600\text{mm}$，水柱高 $h = 45\text{mm}$，试计算体积流量 $q_v$。

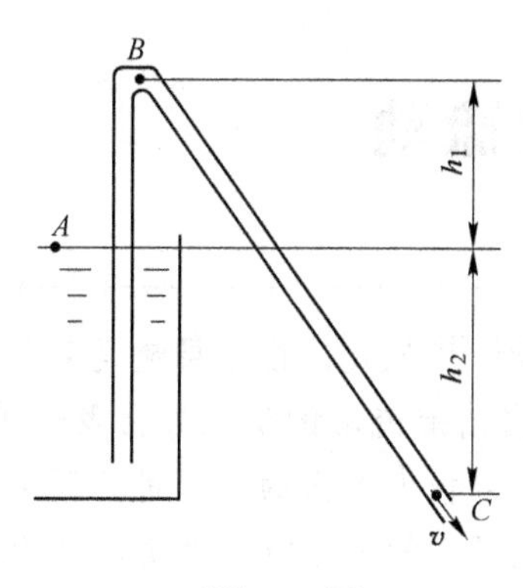


习题 2-13 图

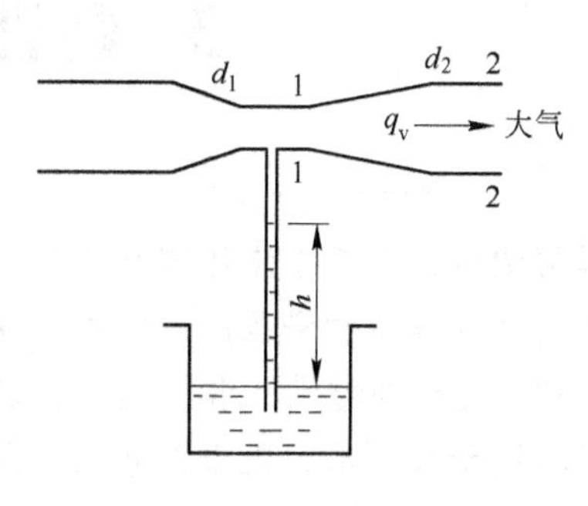


习题 2-15 图

# 3 黏性流体管内流动

**本章学习要点：**分析了流体流动状态，能量损失形式及计算公式，推导层流运动状态下管内流动的速度分布和沿程阻力损失计算公式，了解管内湍流流动的研究方法及速度分布，详细介绍了尼古拉兹曲线和莫迪图，就突扩管道局部阻力损失系数的计算进行了分析，并给出了不同形式下局部阻力系数值，最后就简单管路及复杂管路进行了管路计算的应用。

## 3.1 流体运动的两种状态和能量损失的两种形式

### 3.1.1 雷诺实验

1883 年，英国物理学家雷诺（Reynolds）通过大量的实验研究发现，实际流体的运动存在着两种不同的状态，即为层流和湍流。由于运动状态，则流体质点的运动方式、断面流速分布、能量损失的大小也都是不同的。

雷诺实验的装置如图 3.1 所示，当阀门 $A$ 开度较小，即雷诺实验管中流速较小时，开启阀门 $B$，可看到颜色水在玻璃管中呈明显的直线形状且很稳定，这说明此时整个管中的水都是作平行于轴向流动，流体质点没有横向运动，不互相混杂，为层流状态，如图（a）所示。将阀 $A$ 逐渐开大颜色水开始抖动，直线形状破坏，为过渡状态，如图（b）所示。当阀门开大到一定程度，颜色水不再保持完整形态，而破裂成如图（c）所示的杂乱无章、瞬息变化的状态。这说明此时管中流体质点有剧烈的互相混杂，质点运动速度不仅在轴向而且在纵向均有不规则的脉动现象，此为湍流状态。

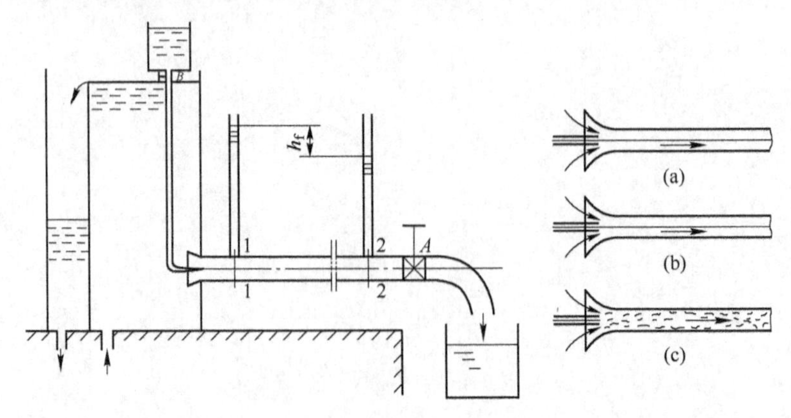


图 3.1 雷诺实验装置图

如果此时将阀门关小，以相反的顺序来进行实验，即把阀门从大缓慢关小，则观察到的现象也以相反的顺序出现，即流动状态由湍流恢复到层流，不过此时所测定的临界流速要比上面测出的小。一般把由层流变为湍流的临界流速称为上临界流速 $v_c'$，而把湍流变为层流的临界流速称为下临界流速 $v_c$，实验证明 $v_c < v_c'$。根据临界流速，可以判断流体的运动状态：当 $v < v_c$ 时为层流，$v > v_c'$时为湍流，$v_c < v < v_c'$时，流态不稳，可能保持原有的层流或湍流运动。

### 3.1.2　流动状态的判据——雷诺数

雷诺在大量实验研究中还发现，不同性质（$\rho$，$\mu$）流体在不同直径 $d$ 的管道中所得到的临界流速是不同的，但它们在临界流速时所组成的无量纲数基本上是相同的：

$$Re_{v_c} = \frac{\rho v_c d}{\mu} = \frac{v_c d}{\nu} \tag{3.1}$$

式中，$Re_{v_c}$称为下临界雷诺数，对应于上临界流速 $v_c'$的，称为上临界雷诺数 $Re_{v_c'}$。对于圆管，实验测得 $Re_{v_c}=2300$，$Re_{v_c'}=13800$。根据临界雷诺数的形式，对应于任一流速 $v$ 的雷诺数为：

$$Re = \frac{vd}{\nu} \tag{3.2}$$

当 $Re \leqslant Re_{v_c} = 2300$ 时，管道中的流动状态为层流；$Re > Re_{v_c'} = 13800$ 时为湍流；$Re_{v_c} < Re < Re_{v_c'}$ 时，可能是层流，也可能是湍流，属于过渡状态。在这一区域，即使是层流也极不稳定，外界稍有干扰就会转变为湍流，因此工程上一般把过渡状态归入湍流状态处理，以下临界雷诺数 $Re_{v_c}=2300$ 作为流动状态的判据，即

层流 $Re_{v_c} \leqslant 2300$；湍流 $Re_{v_c} > 2300$

雷诺数的物理意义是雷诺数的值等于作用于流体上的惯性力与黏性力之比。$Re$ 越小，说明黏性力的作用越大，流动就越稳定；$Re$ 越大，说明惯性力的作用越大，流动就越紊乱。

以上讨论的是以圆管为对象，以其直径 $d$ 作为圆形过水断面的特征长度的流体流动。当流道的过水断面是非圆形断面时，可用其水力半径 $r$ 作为特征长度。

（1）水力半径与直径。水力半径：

$$r_h = A/P \tag{3.3}$$

式中，$A$ 为过流截面面积；$P$ 为湿周：壁面与流体接触周长。各种断面的水力半径如图 3.2 所示。

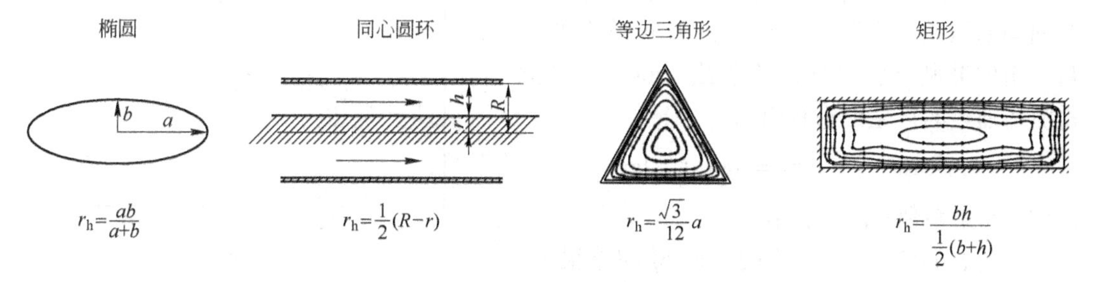


图 3.2　各种断面的水力半径

水力直径： $d_h = 4r_h$

(2) 非圆形管水力计算。

用水力直径表示的雷诺数： $Re_{d_h} = \dfrac{vd_h}{\nu}$ (3.4)

用水力半径表示的雷诺数： $Re_{r_h} = \dfrac{vr_h}{\nu} = \dfrac{1}{4}Re_{d_h}$

这种情况下，其临界雷诺数：

$$Re_{d_h,cr} = 2300,\ Re_{r_h,cr} = 580$$

对于工程中常见的明渠水流，因更易受外界影响而变为湍流状态，$Re_{r_h,cr}$ 则更低些，常取 $Re_{r_h,cr} = 300$。

### 3.1.3 能量损失的两种形式

根据流体运动时外部条件的不同，可将其流动阻力与能量损失分为两种形式，即沿程阻力损失以及局部阻力损失。

(1) 沿程阻力和沿程损失。流体运动时，由于自身黏性和粗糙度的影响，将在流体与壁面间以及流体层与层间产生摩擦力，这种沿程阻碍着流体运动的摩擦力称为沿程阻力。运动流体克服沿程阻力而产生的能量损失，称为沿程损失。其大小是与流程长度成正比的，沿程水头损失用 $h_f$ 表示。

(2) 局部阻力和局部损失。当流体经管道断面突然扩大或缩小处和弯管、阀门、三通管等外部条件急剧变化的区域时，流速大小或方向发生改变，将发生流体质点的碰撞，出现涡旋、二次流以及流动的分离及再附壁等现象，导致流动受到阻碍和影响。这种局部障碍处产生的阻力称为局部阻力。运动流体为克服局部阻力而产生的能量损失称局部损失，局部水头损失用 $h_j$ 表示。

(3) 总能量损失。一般在流体运动的全过程中，既有沿程损失，也有局部损失。根据叠加原理，全流程的总水头损失应为所有的沿程水头损失和局部损失之和，即

$$h_w = \Sigma h_f + \Sigma h_j \tag{3.5}$$

则全流程的总压强损失为：

$$\Delta p = \gamma h_w = \gamma(\Sigma h_f + \Sigma h_j) \tag{3.6}$$

(4) 沿程损失与平均流速的关系（流量）。在雷诺实验的玻璃管之上安装 U 形管测量两个截面间的压差，安装文丘里管测量管道中的流量，由伯努利方程可知，两个截面间的压差就是流体通过时产生的沿程阻力。

$$h_f = Kv^m \qquad \lg h_f = \lg K + m\lg v$$

式中，$K$ 为系数；$m$ 为指数。

层流、湍流：$K$、$m$ 不同，使 $h_f$ 相差很大。实验结果分析如下（参见图 3.3）：

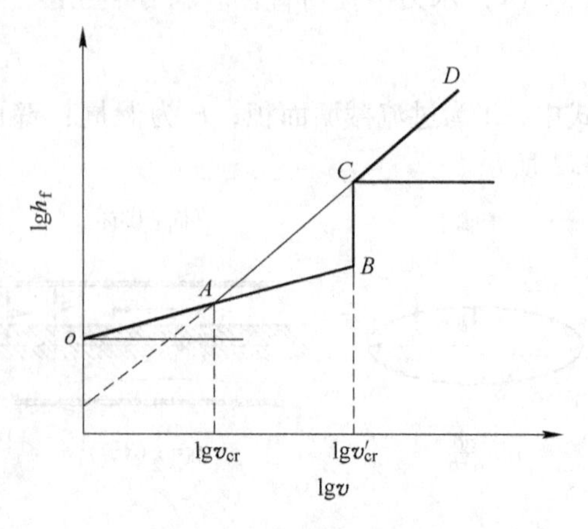

图 3.3 实验结果图示

（1）层流：$v < v_{cr}$时，$m = 1$，$h_f$ 与 $v$ 成正比；

（2）湍流：$v > v'_{cr}$时，$m = 1.75 \sim 2$，$h_f \propto v^{1.75 \sim 2.0}$。

应注意的是，流体流速不同，不仅影响流体的运动状态，而且也影响沿程损失的大小。从实验可知，当流体层流时，沿程水头损失 $h_f \propto v$，但当湍流时，$h_f \propto v^{1.75 \sim 2.0}$。流体流动状态的质变，引起沿程能量损失的量变，故计算黏性流体在管道中的沿程损失须先判断其流动状态。

## 3.2 圆管中的层流运动

这里讨论不可压缩黏性流体在等截面水平直圆管中的定常层流运动。充分发展段：即速度分布沿流动轴线是不变的。

### 3.2.1 速度分布

设有一直径为 $d$ 的圆柱直管，其中流体的运动是稳定层流状态，取一半径为 $r$，长度为 $l$ 的微小圆柱体为分析对象，其轴线与管轴线重合，如图 3.4 所示。

首先分析受力，微元圆柱体受力有质量力——重力（mg）；表面力有两端面上的压力和微圆柱侧表面上的摩擦力。

微元圆柱直径很小，可认为端面压力沿 $y$ 方向无变化，且均匀分布的。

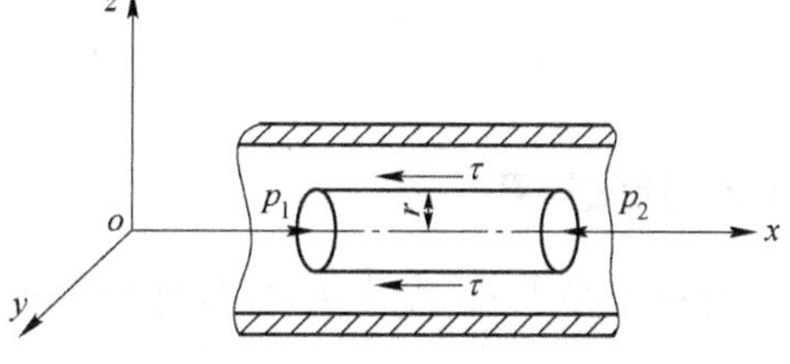


图 3.4 圆管内层流运动

故在 $x$ 方向：$F_x = ma_x$

$x$ 方向微元体惯性力：

$$m\frac{\mathrm{d}v_x}{\mathrm{d}t} = m\left(\frac{\partial v_x}{\partial t} + v_x\frac{\partial v_x}{\partial x} + v_y\frac{\partial v_x}{\partial y} + v_z\frac{\partial v_x}{\partial z}\right)$$

因管内是稳定的层流流动，且管截面不变：$\frac{\partial v_x}{\partial t} = 0$，有

$$v_y = v_z = 0, \quad \frac{\partial v_x}{\partial x} = 0$$

所以有
$$m\frac{\mathrm{d}v_x}{\mathrm{d}t} = 0$$

故有
$$p\pi r^2 - \left(p + \frac{\partial p}{\partial x}\mathrm{d}x\right)\pi r^2 - \tau 2\pi r\mathrm{d}x = 0$$

因 $p$ 只是 $x$ 的函数，
$$\frac{\mathrm{d}p}{\mathrm{d}x} = -\frac{2\tau}{r} \tag{3.7}$$

对牛顿流体，将 $\tau = -\mu\frac{\mathrm{d}v_x}{\mathrm{d}r}$ 代入上式，得：

$$\frac{\mathrm{d}p}{\mathrm{d}x} = 2\mu\frac{1}{r}\frac{\mathrm{d}v_x}{\mathrm{d}r} \tag{3.8}$$

$p$ 只是 $x$ 的函数，流动对于 $x$ 轴是对称的，所以 $v_x$ 是 $r$ 的函数，故式（3.8）左端只是 $x$ 的函数，右端只是 $r$ 的函数，只有等式两部分都等于常数时，才成立：

$$2\mu \frac{1}{r}\frac{\mathrm{d}v_x}{\mathrm{d}r} = \frac{\mathrm{d}p}{\mathrm{d}x} = \frac{\Delta p}{l} = C$$

所以有

$$\mathrm{d}v_x = \frac{1}{2\mu}\frac{\Delta p}{l} r\mathrm{d}r$$

$$v_x = \frac{1}{4\mu}\frac{\Delta p}{l} r^2 + C$$

边界条件：$r = r_0$ 时，$v_x = 0$，有

$$C = -\frac{r_0^2}{4\mu}\frac{\Delta p}{l}$$

得

$$v_x = \frac{p_0 - p_l}{l}\frac{r_0^2}{4\mu}\left[1 - \left(\frac{r}{r_0}\right)^2\right] \tag{3.9}$$

式（3.9）为圆管层流运动速度分布，表明流速分布为旋转抛物面，最大速度在管轴线上，其值为

$$v_{x\max} = \frac{p_0 - p_l}{l}\frac{r_0^2}{4\mu} \tag{3.10}$$

### 3.2.2 流量计算

通过半径为 $r$，宽度为 $\mathrm{d}r$ 的环形面积（如图 3.5）的微流量为

$$\mathrm{d}q_\mathrm{v} = v\mathrm{d}A = v2\pi r\mathrm{d}r$$

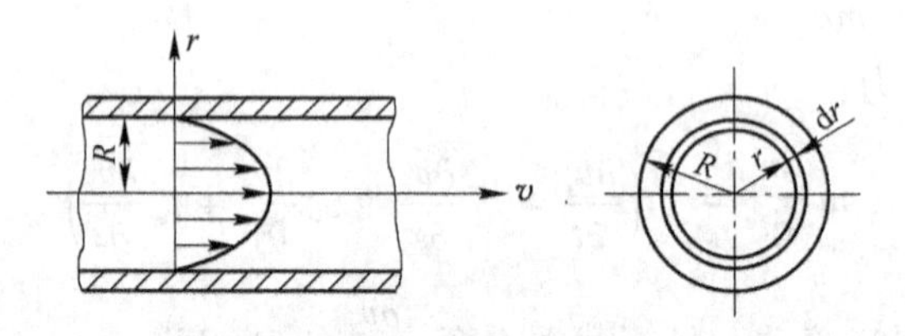


图 3.5　圆管内层流运动微元环面

总流量为

$$q_\mathrm{v} = \int \mathrm{d}q_\mathrm{v} = \int_0^{r_0} v2\pi r\mathrm{d}r = \int_0^{r_0}\frac{\Delta p}{4\mu l}(r_0^2 - r^2)2\pi r\mathrm{d}r = \frac{\pi\Delta p}{8\mu l}r_0^4 \tag{3.11}$$

或

$$q_\mathrm{v} = \frac{\pi\Delta p}{128\mu l}d^4 \tag{3.12}$$

式中，$d$ 为管道直径。上式就是圆管层流的流量计算公式。它表明，通过圆管的层流流量与单位长度的压降（$\Delta p/l$）和管径的四次方成正比，而与流体的动力黏度成反比。哈根（1839 年）和泊肃叶（1840 年）分别用实验测得，利用泊肃叶定律可以测量流体黏度。

断面上的平均流速

$$\bar{v} = \frac{q_\mathrm{v}}{A} = \frac{q_\mathrm{v}}{\pi r_0^2} = \frac{\Delta p}{8\mu l}r_0^2 = \frac{\Delta p}{32\mu l}d^2 \tag{3.13}$$

比较式（3.13）和式（3.10）可得

$$\bar{v} = \frac{1}{2}v_{\max} \tag{3.14}$$

上式说明圆管层流断面上的最大速度是平均速度的2倍。下面分析动能修正系数 $\alpha$ 和动量修正系数 $\beta$ 值，按式（2.61）和式（2.75）有：

$$\alpha = \frac{\int_A v^3 \mathrm{d}A}{\bar{v}^3 A} = \frac{\int_0^{r_0}\left[\frac{\Delta p}{4\mu l}(r_0^2 - r^2)\right]^3 2\pi r \mathrm{d}r}{\left(\frac{\Delta p r_0^2}{8\mu l}\right)^3 \pi r_0^2} = 2$$

$$\beta = \frac{\int_A v^2 \mathrm{d}A}{\bar{v}^2 A} = \frac{\int_0^{r_0}\left[\frac{\Delta p}{4\mu l}(r_0^2 - r^2)\right]^2 2\pi r \mathrm{d}r}{\left(\frac{\Delta p r_0^2}{8\mu l}\right)^2 \pi r_0^2} = \frac{4}{3} \approx 1.33$$

### 3.2.3 沿程损失

利用式（3.13），可以确定圆管层流由于黏性摩擦所产生的沿程损失，即

$$\Delta p = \frac{32\mu l}{d^2}\bar{v} \tag{3.15}$$

引进雷诺数 $Re = \rho v d/\mu$，将上式改成如下形式

$$\Delta p = \frac{64\mu}{\rho v d}\frac{l}{d}\frac{\rho v^2}{2} = \frac{64}{Re}\frac{l}{d}\frac{\rho v^2}{2}$$

若令 $\lambda = 64/Re$，可得

$$\Delta p = \lambda\frac{l}{d}\frac{\rho v^2}{2} \tag{3.16}$$

式（3.15）和式（3.16）是计算沿程损失的常用公式，称为达西（Darcy）公式。

$$h_f = \frac{\Delta p}{\gamma} = \frac{\Delta p}{\rho g} = \lambda\frac{l}{d}\frac{v^2}{2g} \tag{3.17}$$

式中 $\lambda$——沿程阻力系数，对于管内的层流，$\lambda = 64/Re$；

$\Delta p$——沿程压强损失，$\mathrm{N/m^2}$；

$h_f$——沿程水头损失，m 流体柱。

由以上讨论可以看出，层流运动的沿程水头损失与平均流速的一次方成正比，其沿程阻力系数只与雷诺数有关，这些结论已被实验所证实。

为克服沿程阻力而消耗的功率为

$$N_f = q_v \gamma h_f = \frac{128\mu l q_v^2}{\pi d^4} \tag{3.18}$$

由上式可知，当 $q_v$、$d$、$l$ 一定时，$\mu$ 越小，则损失功率越小。在长距离输送石油时，常常将油加热，使黏度降低从而减少功率损耗，就是这个道理。

### 3.2.4 圆管内流动起始段

前面讨论了圆管层流时中心最大速度是平均速度2倍的抛物线形流速分布，流速分布并不是流体一进入管道就会立刻形成的。通常在管道的入口断面上除了与管壁相接触的流体速度迅速降为零外，其他各点速度分布是相当均匀的。随后，内摩擦力的影响逐渐加大，靠近管壁的各流层流速依次滞缓。为满足连续性条件，管轴附近速度必然要增大，当管中心速度 $v_{max}$ 增加到接近平均速度 $v$ 的2倍时，抛物线形的流速分布才算形成，如图3.6所示。

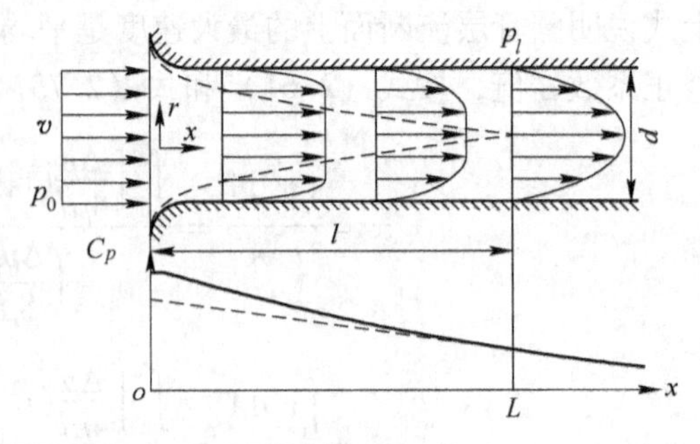


图3.6 层流起始段

从入口断面得到抛物线形的流速分布，形成断面之间的距离称为层流的起始段，以 $l$ 表示。从理论上讲，起始段的长度应该是无限的，但实际上经过某一有限的长度后，有效断面上的流速分布与抛物线相近似。层流、湍流起始段的长度依赖于管道内径和流动的雷诺数。

$$\begin{aligned}&\text{层流起始段}\quad l = (60 \sim 138)d\,(Re = 1000 \sim 2300)\\&\text{湍流起始段}\quad l = (20 \sim 40)d\,(Re = 10^4 \sim 10^6)\end{aligned}\tag{3.19}$$

在管路损失计算中，当管路较长时，起始段的影响可以忽略。

## 3.3 圆管中的湍流运动

湍流情况复杂，不能像层流那样，严格地根据理论分析，推导出管内湍流的速度分布。目前为止，人们只是在实验基础上，提出一定假设，对湍流运动规律进行分析研究，得到一些半经验半理论的成果，本节重点是介绍湍流的研究方法和普朗特对管内湍流的研究成果。

### 3.3.1 脉动现象与时均值的概念

流体作湍流运动时，流体质点作无规则的混杂运动，不同瞬时经过某固定点的运动参数（如流速）的大小和方向都随时间而改变。这种流体经过固定点的运动参数随时间而发生波动的现象称为脉动现象。具有脉动现象的流体运动，实质上是非稳定流动。然而，当我们从一个足够长的时间过程来观察，这种流体运动的参数仍然存在一定的规律性（如图3.7所示）。

图3.7表示圆管中湍流运动时流体经过某固定点时瞬时轴向速度 $v$ 在一足够长的 $T$ 时间内的平均值称为时均速度，即

$$\bar{v} = \frac{1}{T}\int_0^T v\mathrm{d}t \tag{3.20}$$

显然，瞬时速度与时均速度的关系为

$$v = \bar{v} + v' \tag{3.21}$$

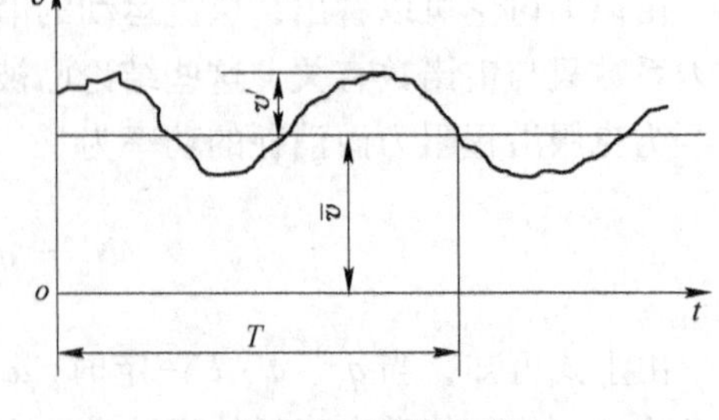


图3.7 时均速度

式中，$v'$ 为脉动速度，是瞬时速度与时均速度的差值。

由此可知，脉动速度的时均值必然为零，即

$$\bar{v}' = \frac{1}{T}\int_0^T v'\mathrm{d}t = 0 \tag{3.22}$$

同样，湍流中各点的瞬时压强也分成时均压强和脉动压强两部分，即

$$p = \bar{p} + p'$$

其中，时均压强为 $\bar{p} = \frac{1}{T}\int_0^T p\mathrm{d}t$，脉动压强的时均值也为零。

所以，湍流与层流不同，湍流的一切参数都是建立在时均值的概念上。经过时均化处理的湍流，可以看成层流，以前所建立的连续性方程、运动方程、能量方程等，都是可以用来分析湍流运动。在后面的讨论中，湍流的运动参数的符号都含有时均化的意义。但在研究湍流运动的物理实质时，就必须考虑脉动的影响。

### 3.3.2　湍流核心和黏性底层（层流边界层）

如图 3.8 所示，流体在圆管中作湍流运动时，绝大部分的流体处于湍流状态。紧贴固壁有一层很薄的流体，受壁面的限制，沿壁面法向的速度梯度很大，黏滞应力起很大作用，这一薄层称为黏性底层，属于层流边界层。距壁面稍远，壁面对流体质点的影响减少，质点的混杂能力增强，经过很薄的一段过渡层之后，便发展成为完全的湍流，称为湍流核心。

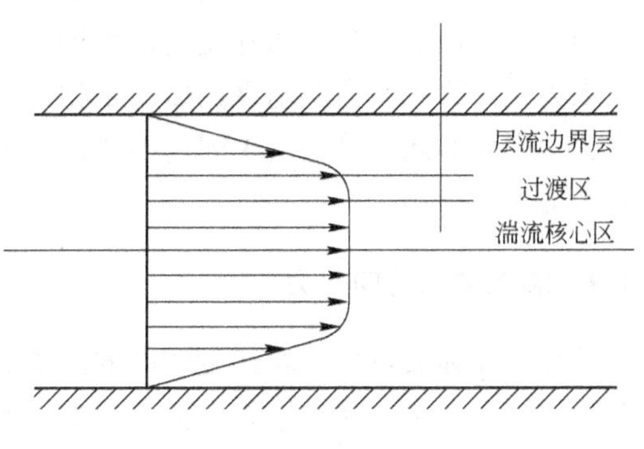

图 3.8　层流边界层

黏性底层的厚度 $\delta$ 很薄，可用半经验公式计算

$$\delta = 32.8\frac{d}{Re\sqrt{\lambda}} \tag{3.23}$$

式中　$d$——管径；

$\lambda$——湍流运动沿程阻力系数。

黏性底层的厚度虽然极薄（通常以几分之一毫米来度量），但它对于流动传热而言，其能量损失有重要意义。在实际工作中，如研究高温流体向管壁散热时，黏性底层的厚度越大，则散热量越差。又如在研究管道沿程损失时，层流边界层的厚度若大于管壁粗糙度，则粗糙度不引起能量损失的增加。

### 3.3.3　水力光滑管和水力粗糙管

对于任何一个管道，由于各种因素（如管子的材料，加工方法，使用条件及锈蚀等）的影响，管壁内表面总是凹凸不平的，因而以平均高度 $\Delta$ 代表其凹凸不平的程度，称为绝对粗糙度，如图 3.9 所示。

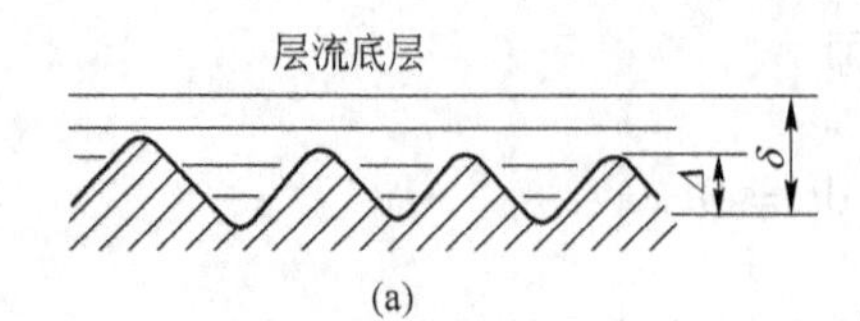


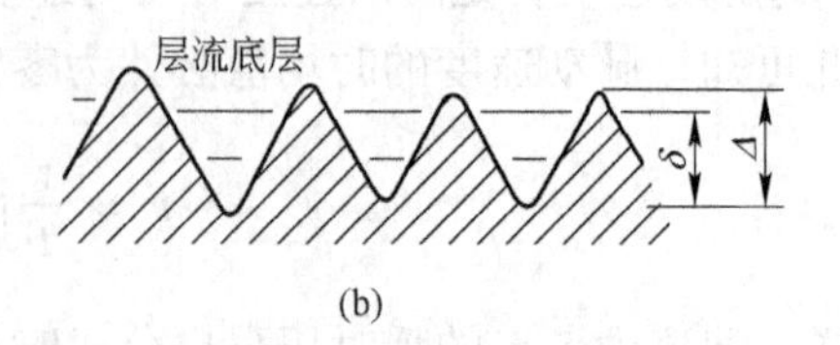


图 3.9　水力光滑管和水力粗糙管

（a）水力光滑管；（b）水力粗糙管

当 $\delta > \Delta$ 时，管壁的凹凸不平部分完全被层流边界层所覆盖，湍流核心区与凸起部分不接触，流动不受管壁粗糙度的影响，因而流动的能量损失也不受管壁粗糙度的影响，这类似于液流在完全光滑的管路中运动。这时的管道称为水力光滑管，如图 3.9(a)所示。

当 $\delta < \Delta$ 时，管壁的凹凸不平部分完全暴露在层流边界层之外，湍流核心区与凸起部分相接触，流体撞击凸起部分，加剧紊乱程度，在凸起部分后面形成旋涡，增大能量损失，流动受到管壁粗糙度的影响，这时的管道称为水力粗糙管，如图 3.9(b)所示。

当 $\delta \approx \Delta$ 时，一般归入粗糙管的范围。

水力光滑管和水力粗糙管的概念是相对的。随着流动情况的改变，$Re$ 数在变化，$\delta$ 也在变化，因此对同一管道（$\Delta$ 固定不变），$Re$ 比较小时可能是水力光滑管，$Re$ 比较大时可能是水力粗糙管。

### 3.3.4　湍流中总切向应力

湍流中流体质点由时均速度较高的流体层向时均速度较低的流体层脉动，即向管壁方向脉动，那么动量传递的结果是低速层被加速，高速层被减速，即两层流体在管轴方向上各受到切应力作用，且与管轴间同心的圆柱形成流体表面上受到的切应力方向总是与流动方向相反，形式上很像黏性摩擦切应力$\tau_\mu$（即$\tau_{层}$），但它是湍流中流体微团的纵向脉动造成的，称为附加切应力。而层流中流体质点所受的黏性摩擦切应力则是由于流体分子黏性运动造成的。如图 3.10 所示，$\rho\,\overline{v_y'\,v_x'}$ 为单位面积上 $x$ 方向传递的动量，由 1→2，$v_y'>0$，但依据减速 $v_x'<0$（负号）则动量传递结果是 $-\rho(\overline{v_y'v_x'})$，其结果是低速层被加速，高速层被减速，即这两层流体在管轴方向上各受到切应力$\tau_t$ 作用，其大小与单位面积动量传递量相等并取时均值，即$\tau_t = -\rho\,\overline{v_x'v_y'}$，故$\tau_t$ 称作湍流中流体微团的纵向脉动造成的附加切应力（$\tau_{附}$）。

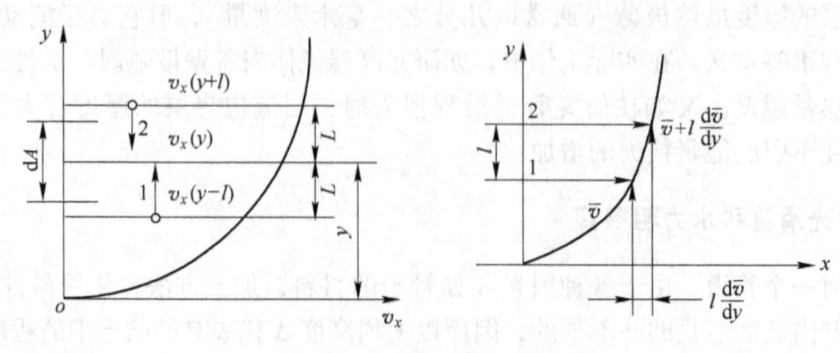


图 3.10　湍流中流体的脉动

总切应力：
$$\tau = \tau_\mu + \tau_t = \mu \frac{dv_x}{dy} - \rho \overline{v'_x v'_y} \tag{3.24}$$

因 $v'_x$，$v'_y$ 很难测定，需借助合乎实际的假设：1）找出 $v'_x$，$v'_y$ 与 $x$ 及 $y$ 轴坐标的函数关系；2）可以像处理层流运动那样，求出管内湍流的时均速度分布；3）只是因其复杂，不能完全从理论上精确地确定。

普朗特提出了混合长度理论，引入如下两个假设：

（1）流体质点的纵向脉动速度 $v'_x$ 近似等于两层流体的时均速度之差，即

$$v'_x \approx l \frac{dv_x}{dy}$$

（2）横向脉动速度 $v'_y$ 和纵向脉动速度 $v'_x$ 成比例，即

$$v'_y \propto v'_x \approx l \frac{dv_x}{dy} \qquad v'_y = Cv'_x = Cl \frac{dv_x}{dy}$$

所以，
$$\tau_t = -\rho(\overline{v'_x v'_y}) = \rho \frac{1}{t}\int_0^t v'_x v'_y dt = \rho C\left(l \frac{dv_x}{dy}\right)^2$$

考虑到 $\tau_t$ 的方向应由时均速度表示，则

$$\tau_t = \left(\rho l^2 \left|\frac{dv_x}{dy}\right|\right)\frac{dv_x}{dy} = \mu_t \frac{dv_x}{dy} \quad （C 并入 l 中）$$

湍流中总的切应力表示为：

$$\tau = \mu \frac{dv_x}{dy} + \rho l^2 \left|\frac{dv_x}{dy}\right| \cdot \frac{dv_x}{dy} = \left(\mu + \rho l^2 \left|\frac{dv_x}{dy}\right|\right)\frac{dv_x}{dy} = (\mu + \mu_t)\frac{dv_x}{dy} \tag{3.25}$$

式中　$\mu_t$——湍流旋涡黏性系数，$\mu_t = \rho l^2 \left|\frac{dv_x}{dy}\right|$，$\mu_t$ 与 $\mu$ 不同之处在于：$\mu$ 是物性参量，但 $\mu_t$ 不是，只是为研究问题方便引进；

$l$——普朗特混合长度，流体质点（在两次碰撞之间）所走过的距离（相当于分子自由程）。

当 $Re$ 很大时，$\tau_\mu = 0$，则 $\tau_t$ 占主要，忽略 $\tau_\mu$；当 $Re$ 很小时（但仍为湍流时），$\tau_t$、$\tau_\mu$ 为同一数量级，如在湍流边界层的层流底层外边，情形即是如此。

湍流的脉动掺混：不仅进行动量传递，还表现为热量传递（有温差）及质量传递（有浓度差）——统称为三传（湍流扩散）。

### 3.3.5　圆管中的湍流运动速度分布

#### 3.3.5.1　湍流层流底层直线律

因层流底层厚度很薄，速度分布可以认为是线性的，所受切应力主要是黏性切应力。

$$\tau_{总} = \tau_\mu = \mu \frac{dv_x}{dy} = \mu \frac{v_x}{y}$$

$$v_x = \frac{y\tau_\mu}{\mu} = \frac{y}{\nu} \cdot \frac{\tau_\mu}{\rho} = \frac{y}{\nu} v_*^2 \tag{3.26}$$

定义：$v_* = \sqrt{\dfrac{\tau_\mu}{\rho}}$，切应力速度（具有速度量纲）。

无因次速度：$\dfrac{v_x}{v_*} = \dfrac{y}{\nu} v_*$，层流底层的速度分布（直线关系）。

说明：

（1）速度分布是呈直线分布；

（2）$y = \delta$ 时，$\dfrac{v_{x\delta}}{v_*} = \dfrac{\delta}{\nu} v_*$，该值是层流底层速度的最大值，也是湍流区的边界速度。

3.3.5.2 湍流核心区

假设湍流附加切应力$\tau_t$ 等于边壁切应力$\tau_0$，即$\tau_t = \tau_0$，则有：

$$\tau_t = \rho l^2 \left(\frac{\mathrm{d}v_x}{\mathrm{d}y}\right)^2 = \tau_0 \tag{3.27}$$

将上式两边分别除以$\rho$，并考虑 $l = \xi y$，开方后得：

$$\sqrt{\frac{\tau_0}{\rho}} = v_* = l\frac{\mathrm{d}v_x}{\mathrm{d}y} = \xi y \frac{\mathrm{d}v_x}{\mathrm{d}y}, \quad \frac{\mathrm{d}v_x}{v_*} = \frac{1}{\xi}\frac{\mathrm{d}y}{y} \tag{3.28}$$

积分后可得：

$$\frac{v_x}{v_*} = \frac{1}{\xi}\ln y + c'$$

令

$$c' = c + \frac{1}{\xi}\ln\frac{v_*}{\nu}$$

得

$$\frac{v_x}{v_*} = \frac{1}{\xi}\ln\frac{y v_*}{\nu} + c \tag{3.29}$$

（1）湍流对数律。在光滑圆管中，根据实验可知 $\xi = 0.4$、$c = 5.5$，代入上式，根据尼古拉兹的实验结果和普朗特混合长度理论可推导出圆管湍流的对数分布率：

$$\frac{v_x}{v_*} = 2.5\ln\frac{y v_*}{\nu} + 5.5 \quad 或 \quad \frac{v_x}{v_*} = 5.75\lg\frac{y v_*}{\nu} + 1.75 \tag{3.30}$$

（2）湍流指数律。对数关系式是根据普朗特混合长度理论推导出的，圆管内湍流对数分布公式复杂，人们根据 $Re = 10^5$ 前后实验结果整理出速度分布的指数公式：

$$\frac{\bar{v}}{v_m} = \left(1 - \frac{r}{R}\right)^{1/7} \tag{3.31}$$

式中，$v_m$ 为轴心最大速度。

这就是湍流的1/7 次方速度分布规律。因此，只要通过实验测定出管中心处的最大流速 $v_m$，就能计算出平均流速 $\bar{v}$，进而求出流量。这是求管道平均流速和流量的简便方法之一，近似计算 $\bar{v} = 0.82 v_m$。

## 3.3.6 湍流沿程损失的基本关系式

3.3.6.1 湍流沿程损失的基本公式

湍流中沿程损失的影响因素比层流复杂得多。实验研究表明，管中湍流的沿程压强损

失 $\Delta p$ 与断面平均流速 $v$、流体密度 $\rho$、管径 $d$、管长 $l$、流体的黏性系数 $\nu$ 以及管壁的绝对粗糙度 $\Delta$ 等有关。写成函数式为

$$\Delta p = F(v,\rho,d,l,\nu,\Delta)$$

目前，还不能完全从理论上求出这些变量之间的解析表达式，量纲分析得出 $\Delta p$ 与 $v$ 的关系式为

$$\Delta p = \lambda \frac{l}{d}\rho \frac{v^2}{2}$$

或

$$h_f = \lambda \frac{l}{d} \frac{v^2}{2g} \tag{3.32}$$

其中，湍流沿程阻力系数 $\lambda$：

$$\lambda = f\left(Re,\frac{\Delta}{d}\right) \tag{3.33}$$

式（3.32）即为管中湍流沿程损失的基本公式，其沿程阻力系数 $\lambda$ 是两个无量纲数 $Re$ 和 $\frac{\Delta}{d}$ 的函数，只能由实验确定。正因为如此，在湍流沿程阻力系数 $\lambda$ 的经验公式中，一般都含有 $Re$ 及 $\frac{\Delta}{d}$ 这两个无量纲数，但是湍流时的 $\lambda$ 值与层流时的 $\lambda$ 不同。

在流体力学中，$\frac{\Delta}{d}$ 称为相对粗糙度，其值越大，表示管壁越粗糙。

3.3.6.2　非圆形管道沿程损失公式

由于圆形截面的特征长度是直径 $d$，非圆形截面的特征长度是水力半径 $R$，而且 $d = 4R$，故只需将式（3.32）中的 $d$ 改为 $4R$（或称为当量直径 $d_h$）便可应用。因此，非圆形管道沿程损失公式为

$$h_f = \lambda \frac{l}{d_h} \frac{v^2}{2g} \tag{3.34}$$

### 3.3.7　沿程阻力系数 λ 值的确定

3.3.7.1　尼古拉兹实验

沿程阻力系数 $\lambda$ 是反映边界粗糙度和流体运动状态对能量损失影响的一个系数。为了确定沿程阻力系数 $\lambda$ 的变化规律，人们进行了广泛的实验研究，其中最具有代表性的是尼古拉兹实验。

1932～1933 年尼古拉兹采用人工方法制造了六种不同 $\frac{\Delta}{r}$ 的管子，并使流体通过，以改变 $Re$ 的办法进行阻力系数 $\lambda$ 的测定，得出了 $\lambda$ 与 $Re$ 的对数关系曲线，称为尼古拉兹实验图如图 3.11 所示。

根据 $\lambda$ 的变化规律，曲线可分成五个区域：

Ⅰ区——层流区，雷诺数 $Re < 2300$。$\lambda$ 与 $\frac{\Delta}{r}$ 无关，只与 $Re$ 有关，且 $\lambda = \frac{64}{Re}$。沿程损失 $h_f$ 与速度 $v$ 成正比。

Ⅱ区——层流变为湍流的过渡区，雷诺数范围是 $2300 < Re < 4000$。该区域内的层流极

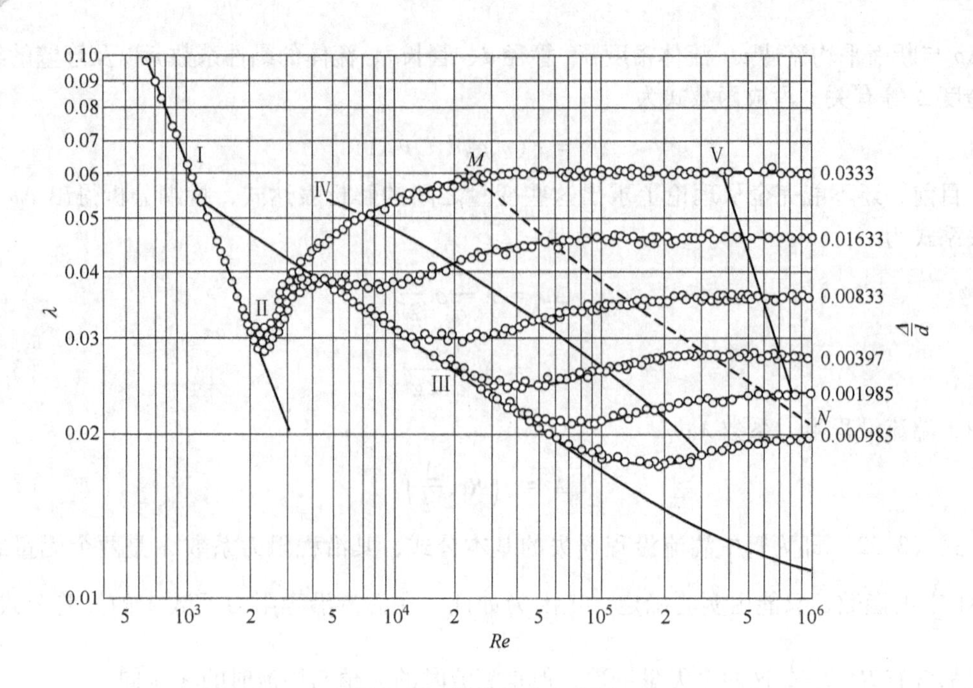


图3.11　尼古拉兹实验图

易转变为湍流，可按湍流的情况处理。

Ⅲ区——水力光滑管区，$4000 < Re < 26.98\left(\frac{d}{\Delta}\right)^{8/7}$。此时流体已处于湍流状态，但层流边界层较厚，大于绝对粗糙度，即$\delta > \Delta$，故$\lambda$仍与$\frac{\Delta}{d}$无关，只与$Re$有关。相对粗糙度越大的管流，其实验点也就早一些（即在雷诺数越小的情况下）离开直线Ⅲ。

此区$\lambda$经验公式有：

（1）$4000 < Re < 10^5$时，可用布拉休斯公式

$$\lambda = \frac{0.3164}{Re^{0.25}} \tag{3.35}$$

（2）$10^5 < Re < 10^6$时，可用尼古拉斯（光滑管）公式

$$\lambda = 0.0032 + \frac{0.0221}{Re^{0.237}} \tag{3.36}$$

更通用的公式是普朗特-史里希廷公式：

$$\frac{1}{\sqrt{\lambda}} = 2\lg(Re\sqrt{\lambda}) - 0.8 \tag{3.37}$$

Ⅳ区——水力粗糙管区，$80\frac{d}{\Delta} < Re < 4160\left(\frac{d}{2\Delta}\right)^{0.85}$。随着$Re$增大，层流边界层厚减小，将不能完全遮盖管壁上的凸起部分，逐渐向水力粗糙管过渡，管壁粗糙度对流动阻力开始产生影响，即$\lambda$是$Re$和$\frac{\Delta}{d}$函数。可用科尔布鲁克公式计算$\lambda$：

$$\frac{1}{\sqrt{\lambda}}=-2\lg\left[\frac{2.51}{Re\sqrt{\lambda}}+\frac{\Delta}{3.72d}\right] \tag{3.38}$$

Ⅴ区——水力粗糙区，其 $Re>4160\left(\frac{d}{2\Delta}\right)^{0.85}$。此时，$Re$ 已足够大，层流边界层厚度远小于管壁粗糙度，对管壁已完全不起遮盖作用，其凸起部分已深入湍流核心区中，故 $\lambda$ 与 $Re$ 无关，只与 $\frac{\Delta}{d}$ 有关。此区内常用尼古拉兹粗糙管公式计算，即

$$\frac{1}{\sqrt{\lambda}}=1.74+2\lg\left(\frac{d}{2\Delta}\right) \tag{3.39}$$

或

$$\lambda=\left(1.74+2\lg\frac{d}{2\Delta}\right)^{-2} \tag{3.40}$$

由于沿程损失 $h_f$ 与速度 $v$ 的平方成正比，故水力粗糙区又称阻力平方区。

3.3.7.2 莫迪图

工程实际中的管道与人工粗糙管道的粗糙度情况是不同的。工业管道内壁面凹凸不平，并且不均匀，因此对流动阻力的影响可能与上述计算结果有误差，所以工程计算中都是用通过实验和计算确定的当量粗糙度来代替实际粗糙度，以修正误差，它并非是管道的真实粗糙度。几种工业中常用管道的当量粗糙度列于表 3.1。

**表 3.1 几种常用管道的当量粗糙度**

| 管道材料 | 管道状况 | Δ/mm | 管道材料 | 管道状况 | Δ/mm |
|---|---|---|---|---|---|
| 钢铝等 | 新的、表面光滑 | 0.0015 | 普通镀锌管道 | | 0.39 |
| 有色金属管 | | 0.007 | | | |
| 无缝钢管 | 新的、清洁的 | 0.014 | 铆合钢管 | 简易铆合 | 0.3~3.0 |
| | 使用几年后的 | 0.02 | | 加强铆合 | |
| 玻璃管 | 新的、干净的 | 0.01 | 混凝土管 | 新 的 | 0.5 |
| 橡胶软管 | 新的、较规整 | 0.02~0.2 | 石棉水泥管 | 新 的 | 0.1 |
| 铸铁管 | 新 的 | 0.25~0.41 | 镀锌铁管 | 新的、清洁的 | 0.15 |
| | 一般的 | 0.50~1.0 | | | |
| | 旧 的 | 1.0~3.0 | | 使用几年后 | 0.5 |

1940 年莫迪对工业用管做了大量实验，绘制出 $\lambda$ 与 $Re$ 及 $\frac{\Delta}{d}$ 的关系图（图 3.12），供实际运算时使用，既简单又准确，已被广泛应用。

管道计算目的主要研究确定管道尺寸、流量、压力降间关系，具体有三种情况：(1) 已知流量、压力降，设计计算管路尺寸；(2) 已知管道尺寸、流量，确定出压力降；(3) 已知管道尺寸、压力降，校核流量。以下是简单管路的三类典型例题。

**例 3-1** 已知管道和流量求沿程损失。

已知：$d=20\text{cm}$，$l=3000\text{m}$ 的旧无缝钢管，油的密度 $\rho=900\text{kg/m}^3$，$q_m=90\text{T/h}$；油的黏度 $\nu$ 在冬天为 $1.092\times10^{-4}\text{m}^2/\text{s}$，夏天为 $0.355\times10^{-4}\text{m}^2/\text{s}$。

求：冬天和夏天的沿程损失 $h_f$。

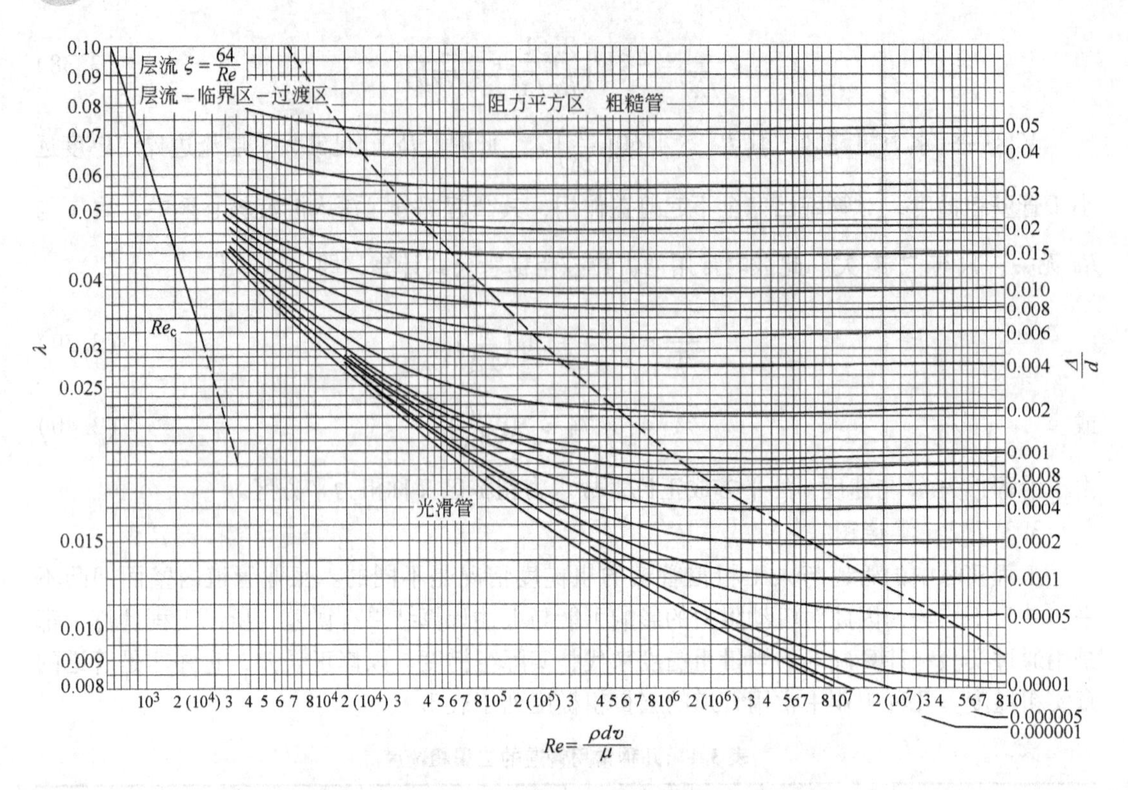


图 3.12 工业管道 $\lambda$ 与 $Re$ 及 $\frac{\Delta}{d}$ 的关系图（莫迪图）

**解：**

$$q_v=\frac{q_m}{3600\rho}=\frac{90\times10^3}{3600\times900}=0.02778\quad m^3/s$$

$$v=\frac{4q_v}{\pi d^2}=\frac{0.02778\times4}{\pi\times0.2^2}=0.885\quad m/s$$

冬天 $$Re_1=\frac{vd}{\nu}=\frac{0.885\times0.2}{1.092\times10^{-4}}=1621<2300\qquad \text{层流}$$

夏天 $$Re_2=\frac{vd}{\nu}=\frac{0.885\times0.2}{0.355\times10^{-4}}=4980>2300\qquad \text{湍流}$$

冬天 $$h_{f_1}=\lambda_1\cdot\frac{l}{d}\cdot\frac{v^2}{2g}=\frac{64}{Re_1}\cdot\frac{l}{d}\cdot\frac{v^2}{2g}=\frac{64}{1621}\times\frac{3000}{0.2}\times\frac{0.885^2}{2\times9.81}=23.6\text{m}\quad（油柱）$$

在夏天，查旧无缝钢管等效粗糙度 $\varepsilon=0.2\text{mm}$，$\varepsilon/d=0.001$，查莫迪图 $\lambda_2=0.0385$。

夏天 $$h_{f_2}=\lambda_2\cdot\frac{l}{d}\cdot\frac{v^2}{2g}=0.0385\times\frac{3000}{0.2}\times\frac{0.885^2}{2\times9.81}=23.0\text{m}\quad（油柱）$$

**例 3-2** 已知管道和压降求流量。

已知：$d=10\text{cm}$，$l=400\text{m}$ 的旧无缝钢管相对输送密度为 0.9，$\nu=10^{-5}\text{m}^2/\text{s}$ 的油，油的压降 $\Delta p=800\text{kPa}$。

求：管内流量 $q_v$。

**解：** $h_{f_1}=\frac{\Delta p}{\rho g}=\frac{800\times10^3}{9810\times0.9}=90.61\text{m}$，$\varepsilon/d=0.2/100=0.002$

在阻力平方区查莫迪图，得到 $\lambda=0.025$，设 $\lambda_1=0.025$，由达西公式

$$v_1=\frac{1}{\sqrt{\lambda_1}}\left(\frac{2gdh_f}{l}\right)^{\frac{1}{2}}=\frac{1}{\sqrt{0.025}}\left(\frac{2\times9.81\times0.1\times90.61}{400}\right)^{\frac{1}{2}}=6.325\times0.6667=4.22\quad \text{m/s}$$

$Re_1=\dfrac{v_1 d}{\nu}=\dfrac{4.22\times0.1}{10^{-5}}=4.22\times10^4$，由 $\varepsilon/d=0.2/100=0.002$ 及 $Re_1=4.22\times10^4$，查莫迪图得 $\lambda_2=0.027$，重新计算速度 $v_2=\dfrac{1}{\sqrt{0.027}}\times0.6667=4.06\text{m/s}$

$$Re_2=\frac{v_2 d}{\nu}=\frac{4.06\times0.1}{10^{-5}}=4.06\times10^4$$

再由 $\varepsilon/d=0.002$ 及 $Re_2=4.06\times10^4$，查莫迪图，得 $\lambda_3=0.027$，所以

$$q_v=v_2 A=4.06\times\frac{\pi}{4}\times0.1^2=0.0319\quad \text{m}^3/\text{s}$$

**例 3-3** 已知沿程损失和流量求管径。

已知：$l=400\text{m}$ 的旧无缝钢管输送密度为 0.9，$\nu=10^{-5}\text{m}^2/\text{s}$ 的油，油的压降 $\Delta p=800\text{kPa}$，$q_v=0.0319\text{m}^3/\text{s}$。

求：管径 $d$ 应选多大?

**解：**

$$v=\frac{Q}{A}=\frac{0.0319\times4}{\pi d^2}=\frac{0.04}{d^2}$$

由达西公式

$$h_f=\lambda\frac{l}{d}\frac{v^2}{2g}=\lambda\frac{l}{d}\frac{1}{2g}\left(\frac{4Q}{\pi d^2}\right)^2=0.0826\lambda lQ^2\frac{1}{d^5}$$

$$d^5=0.0826\frac{\lambda lQ^2}{h_f}=0.0826\times400\times0.0319^2\frac{\lambda}{90.61}=3.71\times10^{-4}\lambda$$

$$Re=\frac{vd}{\nu}=\frac{0.04d}{d^2\nu}=\frac{0.04}{10^{-5}d}=\frac{4000}{d}$$

参照例 3-2 选 $\lambda_1=0.025$，$d_1=(3.71\times10^{-4}\times0.025)^{1/5}=0.0985\text{m}$，$Re_1=4000/0.0985=4.06\times10^4$

由 $\varepsilon/d=0.2/98.5=0.002$，查莫迪图得 $\lambda_2=0.027$

$$d_2=(3.71\times10^{-4}\times0.027)^{1/5}=0.1\quad \text{m}$$

$$Re_2=4000/0.1=4\times10^4$$

$\varepsilon/d=0.2/100=0.002$，查莫迪图得 $\lambda_3=0.027$，取 $d=0.1\text{m}$。

## 3.4 局部阻力系数的确定

实际的流体通道，除了在各直管段产生沿程阻力外，流体流过各个接头、阀门等局部障碍时都要产生一定的流动损失，即局部阻力。由于产生局部阻力的原因很复杂，所以对于大多数情况下的局部阻力只能通过实验来确定。只有管道截面突然扩大可用解析方法求得局部阻力系数。

### 3.4.1 截面突然扩大的局部损失

设有突然扩大的管道截面如图 3.13 所示。平均速度的流线在小管道中是平直的，经

过一个扩大段以后，到 3-3 截面上流线又恢复到平直状态。扩大段的沿程阻力可忽略不计，下面分析如图 3.13 所示截面突然扩大的局部阻力损失系数 $\xi$。

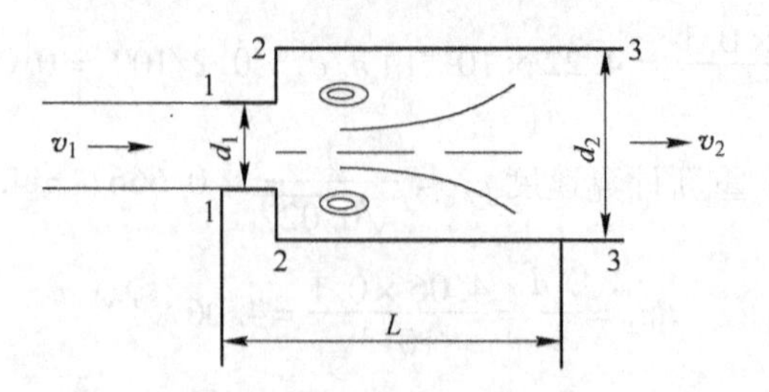


图 3.13 截面突然扩大的管道

首先选 1 ~3 管道界面围成的区域为控制体，流量为 $Q_v$，对其进行受力分析，沿流动方向 1-1 面上总压力为 $p_1A_1$，2-2 面上对流体施加总压力为 $p_1(A_2-A_1)$，3-3 面上总压力为 $p_2A_2$。

（1）列动量方程。为确定力（压力）与流速关系，忽略黏性力，因此有 $\Sigma F=\dfrac{d(mv)}{\mathrm{d}t}$

$$p_1A_1+p_1(A_2-A_1)-p_2A_2=\rho Q_{\mathrm{v}}(v_2-v_1)$$

$$Q_{\mathrm{v}}=v_1A_1=v_2A_2 \quad \text{（连续方程）}$$

所以有

$$p_1-p_2=\rho v_2(v_2-v_1) \tag{3.41}$$

（2）列 1-1 和 3-3 两面伯努利方程，得 $p$、$v$ 及 $\xi$ 关系。

设流动是不可压缩流体的稳定湍流，$\alpha_2=\alpha_1=1$

$$z_1+\frac{p_1}{r}+\frac{v_1^2}{2g}=z_2+\frac{p_2}{r}+\frac{v_2^2}{2g}+h_{\mathrm{j}} \quad \text{（沿程损失 } h_{\mathrm{f}} \text{ 忽略）} \tag{3.42}$$

将式（3.41）代入式（3.42），得

$$h_{\mathrm{j}}=\frac{p_1-p_2}{r}+\frac{v_1^2-v_2^2}{2g}=\frac{\rho v_2(v_2-v_1)}{r}+\frac{v_1^2-v_2^2}{2g}$$

$$=\frac{v_2^2-2v_1v_2+v_1^2}{2g}=\frac{(v_2-v_1)^2}{2g}$$

（3）推出 $\xi$。

由定义 $h_{\mathrm{j}}=\xi\dfrac{v^2}{2g}$，$v$ 为平均流速，得出：

当 $v$ 以 $v_1(A_1)$ 为基准面时的 $\xi_1$ 值：$h_{\mathrm{j}}=\dfrac{v_1^2\left(1-\dfrac{v_2}{v_1}\right)^2}{2g}=\xi_1\dfrac{v_1^2}{2g}$

其中

$$\xi_1=\left(1-\frac{v_2}{v_1}\right)^2=\left(1-\frac{A_1}{A_2}\right)^2 \tag{3.43}$$

当 $v$ 以 $v_2(A_2)$ 为基准面时的 $\xi_2$ 值：$h_{\mathrm{j}}=\dfrac{v_2^2\left(\dfrac{v_1}{v_2}-1\right)^2}{2g}=\xi_2\dfrac{v_2^2}{2g}$

其中

$$\xi_2=\left(\frac{v_1}{v_2}-1\right)^2=\left(\frac{A_2}{A_1}-1\right)^2 \tag{3.44}$$

式中，$\xi_1$ 和 $\xi_2$ 称为局部阻力系数，其值随比值 $A_1/A_2$ 不同而异（见表 3.2）。

**表 3.2 管径突然扩大的局部阻力系数 $\xi$ 值**

| $A_1/A_2$ | 1 | 0.9 | 0.8 | 0.7 | 0.6 | 0.5 | 0.4 | 0.3 | 0.2 | 0.1 | 0 |
|---|---|---|---|---|---|---|---|---|---|---|---|
| $\xi_1$ | 0 | 0.01 | 0.04 | 0.09 | 0.16 | 0.25 | 0.36 | 0.49 | 0.64 | 0.81 | 1 |
| $\xi_2$ | 0 | 0.0123 | 0.0625 | 0.184 | 0.444 | 1 | 2.25 | 5.44 | 36 | 81 | $\infty$ |

## 3.4.2 其他类型的局部损失

管道中的各种部件的局部阻力系数都是由实验得出的，常用部件的局部阻力系数见表3.3。在流体力学中常以管径突然扩大的水头损失计算公式作为通用的计算公式，然后根据具体情况乘以不同的局部阻力系数。即

$$h_j = \xi \frac{v^2}{2g}$$

**表 3.3 常用部件的局部阻力系数**

<table>
<tr><th>序号</th><th>名称</th><th>示意图</th><th>$\xi$ 值及其说明</th></tr>
<tr><td>1</td><td>断面突然扩大</td><td></td><td>$\xi' = \left(\frac{A_2}{A_1} - 1\right)^2$ $\left(应用 h_f = \xi' \frac{v_2^2}{2g}\right)$<br>$\xi = \left(1 - \frac{A_1}{A_2}\right)^2$ $\left(应用 h_j = \xi \frac{v_1^2}{2g}\right)$</td></tr>
<tr><td>2</td><td>圆形渐扩管</td><td></td><td>$\xi = k\left(\frac{A_2}{A_1} - 1\right)^2$ $\left(应用 h_j = \xi \frac{v_2^2}{2g}\right)$<br><table><tr><td>$\alpha/(°)$</td><td>8</td><td>10</td><td>12</td><td>15</td><td>20</td><td>25</td></tr><tr><td>$k$</td><td>0.14</td><td>0.16</td><td>0.22</td><td>0.30</td><td>0.42</td><td>0.62</td></tr></table></td></tr>
<tr><td>3</td><td>断面突然缩小</td><td></td><td>$\xi = 0.5\left(1 - \frac{A_2}{A_1}\right)^2$ $\left(应用 h_j = \xi \frac{v_2^2}{2g}\right)$</td></tr>
<tr><td>4</td><td>圆形渐缩管</td><td></td><td>$\xi = k_1\left(\frac{1}{k_2} - 1\right)^2$ $\left(应用 h_j = \xi \frac{v_2^2}{2g}\right)$<br><table><tr><td>$\alpha/(°)$</td><td>10</td><td>20</td><td>40</td><td>60</td><td>80</td><td>100</td><td>140</td></tr><tr><td>$k_1$</td><td>0.40</td><td>0.25</td><td>0.20</td><td>0.20</td><td>0.30</td><td>0.40</td><td>0.60</td></tr></table><table><tr><td>$\frac{A_2}{A_1}$</td><td>0.1</td><td>0.3</td><td>0.5</td><td>0.7</td><td>0.9</td></tr><tr><td>$k_2$</td><td>0.40</td><td>0.36</td><td>0.30</td><td>0.20</td><td>0.10</td></tr></table></td></tr>
<tr><td rowspan="3">5</td><td rowspan="3">管道进口</td><td rowspan="2">(a)</td><td>圆形喇叭口，$\xi = 0.05$<br>完全修圆 $\frac{r}{d} \geq 0.15$，$\xi = 0.10$<br>稍加修圆 $\xi = 0.20 \sim 0.25$</td></tr>
<tr><td>直角进口，$\xi = 0.50$</td></tr>
<tr><td>(b)</td><td>内插进口，$\xi = 1.0$</td></tr>
</table>

续表 3.3

<table>
<tr><th>序号</th><th>名称</th><th>示意图</th><th>$\xi$ 值及其说明</th></tr>
<tr><td rowspan="2">6</td><td rowspan="2">管道出口</td><td> 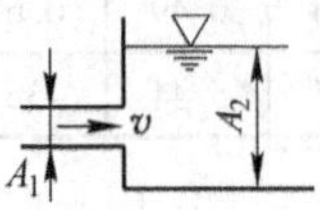(a)</td><td>流入渠道，$\xi = \left(1 - \frac{A_1}{A_2}\right)^2$</td></tr>
<tr><td> 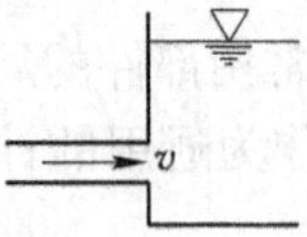(b)</td><td>流入水池，$\xi = 1.0$</td></tr>
<tr><td>7</td><td>折管</td><td> 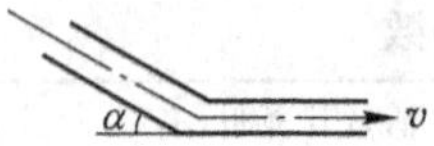</td><td>
<table>
<tr><td rowspan="2">圆形</td><td>$\alpha/(°)$</td><td>10</td><td>20</td><td>30</td><td>40</td><td>50</td><td>60</td><td>70</td><td>80</td><td>90</td></tr>
<tr><td>$\xi$</td><td>0.04</td><td>0.1</td><td>0.2</td><td>0.3</td><td>0.4</td><td>0.55</td><td>0.70</td><td>0.90</td><td>1.10</td></tr>
</table>
<table>
<tr><td rowspan="2">矩形</td><td>$\alpha/(°)$</td><td>15</td><td>30</td><td>45</td><td>60</td><td>90</td></tr>
<tr><td>$\xi$</td><td>0.025</td><td>0.11</td><td>0.26</td><td>0.49</td><td>1.20</td></tr>
</table>
</td></tr>
<tr><td>8</td><td>弯管</td><td> 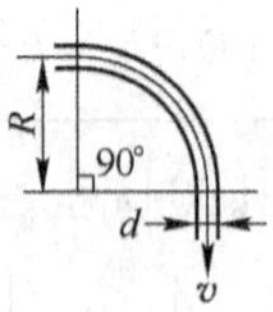</td><td>
<table>
<tr><td rowspan="4">$\alpha = 90°$</td><td>$d/R$</td><td>0.2</td><td>0.4</td><td>0.6</td><td>0.8</td><td>1.0</td></tr>
<tr><td>$\xi_{90°}$</td><td>0.132</td><td>0.138</td><td>0.158</td><td>0.206</td><td>0.294</td></tr>
<tr><td>$\delta/R$</td><td>1.2</td><td>1.4</td><td>1.6</td><td>1.8</td><td>2.0</td></tr>
<tr><td>$\xi_{90°}$</td><td>0.40</td><td>0.660</td><td>0.976</td><td>1.408</td><td>1.975</td></tr>
</table>
</td></tr>
<tr><td>9</td><td>缓弯管</td><td> 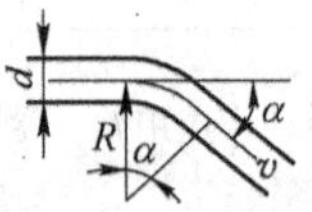</td><td>
$\alpha$ 为任意角度，$\xi = k\xi_{90°}$
<table>
<tr><td>$\alpha/(°)$</td><td>20</td><td>40</td><td>60</td><td>90</td><td>120</td><td>140</td><td>160</td><td>180</td></tr>
<tr><td>$k$</td><td>0.47</td><td>0.66</td><td>0.82</td><td>1.00</td><td>1.16</td><td>1.25</td><td>1.33</td><td>1.41</td></tr>
</table>
</td></tr>
</table>

**例 3-4** 一突然扩大管段（如图 3.14 所示）$d_1 = 50\text{mm}$，$d_2 = 100\text{mm}$，水流流量 $Q = 16\text{m}^3/\text{h}$，比压计内所装测试液体为四氯化碳，$\gamma = 15.7\text{kN/m}^3$，$h = 173\text{mm}$，试确定此突然扩大管段的局部阻力系数并与理论值比较。（已知水的黏度 $\nu = 1.141 \times 10^{-6}\text{m}^2/\text{s}$）

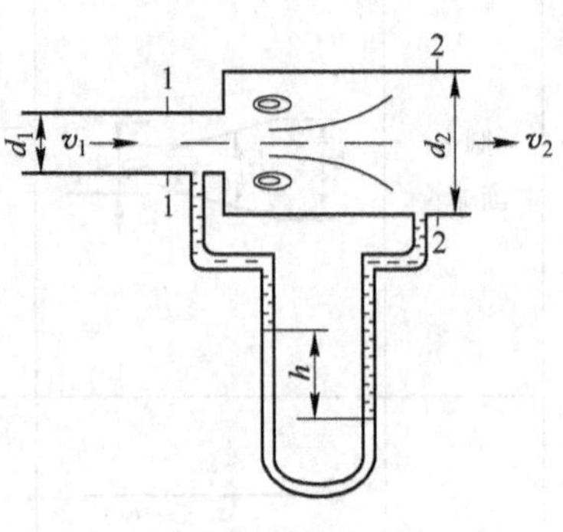

图 3.14 例 3-4 图

**解**：列 1-1，2-2 面的伯努利方程：

$$z_1 + \frac{p_1}{\gamma} + \alpha_1 \frac{v_1^2}{2g} = z_2 + \frac{p_2}{\gamma} + \alpha_2 \frac{v_2^2}{2g} + \xi_2 \frac{v_2^2}{2g}$$

$$v_1 = \frac{Q}{\frac{\pi}{4}d_1^2} = \frac{16}{3600 \times \frac{3.14}{4} \times 0.05^2} = 2.265 \quad \text{m/s}$$

$$Re_1 = \frac{v_1 d_1}{\nu} = \frac{2.265 \times 0.05}{1.141 \times 10^{-6}} = 99255 > 2300$$

$$v_2 = \frac{Q}{\frac{\pi}{4}d_2^2} = \frac{16}{3600 \times \frac{3.14}{4} \times 0.1^2} = 0.566 \quad \text{m/s}$$

$$Re_2 = \frac{v_2 d_2}{\nu} = \frac{0.566 \times 0.1}{1.141 \times 10^{-6}} = 49605 > 2300$$

因两截面都为湍流，故 $\alpha_1$ 和 $\alpha_2$ 均为 1，又 $z_1 = z_2$

所以，
$$\frac{r_{H_2O} - r_{CCl_4}}{r_{H_2O}}h + \frac{v_1^2 - v_2^2}{2g} = \xi_2 \frac{v_2^2}{2g}$$

$$\Rightarrow \frac{9810 - 15.7 \times 10^3}{9810} \times 0.173 + \frac{2.265^2 - 0.566^2}{2 \times 9.81} = \xi_2 \frac{0.566^2}{2 \times 9.81}$$

$$\Rightarrow \xi_2 = 8.65$$

理论上，以大截面流速计算的 $\xi_2 = \left(\frac{A_2}{A_1} - 1\right)^2 = \left(\frac{\pi \times 0.05^2}{\pi \times 0.025^2} - 1\right)^2 = 9$。

该例由理论解验证了该实验方法的可行性，因此据此实验方法可以在雷诺实验玻璃管中设置各种局部损失部件，通过测出流量及压差可求得其局部损失系数值。

## 3.5　管道水力计算

管道水力计算的目的在于合理地设计管路系统，减少动力消耗，最大限度地节约原材料，降低成本。因此应计算流量、管道几何尺寸和流动损失之间的定量关系。按照管道中能量损失的类型，将管道又分为长管和短管。凡是局部损失和出流速度水头损失之和小于5%沿程损失的管道系统称为水力长管，简称长管。在长管计算中只计算沿程损失，忽略局部损失和出流速度水头。凡是沿程损失和局部损失大小相近的管道系统称为水力短管，简称短管。在短管计算中两种损失均须考虑。

管路系统的水力计算可分为简单管路的水力计算和复杂管路的水力计算。等径无分支管的管路系统称为简单管路，除简单管路外的管路系统统称复杂管路，如串联管路、并联管路等。简单管路的水力计算正是前面所介绍方法的应用，无特殊原则。这里以串联和并联管路为例讨论复杂管路的水力计算问题，并忽略管路中局部水头损失和出流速度水头。

### 3.5.1　串联管路

如图3.15所示由直径不同的或粗糙度不同的管道顺次连接而成的管道称为串联管路。对于无泄露的串联管道通过各管段的流量相同。串联管道能量损失等于各段能量损失之和。

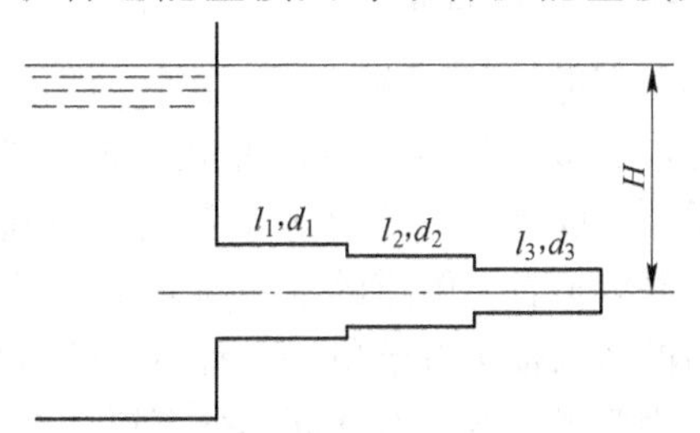

图3.15　串联管路示意图

串联管道流量及阻力损失有如下特点：

（1）流量：$Q_{m1} = Q_{m2} = Q_{m3}$

$$\rho_1 v_1 A_1 = \rho_2 v_2 A_2 = \rho_3 v_3 A_3$$

若 $\rho = \text{const}$，则 $v_1 A_1 = v_2 A_2 = v_3 A_3$

（2）阻力损失：$h_w = \Sigma h_{w1} + \Sigma h_{w2} + \Sigma h_{w3}$

$$h_w = \Sigma h_j + \Sigma h_f = \Sigma \xi \frac{v^2}{2g} + \Sigma \lambda \frac{l}{d} \frac{v^2}{2g}$$

**例 3-5** 串联管路计算。

已知：如图 3.16 所示，上下两个贮水池由直径 $d = 10\text{cm}$、长 $l = 50\text{m}$ 的铁管连接（$\Delta = 0.046\text{mm}$），中间连有球形阀一个（全开时 $\xi_v = 5.7$），90°弯管两个（每个 $\xi_b = 0.64$），为保证管中流量 $Q = 0.04\text{m}^3/\text{s}$，求：两贮水池的水位差 $H(\text{m})$。

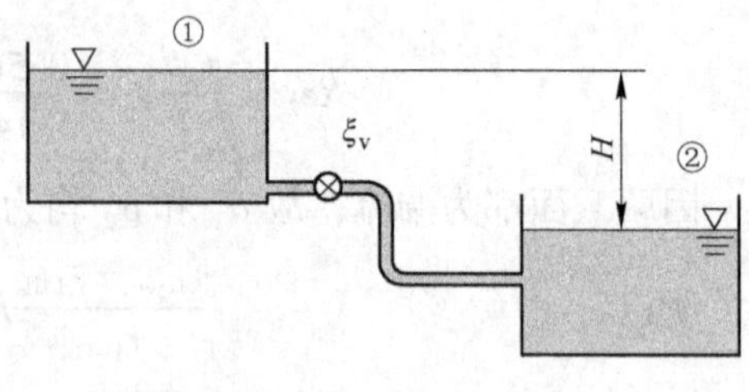


图 3.16 例 3-5 图

**解**：管内平均速度为

$$v = \frac{4Q}{\pi d^2} = \frac{4 \times 0.04}{\pi \times 0.1^2} = 5.09 \quad \text{m/s}$$

管内流动损失由两部分组成：局部损失和沿程损失。局部损失除阀门和弯头损失外，还有入口（$\xi_{in} = 0.5$）和出口（$\xi_{out} = 1.0$）损失。

局部损失 $$\Sigma h_j = (\xi_{in} + \xi_v + 2\xi_b + \xi_{out}) \frac{v^2}{2g}$$

沿程损失 $$h_f = \lambda \frac{l}{d} \frac{v^2}{2g}$$

$\lambda$ 由莫迪图确定，设 $\nu = 10^{-6}\text{m}^2/\text{s}$，$Re = \frac{vd}{\nu} = \frac{5.09 \times 0.1}{10^{-6}} = 5.09 \times 10^5$，$\frac{\Delta}{d} = \frac{0.046}{100} = 0.00046$，由莫迪图确定 $\lambda = 0.0173$。

对两贮水池液面①和②列伯努利方程的第一种推广形式，即

$$\left(\frac{v^2}{2g} + z + \frac{p}{\rho g}\right)_1 = \left(\frac{v^2}{2g} + z + \frac{p}{\rho g}\right)_2 + h_w$$

对液面 $v_1 = v_2 = 0$、$p_1 = p_2 = 0$，由上式可得

$$H = z_1 - z_2 = h_w = \Sigma h_j + \Sigma h_f = \left(\xi_{in} + \xi_v + 2\xi_b + \xi_{out} + \lambda \frac{l}{d}\right)\frac{v^2}{2g}$$

$$= \left(0.5 + 5.7 + 2 \times 0.64 + 1.0 + 0.0173 \times \frac{50}{0.1}\right) \times \frac{5.09^2}{2 \times 9.81}$$

$$= 11.2 + 11.4 = 22.6 \quad \text{m}$$

### 3.5.2 并联管路

管道从某处分成几个支管，而后又在下游某处汇合成一路的管道叫并联管道。如图 3.17 所示，并联管道的总流等于各支管道流量的总和；并联管道各支管道的水头损失彼此相等，并联管道的水头损失等于单一支管道上的水头损失。这是因为各支管道有共同的分流点和汇合点，即每支管道上压强降都相同。如果并联管道各支管道

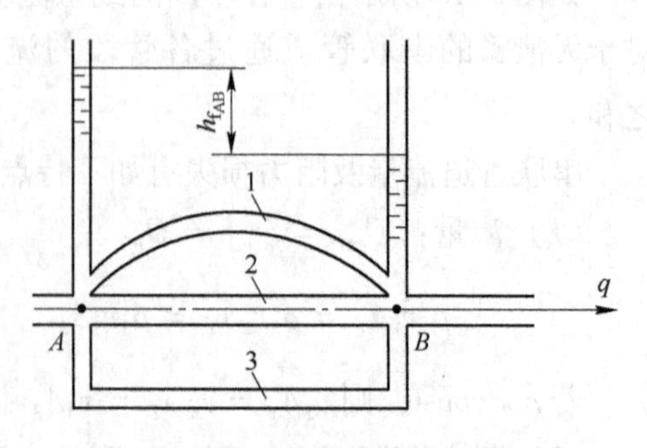


图 3.17 并联管路示意图

的直径、管长、粗糙度和使用情况相同，各支管道上的流量应相等。若各支管道的上述参数不同，即流动阻力不同时，必须按水头损失相等的原则逐个支管列方程计算。

并联管路流量及阻力损失有如下特点：

（1）流量：

$$Q_{mA} = Q_{m1} + Q_{m2} + Q_{m3}$$

$$\rho vA = \rho_1 v_1 A_1 + \rho_2 v_2 A_2 + \rho_3 v_3 A_3$$

若 $\rho = \text{const}$，则 $vA = v_1 A_1 + v_2 A_2 + v_3 A_3$

（2）阻力损失：

$$h_w = \Sigma h_{w1} = \Sigma h_{w2} = \Sigma h_{w3}$$

$$h_w = \Sigma h_j + \Sigma h_f = \Sigma \xi \frac{v^2}{2g} + \Sigma \lambda \frac{l}{d}\frac{v^2}{2g}$$

并联管路流量存在流量分配问题：以两个并联管路为例：

$$\left(\lambda_1 \frac{l_1}{d_1} + \Sigma \xi_1\right)\frac{v_1^2}{2g} = \left(\lambda_2 \frac{l_2}{d_2} + \Sigma \xi_2\right)\frac{v_2^2}{2g}$$

$$\left.\begin{aligned} Q_1 &= v_1 A_1 \qquad v_1 = \frac{4Q_1}{\pi d_1^2} \\ Q_2 &= v_2 A_2 \qquad v_2 = \frac{4Q_2}{\pi d_2^2} \end{aligned}\right\}$$

代入上式,得

$$\left(\lambda_1 \frac{l_1}{d_1} + \Sigma \xi_1\right)\frac{8Q_1^2}{\pi^2 g d_1^4} = \left(\lambda_2 \frac{l_2}{d_2} + \Sigma \xi_2\right)\frac{8Q_2^2}{\pi^2 g d_2^4}$$

$$\frac{Q_1}{Q_2} = \sqrt{\frac{\left(\lambda_2 \frac{l_2}{d_2} + \Sigma \xi_2\right)\Big/ d_2^4}{\left(\lambda_1 \frac{l_1}{d_1} + \Sigma \xi_1\right)\Big/ d_1^4}}$$

**例 3-6**　并联管路计算。

图 3.18 为一并联管路，$l_1 = 30\text{m}$、$d_1 = 50\text{mm}$、$l_2 = 50\text{m}$、$d_2 = 100\text{mm}$。管路上各种局部阻力系数之和为 $\Sigma\xi = 3$，沿程阻力系数 $\lambda_1 = 0.04$、$\lambda_2 = 0.03$，流量 $Q = 25\text{L/s}$，求并联管路内流量的分配及阻力。

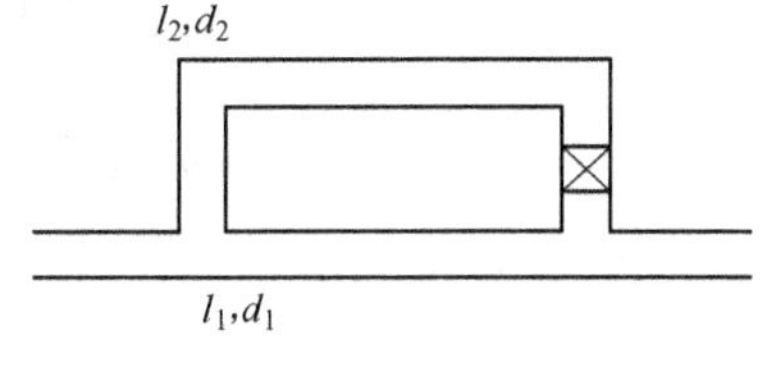


图 3.18　例 3-6 图

**解：** 已知尺寸 $d$、$l$ 及 $\lambda$，求 $Q$ 及 $h_w$

由 $h_{w1} = h_{w2}$，有 $\lambda_1 \frac{l_1}{d_1}\frac{v_1^2}{2g} = \lambda_2 \frac{l_2}{d_2}\frac{v_2^2}{2g} + \xi_2 \frac{v_2^2}{2g}$

又由 $\left.\begin{aligned} v_1 &= \frac{4Q_1}{\pi d_1^2} \\ v_2 &= \frac{4Q_2}{\pi d_2^2} \end{aligned}\right\} \Rightarrow \frac{Q_1}{Q_2} = 0.215,\ Q = Q_1 + Q_2 = 0.025$

得　　$Q_1 = 0.0044\text{m}^3/\text{s} = 4.4\text{L/s}$　　$Q_2 = 0.0205\text{m}^3/\text{s} = 20.5\text{L/s}$

$$v_1 = \frac{4Q_1}{\pi d_1^2} = \frac{4 \times 0.0044}{3.14 \times 0.05^2} = 2.24\ \ \text{m/s}$$

$$h_{w1} = \lambda_1 \times \left(\frac{l_1}{d_1}\right) \times \left(\frac{v_1^2}{2g}\right) = 0.04 \times \left(\frac{30}{0.05}\right) \times \left(\frac{2.24^2}{2 \times 9.81}\right) = 6.14\text{m 水柱(或 J/N)}$$

### 3.5.3 虹吸现象

液体由管道从较高液位的一端经过高出液位的管段自动流向较低液位的另一端的这种现象，称为虹吸现象，所用的管道称为虹吸管。

充满液体的虹吸管之所以能引液位自流是由于当液体借重力通过管路往下流动时，会在最高截面处形成一定的真空，从而把液体通过管路吸上来。显然，该处真空越高，吸的高度也越大，最大的高度称为允许虹吸的高度，取决于最高截面处压强。而最高截面处压强最低不能低于该液体在其所处温度下的饱和蒸汽压强，否则液体将要汽化，破坏真空即破坏了虹吸作用。

**例 3-7** 已知虹吸管总长为 $l$，内径为 $d$，沿程损失系数 $\lambda$，总的局部损失系数 $\Sigma\xi$，1-2 管段长为 $l_1$，局部损失系数 $\Sigma\xi_1$。求：(1) 体积流量 $q_v$；(2) 允许虹吸的高度 $h$（液体饱和蒸汽压为 $p_s$）。

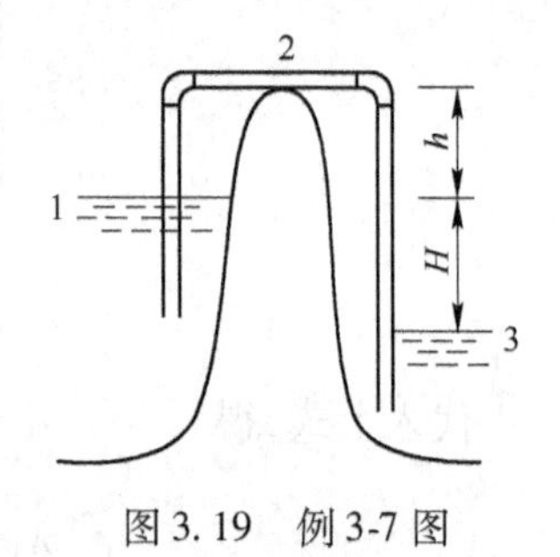

图 3.19 例 3-7 图

**解：**(1) 1、3 两处列伯努利方程，以 3 处为基准面（取 $\alpha=1$）。

$$\frac{p_a}{r} + H = \frac{p_a}{r} + \left(\lambda \frac{l}{d} + \Sigma\xi\right)\frac{v^2}{2g}$$

所以有 $v = \sqrt{\dfrac{2gH}{\lambda \dfrac{l}{d} + \Sigma\xi}}$，$q_v = \dfrac{\pi}{4}d^2 \sqrt{\dfrac{2gH}{\lambda \dfrac{l}{d} + \Sigma\xi}}$

(2) 列 1-2 截面伯努利方程，以 1 为基准面（取 $\alpha=1$）。

$$\frac{p_a}{r} = h + \frac{v^2}{2g} + \frac{p_2}{r} + \left(\lambda \frac{l_1}{d} + \Sigma\xi_1\right)\frac{v^2}{2g}$$

$$h_v = \frac{p_a - p_2}{r} = h + \left(1 + \lambda \frac{l_1}{d} + \Sigma\xi_1\right)\frac{v^2}{2g}$$

$$= h + \frac{1 + \lambda \dfrac{l_1}{d} + \Sigma\xi_1}{\lambda \dfrac{l}{d} + \Sigma\xi}H$$

所以
$$h < \frac{p_a - p_s}{r} - \frac{1 + \lambda \dfrac{l_1}{d} + \Sigma\xi_1}{\lambda \dfrac{l}{d} + \Sigma\xi}H$$

## 本章小结

3-1 黏性流体的两种流动状态：层流和湍流。

雷诺数 $Re_{v_c} = \dfrac{\rho v_c d}{\mu} = \dfrac{v_c d}{\nu}$

$Re<2300$ 时，管中是层流；

$Re>2300$ 时，管中是湍流；

$Re=2300$ 时，管中是临界流。

3-2　管内流动的两种损失。

（1）沿程阻力损失：$h_f=\lambda\cdot\frac{l}{d}\cdot\frac{v^2}{2g}$　m 液柱

$\lambda$——沿程阻力系数，影响因素 $\lambda=f(Re,\Delta/d)$

层流：$\lambda=\frac{64}{Re}$ 与 $\Delta$ 无关（理论计算）；

湍流：$\lambda=f(Re,\Delta/d)$，实验测定。

（2）局部阻力损失：$h_j=\xi\frac{v^2}{2g}$　m 液柱

$\xi$——局部阻力损失系数，由实验测定。

3-3　流体在圆管中的层流流动。

（1）轴向速度分布：$v_x=\frac{p_0-p_l}{l}\frac{r_0^2}{4\mu}\left[1-\left(\frac{r}{r_0}\right)^2\right]$

——层流圆管内速度分布呈抛物线特征

（2）流量：$Q=\pi r_0^2\bar{v}_x=\frac{p_0-p_l}{l}\frac{\pi r_0^4}{8\mu}$

（3）平均速度：$v=\frac{\Delta p}{8\mu l}r_0^2=\frac{1}{2}v_{max}$

（4）沿程损失：$h_f=\frac{\Delta p}{\rho g}=\frac{8\mu l}{\rho g r_0^2}v$

3-4　流体在圆管湍流流动。

$$\bar{v}_x=v_*\left(5.75\lg\frac{Rv_*}{\nu}+1.75\right)$$

——呈指数规律

平均速度：$\frac{\bar{v}_x}{v_{xmax}}=\frac{2}{(n+1)(n+2)}=0.8\sim0.87$

湍流任一截面处的速度分布比层流更趋均匀。

3-5　沿程阻力损失系数的实验研究。

（1）沿程阻力损失：

$$h_f=\lambda\cdot\frac{l}{d}\cdot\frac{v^2}{2g}$$

$v$——平均速度

（2）沿程阻力系数：$\lambda=f(Re,\Delta/d)$

其中：

层流：$\lambda$ 与 $Re$ 有关，理论计算得 $\lambda=64/Re$；

湍流：$\lambda=f(Re,\Delta/d)$，尼古拉兹实验曲线。

1）层流区 AB：$\lambda=64/Re$，$Re<2300$ 时，$\lambda=f(Re)$，说明五条线全部重合，$\lambda$ 与 $\Delta/d$

无关，只与 $Re$ 有关。

2）临界过渡区——湍流过渡区 BC：$\lambda$ 变化规律不确定。

3）湍流水力光滑区 CD：$\lambda = f(Re)$，$4000 < Re < 26.98\left(\dfrac{d}{\Delta}\right)^{8/7}$。

$Re < 10^5$，$\lambda = \dfrac{0.3164}{Re^{0.25}}$

$Re > 10^5$，$\dfrac{1}{\sqrt{\lambda}} = 2\lg(Re\sqrt{\lambda}) - 0.8$

4）湍流阻力粗糙管区 DE：$\lambda = f(Re, \Delta/d)$。

$80\dfrac{d}{\Delta} < Re < 4160\left(\dfrac{d}{2\Delta}\right)^{0.85}$ 时，$\dfrac{1}{\sqrt{\lambda}} = -2\lg\left(\dfrac{2.51}{Re\sqrt{\lambda}} + \dfrac{\Delta}{3.72d}\right)$

5）湍流水力粗糙管阻力平方区：$\lambda = f(\Delta/d)$。

$Re > 4160\left(\dfrac{d}{2\Delta}\right)^{0.85}$ 时，$\dfrac{1}{\sqrt{\lambda}} = 1.74 + 2\lg\left(\dfrac{d}{2\Delta}\right)$

3-6 管道计算。

计算目的、任务：(1) 已知流量、压力降，设计计算管路尺寸；(2) 已知管道尺寸、流量，确定出压力降；(3) 已知管道尺寸、压力降，校核流量。

基本方程：

(1) 连续性方程：
$$A_1 v_1 = A_2 v_2$$

(2) 伯努利方程：
$$z_1 + \frac{p_1}{r} + \frac{v_1^2}{2g}\alpha_1 = z_2 + \frac{p_2}{r} + \frac{v_2^2}{2g}\alpha_2 + h_w$$

(3) 阻力计算式：
$$h_w = \Sigma h_j + \Sigma h_f$$

其中，$h_j = \xi\dfrac{v^2}{2g}$，$\xi$ 值查表确定；

$h_f = \lambda \cdot \dfrac{l}{d} \cdot \dfrac{v^2}{2g}$，$\lambda$ 为尼古拉兹实验测得，查莫迪图。

(4) 动量方程：分析选取控制体，$\Sigma F = \dfrac{\mathrm{d}(mv)}{\mathrm{d}t}$

管路计算：

(1) 对于简单管路：

$$Q = vA = \frac{\pi}{4}d^2 v$$

$$h_f = \frac{\Delta p}{\gamma} = \lambda \cdot \frac{l}{d} \cdot \frac{v^2}{2g}$$

其中，$\lambda$ 取决于 $\Delta/d$、$Re$。

可见由 $Q(v)$、$d$、$h_f(\lambda)$ 三个变量间的关系引出三类计算问题，即

第Ⅰ类问题：已知 $Q$ 和 $d$ 时，求沿程阻力或压降 $h_f(\Delta p)$。由 $Q$ 和 $d$ 求出 $Re$，再由 $Re$ 和 $\Delta/d$，查莫迪图得 $\lambda$，进而求得 $h_f(\Delta p)$。

第Ⅱ类问题：已知 $d$ 和 $h_f$，校核通过的流量 $Q$。由 $\Delta/d$ 查莫迪图第Ⅴ区得一个 $\lambda$ 值，试计算出速度 $v$ 和 $Re$，再由 $Re$ 和 $\Delta/d$ 反查莫迪图得一个 $\lambda$ 值，校核是否在事先

假定的第Ⅴ区，如误差大，用查得的最新 $\lambda$ 再试算，直至满足规定，计算出速度 $v$ 和 $Q$。

第Ⅲ类问题：已知 $h_f$ 和 $Q$，设计管路尺寸 $d$。

$$h_f = \lambda \cdot \frac{l}{d} \cdot \frac{1}{2g}\left(\frac{4Q}{\pi d^2}\right)^2$$

假设莫迪图第Ⅳ或Ⅴ区任意一个阻力区，试计算一个 $\lambda$ 值代入上式求得一个 $d$，试计算出 $Re$ 和 $\Delta/d$ 反查莫迪图得一个 $\lambda$ 值，校核是否在事先假定的第Ⅳ或Ⅴ区，如误差大，用查得的最新 $\lambda$ 再试算 $d$，直至满足规定。

(2) 对于复杂管路：

串联：

$$Q_m = Q_{m1} = Q_{m2} = \cdots$$

$$h_w = h_{w1} + h_{w2} + \cdots$$

$$= \left(\lambda_1 \frac{l_1}{d_1} + \Sigma\xi_1\right)\frac{v_1^2}{2g} + \left(\lambda_2 \frac{l_2}{d_2} + \Sigma\xi_2\right)\frac{v_2^2}{2g} + \cdots$$

并联：

$$Q_m = Q_{m1} + Q_{m2} + \cdots$$

$$h_{w1} = h_{w2} = h_{w3} = \cdots$$

即

$$\left(\lambda_1 \frac{l_1}{d_1} + \Sigma\xi_1\right)\frac{v_1^2}{2g} = \left(\lambda_2 \frac{l_2}{d_2} + \Sigma\xi_2\right)\frac{v_2^2}{2g} = \left(\lambda_3 \frac{l_3}{d_3} + \Sigma\xi_3\right)\frac{v_3^2}{2g}$$

其中，$v_1 = \dfrac{4Q_{m1}}{\rho_1\pi d_1^2}$，$v_2 = \dfrac{4Q_{m2}}{\rho_2\pi d_2^2}$，$v_3 = \dfrac{4Q_{m3}}{\rho_3\pi d_3^2}$

所以，$\left(\lambda_1 \dfrac{l_1}{d_1} + \Sigma\xi_1\right)\dfrac{8}{g}\left(\dfrac{Q_{m1}}{\rho_1\pi d_1^2}\right)^2 = \left(\lambda_2 \dfrac{l_2}{d_2} + \Sigma\xi_2\right)\dfrac{8}{g}\left(\dfrac{Q_{m2}}{\rho_2\pi d_2^2}\right)^2 = \left(\lambda_3 \dfrac{l_3}{d_3} + \Sigma\xi_3\right)\dfrac{8}{g}\left(\dfrac{Q_{m3}}{\rho_3\pi d_3^2}\right)^2$

分析：

①$\rho$、$l$、$d$、$\lambda$、$\Sigma\xi$ 均一直相等，则 $Q_{m1} = Q_{m2} = Q_{m3}$，$v_1 = v_2 = v_3$

②$l$、$d$、$\lambda$、$\Sigma\xi$ 均相等，但 $\rho_1 \neq \rho_2 \neq \rho_3$，则 $Q_{m1} \neq Q_{m2} \neq Q_{m3}$，且 $\rho\downarrow \rightarrow Q_{m1}\downarrow$

③$\rho_1 = \rho_2 = \rho_3$，但 $l$、$d$、$\lambda$、$\Sigma\xi$ 不等时，总阻力 $\left(\lambda \dfrac{l}{d} + \Sigma\xi\right)\uparrow$ 及 $d\downarrow \rightarrow Q_{m1}\downarrow, v\downarrow$

1) 串联管路。

定义：由不同直径或粗糙度的数段管子连接在一起的管道为串联管路。

特点：通过串联管路各管段流量是相同的，$Q_{m1} = Q_{m2} = \cdots$

串联管路的损失应等于各段损失总和，$h_w = h_{w1} + h_{w2} + \cdots$

计算如下：

第Ⅰ类问题：求解阻力。

$$\left.\begin{array}{r} q_v \Rightarrow \bar{v} \Rightarrow Re \\ \text{由已知}\ \Delta \end{array}\right\} \xrightarrow{\text{查莫迪图}} \lambda_1、\lambda_2 \rightarrow H$$

第Ⅱ类问题：求解流量。$H$ 已知，但 $v_1$、$\lambda_1$、$\lambda_2$ 未定，需试算：

$$\text{假定}\ \lambda_1、\lambda_2\ \text{值，}\left.\begin{array}{r} v_1、v_2 \Rightarrow Re_1、Re_2 \\ \text{由已知}\ \Delta \end{array}\right\} \xrightarrow{\text{查莫迪图}} \text{计算}\ \lambda_1、\lambda_2$$

重复上述过程，直到$\lambda_1$、$\lambda_2$在误差范围内，再由$v_1 \Rightarrow q_v$；

或假设几个数值→对应$H$值，作$H$-$q_v$图→由已知→$q_v$。

2）并联管路。

定义：某处分成几路，在下游某处又汇合成一路的管道为并联管路。

特点：总损失等于各分管道的损失：$h_w = h_{w1} = h_{w2} = \cdots$

总流量等于各分管道的流量之和：$Q_m = Q_{m1} + Q_{m2} + \cdots$

已知管道尺寸和$\Delta$如下：

①已知A和B两点的$\Delta p_{AB}$，求总流量$q_v$；

②已知总流量$q_v$，求各分支管道中流量及能量损失。

第Ⅰ类计算步骤：

由$\Delta p_{AB} \rightarrow q_v$相当于简单管路中的第Ⅱ类问题，推算出各分管道内的$v \Rightarrow q_{v1}$，$q_{v2}$，$q_{v3} \Rightarrow q_v$。

第Ⅱ类计算步骤：

①根据管径，长度及$\Delta$，假设$q'_{v1}$；

②由$q'_{v1} \Rightarrow h'_{f1}$；

③由$h'_{f1} \Rightarrow q'_{v2}$，$q'_{v3}$；

④由$\Sigma q'_v = q'_{v1} + q'_{v2} + q'_{v3}$，又已知$q_v$，则各分管道的计算流量分别为：

$$q_{v1} = \frac{q'_{v1}}{\Sigma q'_v} q_v, \quad q_{v2} = \frac{q'_{v2}}{\Sigma q'_v} q_v, \quad q_{v3} = \frac{q'_{v3}}{\Sigma q'_v} q_v$$

⑤用计算的流量$q_{v1}$，$q_{v2}$，$q_{v3} \Rightarrow h_{f1}$，$h_{f2}$，$h_{f3}$。

$h_{f1} = h_{f2} = h_{f3} \Rightarrow q_{v1}$，$q_{v2}$，$q_{v3}$分配合理，并求平均损失水头$h_f$

$$h_f = \frac{h_{f1} + h_{f2} + h_{f3}}{3}$$

如$h_{f1} \neq h_{f2} \neq h_{f3}$，以$q_{v1}$为新假设流量，重复上述步骤进行计算。

## 思考题与习题

### 思考题

3-1 自然界中不可压缩流体有哪几种流态，如何判别？

3-2 何谓沿程损失，局部阻力损失，两者阻力损失有何不同？

3-3 圆管内层，湍流速度分布，阻力损失有何不同？

3-4 何谓水力光滑管、粗糙管，其影响因素有哪些？

3-5 尼古拉兹曲线有哪几个区，名称和特点如何？

3-6 为什么光滑管区管壁粗糙度对阻力没有影响？

3-7 为什么不同粗糙度的管子离开光滑管区的极限雷诺数不同？

3-8 为什么阻力平方区与$Re$无关？

3-9 简单管路与复杂管路计算的特点、目的及应用？

## 习 题

3-1 已知有压管路突然扩大前后管段的管径之比 $\frac{d_1}{d_2}=0.5$，则相应的雷诺数之比 $\frac{Re_1}{Re_2}=$（ ）。

A. 1/4 B. 1/2 C. 1 D. 2

3-2 若圆管内水流为层流运动，则有（ ）。

A. $\frac{q_v}{\pi d\mu}<575$ B. $\frac{q_v}{\pi d\mu}<2300$ C. $\frac{q_v}{\pi d\nu}<575$ D. $\frac{q_v}{\pi d\nu}<2300$

3-3 层流的沿程水头损失 $h_f$ 与断面平均流速 $v$ 的（ ）次方成正比。

A. 1.0 B. 1.5 C. 1.75 D. 2.0

3-4 在圆管层流中，断面上最大流速 $v_{max}$ 与断面平均流速 $v$ 之比 $\frac{v_{max}}{v}=$（ ）。

A. 1.5 B. 2.0 C. 2.5 D. 3.0

3-5 湍流的运动的要素在时间和空间上都具有（ ）。

A. 均流性 B. 非均匀性 C. 脉动性 D. 稳定性

3-6 若在同一等径长直管道中用不同流体进行实验，当流速相等时，其沿程水头损失 $h_f$ 在（ ）是相同的。

A. 层流区 B. 湍流光滑区 C. 湍流过渡区 D. 湍流粗糙区

3-7 已知某圆管流动的雷诺数 $Re=2000$，则该管的沿程阻力系数 $\lambda=$（ ）。

A. 0.032 B. 0.064 C. 0.128 D. 0.256

3-8 当流动处于（ ）时，其沿程水头损失 $h_f\propto v^{1.75}$。

A. 层流区 B. 湍流光滑区 C. 湍流过渡区 D. 湍流粗糙区

3-9 圆管层流的断面流速为（ ）分布。

A. 线性 B. 旋转抛物面 C. 双曲面 D. 对数曲面

3-10 边界层是指壁面附近（ ）的薄层。

A. 流速很大 B. 流速梯度很大 C. 黏性影响很小 D. 绕流阻力很小

3-11 如下图所示，水箱中的水通过直径 $d$，长度为 $l$，沿程损失系数为 $\lambda$ 的铅直管向大气中泄水。忽略铅直管进口处的局部损失，求 $h$ 为多大时，泄水流量 $q_v$ 与 $l$ 无关？

3-12 如下图所示，在两水槽间连一管路 ABC，此管路的内径为 $d$，长为 $l$；在两水槽水面差为 $H$ 时，通过管路的流量为 $Q$；由图（b）可见，若在管路的中央 $B$ 处（1/2 处）分成两个管，此两管的内径也是 $d$，在两水槽水面差仍为 $h$ 时，其流量为 $Q'$。设摩擦阻力系数 $\lambda$ 为常数，局部阻力系数可忽略不计，求（a）、（b）两种情形的流量比。

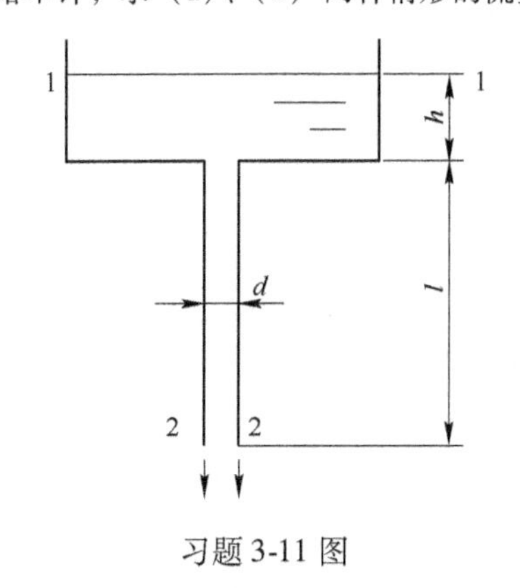

习题 3-11 图

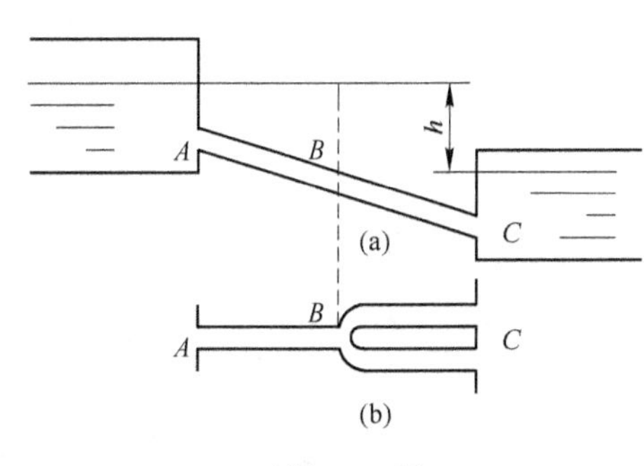

习题 3-12 图

3-13 设4种流体分别在直径为 $d=50\text{mm}$ 的圆管中流动，若保证各管的流态为层流，试求各管所允许的最大流量 $Q$。这4种流体的运动黏性系数分别为：润滑油 $\nu=10^{-4}\text{m}^2/\text{s}$，汽油 $\nu=0.884\times10^{-6}\text{m}^2/\text{s}$，水 $\nu=10^{-6}\text{m}^2/\text{s}$，空气 $\nu=1.5\times10^{-5}\text{m}^2/\text{s}$。

3-14 动力黏性系数 $\mu=0.072\text{kg}/(\text{m}\cdot\text{s})$ 的油在管径 $d=0.1\text{m}$ 的圆管中作层流运动，流量 $Q=3\times10^{-3}\text{m}^3/\text{s}$，试计算管壁的切应力 $\tau_0$。

3-15 一条输水管，长 $l=1000\text{m}$，管径 $d=0.3\text{m}$，设计流量 $Q=0.055\text{m}^3/\text{s}$，水的运动黏性系数为 $\nu=10^{-6}\text{m}^2/\text{s}$，如果要求此管段的沿程水头损失为 $h_f=3\text{m}$，试问应选择相对粗糙度 $\Delta/d$ 为多少的管道。

3-16 一条水管，长 $l=150\text{m}$，水流量 $Q=0.12\text{m}^3/\text{s}$，该管总的局部水头损失系数为 $\zeta=5$，沿程水头损失系数可按 $\lambda=\dfrac{0.02}{d^{0.3}}$ 计算，如果要求水头损失 $h=3.96\text{m}$，试求管径 $d$。

3-17 水箱的水经两条串联而成的管路流出，水箱的水位保持恒定。两管的管径分别为 $d_1=0.15\text{m}$，$d_2=0.12\text{m}$，管长 $l_1=l_2=7\text{m}$，沿程水头损失系数 $\lambda_1=\lambda_2=0.03$，有两种连接法（如下图所示），流量分别为 $Q_0$ 和 $Q$，不计局部损失，求比值 $Q_0/Q$。

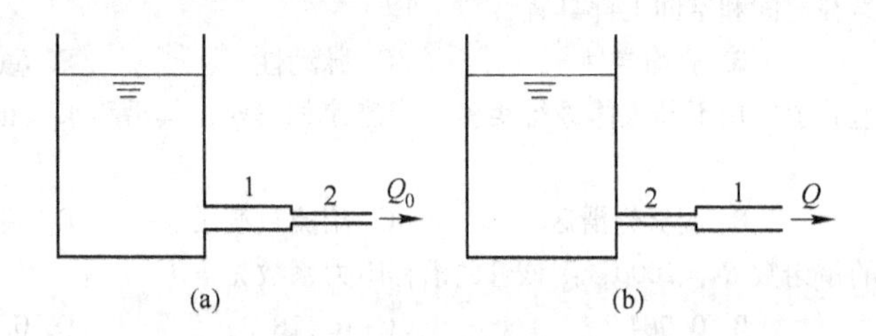


习题3-17图

# 4　气体动力学基础

**本章学习要点：** 介绍可压缩气体的相关概念，激波的概念及特点，建立可压缩气体一元等熵流动方程，分析一元稳定等熵气流的特性及气体在收缩喷管及缩放喷管中的工作特征。

工程上氧气、蒸汽、压缩空气等的节流过程，压力改变量可达几倍或几十倍，出流速度每秒超过数米甚至更高，其出流过程须按可压缩流体处理。但上述气体在输气管内的流速一般为 10～20m/s，可按不可压缩流体处理。可压缩气体的加速和减速不仅伴随静压变化，且气体温度和密度及气体的热力学参数随流动过程不断的改变。气体动力学过程和热力学过程相互联系，学习可压缩气体的流动规律和特性，须具备工程热力学知识。

当气体的流速较高时，气体的压缩性将明显地影响它的许多热力学和动力学特性参数，这些流动参数的变化规律与不可压缩流体流动有本质的差别。流速越高，这种差别就越大，特别是当气体的速度超过声速时，这种差别更大，而且整个流场的流谱都与低于声速的流动不同。这就是说，对于较高速度的气体流动，必须视密度为变量，按可压缩流体来研究。气体动力学的任务就是研究可压缩流体的运动规律以及它在工程实际中的应用。本章侧重讨论气体一维流动的基本概念和变截面等熵管流的重要规律。

## 4.1　微弱扰动的传播速度

### 4.1.1　微弱扰动的一维传播

微弱扰动就是在流场中某个位置上压强产生微小的变化。在不可压缩流场中任何扰动总是立刻传播到整个流场，而在可压缩流场中，微弱扰动是以一定的速度在流场中传播的，并不是在任何情况下都能传播到整个流场。下面通过一个例子说明微弱扰动在可压缩流体中的传播情况。

如图 4.1 所示，直圆管内充满压强为 $p_1$、密度为 $\rho_1$、温度为 $T_1$ 的静止气体。若管内活塞突然以微小的速度 d$v$ 向右运动（假设以向右的方向为正），它将首先压缩紧靠活塞右侧的那一层气体，这层气体受压后，接着又压缩下层的气体，这样一层一层地依次传下去，便在管内形成一道以速度 $c$ 向右传播的微弱扰动压缩波。波后的气体压强 $p_2$($p_2=p_1+\mathrm{d}p$)、密度 $\rho_2$($\rho_2=\rho_1+\mathrm{d}\rho$)、温度 $T_2$($T_2=T_1+\mathrm{d}T$) 均较波前气体有微量升高，且气体和活塞同样的以微小速度 d$v$ 向右运动，如图 4.1(a)所示。如果管内活塞突然以微小的速度向左运动，它将首先使紧靠活塞右侧的那一层气体膨胀，而后也是一层一层地依次传下去，在管内形成一道以速度 $c$ 向右传播的微弱扰动膨胀波。波后的压强 $p_2'$($p_2'=p_1-\mathrm{d}p$)、

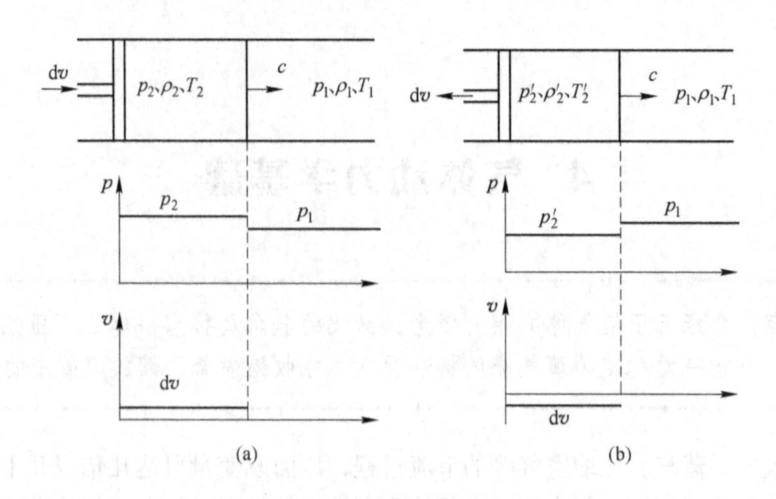


图 4.1 直圆管内的微弱扰动

(a) 活塞右移形成压缩波；(b) 活塞左移形成膨胀波

密度 $\rho_2'(\rho_2' = \rho_1 - \mathrm{d}\rho)$、温度 $T_2'(T_2' = T_1 + \mathrm{d}T)$ 均较波前气体有微量降低（即增量为负值），且气体和活塞以同样的微小速度向左运动，如图 4.1(b)所示。应当注意，微弱扰动波面的传播速度 $c$ 是扰动信号的传播速度，而微弱扰动速度 $\mathrm{d}v$ 是气体质点本身的运动速度，两者是完全不同的概念。

下面推导微弱扰动的传播速度 $c$ 的表达式。

微弱扰动在管内的传播运动实际是一种非定常流动。为了简化问题，可以假想研究者处于波面 mm 上与波面一同以速度 $c$ 向前运动，即选用与微弱扰动波一起运动的相对坐标系为参考坐标系。这样就把非定常流动转变为定常流动。此时，相当于气体相对于观察者定常地从右向左流动，经过波面后速度由 $c$ 降为 $c - \mathrm{d}v$。

同时压强由 $p_1$ 升高到 $p_2(p_2 = p_1 + \mathrm{d}p)$，密度由 $\rho_1$ 升高到 $\rho_2(\rho_2 = \rho_1 + \mathrm{d}\rho)$，温度由 $T_1$ 升高到温度 $T_2(T_2 = T_1 + \mathrm{d}T)$，如图 4.2 所示。在 $mm$ 面相邻的两侧取控制面 1-1、2-2，设管道截面积为 $A$，则由连续方程得

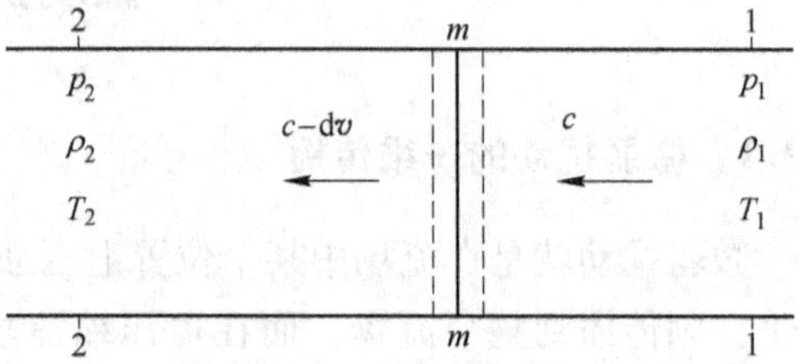

$$(\rho_1 + \mathrm{d}\rho)\cdot(c - \mathrm{d}v)A - \rho_1 cA = 0$$

图 4.2 管内微弱扰动传播示意图

展开后得

$$\mathrm{d}v = \frac{c\mathrm{d}\rho}{\rho_1 + \mathrm{d}\rho} \tag{4.1}$$

再对控制体应用动量定理可得

$$\rho_1 cA[(c - \mathrm{d}v) - c] = [p_1 - (p_1 + \mathrm{d}p)]A$$

整理得

$$\mathrm{d}v = \frac{1}{c\rho_1}\mathrm{d}p \tag{4.2}$$

由式(4.1)、式(4.2) 联立，可得

$$\frac{\mathrm{d}p}{\mathrm{d}\rho}=\frac{c^2}{1+\dfrac{\mathrm{d}\rho}{\rho_1}}$$

这里讨论的是微弱扰动，则 $\dfrac{\mathrm{d}\rho}{\rho_1}\ll 1$，所以

$$c^2=\frac{\mathrm{d}p}{\mathrm{d}\rho} \tag{4.3}$$

由于气体受到的是微弱扰动，气体的压强、温度、密度和速度的变化都是无穷小量，因而微弱扰动的传播可以看作是可逆过程；另外，这个过程进行得相当迅速，与外界来不及进行热交换，这就使得微弱扰动的传播接近于绝热过程。因此，微弱扰动的传播可以认为是一个可逆绝热过程，即等熵过程。于是，式（4.3）可以写为

$$c=\sqrt{\left(\frac{\mathrm{d}p}{\mathrm{d}\rho}\right)_{\mathrm{s}}} \tag{4.4}$$

式（4.4）就是微弱扰动传播速度微分形式的计算公式，对微弱扰动的压缩波和膨胀波都适用。

### 4.1.2　声速

声速就是声音的传播速度。声音是由微弱压缩波和微弱膨胀波交替组成的，它的传播速度同样可由式（4.4）确定，所以声速可以作为微弱扰动传播速度的统称。

在气体流动中，亚声速流动（流速低于声速）、声速流动（流速等于声速）和超声速流动（流速大于声速）就是以声速为标准来划分的。因此，在气体动力学中，声速是一个重要的气动参数。

根据等熵过程关系式 $\dfrac{p}{\rho^{\gamma}}=$ 常数，以及状态方程 $p=\rho RT$ 可得

$$\left(\frac{\mathrm{d}p}{\mathrm{d}\rho}\right)_{\mathrm{s}}=\gamma\frac{p}{\rho}=\gamma RT$$

代入式(4.4)，得

$$c=\sqrt{\left(\frac{\mathrm{d}p}{\mathrm{d}\rho}\right)_{\mathrm{s}}}=\sqrt{\gamma\frac{p}{\rho}}=\sqrt{\gamma RT} \tag{4.5}$$

对于空气，$\gamma=1.4$，$R=287\mathrm{J/(kg\cdot K)}$，代入式（4.5），得空气的声速

$$c=20.05\sqrt{T} \tag{4.6}$$

综上所述，可知：

（1）由式（4.4）可以看出，声速的大小与流体介质的可压缩性大小有关。流体的可压缩性大，则微弱扰动传播得慢，声速小；反之，流体的可压缩性小，微弱扰动传播得快，声速大。例如，在压缩性大的20℃空气中的声速为343m/s，而在压缩性小的20℃水中的声速为1478m/s，两者相差悬殊。

（2）流体中的声速是状态参数的函数。在相同介质中，如果不同点或不同瞬时流体的状态参数不相同，则不同点或不同瞬时的声速也不相同。对于一般流动，声速随着坐标和

时间的变化而变化；对于定常流动，声速仅随坐标的变化而变化。此地的声速指的是当地的声速。

（3）在同一气体中，声速随着气体温度的升高而增大，并与气体的热力学温度的平方根成正比。

### 4.1.3　马赫数

气体在某点的流速与当地声速之比定义为该点气流的马赫数，用 $Ma$ 表示，即

$$Ma = \frac{v}{c} \tag{4.7}$$

马赫数是一个无量纲参数。对于完全气体

$$Ma^2 = \frac{v^2}{\gamma RT} \tag{4.8}$$

可见马赫数代表的是气体的宏观运动动能与气体分子运动动能之比，是气体动力学中最重要的相似准则。在气体流动的分析和计算中，将以马赫数作为判断气体压缩性大小和划分高速流动类型的标准：

$Ma<1$ 时，为亚声速流（$Ma<0.3$ 时为低速流动，一般可以不考虑气体密度的变化）；

$Ma=1$ 时，为声速流；

$Ma>1$ 时，为超声速流。

## 4.2　微弱扰动在空间流场中的传播特征

由 4.1 节已经知道，微弱扰动相对于气体是以当地声速传播的。在 4.1 节中，由于管壁的限制，微弱扰动波只沿管道作一维传播。如果在空间流场中的某一点有一个扰动源，在没有任何限制的情况下，它对均匀静止气体的扰动将以球面波的形式以当地声速向四面八方传播。为了能够比较形象地说明问题，假定有一个在空间不动的扰动源，每隔 1s 发出 1 次微弱扰动，现分析对均匀气体的前 4 次扰动在空间的传播情况。气体是流动的，还是静止的，是亚声速流动，还是超声速流动，微弱扰动波在空间流场中的传播情况是不同的，下面分 4 种情况予以讨论。

### 4.2.1　静止流场中微弱扰动的传播特征

在静止流场中位于空间某点的微弱扰动源，它产生的扰动，将球对称地以确定的速度 $c$ 向外传播，图 4.3(a) 为微弱扰动在 4s 末向外传播的情况。扰动波是以扰动源为中心的同心球面，这 4 个球面分别表示 4s 前、3s 前、2s 前、1s 前由扰动源发出的扰动此刻所处的位置。显然如果不考虑微弱扰动波在传播过程中可能有的极微量的损失，任何一个扰动在足够长的时间之后必将传遍整个流场。这就是说微弱扰动波在静止流场中的传播是无界的。

### 4.2.2　直线均匀亚声速流中微弱扰动的传播特征

在均匀亚声速气流流场中，处于某一固定点有一微弱扰动源，它产生的微弱扰动，将

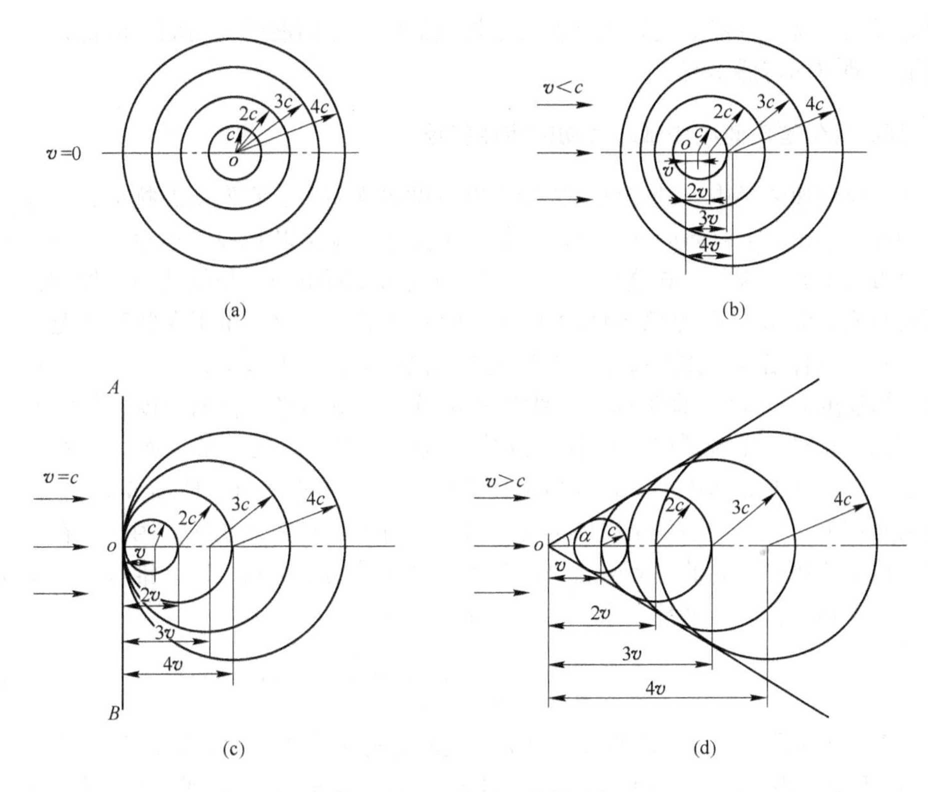


图 4.3　微弱扰动的传播特征

对称的以确定的速度 $c$ 相对于流体向外传播。但是，由于流体本身又以速度 $v<c$ 运动，故微弱扰动波面由一排非同心的球面组成。图 4.3(b)为微弱扰动在 4s 末向外传播的情况。图中的 4 个球面分别表示 4s 前、3s 前、2s 前、1s 前由扰动源发出的扰动此刻所处的位置。由于在这种情况下气体本身的运动已成为扰动波面传播的牵连运动，故此微弱扰动在空间传播的绝对速度是声速 $c$ 和气流速度的矢量和。如果取气流的方向为正向，则扰动波在顺流方向的绝对传播速度为 $v+c$，而在逆流方向上的绝对传播速度为 $v-c<0$，这说明扰动波仍能逆流传播。如果不考虑微弱扰动波在传播过程中可能有的极微量的损失，随着时间的延续，扰动可以传遍整个流场。这就是说，微弱扰动波在亚声速气流中的传播也是无界的。

### 4.2.3　直线均匀声速流中微弱扰动的传播特征

在均匀声速流流场中，处于某一固定点有一微弱扰动源，它发出的扰动，将仍然以速度 $c$ 相对于流体向外传播。但是，流体本身又以 $v=c$ 的速度在运动。因此，此种状态下的微弱扰动波面由一组非同心的球面组成。图 4.3(c)为微弱扰动在 4s 末向外传播的情况。由于在此种情况下扰动波面传播的牵连运动速度为 $c$，这样沿球心连线，扰动波在顺流方向的传播速度为 $v+c=2c$，而逆流方向的传播速度则为 $v-c=0$，即沿球心连线扰动波向上游传播的绝对速度为零，这说明扰动波已不能逆流向上游传播。随着时间的延续波面会不断向外扩大，但无论扩大到多大，也只能影响扰动源下游的半个空间，扰动源上游的半个空间则始终不受影响。这就是说，受扰区（又称影响区）与无扰区（又称寂静区）之间有个分界面，这个分界面是以扰动源为公切点的所有球面波的公切面。因此，在声速流中，微弱扰动波的传播是有界的。

### 4.2.4 直线均匀超声速流中微弱扰动的传播特征

在均匀超声速流场中，处于某一固定点有一微弱扰动源，它发出的扰动，将球对称地以确定的速度 $c$ 相对于流体向外传播。但是由于流体本身又以 $v>c$ 的速度在运动，它将把扰动波面带向下游。因此，在这种情况下，微弱扰动波面由一组与扰动源出发的锥面相切的球面所组成。图 4.3(d)是微弱扰动在 4s 末向外传播的情况。由于在此种情况下传播牵连速度 $v>c$，这样沿球心连线扰动波在顺流方向的绝对传播速度 $v+c>2c$，而在逆方向上的绝对传播速度 $v-c>0$，即沿球心连线扰动在逆流方向的绝对传播速度也是沿着气流方向的。所以，相对气流传播的球面扰动波被气流带向扰动源的下游，而且随着时间的延续，无论球面扰动波如何扩展，扰动所能影响的区域只局限在所有球面波的包络锥以内，这个包络锥称为马赫锥。马赫锥以内为受扰区，马赫锥以外为无扰区。因此，在超声速流微弱扰动波的传播是有界的，界限就是马赫锥。马赫锥的半顶角，即圆锥母线与来流速度方向之间的夹角，称为马赫角，用 $\alpha$ 表示，则

$$\sin\alpha = \frac{c}{v} = \frac{1}{Ma}, \quad \alpha = \arcsin\left(\frac{1}{Ma}\right) \tag{4.9}$$

由式（4.9）可以看出，马赫角的大小取决于气流的马赫数 $Ma$，马赫数 $Ma$ 越大，马赫角 $\alpha$ 就越小；反之，$Ma$ 越小，$\alpha$ 就越大。当 $Ma=1$ 时，$\alpha=90°$，达到马赫锥的极限位置，即如图 4.3(c)所示的 $AOB$ 公切面。当 $Ma<1$ 时，微弱扰动波的传播已无界，根本不存在马赫锥，式（4.9）已无意义。

如果微弱扰动源以亚声速（$v<c$）、声速（$v=c$）或超声速（$v>c$）在静止的气体中运动，则微弱扰动波相对于扰动源的传播，同样会出现如图 4.3(b)、(c) 或 (d) 所示的情况。对于以亚声速运动的扰动源，由于微弱扰动波的传播速度大于扰动源的运动速度，微弱扰动波会超过扰动源向前传播，扰动可以传遍整个流场，即以亚声速运动的扰动源，其扰动的传播是无界的。对于以超声速运动的扰动源，由于微弱扰动波的传播速度小于扰动源的运动速度，微弱扰动波的传播总是落后于扰动源，这样便形成以扰动源为顶点的马赫锥，锥内为受扰区，锥外为无扰区，即以超声速运动的扰动源，其扰动的传播是有界的，界限是同扰动源一起运动的马赫锥，这一结论也适用于以声速运动的扰动源。

综上所述，可以看出扰动源相对于气流的速度是亚声速、还是超声速，微弱扰动波在空间的传播特征差别很大。对于前者，微弱扰动波可以逆流向上游传播，无扰动传播界限；对于后者微弱扰动波不能逆流向上游传播，有扰动传播界限。因此，这两种扰动的传播有着本质的差别。

## 4.3 气体一维定常流动的基本方程

气体一维定常流动是指气体参数只是一个坐标的函数，即一维流动中，与坐标方向垂直的截面上，流动参数是均匀的。对于管内流动，如果以截面上的平均参数作为截面参数，则管内流动问题简化为一维流动问题。本节只给出针对气体一维定常流动的基本方程组。

### 4.3.1 连续方程

气体在管道中作定常流动时的连续方程为

$$\rho vA = 常数$$

对上式两边同时取对数进行微分，整理后可得连续方程的微分形式

$$\frac{dv}{v} + \frac{d\rho}{\rho} + \frac{dA}{A} = 0 \tag{4.10}$$

### 4.3.2 运动方程

假定气体是无黏性的完全气体，而且由于气体的密度很小，质量力可以忽略不计，由第2.3节一维流动的欧拉运动微分方程式（忽略重力）(2.38) 可得

$$v dv + \frac{1}{\rho}dp = 0 \tag{4.11}$$

对式（4.11）积分，得

$$\int \frac{dp}{\rho} + \frac{v^2}{2} = 常数 \tag{4.12}$$

### 4.3.3 能量方程

若流体为理想流体，能量守恒定律表示为

$$dq = de + d\left(\frac{v^2}{2}\right) + dw$$

式中 $dq$——外界提供给单位质量流体的热量；

$de$，$d\left(\frac{v^2}{2}\right)$——单位质量流体内能和动能的增量；

$dw$——克服所有外力做的功，对气体而言，只有克服压力做的功。

根据单位质量焓 $h$ 的定义：$dh = de + d\left(\frac{p}{\rho}\right)$，绝热过程 $dq = 0$，可得 $dh + d\left(\frac{v^2}{2}\right) = 0$，绝热状态下的气体一维定常流动的能量方程为

$$h + \frac{v^2}{2} = 常数 \tag{4.13}$$

式中

$$h = c_p T = \frac{c_p}{R} \cdot \frac{p}{\rho} = \frac{c_p}{c_p - c_V} \cdot \frac{p}{\rho} = \frac{\gamma}{\gamma - 1} \cdot \frac{p}{\rho}$$

所以有

$$\frac{\gamma}{\gamma - 1} \cdot \frac{p}{\rho} + \frac{v^2}{2} = C \tag{4.14}$$

注意：式（4.12）中 $\int \frac{dp}{\rho}$ 需知 $p$ 与 $\rho$ 关系才可求，故代入等熵方程 $\frac{p}{\rho^\gamma} = C$，积分得能量方程（4.14），可见二者不是相互独立的。

因为四个变量 $\rho$、$p$、$v$ 及 $h(T)$，三个方程，故还要补充一个方程（除等熵方程外），即描述气体热力学状态参数 $\rho$、$p$、$T$ 间应满足的状态方程。

### 4.3.4 状态方程

$$\frac{p}{\rho} = RT \tag{4.15}$$

故由下面四个方程求解方程中未知参数 $p$、$\rho$、$v$、$T$:

连续性方程 $$\rho v A = C$$

状态方程 $$\frac{p}{\rho} = RT$$

能量方程 $$\frac{\gamma}{\gamma - 1} \cdot \frac{p}{\rho} + \frac{v^2}{2} = C$$

等熵方程 $$\frac{p}{\rho^{\gamma}} = C \tag{4.16}$$

## 4.4 气体的参考状态

气流的参考状态主要有滞止状态、极限状态和临界状态。

### 4.4.1 滞止状态

在气流流动中，为了描述流场中某点的状态，常常给出该点气流的压强 $p$、密度 $\rho$、温度 $T$ 等参数。这些参数在气体动力学中称为静参数。如果按照等熵过程将气流速度滞止到零，这种状态称为滞止状态。这时的压强 $p_0$、密度 $\rho_0$ 和温度 $T_0$ 等称为滞止参数或总参数。

在滞止状态下，气体的速度 $v_0 = 0$，因此式（4.13）可表示为

$$h + \frac{v^2}{2} = h_0 = 常数 \tag{4.17}$$

上式说明气体在滞止状态下动能全部转变为焓。

对于完全气体，式（4.17）可以写成

$$\frac{h}{h_0} = \frac{T}{T_0} = 1 - \frac{v^2}{2h_0} = 1 - \frac{v^2}{2h + v^2} = 1 - \frac{v^2}{\frac{2\gamma}{\gamma - 1}RT + v^2}$$

$$= 1 - \frac{v^2}{\frac{2c^2}{\gamma - 1} + v^2} = \frac{1}{1 + \frac{\gamma - 1}{2}Ma^2} = \left(1 + \frac{\gamma - 1}{2}Ma^2\right)^{-1}$$

即 $$\frac{T}{T_0} = \left(1 + \frac{\gamma - 1}{2}Ma^2\right)^{-1} = 1 - \frac{v^2}{2h_0} \tag{4.18}$$

由等熵过程关系式

$$\frac{p}{p_0} = \left(\frac{\rho}{\rho_0}\right)^{\gamma} = \left(\frac{T}{T_0}\right)^{\frac{\gamma}{\gamma-1}}$$

再应用式（4.18）可得

$$\frac{p}{p_0} = \left(\frac{T}{T_0}\right)^{\frac{\gamma}{\gamma-1}} = \left(1 + \frac{\gamma - 1}{2}Ma^2\right)^{-\frac{\gamma}{\gamma-1}} = \left(1 - \frac{v^2}{2h_0}\right)^{\frac{\gamma}{\gamma-1}} \tag{4.19}$$

$$\frac{\rho}{\rho_0} = \left(\frac{T}{T_0}\right)^{\frac{1}{\gamma-1}} = \left(1 + \frac{\gamma - 1}{2}Ma^2\right)^{-\frac{1}{\gamma-1}} = \left(1 - \frac{v^2}{2h_0}\right)^{\frac{1}{\gamma-1}} \tag{4.20}$$

由式（4.19）可见，如果给定了流场中任一点气流的滞止温度 $T_0$，滞止压强 $p_0$ 和马

赫数 $Ma$，就可以用式（4.19）和 $Ma^2 = \frac{v^2}{\gamma RT}$ 算出该点气流的温度 $T$、压强 $p$ 和速度 $v$；反之，若已知 $T$、$p$、$v$ 也可以算出 $T_0$、$p_0$ 和 $Ma$。随着速度的增加，气流的温度、压强和密度都将降低。

气体的实际流动过程往往存在摩擦，是非等熵流动。在非等熵流动中，流场中每一点都有一个当地的滞止状态，它是假想把任一点处的气流等熵地引入一个容积很大的贮气箱，使其速度滞止到零时的状态。因此，滞止参数是点函数，在任意流动过程中每一点都具有确定的滞止参数的数值。对于一维等熵流动，各点上具有相同的滞止参数。

应当指出，滞止参数是相对于所选取的坐标系而言的。对于动坐标系，气流的滞止参数与静参数的比值是气流相对动坐标系运动的马赫数的函数；而气流的静参数，如温度、压强、密度等却不会随坐标系的不同而变化。

### 4.4.2 极限状态

如果气流按等熵过程不断加速运动，焓将不断地减小。当气流的温度降到绝对零度，也就是说，气流的焓全部转化为动能，气流速度就达到最大值，这一状态称为极限状态。该状态的速度为极限速度，是气流膨胀到完全真空所能达到的最大速度。

当气流达到极限状态时，$p = 0$、$T = 0$、$h = 0$，由式（4.17）可得

$$\frac{v_{max}^2}{2} = h_0$$

$$v_{max} = \sqrt{2h_0} = \sqrt{2c_pT_0} \tag{4.21}$$

以 $c_p = \frac{\gamma}{\gamma - 1}R$ 代入上式，可得

$$v_{max} = \sqrt{\frac{2\gamma}{\gamma - 1}RT_0} = c_0\sqrt{\frac{2}{\gamma - 1}} \tag{4.22}$$

$v_{max}$仅是理论上的极限值，因为真实气体在达到该速度之前就已经液化了。对于给定的气体，极限速度只决定于总温（滞止温度），在等熵流动中是个常数，常被用作参考速度。

对式（4.17）变换可得

$$\frac{c^2}{\gamma - 1} + \frac{v^2}{2} = \frac{c_0^2}{\gamma - 1} = \frac{v_{max}^2}{2} \tag{4.23}$$

可见，在等熵流动中，沿管流单位质量气体所具有的总能量等于极限速度的动能。

### 4.4.3 临界状态

当气流速度被滞止到零时，当地声速上升到滞止声速 $c_0$；当气流速度被加速到极限速度 $v_{max}$时，当地声速下降到零。因此，在气流速度由小变大，当地声速由大变小的过程中，必然会出现气流速度恰好等于当地声速的状态，即 $Ma = 1$ 的状态，该状态便是临界状态。临界状态下的气流参数称为临界参数，出现临界状态的截面称为临界截面。临界状态参数以下标 cr 表示。

在临界状态下，$v_{cr}=c_{cr}$，由式（4.23）可得

$$v_{cr}=\sqrt{\frac{2}{\gamma+1}}\ c_0=\sqrt{\frac{\gamma-1}{\gamma+1}}\ v_{max} \tag{4.24}$$

将 $c_0=\sqrt{\gamma RT_0}$ 代入到上式有

$$v_{cr}=\sqrt{\frac{2\gamma}{\gamma+1}RT_0} \tag{4.25}$$

可见，对于给定的气体，临界速度只取决于总温，在等熵流动中它是常数，在气体动力学中它是一个重要的参考速度。

由式（4.18）、式（4.19）、式（4.20）可以求出临界参数和滞止参数之比。在临界状态下，上述各式中的 $Ma=1$，于是得

$$\frac{T_{cr}}{T_0}=\frac{2}{\gamma+1} \tag{4.26}$$

$$\frac{p_{cr}}{p_0}=\left(\frac{2}{\gamma+1}\right)^{\frac{\gamma}{\gamma-1}} \tag{4.27}$$

$$\frac{\rho_{cr}}{\rho_0}=\left(\frac{2}{\gamma+1}\right)^{\frac{1}{\gamma-1}} \tag{4.28}$$

由式（4.26）、式（4.27）、式（4.28）可以看出，对于一定气体的等熵流动，各临界参数与对应滞止参数的比值是常数。例如，空气和一些双原子气体 $\gamma=1.4$，各临界参数与滞止参数的比值分别为

$$\frac{T_{cr}}{T_0}=0.833,\ \frac{p_{cr}}{p_0}=0.528,\ \frac{\rho_{cr}}{\rho_0}=0.634$$

应当指出，通常要注意区别当地声速和临界声速 $c_{cr}$，当地声速是气体所处状态下实际存在的声速，而临界声速则是与气流所处状态相对应的临界状态下的声速。然而，当 $Ma=1$ 时，当地声速便是临界声速。

对于气体等熵管流，各截面上的参数一般是不同的，但却对应着相同的滞止参数、临界参数和最大速度，这就是引入参考状态的意义。顺便指出，由于推导滞止温度只用了绝热条件，未用等熵条件，对绝热不等熵的管流，各截面也对应着相同的滞止温度、临界温度和临界声速。

等熵流气动函数见表4.1。

**表 4.1 等熵流气动函数**

| 滞止状态参数 | 临界状态参数 | 空气（$\gamma=1.4$） |
|---|---|---|
| $\frac{T}{T_0}=\left(1+\frac{\gamma-1}{2}Ma^2\right)^{-1}$ | $\frac{T_{cr}}{T_0}=\frac{2}{\gamma+1}$ | $\frac{T_{cr}}{T_0}=0.833$ |
| $\frac{p}{p_0}=\left(1+\frac{\gamma-1}{2}Ma^2\right)^{-\frac{\gamma}{\gamma-1}}$ | $\frac{p_{cr}}{p_0}=\left(\frac{2}{\gamma+1}\right)^{\frac{\gamma}{\gamma-1}}$ | $\frac{p_{cr}}{p_0}=0.528$ |
| $\frac{\rho}{\rho_0}=\left(1+\frac{\gamma-1}{2}Ma^2\right)^{-\frac{1}{\gamma-1}}$ | $\frac{\rho_{cr}}{\rho_0}=\left(\frac{2}{\gamma+1}\right)^{\frac{1}{\gamma-1}}$ | $\frac{\rho_{cr}}{\rho_0}=0.634$ |

续表 4.1

| 滞止状态参数 | 临界状态参数 | 空气（$\gamma=1.4$） |
| --- | --- | --- |
| $\frac{c}{c_0}=\left(1+\frac{\gamma-1}{2}Ma^2\right)^{-\frac{1}{2}}$ | $\frac{c_{cr}}{c_0}=\left(\frac{2}{\gamma+1}\right)^{\frac{1}{2}}$ | $\frac{c_{cr}}{c_0}=0.913$ |
| 最大速度状态 | $v_{max}=\sqrt{\frac{2\gamma}{\gamma-1}RT_0}$ | |

气体等熵流动速度降到零的状态为滞止状态，特点是 $v_0=0$、$Ma_0=0$，此时气体内能和压力能总和（焓）升到最大值，故气体 $T$ 也升到最大值，且气体动能全部转变为热能。总焓 $h_0$ 代表单位质量气体具有的总能量，其他滞止参数 $p_0$、$\rho_0$ 等也达到最大值且为常数。

另一种极端情况是该理想气体全部能量都转变为动能，但 $v_{max}$实际不可能达到。

除上述两极端情况外，我们设想气流从滞止状态 $v_0=0$ 开始经过一管道逐渐加速最后达 $v_{max}$，相应音速从 $c_0$ 开始连续变到 $c_0=0$ 状态，中间必存在一流速恰好等于当地音速的截面——临界截面。

### 4.4.4 速度系数

在工程中还常常使用速度系数 $M_*$ 进行计算，其定义式

$$M_*=\frac{v}{c_{cr}} \tag{4.29}$$

速度系数是与马赫数相类似的另一个无量纲速度，引入它的好处主要有以下两点：

（1）在给定滞止参数的条件下，$c_{cr}$是常数，这样由 $M_*$ 求 $v$ 时，只需用 $M_*$ 乘常数 $c_{cr}$ 就可以了；而由 $Ma$ 求 $v$ 时，则要逐个求出当地声速 $c$，然后才能逐个求出 $v$，比用 $M_*$ 去求要麻烦许多。

（2）当 $v\to v_{max}$时，$c\to0$、$Ma\to\infty$，这样无法把 $v\to v_{max}$附近的情况在图上绘出来，即制图较困难。如果采用 $M_*$，则无上述困难。因为当 $v\to v_{max}$时

$$M_{*max}=\frac{v_{max}}{c_{cr}}=\sqrt{\frac{\gamma+1}{\gamma-1}} \tag{4.30}$$

为一有限量。例如，对于 $\gamma=1.4$ 的气体，$M_{*max}=2.4495$。

应用马赫数 $Ma$ 和速度系数 $M_*$ 的定义式、声速和临界温度的关系，可推导出 $Ma$ 与 $M_*$ 之间的关系式，其推导过程如下：

$$Ma^2=\frac{v^2}{c^2}=\frac{v^2}{c_{cr}^2}\cdot\frac{c_{cr}^2}{c^2}=M_*^2\frac{c_{cr}^2}{c^2}$$

将 $c^2=\gamma RT$ 和 $c_{cr}^2=\gamma RT_{cr}$ 代入上式，得

$$Ma^2=M_*^2\frac{T_{cr}}{T}=M_*^2\frac{T_{cr}}{T_0}\cdot\frac{T_0}{T}$$

将式（4.26）和式（4.18）代入上式，可得

$$Ma^2=M_*^2\frac{2}{\gamma+1}\left(1+\frac{\gamma-1}{2}Ma^2\right)$$

整理得
$$M_* = \frac{\sqrt{\frac{\gamma+1}{2}}}{\sqrt{1+\frac{\gamma-1}{2}Ma^2}}Ma \tag{4.31}$$

或者
$$Ma = \frac{\sqrt{\frac{2}{\gamma+1}}}{\sqrt{1-\frac{\gamma-1}{\gamma+1}M_*^2}}M_* \tag{4.32}$$

根据式（4.31），可以绘成 $Ma$-$M_*$ 曲线图。当 $\gamma=1.4$ 时，其 $Ma$-$M_*$ 曲线图如图4.4所示。

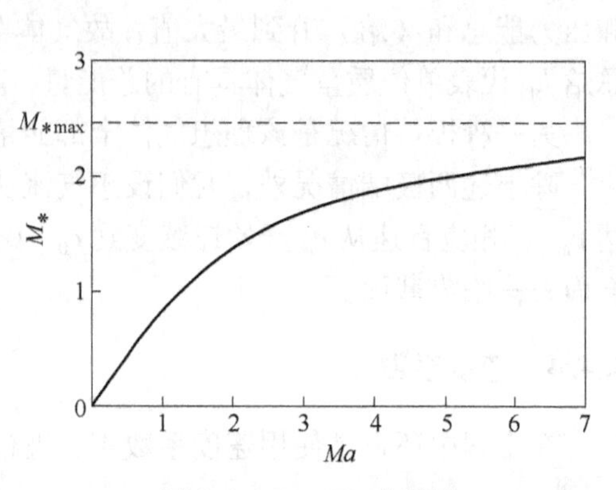

图4.4　$Ma$-$M_*$ 曲线图

由图可以看出：

当 $Ma=0$ 时，$M_*=0$，即 $v=0$，流体不流动；

当 $Ma<1$ 时，$M_*<1$，为亚声速流；

当 $Ma=1$ 时，$M_*=1$，为声速流；

当 $Ma>1$ 时，$M_*>1$，为超声速流。

可见，同马赫数一样，速度系数也是划分气体高速流动类型的标准。

将式（4.32）代入式（4.18）、式（4.19）和式（4.20），可得用速度系数表示的静总参数比：

$$\frac{T}{T_0} = 1 - \frac{\gamma-1}{\gamma+1}M_*^2 \tag{4.33}$$

$$\frac{p}{p_0} = \left(1 - \frac{\gamma-1}{\gamma+1}M_*^2\right)^{\frac{\gamma}{\gamma-1}} \tag{4.34}$$

$$\frac{\rho}{\rho_0} = \left(1 - \frac{\gamma-1}{\gamma+1}M_*^2\right)^{\frac{1}{\gamma-1}} \tag{4.35}$$

由式（4.33）、式（4.34）和式（4.35）可以看出，对于一维等熵流动，只要知道滞止参数和无量纲速度 $M_*$（或知道 $Ma$），则沿流速各截面上的温度、压强和密度都可以求得。随着速度系数的增加，气流的温度、压强和密度都将降低。

**例4-1**　若飞机在3000m高的空中以 $Ma=2.5$ 等速飞行，问其机翼表面驻点处可能达到的最高温度？假定流动绝热。

**解：** 把参考系固定在飞机上，3000m高空 $T=259$K，机翼前缘驻点附近温度为 $T_0$，则

$$T_0/T = 1 + \frac{\gamma-1}{2}Ma^2 = 1 + \frac{1.4-1}{2}\times 2.5^2 = 2.25$$

所以，$T_0=2.25\times 259=583$K。若在飞行中 $Ma$↑↑（如返回地球大气的火箭或卫星），由这种气动加热所造成的高温将会产生严重烧灼问题。如产生激波，波后 $T$、$\rho$、$p$ 急剧升高造成严重的烧灼问题。

**例 4-2** 一超音速风洞，由高压气源供气，若气缸内气体 $T_0=298\text{K}$，风洞出口 $Ma=2.5$，求出口气流温度。假定流动绝热。

**解**：$T=T_0\Big/\left(1+\dfrac{\gamma-1}{2}Ma^2\right)=298\Big/\left(1+\dfrac{1.4-1}{2}\times2.5^2\right)=0.444T_0=132\text{K}=-141\ ℃$

可见，出口气流温度极低，尾部燃料仍然燃烧产生高压蒸汽通过拉瓦尔管喷射出去，产生高速气流，但 $Ma\uparrow$、$T\downarrow$，如果工作气体（空气）中含有水分，结霜冻结问题解决不了，甚至形成凝结激波。因此，高压气体（燃气）进入风洞之前须先经干燥器去水。

**例 4-3** 已知：空气在一喷管内作定常等熵流动。设截面 1 的状态参数为 $Ma_1=0.4$，$T_1=300\text{K}$，$p_1=600\text{kPa}$（绝），$A_1=0.001\text{m}^2$；设截面 2 的状态参数为 $Ma_2=0.9$，$A_2=0.00063\text{m}^2$。求：截面 1 和截面 2 上的其他状态参数与流速。

**解**：截面 1 的其他状态参数为：

$$\rho_1=\frac{p_1}{RT_1}=\frac{600\times1000}{287\times300}=6.97\quad\text{kg/m}^3$$

$$c_1=\sqrt{\gamma RT_1}=\sqrt{1.4\times287\times300}=347.19\quad\text{m/s}$$

$$v_1=c_1Ma_1=347.19\times0.4=138.87\quad\text{m/s}$$

由 $Ma_1=0.4$ 及 $Ma_2=0.9$，查等熵流动气动函数表可得

$$T_1/T_{01}=0.96899,\ p_1/p_{01}=0.89562,\ A_1/A_{cr}=1.5901$$

$$T_2/T_{02}=0.86058,\ p_2/p_{02}=0.59126,\ A_2/A_{cr}=1.00886$$

利用等熵流 $T_{01}=T_{02}$、$p_{01}=p_{02}$，可得状态方程：

$$\begin{cases}\dfrac{T_2}{T_1}=\dfrac{T_2}{T_{02}}\cdot\dfrac{T_{01}}{T_1}=\dfrac{0.86058}{0.96899}=0.8881\\[2ex]\dfrac{p_2}{p_1}=\dfrac{p_2}{p_{02}}\cdot\dfrac{p_{01}}{p_1}=\dfrac{0.59126}{0.89562}=0.6602\end{cases}\Rightarrow\begin{cases}T_2=0.8881\times300=266.4\quad\text{K}\\[2ex]p_2=0.6602\times600=396.1\quad\text{kPa}\end{cases}$$

$$\rho_2=\frac{p_2}{RT_2}=\frac{396.1\times1000}{287\times266.4}=5.18\quad\text{kg/m}^3$$

$$c_2=\sqrt{\gamma RT_2}=\sqrt{1.4\times287\times266.4}=327.17\quad\text{m/s}$$

$$v_2=c_2Ma_2=327.17\times0.9=294.45\quad\text{m/s}$$

验算：

$$q_{m_1}=\rho_1v_1A_1=6.97\times138.87\times0.001=0.96\quad\text{kg/s}$$

$$q_{m_2}=\rho_2v_2A_2=5.18\times294.45\times0.00063=0.96\quad\text{kg/s}$$

讨论：计算表明，在这个收缩喷管中，流速增大，温度、压强、密度均下降。

## 4.5 变截面等熵管流的流动特征

现在来研究一种简单而重要的管内流动。假定气体流动中与外界没有热交换，并且不考虑摩擦损失，这样的流动为等熵流动。本节中我们只讨论定常流动。

在等熵的条件下，管道各截面具有相同的滞止状态、临界状态和极限状态。因此，他

们可以作为管流的共同参数。

为了解可压缩流体在变截面管道中的流动和各种气流参数的变化规律，应用气体一维定常流动的基本方程和马赫数的定义式，可得出管道截面面积变化对气流参数的影响。

### 4.5.1 气体一维定常等熵流动应用方程

由连续方程式（4.10）

$$\frac{\mathrm{d}\rho}{\rho}+\frac{\mathrm{d}v}{v}+\frac{\mathrm{d}A}{A}=0 \tag{4.36}$$

运动方程（4.11）

$$v\mathrm{d}v+\frac{\mathrm{d}p}{\rho}=0 \tag{4.37}$$

利用声速公式 $c^2=\mathrm{d}p/\mathrm{d}\rho$ 及马赫数定义式 $Ma=v/c$，可把运动方程写成

$$v\mathrm{d}v=-\frac{\mathrm{d}p}{\rho}=-\frac{\mathrm{d}p}{\mathrm{d}\rho}\cdot\frac{\mathrm{d}\rho}{\rho}=-c^2\frac{\mathrm{d}\rho}{\rho}$$

即

$$\frac{\mathrm{d}\rho}{\rho}=-\frac{v}{c^2}\mathrm{d}v=-\frac{v^2}{c^2}\cdot\frac{\mathrm{d}v}{v}=-Ma^2\frac{\mathrm{d}v}{v} \tag{4.38}$$

还可以把式（4.37）改写成

$$\frac{\mathrm{d}p}{p}=-\frac{\rho}{p}v\mathrm{d}v=-\gamma Ma^2\frac{\mathrm{d}v}{v} \tag{4.39}$$

将式（4.38）代入式（4.36）中，则有

$$\frac{\mathrm{d}A}{A}=(Ma^2-1)\frac{\mathrm{d}v}{v} \tag{4.40}$$

对状态方程 $p=\rho RT$ 进行微分，得

$$\mathrm{d}p=RT\mathrm{d}\rho+R\rho\mathrm{d}T$$

把上式两边同除以 $p$，得

$$\frac{\mathrm{d}p}{p}=\frac{\mathrm{d}\rho}{\rho}+\frac{\mathrm{d}T}{T} \tag{4.41}$$

将式（4.38）、式（4.39）代入式（4.41）中，可得

$$\frac{\mathrm{d}T}{T}=-(\gamma-1)Ma^2\frac{\mathrm{d}v}{v} \tag{4.42}$$

式（4.38）、式（4.39）、式（4.40）、式（4.42）是一维等熵流动气流速度和截面参数之间的关系。对上述关系做一些变换，我们还可得到一维等熵流动界面变化与气流参数之间的关系。

### 4.5.2 气流速度与通道截面间的关系

由式（4.40），得气流速度与通道截面的关系

$$\frac{\mathrm{d}A}{A}=(Ma^2-1)\frac{\mathrm{d}v}{v} \tag{4.43}$$

再结合以下三个公式，可得气流速度与通道面积的关系：

$$\frac{d\rho}{\rho} = - Ma^2 \frac{dv}{v} \tag{4.44}$$

$$\frac{dp}{p} = - \gamma Ma^2 \frac{dv}{v} \tag{4.45}$$

$$\frac{dT}{T} = - (\gamma - 1) Ma^2 \frac{dv}{v} \tag{4.46}$$

下面讨论界面变化对等熵流动气流参数的影响：

（1）$Ma<1$，即气流做亚声速流动。在此种状态下，$Ma^2<1$，$Ma^2-1<0$。由式(4.43)～式(4.46)可知，$\frac{dv}{v}$与$\frac{dA}{A}$的符号相反，而$\frac{dp}{p}$、$\frac{d\rho}{\rho}$、$\frac{dT}{T}$与$\frac{dv}{v}$的符号相反。当亚声速气流在收缩形管道（$dA<0$）内流动时，气流的流速增加，压强、密度、温度都减小，流动为膨胀过程。如果亚声速气流在扩张形管道（$dA>0$）内流动时，则气流的速度减小，压强、温度和密度都增加，流动为压缩过程。

（2）$Ma>1$，即气流做超声速流动。在此种状态下，$Ma^2>1$，$Ma^2-1>0$。由式(4.43)～式(4.46)可知，$\frac{dv}{v}$与$\frac{dA}{A}$具有相同的符号，而$\frac{dp}{p}$、$\frac{d\rho}{\rho}$、$\frac{dT}{T}$与$\frac{dv}{v}$的符号相反。如果超声速气流在扩张形管道（$dA>0$）内流动时，则气流的流速增加，压强、密度、温度都减小，流动是膨胀过程。如果超声速气流在收缩管道（$dA<0$）内流动时，则气流的速度减小，压强、温度和密度都增加，流动为压缩过程。

表4.2列出了对亚声速流动和超声速流动管道截面积变化对气流参数的影响。

**表4.2　管道截面积变化对气流参数的影响**

| 参数比 | $dA<0$ | | $dA>0$ | |
|---|---|---|---|---|
| | $Ma<1$ | $Ma>1$ | $Ma<1$ | $Ma>1$ |
| $dv/v$ | + | − | − | + |
| $dp/p$ | − | + | + | − |
| $d\rho/\rho$ | − | + | + | − |
| $dT/T$ | − | + | + | − |

注：“+”号表示气流参数增大的，“−”号表示气流参数减小的。

（3）$Ma=1$，即流速等于声速时，$dA=0$，$dv=0$。由上述分析可以看出，当气流自亚声速变为超声速时，必须使管道截面积先收缩而后扩张；当气流自超声速变为亚声速时，也必须使管道截面积先收缩而后扩张。两者都有一个最小截面，对于这个截面$dA=0$，$Ma=1$，这是收缩管道中马赫数的极限值。在这个截面上，其速度$v=c=c_{cr}$，气流处于临界状态，其压强、密度、温度分别为临界压强$p_{cr}$、临界密度$\rho_{cr}$和临界温度$T_{cr}$，它们与滞止参数之间的关系可用式（4.26）、式（4.27）和式（4.28）表示。

### 4.5.3　变截面等熵管流的应用

（1）喷管：使高温高压气体的热能经降压加速转换为高速气流动能的管道。

依据式（4.43）、式（4.44）、式（4.45）及式（4.46）可得喷管截面积的相对变化趋向：

$$\frac{\mathrm{d}v}{v} > 0,\ \frac{\mathrm{d}p}{p} < 0,\ \frac{\mathrm{d}\rho}{\rho} < 0,\ \frac{\mathrm{d}T}{T} < 0$$

$Ma < 1$ $\frac{\mathrm{d}A}{A} < 0$ 收缩喷管

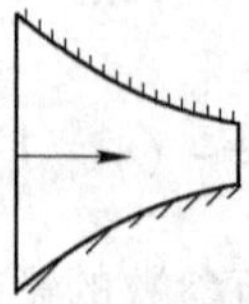

$Ma = 1$ $\frac{\mathrm{d}A}{A} = 0$

$Ma > 1$ $\frac{\mathrm{d}A}{A} > 0$ 渐扩喷管

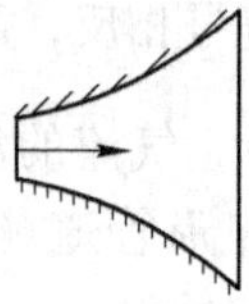

可见获得超音速气流必须具备的条件：1）必须先收缩后扩张，且喉口处达到音速；2）上下游要有足够的压力比，满足 $p/p_0 < 0.528$，即储备压力能达到一定数值，才可转化成较大的动能。

（2）扩压管：通过减速增压使高速气流的动能转换为气体压强势能和内能的管道。

依据式（4.43）、式（4.44）、式（4.45）及式（4.46）可得扩压管截面积的相对变化趋向：

$$\frac{\mathrm{d}v}{v} < 0 \quad \frac{\mathrm{d}A}{A} = (Ma^2 - 1)\frac{\mathrm{d}v}{v}$$

$Ma < 1$ $\frac{\mathrm{d}A}{A} > 0$ 渐扩扩压管

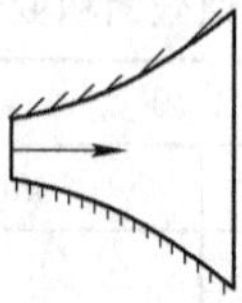

$Ma = 1$ $\frac{\mathrm{d}A}{A} = 0$

$Ma > 1$ $\frac{\mathrm{d}A}{A} < 0$ 渐缩扩压管

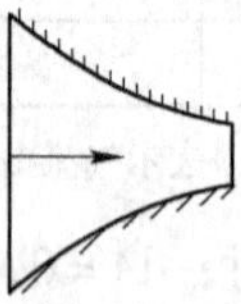

亚声速段扩压管截面积应逐渐增大，超声速段扩压管截面积应逐渐减少。

需要指出，不应将最小截面和临界截面相混淆。气流在变截面管中流动时，最小截面是对管道的几何形状而言，在最小截面处气流速度不一定达到当地的声速，所以最小截面不一定是临界截面。以后将会看到，在最小截面处气流是否达到当地声速，要由管道进出口的压强比来决定。

由上述分析可知，无论是气流自亚声速变为超声速，还是自超声速变为亚声速，除了保证截面变化条件以外，还必须使最小截面处（$\mathrm{d}A = 0$）气流速度达到声速，即使最小截面处的 $Ma = 1$，否则达不到设计要求。

综上所述，可以得出结论：亚声速气流在收缩形管道内膨胀加速，不可能得到超声速流动，其极限状态是达到声速流动；要得到超声速流动，开始气流必须经收缩形管道内流动到最小截面上且气流速度达到当地声速，然后再经扩张管道截面才能得到超声速流动。这种先收缩再扩张的使气流加速的管道称为缩放喷管或拉瓦尔喷管。

如果在最小截面处气流速度达不到声速，则到截面扩张部分，气流速度仍为亚声速，随着截面的不断扩张，流速逐渐减小，压强逐渐升高，结果就成为文丘里管。一般地，使气流加速的管道叫喷管，使气流减速的管道叫扩压器。

**例 4-4** 亚声速扩压器应用举例：一风洞开口工作，假设与大气相通，欲使工作段 $Ma=0.8$，高压气源需对此风洞提供多高的总压力？若工作段之后安一亚音速扩压器，扩压器出口与大气相通，若能使扩压器出口气流 $Ma$ 减至 0.2，问此时动力源提供多高的总压？

**解：**（1）因 $Ma=0.8$，出口处 $p=10^5\text{N/m}^2$，故

$$p_0/p=\left(1+\frac{\gamma-1}{2}Ma^2\right)^{\frac{\gamma}{\gamma-1}}=\left(1+\frac{1.4-1}{2}\times 0.8^2\right)^{\frac{1.4}{1.4-1}}=1.524$$

所以，$p_0=1.524\times 10^5\text{N/m}^2$

（2）当 $Ma=0.2$，$p=10^5\text{N/m}^2$ 时，有

$$p_0/p=\left(1+\frac{1.4-1}{2}\times 0.2^2\right)^{\frac{1.4}{1.4-1}}=1.03$$

所以　$p_0\approx p$

可见，加上扩压器之后对动力源的要求大为降低了。

对于极限理想情况即利用扩压器把出口速度等熵减少至零，则 $p_0=p_a$，不需任何压差就可使风洞运行，但这实际上是不能实现的，因为存在摩擦阻力和流动旋涡。在工作段作气体动力学实验的，属一稳流动问题，如飞机力学，楼层受力能否倾斜等。

## 4.6 正 激 波

超声速气流绕物体流动时，在流场中往往出现突跃的压缩波。气流通过这种压缩波时，压强、密度、温度都突跃地变高，速度则突跃地下降，气流受到突跃压缩。这种使气流参数发生突跃变化的强压缩波叫做激波。

激波是超声速气流中经常出现的重要物理现象。例如，当超声速气流绕过较大的障碍物（如以超声速飞行的炮弹，火箭，飞机等）时，气流在障碍物前会受到急剧压缩，压强、密度和温度突然显著增加，气流中就会产生激波。缩放喷管在非设计工况运动时，在喷管中的超声速气流中也可能产生激波；原子弹、氢弹爆炸时产生的破坏力很大的高压强锋面是激波；煤粉在煤粉炉中爆燃时产生的高压强火焰锋面同样是激波。

气流通过激波的压缩过程，实际是一个在很短的距离内完成的过程，即激波的厚度非常小，理论计算和实测表明，在一般情况下，激波的厚度约为 $2.5\times 10^{-5}$cm，这个数量和气体分子的自由行程（约 $7\times 10^{-5}$mm）的数量级相近。气流要在这样小的距离内完成一个显著的压缩过程，激波内的物理过程必定十分激烈。在这个过程中，气体的黏性和导热性占有重要的地位，从而导致激波的内部结构非常复杂。但是由于激波厚度很小，从工程应用角度看，可以不考虑激波的内部结构，而将激波处理为一个无限薄的面，也就是说把

激波看作是一个不连续的间断面。按照激波的形状及其与气流方向的关系，可将激波划分为正激波、斜激波和曲激波，如图 4.5 所示。

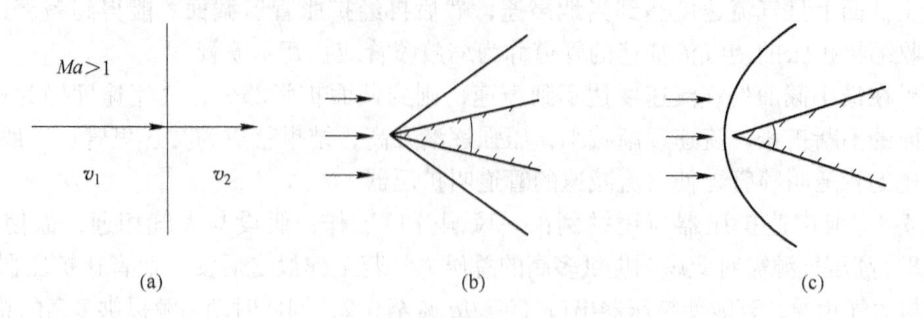


图 4.5 激波的类型
(a) 正激波；(b) 斜激波；(c) 曲激波

(1) 正激波：波面与气流方向相垂直的平面激波。气流经过正激波被压缩后，只有速度大小的变化而流动方向不变，如图 4.5(a)所示。

(2) 斜激波：波面与气流方向不垂直的平面激波。气流经过斜激波被压缩后，不仅速度大小发生突跃变化，而且气流方向也发生改变，如图 4.5(b)所示。

(3) 曲激波：波面为曲面，如图 4.5(c)所示。当超声波气流流过钝头物体时，在物体前面往往产生脱体激波。这种激波就是曲激波。脱体的曲激波的中间部分与来流方向垂直，是正激波；沿着波面向外延伸的是强度逐渐减小的斜激波。

由于篇幅所限，本节只讨论正激波。

### 4.6.1 正激波的形成

下面举一个简单的例子来说明正激波的形成过程。

设有一根很长的等截面直管，管中充满着静止的气体，在直管的左端有一个活塞，活塞向右作加速运动以压缩管内气体，在一小段时间内由静止状态加速到 $v_g$，然后作等速运动。为了分析方便起见，假设将活塞从静止状态加速到 $v_g$ 所需的时间分成许多相等的无穷小的时间间隔，并以每个时间间隔瞬时微小加速之和近似代替活塞从 $0 \rightarrow v_g$ 的加速过程，而且设在每两个微小加速之间活塞做等速运动。

当活塞做第 1 次瞬时加速 ($0 \rightarrow \mathrm{d}v$) 时，使紧靠活塞右侧的气体 $a$ 的压强增加微量 $\mathrm{d}p$，温度增加微量 $\mathrm{d}T$，这时在气体中产生一道压缩波向右传播。因为活塞的速度增量 $\mathrm{d}v$ 很小，可以认为该压缩波是微弱压缩波，其传播速度是尚未被压缩的气体中的声速 $c_1$。微弱压缩波左面的气体受到一次微弱压缩，由于活塞以速度 $\mathrm{d}v$ 向右移动，因而这部分气体被活塞推着也以同样的速度 $\mathrm{d}v$ 向右移动。微弱压缩波右面的气体未受活塞加速的影响，经过 $\mathrm{d}t$ 时间间隔后，管内气体的压强分布如图 4.6(a)所示，压强有变化处就是微弱压缩波所在位置。

若再使活塞作第 2 次加速，使其速度由 $\mathrm{d}v$ 增加到 $2\mathrm{d}v$，在管内气体中便产生第 2 道微弱压缩波。第 2 道压缩波是在经过第 1 道压缩波后的气体中以当地声速相对于气体传播的，经过第 1 道压缩波后，气体温度升高 $\mathrm{d}T$，声速增大到 $c_2$。另外，经过第 1 次压缩的气体还以速度 $\mathrm{d}v$ 向右运动，故第 2 道微弱压缩波相对于静止管壁的绝对传播速度应当为 $c_2 + \mathrm{d}v$，同时第 2 道压缩波经过的气体的压强和速度都进一步增加一个微量 ($\mathrm{d}p \rightarrow 2\mathrm{d}p$、$\mathrm{d}v \rightarrow$

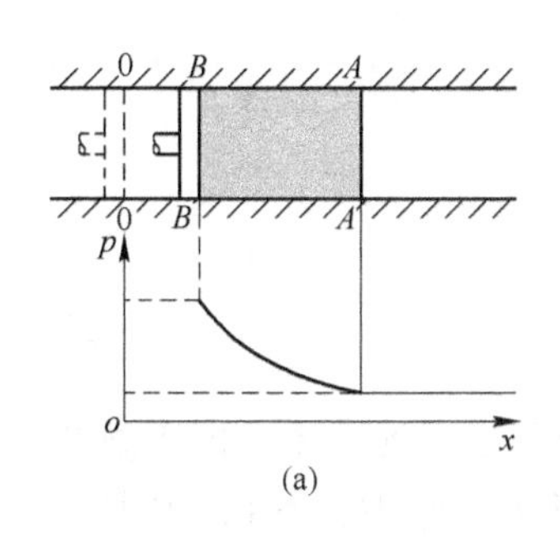

(a)

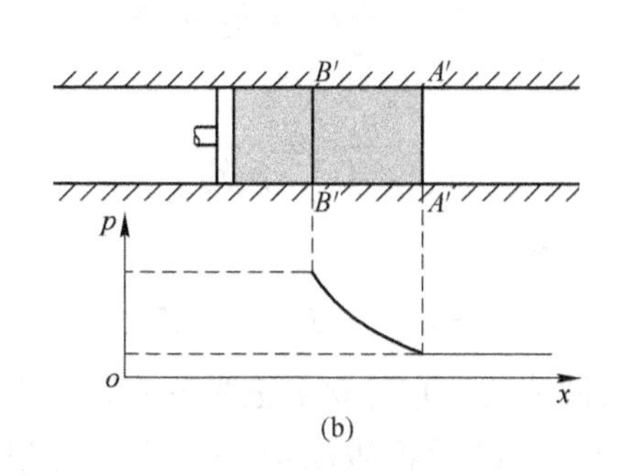

(b)

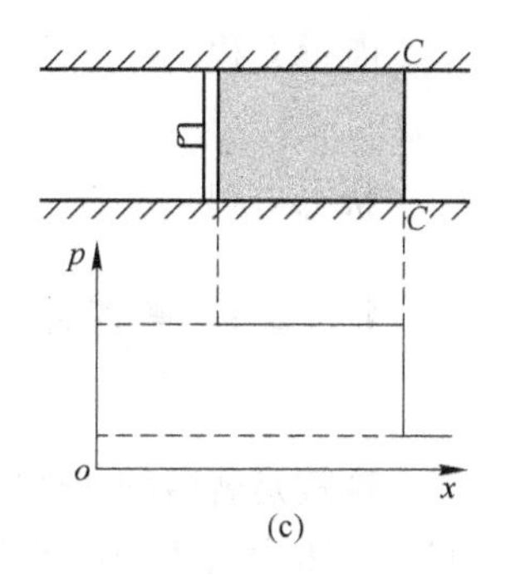

(c)

图 4.6 激波的形成过程

$2\mathrm{d}v$)。这时第 1 道微弱压缩波已传到气体 $b$，使其压强增加 $\mathrm{d}p$，并以声速 $c_1$ 继续向右传播，经过 $2\mathrm{d}t$ 时间间隔后，管内气体的压强分布如图 4.6(b)所示。

依此类推，活塞做第 3、第 4、…瞬时微小加速（一直加速到 $v_g$ 为止），活塞每加速一次，在管内气体中就多一道微弱压缩波，每道压缩波总是在经过前几次压缩的气体中以当地声速相对于气体向右传播。气体每经过一次压缩，当地声速就增大一次，即 $c_3 > c_2 > c_1$，$c_3 + 2\mathrm{d}v > c_2 + \mathrm{d}v > c_1$，即靠近活塞的微弱压缩波的传播速度比离活塞较远的微弱压缩波的传播速度快。于是随着时间的推移，波与波之间的距离逐渐减小，后面的微弱压缩波逐个追上前面的微弱压缩波，使微弱压缩波叠加，压强分布曲线变得越来越陡，最后压强梯度达到无穷大，压强分布曲线变为一条垂直线，这道压强跃升的波就是激波，如图 4.6(c)所示。以后，只要活塞以不变的速度 $v_g$ 运动，则在管内就能维持一个强度不变的激波。

| | 第一道波 | 第二道波 | 第三道波 |
|---|---|---|---|
| 波前当地声速 | $c_1$ | $c_2$ | $c_3$ |
| 波后流速 | $\mathrm{d}v$ | $2\mathrm{d}v$ | $3\mathrm{d}v$ |
| 波传播绝对速度 | $c_1$ | $c_2 + \mathrm{d}v$ | $c_3 + 2\mathrm{d}v$ |
| 波后压强 | $p_1 + \mathrm{d}p$ | $p_1 + 2\mathrm{d}p$ | $p_1 + 3\mathrm{d}p$ |
| 波后温度 | $T_1 + \mathrm{d}T_1$ | $T_1 + \mathrm{d}T_1 + \mathrm{d}T_2$ | $T_1 + \mathrm{d}T_1 + \mathrm{d}T_2 + \mathrm{d}T_3$ |

以上的讨论说明，气体被压缩而产生的一系列微弱压缩波有叠加的趋势，当无数微弱的压缩波叠加在一起时，就形成了激波。这种质的飞跃，是激波的性质，和微弱压缩波有本质的差别。

如果令活塞向左加速运动，在管内将形成一系列向右传播的微弱膨胀波。由于活塞的运动使气体膨胀，温度降低，则先产生的波比后产生的波传播得快，波与波之间的距离拉大，后面的波永远赶不上前面的波，因此不能形成激波。

### 4.6.2 正激波基本关系式

选取正激波两侧的 1-1、2-2 两个平面和 1-2 间的管壁组成控制面。1-1 面参数为 $T_1$、$p_1$、$\rho_1$、$v_1$，2-2 面参数为 $\rho_2$、$p_2$、$T_2$ 及 $v_2$，对所取的控制体写出正激波的基本方程式

连续方程 $$\rho_1 v_1 = \rho_2 v_2$$

动量方程 $$\rho_2 v_2^2 - \rho_1 v_1^2 = p_1 - p_2$$

能量方程 $$h_1 + \frac{1}{2}v_1^2 = h_2 + \frac{v_2^2}{2}$$

状态方程 $$\frac{p_1}{\rho_1 T_1} = \frac{p_2}{\rho_2 T_2}$$

4.6.2.1　普朗特激波公式

$$v_1 v_2 = c_{cr}^2 \quad 或 \quad M_{*1} M_{*2} = 1 \tag{4.47}$$

这就是著名的普朗特激波公式。它建立了正激波前后气流速度之间的关系，即正激波前、后速度系数的乘积等于1。由于正激波前来流速度为超声速，即 $M_{*1} > 1$，根据式(4.47) 必有 $M_{*2} < 1$，即正激波后气流速度必为亚声速。而且 $M_{*1}$ 比1大得越多，则 $M_{*2}$ 比1小得就越多；反之，当 $M_{*1}$ 越趋近于1时，则 $M_{*2}$ 也越趋近于1；当 $M_{*1} = 1$ 时，$M_{*2} = 1$，激波就不存在了。

4.6.2.2　蓝金-雨贡纽公式

蓝金-雨贡纽（Rankina-Hugoniot）公式揭示了激波前后压强比、密度比、温度比之间的关系。

$$\frac{p_2}{p_1} = \frac{\frac{\gamma+1}{\gamma-1} \cdot \frac{\rho_2}{\rho_1} - 1}{\frac{\gamma+1}{\gamma-1} - \frac{\rho_2}{\rho_1}} \tag{4.48}$$

或写成

$$\frac{\rho_2}{\rho_1} = \frac{\frac{\gamma+1}{\gamma-1} \cdot \frac{p_2}{p_1} + 1}{\frac{\gamma+1}{\gamma-1} + \frac{p_2}{p_1}} \tag{4.49}$$

$$\frac{T_2}{T_1} = \frac{\frac{\gamma+1}{\gamma-1} \cdot \frac{p_2}{p_1} + \left(\frac{p_2}{p_1}\right)^2}{\frac{\gamma+1}{\gamma-1} \cdot \frac{p_2}{p_1} + 1} \tag{4.50}$$

式(4.48)～式(4.50)为激波前后不可逆的绝热过程的压强比、密度比和温度比的重要关系式，为蓝金-雨贡纽方程。

可见，经过激波的密度突跃和温度突跃只取决于压强突跃。激波后与激波前压强比 $p_2/p_1$ 标志着波强的大小。这样，如果已知气流在激波前的 $p_1$，$\rho_1$，$T_1$ 和 $p_2/p_1$，便可由式(4.49)、式（4.50）求出气流在波后的 $\rho_2$、$T_2$。

为了弄清突跃压缩与等熵压缩的区别，将这两种 $\rho_2/\rho_1$ 和 $T_2/T_1$ 随 $p_2/p_1$ 的变化压缩的曲线分别绘于图4.7(a)、(b) 中。

由式（4.49）可以看出，$p_2/p_1 \to \infty$ 时

$$\frac{\rho_2}{\rho_1} \to \frac{\gamma+1}{\gamma-1}$$

即图4.7中的突跃压缩曲线，$(\gamma+1)/(\gamma-1)$ 为渐近线。例如，$\gamma = 1.4$ 的气体，无论波后的压强增加到多高，其密度的增加也不能超过6倍，这是因为气体通过激波时，部分动能

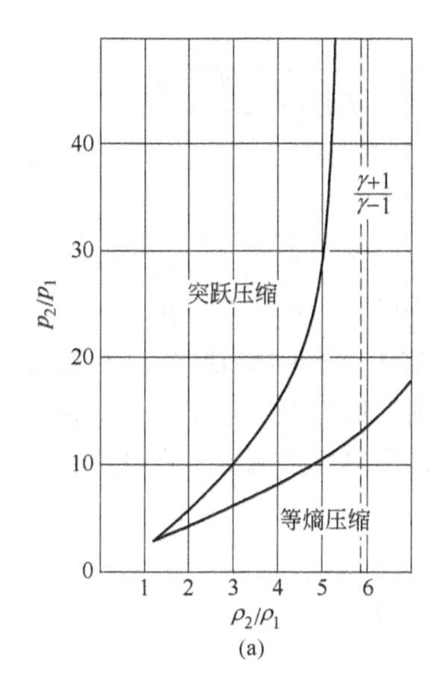


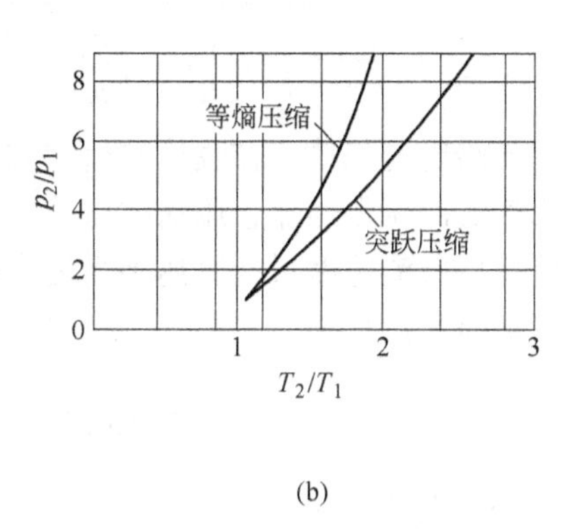


图 4.7　突跃压缩与等熵压缩变化曲线

不可逆地变为热能，气体受到剧烈加热，温度升高，从而使压强突跃引起的密度突跃受到限制。

由图 4.7(b)可以看出，在同一压强比 $p_2/p_1$ 下，突跃压缩的温度比大于等熵压缩的温度比。

## 4.7　收缩喷管中的流动

截面面积逐渐缩小，并能使亚声速气流不断加速的管道，称为收缩喷管，这种喷管广泛应用于蒸汽或燃气轮机、校正风洞（或叶栅风洞）、引射器以及涡轮喷气发动机等动力和实验装置中。

如图 4.8 所示为一典型的收缩喷管，上游与大容器相连，大容器中的压强、温度、密度、分别以 $p_0$、$T_0$、$\rho_0$ 表示，喷管出口与某一空间相连，这个空间的压强以 $p_b$ 表示，通常称 $p_b$ 为喷管的背压；喷管出口截面的压强、温度、密度分别用 $p_2$、$T_2$、$\rho_2$ 表示。

$p_0$ $T_0$ $\rho_0$　$p_b$　$p_2$ $T_2$ $\rho_2$

图 4.8　收缩管流动

### 4.7.1　喷管出口截面的流速和流量

假设喷管内的流动为一维等熵流动，这种流动的特点是喷管各截面上滞止压强和滞止温度都分别相同，并且分别等于喷管进口截面的压强和温度（由于设喷管进口与大容器相连）。由等熵流动的能量方程

$$h_2 + \frac{1}{2}v_2^2 = h_0$$

或

$$c_p T_2 + \frac{1}{2}v_2^2 = c_p T_0$$

于是喷管出口速度

$$v_2 = \sqrt{2c_p(T_0 - T_2)} = \sqrt{\frac{2\gamma}{\gamma-1}RT_0\left(1 - \frac{T_2}{T_0}\right)} \tag{4.51}$$

引用等熵关系式和状态方程，上式可改写为

$$v_2 = \sqrt{\frac{2\gamma}{\gamma-1}RT_0\left[1 - \left(\frac{p_2}{p_0}\right)^{\frac{\gamma-1}{\gamma}}\right]} = \sqrt{\frac{2\gamma}{\gamma-1}\frac{p_0}{\rho_0}\left[1 - \left(\frac{p_2}{p_0}\right)^{\frac{\gamma-1}{\gamma}}\right]} \tag{4.52}$$

可见，对于给定的气体，在收缩喷管出口气流未达到临界状态以前，进口总温越高，或者出口截面气流的压强与滞止压强的比越小，则出口气流的速度越高。由 4.5 节的分析可知，收缩管出口气流速度最高可达到当地声速，即出口气流处于临界状态。

通过喷管的质量流量为

$$q_m = A_2\rho_2 v_2 = A_2\rho_0\left(\frac{p_2}{p_0}\right)^{\frac{1}{\gamma}} v_2$$

将式（4.52）代入上式，得

$$\begin{aligned} q_m &= A_2\rho_0\sqrt{\frac{2\gamma}{\gamma-1}\frac{p_0}{\rho_0}\left[\left(\frac{p_2}{p_0}\right)^{\frac{2}{\gamma}} - \left(\frac{p_2}{p_0}\right)^{\frac{\gamma+1}{\gamma}}\right]} \\ &= A_2\sqrt{\frac{2\gamma}{\gamma-1}\frac{p_0^2}{RT_0}\left[\left(\frac{p_2}{p_0}\right)^{\frac{2}{\gamma}} - \left(\frac{p_2}{p_0}\right)^{\frac{\gamma+1}{\gamma}}\right]} \end{aligned} \tag{4.53}$$

但是如前所述，收缩喷管出口的气流速度最高也只能达到当地声速，这时出口的气流状态为临界状态。所以将 $p_2 = p_{cr}$ 代入上式，计算出的流量为临界流量，也就是收缩喷管的最大流量。以 $p_2 = p_{cr} = p_0\left(\frac{2}{\gamma+1}\right)^{\frac{\gamma}{\gamma-1}}$ 代入式（4.52）可得临界速度为

$$v_{cr} = \sqrt{\frac{2\gamma}{\gamma+1}\cdot\frac{p_0}{\rho_0}} = \sqrt{\frac{2\gamma}{\gamma+1}RT_0} = c_{cr}$$

利用上式可得临界流量为

$$q_{mcr} = A_2\rho_{cr}c_{cr} = A_2\left(\frac{2}{\gamma+1}\right)^{\frac{\gamma+1}{2(\gamma-1)}}(\gamma p_0\rho_0)^{\frac{1}{2}} \tag{4.54}$$

由此可见，对于给定的气体，收缩喷管出口的临界速度取决于进口气流的滞止参数，通过喷管的最大流量取决于进口气流的滞止参数和出口截面积。

### 4.7.2 变工况流动分析

一般情况下，收缩喷管都是以进口气流参数和出口背压作为已知条件设计出来的，但是，喷管并不总是在设计工况下工作的，当喷管进口滞止压强或喷管出口的背压发生变化时，喷管内的流动情况也将发生变化。下面讨论常见的背压变化引起的变工况流动。为此，必须先弄清楚喷管出口气流压强 $p_2$ 和背压 $p_b$ 之间的关系。由 4.1 节知，微弱的压强扰动是以当地声速传播的。当喷管出口的气流速度为亚声速时，由于压强扰动的传播速度大于气流传播速度，压强扰动可以逆流向上游传播，这时必有 $p_2 = p_b$，直到 $p_2 = p_b = p_{cr}$，

$v_{2cr}=c_{cr}$喷管出口气流状态处于临界状态。如果 $p_b$ 再降低，由于压强扰动的传播速度等于出口气流的临界速度，压强扰动已不能逆流上传，喷管出口压强保持 $p_2=p_{cr}$，而不受 $p_b$ 的影响。

根据临界压力和滞止压强之比 $\frac{p_{cr}}{p_0}$，可以将收缩喷管的变工况流动分为以下 3 种流动状态。

（1）$p_b/p_0>p_{cr}/p_0$ 时为亚临界流动。这时管内流动都是亚声速，$Ma(M_*)<1$，$p_2=p_b$；随着 $p_b$ 的降低，$v_2(Ma_2)$ 将增高，$q_m$ 将增大，气体在喷管内得到完全膨胀。

（2）$p_b/p_0=p_{cr}/p_0$ 时为临界流动。这时管内流动为亚声速流，但出口截面的气流达到临界状态，$Ma_2=M_{*2}=1$，$p_2=p_{cr}=p_b$，$q_m=q_{max}$，气体在喷管内得到完全膨胀。

（3）$p_b/p_0<p_{cr}/p_0$ 为超临界流动。这时整个喷管内的流动与临界流动完全一样，$Ma_2=M_{*2}=1$，$p_2=p_{cr}>p_b$，$q_m=q_{max}$。由于出口截面气流的压强高于背压 $p_b$，气体在渐缩喷管内没有完全膨胀，故称膨胀不足，气体在流出喷管后将继续膨胀。

当气流在收缩喷管出口已经达到临界状态后，虽然背压 $p_b$ 继续降低，却不能使喷管出口流速和管内流量增加，这就是说，流动已经达到壅塞状态，管道的流量已经达到最大流量。收缩喷管壅塞以后，喷管的流量只与其滞止压强 $p_0$、滞止温度 $T_0$ 和喷管出口面积有关，而与背压无关。

**例 4-5** 已知容器中空气的 $p_0=1.6\times10^5\text{N/m}^2$，$\rho_0=1.69\text{kg/m}^3$，$T_0=330\text{K}$。容器上渐缩喷管出口压强 $p_2=10^5\text{N/m}^2$，喷管出口面积 $A=19.6\text{cm}^2$。求：（1）喷管出口速度 $v$ 以及通过喷管的质量流量 $q_m$；（2）如容器中的 $p_0=2.5\times10^5\text{N/m}^2$、$T_0=330\text{K}$ 时，$v$ 和 $q_m$ 又各为多少？

**解：**（1）先求 $p_2/p_0$，看它与 $p_{cr}/p_0=0.528$ 哪一个大。如果 $p_2/p_0>0.528$，则为亚声速流动，可将 $p_2/p_0$ 代入公式直接计算或查函数表计算。如果 $p_2/p_0<0.528$，则为超声速流动，但渐缩喷管不可能达到超声速，故按照临界状态计算：

$$\frac{p_2}{p_0}=\frac{10^5}{1.6\times10^5}=0.625>0.528$$

故为亚声速流动。所以：

$$v_2=\sqrt{\frac{2\gamma}{\gamma-1}\frac{p_0}{\rho_0}\left[1-\left(\frac{p_2}{p_0}\right)^{\frac{\gamma-1}{\gamma}}\right]}$$

$$=\sqrt{\frac{2\times1.4}{1.4-1}\times\frac{1.6\times10^5}{1.69}(1-0.625^{\frac{1.4-1}{1.4}})}=289\ \text{m/s}$$

$$q_m=\rho_0A_2\sqrt{\frac{2\gamma}{\gamma-1}\frac{p_0}{\rho_0}\left[\left(\frac{p_2}{p_0}\right)^{\frac{2}{\gamma}}-\left(\frac{p_2}{p_0}\right)^{\frac{\gamma+1}{\gamma}}\right]}$$

$$=1.69\times19.6\times10^{-4}\sqrt{\frac{2\times1.4}{1.4-1}\times\frac{1.6\times10^5}{1.69}(0.625^{2/1.4}-0.625^{(1.4+1)/1.4})}$$

$$=0.683\ \text{kg/s}$$

另外一种算法：如由 $p_2/p_0=0.625$，用公式进行计算，或由函数表查附录 4 可知

$$Ma_2 \approx 0.85, \frac{T_2}{T_0} \approx 0.874, \frac{\rho_2}{\rho_0} \approx 0.714$$

于是可求出 $T_2 = 0.874 \times 330 = 288\text{K}$，$\rho_2 = 0.714 \times 1.69 = 1.21\text{kg/m}^3$，所以

$$v_2 = Ma_2 \cdot c_2 = Ma\sqrt{\gamma RT_2} = 0.85\sqrt{1.4 \times 287 \times 288} = 289 \quad \text{m/s}$$

$$q_m = \rho_2 v_2 A_2 = 1.21 \times 289 \times 19.6 \times 10^{-4} = 0.684 \quad \text{kg/s}$$

（2）
$$\frac{p_2}{p_0} = \frac{10^5}{2.5 \times 10^5} = 0.4 < 0.528$$

应为超声速流动，但渐缩喷管出口速度最大只能达到声速，即 $Ma = 1$，所以按照 $Ma = 1$ 进行计算，或查附录可知：

$$Ma_2 = 1, \frac{T_{cr}}{T_0} = 0.833, \frac{\rho_{cr}}{\rho_0} = 0.634$$

$$\rho_0 = \frac{p_0}{RT_0} = \frac{2.5 \times 10^5}{287 \times 330} = 2.64 \quad \text{kg/m}^3$$

于是可求出：

$$T_{cr} = 0.833 \times 330 = 275 \quad \text{K}$$

$$\rho_{cr} = 0.634 \times 2.64 = 1.67 \quad \text{kg/m}^3$$

所以：
$$v_2 = c_{cr} = \sqrt{1.4 \times 287 \times 275} = 332 \quad \text{m/s}$$

$$q_{m\max} = \rho_{cr} v_{cr} A_2 = 1.67 \times 332 \times 19.6 \times 10^{-4} = 1.09 \quad \text{kg/s}$$

**例 4-6**　空气等熵流过收缩喷管，喷管进口面积为 $0.0012\text{m}^2$，进口压强为 $4.0 \times 10^5\text{Pa}$，进口温度为 280K，进口马赫数为 0.52，背压为 $2.0 \times 10^5\text{Pa}$。试求喷管出口的马赫数和截面面积。

**解：** 首先判断喷管出口截面的流动状态。

由收缩喷管进口马赫数及进口压强得到等熵流的滞止压强：

$$\frac{p_0}{p_1} = \left(1 + \frac{\gamma - 1}{2}Ma_1^2\right)^{\frac{\gamma}{\gamma-1}} = \left(1 + \frac{1.4 - 1}{2} \times 0.52^2\right)^{\frac{1.4}{1.4-1}} = 1.20$$

$$p_0 = 1.20 p_1 = 1.20 \times 4.0 \times 10^5 = 4.81 \times 10^5 \quad \text{Pa}$$

先求 $p_b/p_0$，看它与 $p_{cr}/p_0 = 0.528$ 哪一个大。如大于 0.528，则为亚声速流动，如小于 0.528，则为超声速流动，但收缩喷管不可能达到超声速，需按照临界状态计算。

$$\frac{p_b}{p_0} = \frac{2.0 \times 10^5}{4.81 \times 10^5} = 0.42 < \frac{p_{cr}}{p_0} = 0.528$$

因此，流动为超临界状态，出口截面马赫数 $Ma_2 = 1.0$。

由连续方程有
$$\rho_1 v_1 A_1 = \rho_2 v_2 A_2, \quad A_2 = A_1 \frac{\rho_1 v_1}{\rho_2 v_2}$$

其中 $v_1 = Ma_1 c_1 = Ma_1\sqrt{\gamma RT_1} = 0.52 \times \sqrt{1.4 \times 287 \times 280} = 174.4 \quad \text{m/s}$

$$\rho_1 = \frac{p_1}{RT_1} = \frac{4.0 \times 10^5}{287 \times 280} = 4.98 \quad kg/m^3$$

又由于

$$\frac{T_0}{T_1} = 1 + \frac{\gamma - 1}{2} Ma_1^2$$

$$\frac{T_0}{T_2} = 1 + \frac{\gamma - 1}{2} Ma_2^2$$

则

$$\frac{T_2}{T_1} = \frac{1 + \frac{\gamma - 1}{2} Ma_1^2}{1 + \frac{\gamma - 1}{2} Ma_2^2} = \frac{1 + \frac{1.4 - 1}{2} \times 0.52^2}{1 + \frac{1.4 - 1}{2} \times 1.0^2} = 0.878$$

$$T_2 = 0.878 \times T_1 = 0.878 \times 280 = 245.84 \quad K$$

$$\frac{p_0}{p_2} = \left(1 + \frac{\gamma - 1}{2} Ma_2^2\right)^{\frac{\gamma}{\gamma-1}} = \left(1 + \frac{1.4 - 1}{2} \times 1.0^2\right)^{\frac{1.4}{1.4-1}} = 1.893$$

$$p_2 = \frac{p_0}{1.893} = \frac{4.8 \times 10^5}{1.893} = 2.54 \times 10^5 \quad Pa$$

$$\rho_2 = \frac{p_2}{RT_2} = \frac{2.54 \times 10^5}{287 \times 245.84} = 3.59 \quad kg/m^3$$

因此，

$$A_2 = \frac{\rho_1 v_1}{\rho_2 v_2} A_1 = \frac{4.98 \times 174.4 \times 1.2 \times 10^{-3}}{3.59 \times \sqrt{1.4 \times 287 \times 245.84}} = 9.34 \times 10^{-4} \quad m^2$$

## 4.8　缩放管中的流动

由4.5节知，要使亚声速气流变成超声速气流，必须经历声速阶段，而声速流只能发生在管道的最小截面处（即喉部）。因此，要得到超声速气流，必须使亚声速气流先在收缩管道流动，并在最小截面处达到声速，然后再通过扩张管道。这种缩放型的超声速喷管是瑞典工程师拉瓦尔于19世纪末发明的，所以又叫拉瓦尔喷管。缩放喷管广泛应用于高参数蒸汽或燃气涡轮机、超声速风洞、引射器以及喷气式飞机和火箭等动力和实验装置中。

### 4.8.1　流量和面积比公式

首先仍假设缩放喷管内的流动为一维等熵流动，并假设喷管进口的气流参数都用它们对应的滞止参数表示，喷管出口参数都用下标2表示。如果缩放喷管内的气流在设计工况下得到完全膨胀，则其出口的气流流速和质量流量仍按式（4.52）和式（4.53）计算，即

$$v_2 = \sqrt{\frac{2\gamma}{\gamma - 1} RT_0 \left[1 - \left(\frac{p_2}{p_0}\right)^{\frac{\gamma-1}{\gamma}}\right]} = \sqrt{\frac{2\gamma}{\gamma - 1} \frac{p_0}{\rho_0} \left[1 - \left(\frac{p_2}{p_0}\right)^{\frac{\gamma-1}{\gamma}}\right]}$$

$$q_m = A_2\rho_0\sqrt{\frac{2\gamma}{\gamma-1}\frac{p_0}{\rho_0}\left[\left(\frac{p_2}{p_0}\right)^{\frac{2}{\gamma}}-\left(\frac{p_2}{p_0}\right)^{\frac{\gamma+1}{\gamma}}\right]}$$

$$= A_2\sqrt{\frac{2\gamma}{\gamma-1}\frac{p_0^2}{RT_0}\left[\left(\frac{p_2}{p_0}\right)^{\frac{2}{\gamma}}-\left(\frac{p_2}{p_0}\right)^{\frac{\gamma+1}{\gamma}}\right]}$$

质量流量也可按式（4.54）计算，但是其中的面积必须用喉部面积 $A=A_{cr}$，即

$$q_{mcr} = A_{cr}\left(\frac{2}{\gamma+1}\right)^{\frac{\gamma+1}{2(\gamma-1)}}(\gamma p_0\rho_0)^{\frac{1}{2}}$$

通过缩放喷管的流量就是喉部能通过的最大流量。

下面求面积比公式。

根据连续性方程 $\rho_{cr}c_{cr}A_{cr} = \rho vA$，则

$$\frac{A}{A_{cr}} = \frac{\rho_{cr}c_{cr}}{\rho v} \tag{4.55}$$

由式（4.28）、式（4.25）及式（4.52）：

$$\rho_{cr} = \rho_0\left(\frac{2}{\gamma+1}\right)^{\frac{1}{\gamma-1}},\ c_{cr} = \sqrt{\frac{2\gamma}{\gamma+1}RT_0} = \sqrt{\frac{2\gamma}{\gamma+1}\frac{p_0}{\rho_0}},\ v = \sqrt{\frac{2\gamma}{\gamma-1}\frac{p_0}{\rho_0}\left[1-\left(\frac{p}{p_0}\right)^{\frac{\gamma-1}{\gamma}}\right]}$$

$$\frac{\rho}{\rho_0} = \left(\frac{p}{p_0}\right)^{\frac{1}{\gamma}}$$

把以上各式代入式（4.55）中，得

$$\frac{A}{A_{cr}} = \frac{\left(\frac{2}{\gamma+1}\right)^{\frac{1}{\gamma-1}}}{\left\{\frac{\gamma+1}{\gamma-1}\left[\left(\frac{p}{p_0}\right)^{\frac{2}{\gamma}}-\left(\frac{p}{p_0}\right)^{\frac{\gamma+1}{\gamma}}\right]\right\}^{\frac{1}{2}}} \tag{4.56}$$

把 $\frac{p}{p_0} = \left(1+\frac{\gamma-1}{2}Ma^2\right)^{-\frac{\gamma}{\gamma-1}} = \left(1-\frac{\gamma-1}{\gamma+1}M_*^2\right)^{\frac{\gamma}{\gamma-1}}$ 代入上式，得

$$\frac{A}{A_{cr}} = \frac{1}{Ma}\left(\frac{2}{\gamma+1}+\frac{\gamma-1}{\gamma+1}Ma^2\right)^{\frac{\gamma+1}{2(\gamma-1)}} = \frac{1}{M_*}\left(\frac{\gamma+1}{2}-\frac{\gamma-1}{2}M_*^2\right)^{-\frac{1}{\gamma-1}} \tag{4.57}$$

式（4.56）和式（4.57）就是缩放喷管的面积比公式。

对于空气，$\gamma = 1.4$ 时，式（4.57）简化为

$$\frac{A}{A_{cr}} = \frac{(1+0.2Ma^2)^3}{1.728Ma}$$

按上式将面积比 $\frac{A}{A_{cr}}$ 和马赫数 $Ma$ 的关系绘于图 4.9 中。由图 4.9 可以看出，对于每一 $Ma$ 值，有唯一的 $\frac{A}{A_{cr}}$ 值与之对应；但对于

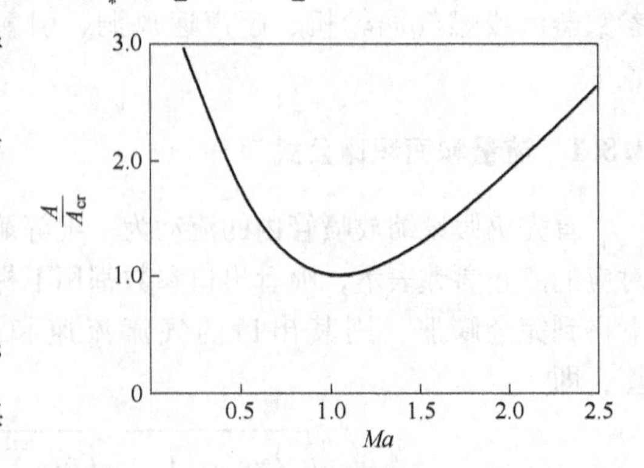


图 4.9　面积比和马赫数 $Ma$ 的关系

每一$\dfrac{A}{A_{cr}}$值，有两个 $Ma$ 值与之对应，表明有两个截面具有同一个$\dfrac{A}{A_{cr}}$值，一个是亚声速区，一个是超声速区，还说明缩放喷管当喉部处为声速时，喉部以后的扩张段对应于每个$\dfrac{A}{A_{cr}}$值的截面气流可以有两种等熵流动，一种是亚声速流，一种是超声速流。

### 4.8.2　变工况流动分析

缩放喷管的几何尺寸是根据气流作完全膨胀的条件设计出来的，但缩放喷管在实际运行中并不总是在这个设计工况下工作的。当背压或喷管入口处的压强发生变化时，缩放喷管内气流的流动情况也随之改变。如图 4.10(a)所示，缩放喷管入口处的滞止压强是 $p_0$，其背压是 $p_b$。由于 $p_0$ 和 $p_b$ 相对大小的不同，在喷管中就形成了各种流动状态。为了讨论方便，假使喷管入口处的滞止压强是 $p_0$ 保持不变，只考虑背压变化引起的喷管内流动的变化。当 $p_b=p_0$ 时，管内无流动；当 $p_b<p_0$ 时，管内产生流动。

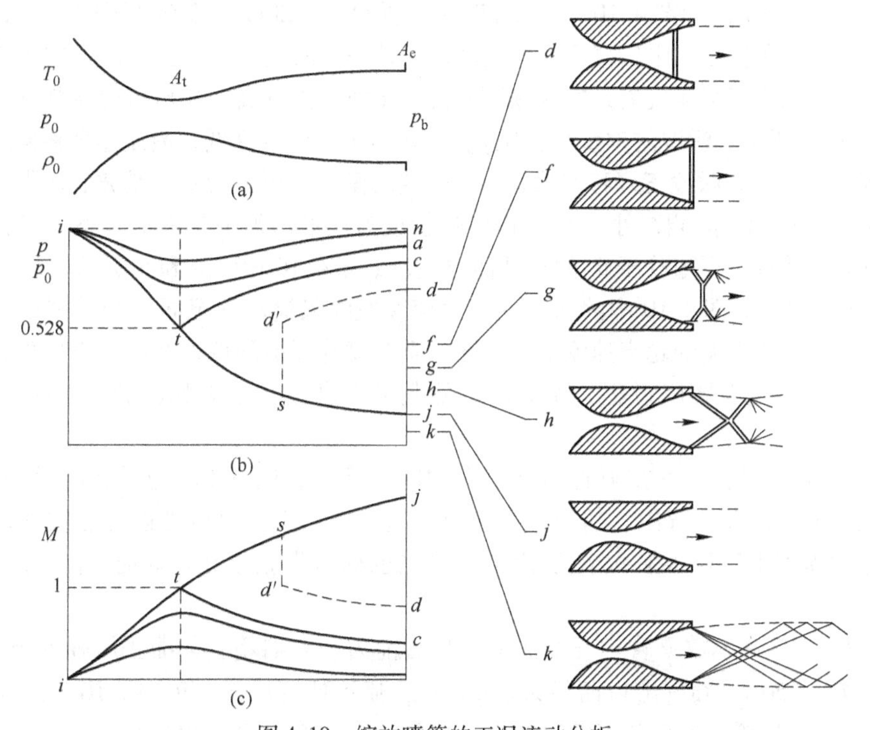


图 4.10　缩放喷管的工况流动分析

随着 $p_b$ 的降低，管内流动可能发生如下几种情况：（1）喉部截面气流尚未达到临界状态，于是在喉部下游的扩张段中，气流仍为亚声速流动；（2）喉部截面上已经达到临界状态，但在扩张段中，气流由临界状态转变为亚声速流动；（3）不但喉部截面达到临界状态，而且在扩张段中由临界状态转变为超声速流动。

为了具体地分析每一种情况的流动状态，首先确定它们的划界压强。以出口处截面积 $A_2$ 代入式（4.57）中，有

$$\frac{A_2}{A_{cr}}=\frac{1}{Ma_2}\left(\frac{2}{\gamma+1}+\frac{\gamma-1}{\gamma+1}Ma_2^2\right)^{\frac{\gamma+1}{2(\gamma-1)}}$$

解此方程可以求出两个解，其中一个解 $Ma_2'<1$，另一个解 $Ma_2''>1$。再由

$$\frac{p}{p_0}=\left(1+\frac{\gamma-1}{2}Ma_2^2\right)^{-\frac{\gamma}{\gamma-1}}$$

便可求出两个划界压强 $p_2'$ 和 $p_2''$。

下面具体分析几种情况：

（1）$p_2'<p_b<p_0$。在喷管上下游压强比的作用下，气体流过喷管。如图 4.10 中的 *in* 和 *ia* 所示，气体在收缩段内，是亚声速流，在喉部以前气体流动流速不断加快，压强不断降低，在喉部马赫数最大，但小于 1，压强最低。在扩张段内也是亚声速流，随着流动，气体速度逐渐减慢，压强逐步上升，在出口处的压强 $p_2=p_b$，$Ma_2<1$，其值需由上下游压强比来确定。

（2）$p_b=p_2'$。如图 4.10 中的 *itc* 所示，此时在喉部达到声速。其余各个截面均为亚声速，在出口处的压强和马赫数为 $p_2=p_2'$，$Ma_2=Ma_2'$。

（3）$p_2''<p_b<p_2'$。如图 4.10 中的出口 $d\sim h$ 所示，喉部以前流动情况同（2），喉部达到临界状态，但在扩张段中出现不等熵流动，在某一截面上产生了正激波。超声速气流经过此正激波后成为亚声速气流，速度逐渐减慢，压强逐步升高，在出口处压强 $p_2=p_b$，如图 4.10 中的 *d* 所示。激波的位置与背压 $p_b$ 有关，随着 $p_b$ 的降低，激波逐渐移向出口。当 $p_b$ 减小到某一值时，激波正好移到喷管出口，这时激波前压强为 $p_2''$，激波后压强为 $p_b$，如图 4.10 中的 *f* 所示。$p_b$ 再减小，激波移出喷管成为拱形激波或斜激波，整个扩张段内部为超声速流，并且不再随背压 $p_b$ 的降低而改变，如图 4.10 中的 *g* 和 *h* 所示。

（4）$p_b=p_2''$。如图 4.10 中的 *itj* 所示。气流在收缩段流动情况同（2），喉部达临界状态，在扩张段内作等熵的超声速流动。压强在整个喷管逐渐降低，在喷管出口处，压强正好减小到 $p_b$，是完全膨胀过程。喷管出口处既无斜激波，也无膨胀波。此时，$p_2=p_2''$，$Ma_2=Ma_2''$。

（5）$0<p_b<p_2''$。气流在喷管内做正常的降压膨胀，同（4），但是由于气流在喷管口处压强 $p_2=p_2''$，高于背压，超声速气流流出喷管后，将在出口处以膨胀波的形式继续膨胀，这种喷管出口处压强 $p_2$ 高于背压的情况也称为膨胀不足。此时，$p_2=p_2''$，$Ma_2=Ma_2''$。

**例 4-7** 空气在缩放喷管内等熵流动，喷管前为一容器箱，其滞止压强 $p_0=1.0\text{MPa}$，滞止温度 $T_0=350\text{K}$。喷管出口面积为 $0.001\text{m}^2$，喷管处背压 $p_b=9.54\times10^5\text{Pa}$，喉部马赫数 $Ma_t=0.68$。试确定喉部截面的温度 $T_t$、压强 $p_t$、速度 $v_t$ 及出口压强 $p_2$（$\gamma=1.4$，$R=287\text{J/(kg·K)}$）。

**解：** 喉部截面温度

$$\frac{T_0}{T_t}=1+\frac{\gamma-1}{2}Ma_t^2,\ T_t=\frac{T_0}{1+\frac{\gamma-1}{2}Ma_t^2}=\frac{350}{1+\frac{1.4-1}{2}\times0.68^2}=320\ \text{K}$$

喉部截面压强

$$p_t=p_0\left(\frac{T_t}{T_0}\right)^{\frac{\gamma}{\gamma-1}}=1.0\times10^6\times\left(\frac{320}{350}\right)^{\frac{1.4}{1.4-1}}=734\ \text{kPa}$$

喉部截面速度

$$v_t = Ma_t c_t = Ma_t\sqrt{\gamma RT_t} = 0.68\times\sqrt{1.4\times287\times320} = 244 \quad \text{m/s}$$

由于喉部截面马赫数 $Ma_t<1$，出口截面必定是亚声速流动，所以出口截面压强$p_2 = p_b = 9.54\times10^5\text{Pa}$。

**例 4-8**　喷管前蒸汽的参数为 $p_0=1180\text{kPa}$，$T_0=573\text{K}$；喷管后的参数为 $p_b=294\text{kPa}$。欲实现蒸汽流量 $G=118\text{N/s}$，问应采用什么形式的喷管并求喷管喉部及出口截面面积（已知 $\gamma=1.3$，$R=462\text{J/(kg·K)}$）。

**解：** 首先，检查是否出现壅塞现象，由于

$$\frac{p_b}{p_0} = 0.249 < \frac{p_{cr}}{p_0} = \left(\frac{2}{\gamma+1}\right)^{\gamma/(\gamma-1)} = \left(\frac{2}{1.3+1}\right)^{\frac{1.3}{1.3-1}} = 0.546$$

故若用渐缩形喷管将会出现壅塞现象，所以应采用缩放形喷管。

（1）求喷管喉部截面积 $A_{cr}$。在喉部，流速达到当地声速 $Ma=1$，有

$$\frac{T_0}{T_{cr}} = 1+\frac{\gamma-1}{2}Ma_{cr}^2 = \frac{\gamma+1}{2}$$

$$v_{cr} = c_{cr} = \sqrt{\gamma RT_{cr}} = \sqrt{\frac{2\gamma}{\gamma+1}RT_0} = \sqrt{\frac{2\times1.3}{1.3+1}\times462\times573} = 547 \quad \text{m/s}$$

$$\frac{\rho_0}{\rho_{cr}} = \left(\frac{T_0}{T_{cr}}\right)^{1/(\gamma-1)} = \left(\frac{\gamma+1}{2}\right)^{1/(\gamma-1)}$$

$$\rho_{cr} = \left(\frac{2}{\gamma+1}\right)^{1/(\gamma-1)}\frac{p_0}{RT_0} = \left(\frac{2}{1.3+1}\right)^{\frac{1}{1.3-1}}\times\frac{1180\times10^3}{462\times573} = 2.8 \quad \text{kg/m}^3$$

再由连续性方程有 $G=\rho_{cr}gv_{cr}A_{cr}$，$A_{cr} = \dfrac{G}{\rho_{cr}gv_{cr}} = \dfrac{118}{2.8\times9.81\times547} = 78.5 \quad \text{cm}^2$

（2）求出口截面积。由于是等熵流动，故出口处的蒸汽密度为

$$\rho_0 = \frac{p_0}{RT_0} = \frac{1180\times10^3}{462\times573} = 4.46 \quad \text{kg/m}^3$$

$$\rho_2 = \left(\frac{p_b}{p_0}\right)^{1/\gamma}\rho_0 = \left(\frac{294}{1180}\right)^{\frac{1}{1.3}}\times4.46 = 1.53 \quad \text{kg/m}^3$$

再由能量方程

$$\frac{v_2^2}{2}+\frac{\gamma}{\gamma-1}\cdot\frac{p_b}{\rho_2} = \frac{\gamma}{\gamma-1}\cdot\frac{p_0}{\rho_0}$$

得到出口速度为

$$v_2 = \sqrt{\frac{2\gamma}{\gamma-1}\left(\frac{p_0}{\rho_0}-\frac{p_b}{\rho_2}\right)} = \sqrt{\frac{2\times1.3}{1.3-1}\left(\frac{1180\times10^3}{4.46}-\frac{294\times10^3}{1.53}\right)} = 792.2 \quad \text{m/s}$$

最后由连续性方程得到出口截面积 $A_2$ 为

$$A_2 = \frac{G}{\rho_2 g v_2} = \frac{118}{1.53 \times 9.81 \times 792.2} = 99 \quad \text{cm}^2$$

**例 4-9** 空气由压缩机送入贮气罐，压强 $p_0 = 4 \times 10^5 \text{N/m}^2$，$T_0 = 308\text{K}$。贮气罐与一拉瓦尔喷管相连，喷管出口面积 $A = 5000\text{mm}^2$，设计要求喷管出口马赫数 $Ma = 2$。求：（1）喷管出口断面上的参数 $p$、$T$、$v$；（2）通过喷管的质量流量；（3）喉口面积。

**解：**（1）当 $Ma = 2$ 时，由公式计算或查附录有

$$\frac{p_2}{p_0} = 0.128, \frac{\rho_2}{\rho_0} = 0.23, \frac{T_2}{T_0} = 0.556$$

于是可得：

$$p_2 = 0.128 \times 4 \times 10^5 = 5.12 \times 10^4 \quad \text{N/m}^2$$

$$\rho_2 = 0.23\rho_0 = 0.23 \frac{p_0}{RT_0} = 0.23 \times \frac{4 \times 10^5}{287 \times 308} = 1.04 \quad \text{kg/m}^3$$

$$T_2 = 0.556 \times 308 = 171 \quad \text{K}$$

$$v_2 = Ma \cdot c_2 = 2 \times \sqrt{1.4 \times 287 \times 171} = 524 \quad \text{m/s}$$

（2）通过喷管的质量流量

$$q_m = \rho_2 v_2 A_2 = 1.04 \times 524 \times 50 \times 10^{-4} = 2.72 \quad \text{kg/s}$$

（3）当 $Ma = 2$ 时，由公式计算或查附录有

$$\frac{A}{A_{cr}} = 1.69$$

于是可得：

$$A_{cr} = \frac{A_2}{1.69} = \frac{5000}{1.69} = 2960\text{mm}^2 = 29.6 \quad \text{cm}^2$$

或由通过喷管的质量流量及喉部（$Ma = 1$）时的速度、密度也可求出喉口面积。

**例 4-10** 温度 $T_1 = 284\text{K}$ 和压强 $p_1 = 1.013 \times 10^5 \text{Pa}$ 的空气，等熵流过一缩放管。进口速度 $v_1 = 150\text{m/s}$，进口截面积 $A_1 = 10\text{cm}^2$，如果喷管出口为超声速流，试求：（1）进口马赫数；（2）滞止温度和滞止压强；（3）喉部截面压强与温度；（4）如果出口截面温度 $T_2 = 220\text{K}$，计算出口截面速度和马赫数；（5）喉部截面积 $A_t$（$\gamma = 1.4$，$R = 287\text{J/(kg} \cdot \text{K)}$）。

**解：**（1）进口马赫数

$$Ma_1 = \frac{v_1}{c_1} = \frac{v_1}{\sqrt{\gamma R T_1}} = \frac{150}{\sqrt{1.4 \times 287 \times 284}} = 0.443$$

（2）滞止温度

$$T_0 = T_1\left(1 + \frac{\gamma - 1}{2}Ma_1^2\right) = 284 \times \left(1 + \frac{1.4 - 1}{2} \times 0.443^2\right) = 295 \quad \text{K}$$

滞止压强

$$p_0 = p_1\left(\frac{T_0}{T_1}\right)^{\frac{\gamma}{\gamma-1}} = 1.013 \times 10^5 \times \left(\frac{295}{284}\right)^{\frac{1.4}{1.4-1}} = 1.159 \times 10^5 \quad \text{Pa}$$

(3) 由于出口截面是超声速流，喷管喉部截面是临界截面，马赫数、喉部截面的参数是临界参数。

$$\frac{T_t}{T_0} = \frac{T_{cr}}{T_0} = \frac{2}{\gamma+1} = \frac{2}{1.4+1} = 0.8333$$

$$T_t = T_{cr} = 0.8333T_0 = 0.8333 \times 295 = 245.82 \quad \text{K}$$

$$\frac{p_t}{p_0} = \frac{p_{cr}}{p_0} = 0.5283$$

$$p_t = p_{cr} = p_0 \times 0.5283 = 1.159 \times 10^5 \times 0.5283 = 6.12 \times 10^4 \quad \text{Pa}$$

(4) 出口马赫数

$$\frac{T_0}{T_2} = 1 + \frac{\gamma-1}{2}Ma_2^2$$

$$Ma_2 = \left[\frac{2}{\gamma-1}\left(\frac{T_0}{T_2} - 1\right)\right]^{1/2} = \left[\frac{2}{1.4-1} \times \left(\frac{295}{220} - 1\right)\right]^{1/2} = 1.30$$

出口截面速度

$$v_2 = Ma_2c_2 = Ma_2\sqrt{\gamma RT_2} = 1.30 \times \sqrt{1.4 \times 287 \times 220} = 387.51 \quad \text{m/s}$$

(5) 喉部质量流量

$$q_m = \rho_1 v_1 A_1 = \frac{p_1}{RT_1}v_1 A_1 = \frac{101.3 \times 10^3}{287 \times 284} \times 150 \times 0.001 = 0.186 \quad \text{kg/s}$$

喉部面积

$$A_t = \frac{q_m}{\rho_t v_t} = \frac{q_m}{\frac{p_t}{RT_t}Ma_t\sqrt{\gamma RT_t}}$$

$$= \frac{0.186}{\frac{6.12 \times 10^4}{287 \times 245.82} \times 1.0 \times \sqrt{1.4 \times 287 \times 245.82}} = 6.82 \times 10^{-4} \quad \text{m}^2$$

**例 4-11** 有一拉瓦尔喷管 $\frac{A_2}{A_{cr}} = 1.59$，$\frac{p_b}{p_0} = 0.94, 0.89, 0.52, 0.14, 0.12$。对应以上五种情况分别求喷管出口 $Ma_2$ 及出口压力比 $p_2/p_0$（$\gamma = 1.4$），并确定喷管内流动状态。

已知：$\frac{A}{A_{cr}} = \frac{1}{Ma}\left(\frac{2}{\gamma+1}\right)^{\frac{\gamma+1}{2(\gamma-1)}}\left(1 + \frac{\gamma-1}{2}Ma^2\right)^{\frac{\gamma+1}{2(\gamma-1)}}$，$\frac{p}{p_0} = \left(1 + \frac{\gamma-1}{2}Ma^2\right)^{\frac{-\gamma}{\gamma-1}}$。

**解：** 由 $\frac{A_2}{A_{cr}} = 1.59$ 及已知条件可算出 $Ma_2' = 0.4$，$Ma_2'' = 1.93$

将 $Ma_2'$、$Ma_2''$代入压比公式，可求出 $\frac{p_2'}{p_0} = 0.89$，$\frac{p_2''}{p_0} = 0.14$。

（1）因为 $\frac{p_b}{p_0} = 0.94 > \frac{p_2'}{p_0}$，整个喷管内为亚声速流动，最小截面处未达声速，且 $\frac{p_2}{p_0} = \frac{p_b}{p_0} = 0.94$

所以有 $\frac{p_2}{p_0} = 0.94 = \left(1 + \frac{\gamma - 1}{2}Ma_2^2\right)^{-\frac{\gamma}{\gamma-1}} \doteq \left(1 + \frac{1.4 - 1}{2}Ma_2^2\right)^{\frac{-1.4}{1.4-1}} \Rightarrow Ma_2 = 0.3$

（2）$\frac{p_b}{p_0} = 0.89 = \frac{p_2'}{p_0}$，喉部为声速，其余全部为亚声速。

$$Ma_2 = Ma_2' = 0.4,\quad \frac{p_2}{p_0} = \frac{p_2'}{p_0} = 0.89$$

（3）$\frac{p_b}{p_0} = 0.52$，$\frac{p_2''}{p_0} < \frac{p_b}{p_0} < \frac{p_2'}{p_0}$，喉部达声速，喉部至出口间有激波，$Ma_2 < 1$，但其值的计算需确定激波位置。

（4）$\frac{p_b}{p_0} = 0.14 = \frac{p_2''}{p_0}$，喉部以下直至出口之外为等熵连续的超声速流动。

$$Ma_2 = Ma_2'' = 1.93,\quad \frac{p_2}{p_0} = \frac{p_2''}{p_0} = 0.14$$

（5）$\frac{p_b}{p_0} = 0.12 < \frac{p_2''}{p_0}$，出口产生膨胀波，气流穿过膨胀波进一步加速。

$$Ma_2 = Ma_2'' = 1.93,\quad \frac{p_2}{p_0} = \frac{p_2''}{p_0} = 0.14$$

## 本 章 小 结

4-1 热力学基础知识

完全气体状态方程：$\rho = \frac{p}{RT}(\rho v = RT)$

比热，内能与焓，熵

热力学第一定律：对气体所加的热能等于气体内能的增加和气体对外所做功之和。

热力学第二定律：气体在绝热的可逆过程中熵值保持不变；在不可逆过程中熵值必定增加。

完全气体等熵流动：$\frac{p}{\rho^\gamma} = 常数$

等温过程：$pv = RT = \mathrm{const}$ 或 $\frac{p}{\rho} = RT = \mathrm{const}$

能量方程：$Q_{外} = \left(\frac{p_2}{\rho_2} - \frac{p_1}{\rho_1}\right) + (z_2 - z_1)g + (U_2 - U_1) + \frac{1}{2}(v_2^2 - v_1^2) + W$

4-2 微弱扰动的一维传播、声速、马赫数。

压力波的传播：流体中存在压力扰动时就会产生压力波。可压缩流体压力扰动的传播需要一定的时间，$c$ 小；不可压缩流体压力扰动的传播则是瞬时完成的，$c$ 很大。

声速：微弱扰动波在弹性介质中（气体介质）的传播速度，$c=\sqrt{\gamma RT}$。

马赫数：流场中某截面上气体的流速与当地声速之比，$Ma=\dfrac{v}{c}=\dfrac{v}{\sqrt{\gamma RT}}$。

4-3 微弱扰动波在空间的传播。

(1) 静止流场中（$v=0$，$Ma=0$）微弱扰动的传播（$c=\sqrt{\gamma RT}$）声波向四方以球面波形式传播。

(2) 当扰动源以亚声速运动时，它的微弱扰动波可以达到空间中任一点。

(3) 当扰动源以声速运动时，微弱扰动波是不能向上游传播的。

(4) 当扰动源以超声速运动时，圆锥面以内是扰动区，以外是禁闭区。

4-4 气体一维定常流动的基本方程。

连续性方程 $\rho vA=C$

状态方程 $\dfrac{p}{\rho}=RT$

能量方程 $\dfrac{\gamma}{\gamma-1}\dfrac{p}{\rho}+\dfrac{v^2}{2}=C$

等熵方程 $\dfrac{p}{\rho^{\gamma}}=C$

滞止状态，极限状态，临界状态。

4-5 变截面等熵喷管流的流动特征。

截面变化对等熵流动气流参数的影响：

$Ma<1$ 时，气流处于亚声速区域：$dA<0$ 时，$v\uparrow$；$p$，$\rho$，$T\downarrow$

$dA>0$ 时，$v\downarrow$；$p$，$\rho$，$T\uparrow$

$Ma>1$ 时，气流处于超声速区域：$dA<0$ 时，$v\downarrow$；$p$，$\rho$，$T\uparrow$

$dA>0$ 时，$v\uparrow$；$p$，$\rho$，$T\downarrow$

获得超声速气流必须具备的条件：

(1) 必须先收缩后扩张，且喉口处达到声速——瑞典工程师拉瓦尔命名的。

(2) 上下游要有足够的压力比，满足 $p/p_0<0.528$ 即储备压力能达到一定数值，才可转化成较大的动能。

4-6 激波和膨胀波

激波：又称冲击波，是超声速气流在流动过程中遇到阻滞（障碍物）出现的物理现象，即使气流的参数发生突跃变化的压缩波。

正激波：波面与气流方向垂直的平面激波。

斜激波：波面与气流方向不垂直的平面激波。

曲激波：波面与气流方向不垂直的曲面激波。

亚声速气流不会产生激波，膨胀波也不会产生激波。

4-7 喷管的设计与计算

计算收缩喷管的步骤如下（下标 2 代表出口处）：

已知 $A(x)$，$p_0$ 及 $p_b$ 求 $Ma_2$，$p_2$，$T_2$，及 $G$

首先判断 $p_b/p_0$ < 或 > $\left(\frac{2}{\gamma+1}\right)^{\frac{\gamma}{\gamma-1}} = 0.528$

(1) 若 $p_b/p_0 > \left(\frac{2}{\gamma+1}\right)^{\frac{\gamma}{\gamma-1}}$ 则出口流动必为亚声速，$Ma_2 < 1$ 且 $p_2 = p_b$ 由

$$p_b/p_0 = \left(1 + \frac{\gamma-1}{2}Ma^2\right)^{-\frac{\gamma}{\gamma-1}} \rightarrow Ma_2$$

由 $Ma_2$，$p_2/p_0 \rightarrow T_2$，$\rho_2$，$v_2$ 及 $G$

(2) 若 $p_b/p_0 = \left(\frac{2}{\gamma+1}\right)^{\frac{\gamma}{\gamma-1}} \rightarrow Ma_2 = 1$，$p_2 = p_{cr}$

(3) 若 $p_b/p_0 < \left(\frac{2}{\gamma+1}\right)^{\frac{\gamma}{\gamma-1}} \rightarrow Ma_2 = 1$，$p_2 = p_{cr} > p_b$

计算拉瓦尔喷管的步骤如下：

(1) 给定喷管几何形状 $A(x)/A_{cr}$ 及 $p_b/p_0$ 确定喷管流动状态及 $p_2$，$Ma_2$ 等值。

1) 先确定 $Ma_2'$ 和 $Ma_2''$，由 $\frac{A_2}{A_{cr}} = \frac{\left(1 + \frac{\gamma-1}{2}Ma^2\right)^{\frac{\gamma+1}{2(\gamma-1)}}}{Ma\left(\frac{\gamma+1}{2}\right)^{\frac{\gamma+1}{2(\gamma-1)}}} \rightarrow Ma_2'$，$Ma_2''$

2) 再由 $p_2/p_0 = \left(1 + \frac{\gamma-1}{2}Ma^2\right)^{-\frac{\gamma}{\gamma-1}}$ 求各自对应的 $p_2'$ 和 $p_2''$

3) 判断：

① $p_b/p_0 > \frac{p_2'}{p_0}$

最小截面未达声速，整个流动区域为亚声速，$p_2 = p_b$，由

$$\frac{p_2}{p_0} = \left(1 + \frac{\gamma-1}{2}Ma^2\right)^{-\frac{\gamma}{\gamma-1}} \rightarrow Ma_2$$

② $p_b/p_0 = p_2'/p_0$

喉部为声速，其余全部为亚声速，$p_2 = p_2' = p_b$，$Ma_2 = Ma_2'$

③ $p_2''/p_0 < p_b/p_0 < p_2'/p_0$

喉部达声速，喉部与出口截面间有激波。

因为 $Ma_2 < 1$，所以 $p_2 = p_b$，但 $Ma_2$ 的计算需借助激波位置及强度。

④ $p_b/p_0 = p_2''/p_0$ 时

喉部以下直到出口之外为等熵连续的超声速流，

$p_2 = p_2'' = p_b$，$Ma_2 = Ma_2''$

⑤ $p_b/p_0 < p_2''/p_0$ 时

出口产生膨胀波，气体穿过膨胀波进一步加速，

$Ma_2 = Ma_2''$ 但 $p_2 = p_2'' > p_b$。

由 $Ma_2$，$p_2/p_0 \rightarrow T_2$，$\rho_2$，$v_2$ 及 $G$

(2) 给定 $Ma_2$ 需确定 $A_2/A_{cr}$ 及 $p_b/p_0$（设计喷管）等

$Ma_2$ 可唯一确定 $A_2/A_{cr}$ 及 $p_b/p_0$，反之不唯一。

若 $Ma_2<1$，无须采用 laval 管，利用收缩喷管即可办到。

若 $Ma_2>1$ 时，可确定 $A_2/A_{cr}$ 及 $p_b/p_0$。

## 思考题与习题

### 思 考 题

4-1　什么叫声速，马赫数？

4-2　在流场中出现扰动时，亚声速气流和超声速气流的流动状态和图形有何区别？

4-3　解决可压缩流体一元稳定等熵流动问题的基本方程有哪些？

4-4　为何要选择参考状态，有哪几种参考状态？

4-5　为何引入速度参数，$M_*$与 $Ma$ 有何异同？

4-6　何谓激波、膨胀波，什么情况下产生？

4-7　为什么膨胀波和亚声速流动不能产生激波？

4-8　环境压强从临界压强再继续降低时，为什么渐缩喷管中的流量保持不变？

4-9　流动参数与流动截面间的变化关系如何？

4-10　渐缩喷管和拉瓦尔喷管工作特性并加以分析。

4-11　计算与设计渐缩喷管和拉瓦尔喷管的思路。

### 习　　题

4-1　等熵空气气流的 $Ma_1=0.9$，$p_1=4.15\times10^5$Pa，另一处的 $Ma_2=0.2$，则 $p_2$ =（　　）。

A. $7.8352\times10^5$Pa　　B. $6.7325\times10^5$Pa

C. $7.7245\times10^5$Pa　　D. $6.8259\times10^5$Pa

4-2　流体中声速 $c$ 的大小取决于（　　）。

A. 流体 $p$ 和 $\rho$ 间的关系　B. 流体流动　C. 流动速度大　D. 流动速度小

4-3　声速是气体（　　）的一个指标。

A. 压缩性　B. 膨胀性　C. 黏性　D. 流动性

4-4　（　　）是判断气体流动状态的特征数。

A. *Re*　B. *Fr*　C. *Ma*　D. *Eu*

4-5　当物体以（　　）运动时，它的微弱扰动波可以达到空间中任一点。

A. 亚声速　B. 超声速　C. 声速

4-6　对于气体的等熵管流（　　）一般是不同的。

A. 滞止参数　B. 临界参数　C. 极限状态　D. 静参数

4-7　滞止截面上气体的（　　）变为最小值。

A. 焓值　B. 温度　C. 声速　D. 速度

4-8　喷管使（　　）气体的热能经降压加速转换为高速气流动能的管道。

A. 高温高压　B. 高温低压　C. 低温高压　D. 低温低压

4-9　喷管内随着速度逐渐（　　），$p$，$T$，$\rho$ 应逐渐（　　）。

A. 减小、增大　B. 减小、减小　C. 增大、增大　D. 增大、减小

4-10　（　　）气流流过（　　）受到急剧压缩，流动参数发生突变产生激波。

A. 亚声速、收缩喷管　B. 超声速、扩张喷管　C. 亚声速、扩张喷管　D. 超声速、收缩喷管

4-11 大气温度 $T$ 随海拔高度 $z$ 变化的关系式是 $T=T_0-0.065z$，$T_0=288\text{K}$，一架飞机在 10km 高空以时速 900km/h 飞行，求其飞行马赫数。

4-12 高压容器内的空气通过一收缩形喷管等熵地膨胀到大气压（如下图所示）。已知容器内的压强 $p_0$ 为 8 个大气压，温度 $T_0=288\text{K}$，大气压强 $p_a=101\text{kPa}$，喷管出口截面积为 $A=15\text{cm}^2$。试求空气的出口速度 $v$ 和质量流量 $q_m$。

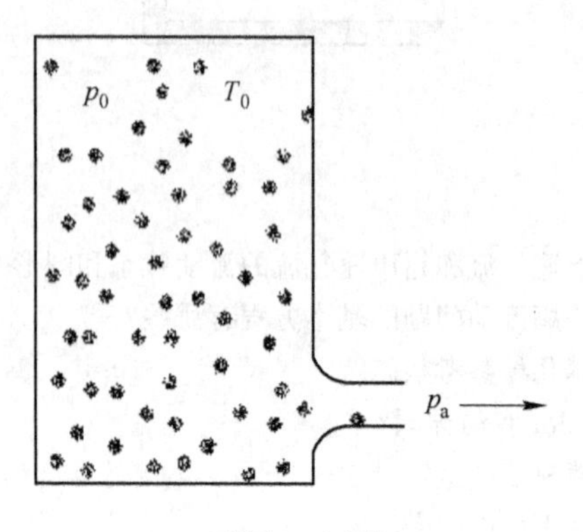


习题 4-12 图

4-13 空气气流在收缩管内做等熵流动，截面 1 处的马赫数为 $Ma_1=0.3$，截面 2 处的马赫数为 $Ma_2=0.7$，试求面积比 $A_2/A_1$。

4-14 滞止参数为 $p_0=8\times10^5\text{Pa}$，$T_0=400\text{K}$ 的过热蒸汽（$\gamma=1.33$，$R=462\text{J/(kg·K)}$）经一个收缩喷管流出，现要求喷管的最大质量流量达到 1.5kg/s，试设计喷管出口的直径 $d$。

4-15 空气在缩放管流动，进口处 $p_1=3\times10^5\text{Pa}$，$T_1=400\text{K}$，面积 $A_1=20\text{cm}^2$，出口压强 $p_2=0.4\times10^5\text{Pa}$，设计质量流量为 0.8kg/s，求出口和喉部面积 $A_2$、$A_{cr}$。

4-16 滞止压强 $p_0=3\times10^5\text{Pa}$，滞止温度 $T_0=330\text{K}$ 的空气流经一个拉瓦尔喷管，出口处温度为 −13℃，求出口马赫数 $Ma$，又若喉部面积为 $A_{cr}=10\text{cm}^2$，求喷管的质量流量。

# 5 相似理论及量纲分析

**本章学习要点**：介绍相似的基本概念与相似原理，以及特征数的推导方法，并对量纲和谐原理、白金汉定律和模型研究方法及自模化等做了介绍。

冶金生产中会遇到各种复杂问题，简单的可用理论方法求解，但复杂的需借助实验法或计算机数值计算求解。目前广泛采用的是相似原理与模型研究方法，该研究方法是不直接在实验中研究现象或过程本身，而是用相似的模型来进行研究的一种方法。

## 5.1 相似基本概念

两个流场相似指的是两个流场的力学相似，即在流动空间中的各对应点和对应时刻，对应的物理量成一定比例。描述流动过程的物理量，主要包含对流场几何形状，流动状态和流体动力性质三大类。因此，两个流场相似要求两个流场几何相似、运动相似和动力相似。

### 5.1.1 几何相似

几何相似指的是模型和待研究的实物全部对应的线性长度成同一比例。可用一相似比 $C_l$ 表示：

$$\frac{l_{1m}}{l_1} = \frac{l_{2m}}{l_2} = \cdots = C_l$$

式中 $l_m$——模型的尺寸；

$l$——原型的尺寸。

由于几何相似，则模型与原型的对应面积，对应体积也必分别的成一定比例。

面积相似： $$C_A = \frac{A}{A'} = \frac{l^2}{l'^2} = C_l^2$$

体积相似： $$C_V = \frac{V}{V'} = \frac{l^3}{l'^3} = C_l^3$$

### 5.1.2 运动相似

运动相似是指流体运动的速度场相似，即模型和原型在满足几何相似的基础上在流场的所有对应点和对应时刻，流速的大小成相同比例，同时流速的方向也相同，即：

速度相似比例系数：

$$C_v = \frac{v_m}{v} = \frac{l_m/t_m}{l/t} = \frac{C_l}{C_t}$$

式中　$v_m$——模型中某点的速度；

$v$——原型中对应点的速度。

运动相似建立在几何相似基础上，因此运动相似只需确定时间比例系数就可以了。运动相似也被称之为时间相似。

速度比例尺：$$C_v = \frac{l/t}{l'/t'} = C_l C_t^{-1}$$

由几何和时间相似可导出其他运动物理量的比例尺：

加速度比例尺：$$C_a = \frac{a}{a'} = \frac{v/t}{v'/t'} = \frac{C_l/C_t}{C_t} = C_l C_t^{-2}$$

体积流量比例尺：$$C_{q_V} = \frac{q_V}{q'_V} = \frac{l^3/t}{l'^3/t'} = C_l^3 C_t^{-1}$$

角速度比例尺：$$C_\omega = \frac{\omega}{\omega'} = \frac{v/l}{v'/l'} = C_t^{-1}$$

可见，只要确定了模型与实验的长度及时间比例尺，便可由它们确定所有运动学物理量的比例尺。

### 5.1.3　动力相似

动力相似是指模型和原型中，在所有对应的点和对应的时刻，所有的力大小成相同的比例且各力的方向对应相同。

$$\frac{F_{1m}}{F_1} = \frac{F_{2m}}{F_2} = \cdots = C_f$$

式中　$F_m$——模型中所受的力；

$F$——原型中所受的力。

力的比例尺：$$C_f = C_m C_a = (C_\rho C_l^3)(C_l C_t^{-2}) = C_\rho C_l^2 C_v^2$$

因两流场 $C_\rho$ 常常是已知的或是已经选定的，故常选取 $C_\rho$、$C_l$、$C_v$ 做基本比例尺，即选取 $\rho$、$l$、$v$ 作为可独立基本变量，导出其他动力学比例尺。

压强比例尺：$$C_p = \frac{p}{p'} = \frac{F_p/A}{F'_p/A'} = \frac{C_f}{C_A} = C_\rho C_v^2$$

可见，只要确定了模型与原型的长度、速度及密度比例尺，便可由它们确定所有动力学物理量的比例尺，包括物理常量：

运动黏度比例尺：$$C_\nu = \frac{\nu}{\nu'} = \frac{l^2/t}{l'^2/t'} = \frac{C_l^2}{C_t} = C_l C_v$$

动力黏度比例尺：$$C_\mu = \frac{\mu}{\mu'} = \frac{\rho\nu}{\rho'\nu'} = C_\rho C_l C_v$$

以上三种相似是具有联系的，几何相似是前提，动力相似是决定运动相似的主导因素，而运动相似是几何相似和动力相似的表现，三种相似条件中不包括边界条件和初始条件的相似。

## 5.2 流动过程的相似特征数

### 5.2.1 相似特征数的导出

以下表达式中参数带（′）为模型参数，不带（′）的为原型参数。

5.2.1.1 雷诺数（$Re$）

流动过程中，黏性力起主导作用时，在其作用下流动相似。

即
$$C_{f\tau} = \frac{F_\tau}{F'_\tau} = \frac{\mu A \dfrac{dv}{dy}}{\mu' A' \dfrac{dv'}{dt'}} = C_\mu C_l C_v$$

力的比例尺 $C_f = C_\rho C_l^2 C_v^2$，代入上式得：$\dfrac{C_\rho C_v C_l}{C_\mu} = 1$ 或 $\dfrac{C_v C_l}{C_\nu} = 1$

即
$$\frac{\rho v l}{\mu} = \frac{\rho' v' l'}{\mu'}$$

令
$$\frac{\rho v l}{\mu} = Re = \frac{v l}{\nu}$$

上式说明两流场黏性力相似，则 $Re = Re'$；反之亦然。

5.2.1.2 欧拉数（$Eu$）

流体在流动过程中，压力起主导作用时的相似流动。

$$C_{fp} = \frac{F_p}{F'_p} = \frac{pA}{p'A'} = C_p C_l^2$$

力的比例尺 $C_f = C_\rho C_l^2 C_v^2$，可得：$\dfrac{C_p}{C_\rho C_v^2} = 1$

即
$$\frac{p}{\rho v^2} = \frac{p'}{\rho' v'^2}$$

令
$$\frac{p}{\rho v^2} = Eu$$

上式说明两流场压力相似，则 $Eu$ 必相等。

5.2.1.3 弗劳德数（$Fr$）

流体在流动过程中，重力起主导作用下的相似流动。

$$C_{fg} = \frac{F_g}{F'_g} = \frac{\rho V g}{\rho' V' g'} = C_\rho C_l^3 C_g$$

力的比例尺 $C_f = C_\rho C_l^2 C_v^2$，可得：$\dfrac{C_v^2}{C_l C_g} = 1$

所以
$$\frac{v^2}{gl} = \frac{v'^2}{g'l'}$$

令
$$\frac{v^2}{gl} = Fr$$

如两流场重力相似，则 $Fr = Fr'$，反之亦然。

5.2.1.4 马赫数（$Ma$）

对可压缩黏性流体在流体流动过程中，弹性力起主导作用下的相似流动。

$$C_{fc} = \frac{F_c}{F'_c} = C_\rho C_l^2 C_c^2$$

力的比例尺 $C_f = C_\rho C_l^2 C_v^2$，可得：

$$\frac{C_v^2}{C_c^2} = 1 \quad 或 \quad \frac{C_v}{C_c} = 1 \quad 或 \quad \frac{v}{c} = \frac{v'}{c'} = 1$$

令
$$\frac{v}{c} = Ma$$

两流场的弹性力相似，则 $Ma = Ma'$，反之亦然。

5.2.1.5 韦伯数（$We$）

流体在流动中，表面张力起主导作用下的相似流动。

$$C_{f\sigma} = \frac{F_\sigma}{F'_\sigma} = \frac{\sigma l}{\sigma' l'} = C_\sigma C_l$$

力的比例尺 $C_f = C_\rho C_l^2 C_v^2$，可得 $\frac{C_\rho C_l C_v^2}{C_\sigma} = 1$

则
$$\frac{\rho v^2 l}{\sigma} = \frac{\rho' v'^2 l'}{\sigma'}$$

令
$$\frac{\rho v^2 l}{\sigma} = We$$

两流场的表面张力相似，则 $We = We'$，反之亦然。

### 5.2.2 相似特征数的意义与性质

雷诺数 $Re = \frac{vl}{\nu}$，表示惯性力与黏性力之比，反映了黏性力对流场的作用，即黏性力作用相似的流场，有关物理量之比例尺要受雷诺数的制约。

欧拉数 $Eu = \frac{p}{\rho v^2}$，表示压力与惯性力之比，反映了压力对流动的影响，压力作用下的相似流动，流场要受欧拉数的制约，研究往往是从 1→2 处产生多大压降对流场影响，而不是 1 处截面上 $p$ 对流场的影响，所以常写成 $\frac{\Delta p}{\rho v^2} = Eu$。

弗劳德数 $Fr = \frac{v^2}{gl}$，表示惯性力与重力之比，反映了重力对流场的作用，重力作用下相似的流场有关物理量的比例尺要受弗劳德数制约。$Fr$ 数是描述具有自由液面的液体流动时最重要的无量纲参数，如水面船舶的运动和明渠流中的水流动。

马赫数 $Ma = \frac{v}{c}$，弹性力 $KA = \rho \frac{\mathrm{d}p}{\mathrm{d}\rho} A = \rho c^2 A$，马赫数反映了弹性力对流体的影响，$Ma$ 是惯性力与弹性力之比。

韦伯数 $We = \frac{\rho v^2 l}{\sigma}$，表面张力与惯性力（重力）之比，反映了表面张力对流动的影响，在表面张力的作用下的流场流动相似，则有关物理量比例尺受 $We$ 的约束，如液体薄膜、液体破碎、大尺寸模拟成小尺寸时，表面张力起作用的相似流场。

## 5.3 相似三定理

前面介绍了相似基本概念和几个特征数的基本意义，如何判断两个现象相似，两个彼此相似的现象有什么性质，下面以相似三定律的形式给出。

### 5.3.1 相似第一定理

彼此相似的现象必定具有数值相同的相似特征数，即凡是相似的现象，在对应的时间、对应点上的同名特征数值相同。这一定理是在分析相似现象的相似性质后得出的，为深入理解其结论，应从分析相似性质入手。相似性质共计四个。

性质Ⅰ：由于相似的现象都属于同一种类的现象，故它们都可用文字与形式上完全相同的完整方程组来描述。如不可压缩黏性流体的不稳定等温流动描述现象的基本方程为：

连续性方程：

$$\frac{\partial v_x}{\partial x} + \frac{\partial v_y}{\partial y} + \frac{\partial v_z}{\partial z} = 0 \tag{5.1}$$

运动方程：

$$\left.\begin{aligned}
&x\text{ 轴}: \frac{\partial v_x}{\partial t} + v_x \frac{\partial v_x}{\partial x} + v_y \frac{\partial v_x}{\partial y} + v_z \frac{\partial v_x}{\partial z} = f_x - \frac{1}{\rho}\frac{\partial p}{\partial x} + \frac{\mu}{\rho}\left(\frac{\partial^2 v_x}{\partial x^2} + \frac{\partial^2 v_x}{\partial y^2} + \frac{\partial^2 v_x}{\partial z^2}\right) \\
&y\text{ 轴}: \frac{\partial v_y}{\partial t} + v_x \frac{\partial v_y}{\partial x} + v_y \frac{\partial v_y}{\partial y} + v_z \frac{\partial v_y}{\partial z} = f_y - \frac{1}{\rho}\frac{\partial p}{\partial y} + \frac{\mu}{\rho}\left(\frac{\partial^2 v_y}{\partial x^2} + \frac{\partial^2 v_y}{\partial y^2} + \frac{\partial^2 v_y}{\partial z^2}\right) \\
&z\text{ 轴}: \frac{\partial v_z}{\partial t} + v_x \frac{\partial v_z}{\partial x} + v_y \frac{\partial v_z}{\partial y} + v_z \frac{\partial v_z}{\partial z} = f_z - \frac{1}{\rho}\frac{\partial p}{\partial z} + \frac{\mu}{\rho}\left(\frac{\partial^2 v_z}{\partial x^2} + \frac{\partial^2 v_z}{\partial y^2} + \frac{\partial^2 v_z}{\partial z^2}\right)
\end{aligned}\right\} \tag{5.2}$$

(1) 这里含有四个未知量（$v_x$，$v_y$，$v_z$ 及 $p$）的四个独立方程的一个完整的方程组。

(2) 这一方程组全面地描述了不可压缩黏性流体不稳定等温流动现象中各种量之间的依赖关系。

(3) 这一方程组所描述的是普遍现象（如海洋中水的流动，管道中液体的流动），所以求解这组方程式得到的是通解，为求得某一具体的流体流动现象的特解，需给出：单值条件，即反映具有普遍共性的各具体现象特殊的个性。

即描述流体流动的完整方程组 + 单值性条件才能描述某一特定流动。

流体流动的单值性条件包括：

(1) 几何条件：

所有流体流动的过程都是在一定的几何空间内进行，因此流动空间的几何形状及其大小是一种单值性条件。

如：流体在管内流动时：管径（内）$d$，管长 $l$；

外掠圆管流动时：管外径 $d$。

（2）物理条件：

参与流动的流体都具有一定的物理性质，流动介质的物理特性即物性参数也是单值性条件。

如：流动是不稳定等温的不可压缩性黏性流体，应给出状态方程及物性参数 $\rho$、$\mu$ 随 $T$ 变化的函数。

$$\frac{p}{\rho} = RT$$

$$\mu = \mu(T)$$

$$\rho = \rho(T)$$

其中 $g$ 因是伴随 $\rho$ 出现的物理量，故也是单值性条件。

（3）边界条件：

所有具体的流动现象都受到流动边界情况的影响，故也是边界条件。如：管道内的流体流动现象直接受进口、出口及壁面处流速大小及其分布的影响。所以，应给出进口或出口处流速平均值及其分布规律，而壁面处流速为零。

（4）初始条件：

任何流动过程的发生都受初始状态的影响，即开始时刻流速、温度、物性参数在系统内分布直接影响以后的流动过程。所以，初始条件也属于单值性条件，但对稳定流动不考虑。

注意：当流场中各点流速及物性参数确定后，则各点压力分布规律（各点压力及任意两点间压力差）即被确定。

所以：

（1）研究流体压差时，边界处、起始时刻的压力值不属于单值性条件。

（2）流速及物性参数与压差间有从属关系，前者为定性量，后者为被决定量。

总结：当上述单值性条件给定以后，一个特定的、具体的流动状态就确定了。即流体速度场（各点速度大小，方向）；流体流动状态（层，紊流）；压力场（各点压力大小及任意两点间压差值）；温度场（不等温流动，$T$ 大小）等。

性质Ⅱ：用来表征这些现象的一切物理量的场都相似，若第一个现象的任一量用 $\varphi$ 表示，与其相似的第二个现象的同类量用 $\varphi'$ 表示，则 $\frac{\varphi}{\varphi'} = C_\varphi$，$C_\varphi$ 为量 $\varphi$ 的相似常数（倍数），其值与坐标、时间无关。

如：对于相似的不可压缩黏性流体的不稳定等温流动，则有：

$$\frac{v_x}{v'_x} = \frac{v_y}{v'_y} = \frac{v_z}{v'_z} = C_v \quad \text{（速度相似）}$$

$$\frac{p}{p'} = C_p \quad \text{（压力相似）}$$

$$\frac{\rho}{\rho'} = C_\rho, \quad \frac{\mu}{\mu'} = C_\mu \quad \text{（物理常量相似）}$$

$$\frac{x}{x'}=\frac{y}{y'}=\frac{z}{z'}=C_l \quad （空间相似）$$

$$\frac{t}{t'}=C_t \quad （时间相似）$$

$$\frac{f_x}{f'_x}=\frac{f_y}{f'_y}=\frac{f_z}{f'_z}=C_g \quad （力相似）$$

性质Ⅲ：相似现象必然发生在几何相似的空间中，所以几何的边界条件必定相似（是性质Ⅱ的补充）。

$$\frac{x_b}{x'_b}=\frac{y_b}{y'_b}=\frac{z_b}{z'_b}=C_l \quad （b 表示边界）$$

性质Ⅳ：由性质Ⅰ知，描述相似现象的方程组是相同的；

由性质Ⅱ知，组成方程组的一切物理量各自互成比例。

故性质Ⅳ为各物理量比值（相似倍数），不能是任意的，而是彼此联系、互相约束，表现为某些相似倍数组成的相似指标等于1。

举例说明：

在几何相似的两个流场中，所有对应位置上的速度方向相同，比值相等的运动情况，称为运动相似。

有一流体质点沿 $x$ 轴方向做匀速直线运动，运动方程为

$$v=\frac{dx}{dt} \tag{5.3}$$

另一流体质点与之相似，由性质Ⅰ，运动方程为

$$v'=\frac{dx'}{dt'} \tag{5.4}$$

写出方程中所有物理量的相似倍数（由性质Ⅱ知两现象中物理量互成比例）

$$\frac{v}{v'}=C_v,\ \frac{x}{x'}=C_l,\ \frac{t}{t'}=C_t \tag{5.5}$$

将式（5.5）代入式（5.3）中得：

$$C_v v'=\frac{C_l dx'}{C_t dt'} \quad 或 \quad \frac{C_v C_t}{C_l}v'=\frac{dx'}{dt'}$$

上式与式（5.4）相比较，即只有符合 $\frac{C_v C_t}{C_l}=1$，两流体质点运动方程才完全相同。

由性质Ⅳ说明各量相似倍数间有一种约束关系，用 $C$ 表示：

即
$$C=\frac{C_v C_t}{C_l}=1$$

上式写成另一种形式：
$$\frac{\frac{v}{v'}\cdot\frac{t}{t'}}{\frac{x}{x'}}=1 \quad 或 \quad \frac{vt}{x}=\frac{v't'}{x'}$$

物理意义：彼此相似的流体质点运动，它们在空间的对应点上及时间的对应时刻上，$v$，$x$，$t$ 值组成的无量纲量 $\frac{vt}{x}$ 是相同的，这种无因次的综合量在相似原理中称为相似准

数，是用来判断现象是否相似的依据。

以不可压缩黏性流体的不稳定等温流动为例：

第一个现象方程描述为：

$$\frac{\partial v'_x}{\partial x'} + \frac{\partial v'_y}{\partial y'} + \frac{\partial v'_z}{\partial z'} = 0$$

$$\frac{\partial v'_x}{\partial t'} + v'_x \frac{\partial v'_x}{\partial x'} + v'_y \frac{\partial v'_x}{\partial y'} + v'_z \frac{\partial v'_x}{\partial z'} = \nu' \left( \frac{\partial^2 v'_x}{\partial x'^2} + \frac{\partial^2 v'_x}{\partial y'^2} + \frac{\partial^2 v'_x}{\partial z'^2} \right) - \frac{1}{\rho'} \cdot \frac{\partial p'}{\partial x'} + g'_x \tag{5.6}$$

第二个与之相似现象的方程描述为：

$$\frac{\partial v''_x}{\partial x''} + \frac{\partial v''_y}{\partial y''} + \frac{\partial v''_z}{\partial z''} = 0$$

$$\frac{\partial v''_x}{\partial t''} + v''_x \frac{\partial v''_x}{\partial x''} + v''_y \frac{\partial v''_x}{\partial y''} + v''_z \frac{\partial v''_x}{\partial z''} = \nu'' \left( \frac{\partial^2 v''_x}{\partial x''^2} + \frac{\partial^2 v''_x}{\partial y''^2} + \frac{\partial^2 v''_x}{\partial z''^2} \right) - \frac{1}{\rho''} \cdot \frac{\partial p''}{\partial x''} + g''_x \tag{5.7}$$

组成方程组的一切物理量各自互成比例：

$$\left.\begin{aligned}
&\frac{v''_x}{v'_x} = \frac{v''_y}{v'_y} = \frac{v''_z}{v'_z} = \frac{v''}{v'} = C_v \quad && \text{速度相似常数} \\
&\frac{t''}{t'} = C_t && \text{时间相似常数} \\
&\frac{x''}{x'} = \frac{y''}{y'} = \frac{z''}{z'} = \frac{l''}{l'} = C_l && \text{几何相似常数} \\
&\frac{\nu''}{\nu'} = C_\nu && \text{黏度相似常数} \\
&\frac{\rho''}{\rho'} = C_\rho && \text{密度相似常数} \\
&\frac{p''}{p'} = C_p && \text{压力相似常数} \\
&\frac{g''_x}{g'_x} = \frac{g''}{g'} = C_g && \text{加速度相似常数}
\end{aligned}\right\} \tag{5.8}$$

将式（5.8）代入式（5.7）中进行方程转化，对比式（5.6），得：

$$\frac{C_v}{C_t}\frac{\partial v'_x}{\partial t'} + \frac{C_v^2}{C_l}\left( v'_x \frac{\partial v'_x}{\partial x'} + v'_y \frac{\partial v'_x}{\partial y'} + v'_z \frac{\partial v'_x}{\partial z'} \right)$$

$$= \frac{C_v C_\nu}{C_l^2} \nu' \left( \frac{\partial^2 v'_x}{\partial x'^2} + \frac{\partial^2 v'_x}{\partial y'^2} + \frac{\partial^2 v'_x}{\partial z'^2} \right) - \frac{C_p}{C_\rho C_l} \frac{1}{\rho'} \frac{\partial p'}{\partial x'} + C_g g'_x$$

为使两个方程形式相同，系数必相等：

$$\underset{(a)}{\frac{C_v}{C_t}} = \underset{(b)}{\frac{C_v^2}{C_l}} = \underset{(c)}{\frac{C_\nu C_v}{C_l^2}} = \underset{(d)}{\frac{C_p}{C_\rho C_l}} = \underset{(e)}{C_g}$$

相似倍数组成的相似指标等于1，得到以下四个相似特征数：

由(a)=(b)得：$\frac{C_v C_t}{C_l}=1 \Rightarrow \frac{vt}{l}=Ho$　均时性特征数　不稳定流动

由(b)=(c)得：$\frac{C_v C_l}{C_\nu}=1 \Rightarrow \frac{vl}{\nu}=Re$　雷诺数　惯性力/黏性力

由(b)=(d)得：$\frac{C_p}{C_\rho C_v^2}=1 \Rightarrow \frac{p}{\rho v^2}=Eu$　欧拉数　压力/惯性力

由(b)=(e)得：$\frac{C_g C_l}{C_v^2}=1 \Rightarrow \frac{gl}{v^2}=Fr$　弗劳德数　重力/惯性力

需要注意："相似性质"是指彼此已相似的现象具有什么性质，而"相似条件"满足什么条件后，一切现象才能彼此相似。

### 5.3.2 相似第二定理

对于同一种类现象，只要单值条件相似，同时由单值性条件组成的相似特征数在数值上相等，则可称这些现象相似。它既为现象相似的充分条件，也是必要条件。

相似第二定理是现象相似的充分必要条件，即相似条件的问题，表征现象相似的条件共计有三个：

条件1：描述现象的基本方程组完全相同。

彼此相似的现象是服从同一自然规律的现象，故可用文字完全相同的基本方程组来描述，如凡是不可压缩黏性流体的不稳定等温流动都可用基本方程组的四个式子描述。

条件2：单值性条件相似。

若两个流动现象由完全相同的方程组描述，其单值条件再完全相同，则属于同一流动，若单值条件相似，则这两个流动现象是相似的。

单值性条件包括：

(1) 几何条件相似：即边界处 $\frac{x''}{x'}=\frac{y''}{y'}=\frac{z''}{z'}=\frac{l''}{l'}=C_l$

(2) 物理条件相似：$\frac{\nu''}{\nu'}=C_\nu$，$\frac{g''_x}{g'_x}=\frac{g''}{g'}=C_g$，$\frac{\rho''}{\rho'}=C_\rho$

(3) 边界条件相似：即进口、出口处 $\frac{v''_x}{v'_x}=\frac{v''_y}{v'_y}=\frac{v''_z}{v'_z}=\frac{v''}{v'}=C_v$

壁面上 $v''_b=v'_b=0$

(4) 时间条件相似：$\frac{t''}{t'}=C_t$，同时初始时刻满足 (2)、(3)

注意：工程常见的是稳定流动，由于各物理量不随 $t$ 变化，所以不存在时间和初始条件相似的问题。

条件3：由单值性条件的物理量组成的相似特征数在数值上相等。

即：要保证二流动相似，单值性条件的相似倍数 $C_t$、$C_l$、$C_\rho$、$C_\nu$、$C_g$、$C_v$ 不能取任意数值，它们之间存在着相互约束的关系，表现为由单值性条件物理量（即定性量）组成的相似特征数在数值上相等。

以不可压缩黏性流体的不稳定等温流动为例，由上述相似倍数组成的相似特征数即 $Ho$、$Re$、$Fr$ 三个特征数在数值上相等，即可保证二流动相似。

### 5.3.3 相似第三定理

假设某一现象可由如下方程式描述，即：

$$D_l(x_1, x_2, \cdots, x_n) = 0$$

上式中共有 $n$ 个物理量，其中 $k$ 个物理量的量纲是独立的，其余 $n-k$ 个物理量的量纲是通过基本量纲导出得到的导出量纲。经过相似变换，可以将上式转化为关于相似准则 $\pi_1$，$\pi_2$，…，$\pi_{n-k}$之间的函数，即

$$f(\pi_1, \pi_2, \cdots, \pi_{n-k}) = 0$$

其中，$\pi_1$，$\pi_2$，…，$\pi_{n-k}$为在相似定理应用中最基本也是最重要的相似准则，因此相似第三定理也叫做 $\pi$ 定理。相似第三定理的意义在于：如果对某一现象无法用机理清楚的数理方程进行描述，那么只要了解与该现象相关的物理量，就可以由 $\pi$ 定理求出相应的准则方程，然后再对其准则方程进行研究，从而可将研究结果推广到原型中去。同时，$\pi$ 定理实现了变量从 $n$ 元减少为 $n-k$ 元，这样试验次数可以明显减少。

以不可压缩黏性流体的不稳定等温流动为例，相似准数方程式描述为 $f(Ho, Re, Fr, Eu) = 0$。

相似理论可通过实验求解复杂现象的相似特征数方程式，所以相似理论实质上是指导实验的理论，具体说就是相似原理概括地介绍了模型研究中的三个问题：

相似原理Ⅰ：彼此相似的现象，相似特征数必有相同的值，所以它们的特征数方程式也是相同的，实验时必须测量出各相似特征数所包含的一切量。

相似原理Ⅱ：实验时，为保证模型现象与原型（实物）现象相似，必须使单值性条件相似，且由单值性条件组成的定性特征数在数值上要相等。

原型现象的 $\Pi$ 数方程：$\Pi_1 = f(\Pi_2, \Pi_3, \cdots, \Pi_n)$

模型现象的 $\Pi$ 数方程：$\Pi_{1m} = f(\Pi_{2m}, \Pi_{3m}, \cdots, \Pi_{nm})$

相似条件：$\Pi_{2m} = \Pi_2, \Pi_{3m} = \Pi_3, \cdots, \Pi_{nm} = \Pi_n$

相似结果：$\Pi_1 = \Pi_{1m}$

相似原理Ⅲ：必须把实验结果整理成特征数方程式，该特征数方程式是在实验条件下得到的描述该现象的基本微分方程组的一个特解，可推广应用到与模型现象相似的一切现象中去，有关物理量可按各自比例尺进行换算。

定性尺寸：特征数 $Ho$，$Re$，$Fr$ 包含有几何尺寸 $L$，$L$ 取法不同，特征数值不同，且特征数方程式中系数、指数也因此会改变，$L$ 又称为定性尺寸。

定性温度：流体物性（$\rho$、$\mu$）随温度而变，温度取法不同，特征数方程式会改变，特征数中含有的这些物性参数按定性温度来计算。

所以在给出特征数方程式时，应同时指明方程中各特征数所采用的定性尺寸及定性温度的取法。

需要注意：（1）相似特征数中所包含的各物理量都按同一截面的平均值取，即相似系统中各对应点上的物理量比值与各截面物理量平均值的比值是相等的。（2）同一系统中，某一时刻不同点或不同截面上的相似特征数会具有不同数值，但彼此相似的系统在对应时刻的对应点或对应截面上，相似特征数是相等的。

**例 5-1** 按 1∶30 比例制成一根与空气管道几何相似的模型管，用黏性为空气的 50 倍、密度为 800 倍的水做模型实验。

（1）若空气管道中的流速为 6m/s，问模型管中水流速应多大才能与原模型相似？

（2）若在模型中测得压降为 226.8kPa，试求原模型中相应压降为多少？

（3）问模型管中仍以空气为介质可否？其流速应多大才能与原模型相似？

**解：**（1）根据相似原理，对几何相似管，当 $Re$ 相等时，流动达到力学相似，以脚标 p 表示原型，m 表示模型。

由 $Re$ 相等：

$$\frac{\rho_p l_p v_p}{\mu_p} = \frac{\rho_m l_m v_m}{\mu_m}$$

则

$$v_m = v_p \cdot \frac{\rho_p}{\rho_m} \cdot \frac{l_p}{l_m} \cdot \frac{\mu_m}{\mu_p} = 6 \times \frac{1}{800} \times \frac{30}{1} \times \frac{50}{1}$$

$$= 6 \times \frac{15}{8} = 11.25 \quad \text{m/s}$$

（2）由 $Eu$ 数相等：

$$\left(\frac{\Delta p}{\frac{1}{2}\rho v^2}\right)_p = \left(\frac{\Delta p}{\frac{1}{2}\rho v^2}\right)_m$$

$$\Delta p_p = \Delta p_m \cdot \frac{\rho_p}{\rho_m} \cdot \left(\frac{v_p}{v_m}\right)^2$$

$$= 226.8 \times 10^3 \times \frac{1}{800} \times \left(\frac{6}{11.25}\right)^2 = 80.64 \quad \text{Pa}$$

（3）以空气为介质作模型，由 $Re$ 相等，得：

$$\frac{v_m}{v_p} = \frac{l_p}{l_m} = 30, \quad v_m = 180 \quad \text{m/s}$$

此时空气压缩性不能忽视，故不能用空气作介质，则用水作介质后，$v_m = 11.25$m/s。

**例 5-2** 某大坝的泄洪道宽为 20m，设计泄洪能力为 125m$^3$/s。现准备用 1∶15 的模型来研究此泄洪道的流通特性，试确定模型的宽和流量。对应于泄洪道泄洪 24h，模型应工作多长时间？

**解：** 按照几何相似，模型的宽应为

$$b_m = b \cdot C_l = 20 \times 1/15 = 1.33 \quad \text{m}$$

除了宽以外，其他的几何尺寸也应具有同样的比例尺。

这种有自由面的流动主要是重力起作用，故模型和原型 $Fr$ 相等则可认为动力相似，即

$$(v/\sqrt{lg})_m = v/\sqrt{lg}$$

因 $g_m = g$，则 $C_v = \sqrt{C_l}$，$v_m = v\sqrt{l_m/l} = v\sqrt{C_l}$

由于流量 $q_V = vA$，则 $\dfrac{q_{Vm}}{q_V} = \dfrac{v_m A_m}{vA} = \sqrt{\dfrac{l_m}{l}}\left(\dfrac{l_m}{l}\right)^2 = \left(\dfrac{1}{15}\right)^{5/2}$

所以
$$q_{Vm} = \left(\frac{1}{15}\right)^{5/2} \times 125 = 0.143 \quad m^3/s$$

由时间比例系数、长度比例系数和速度比例系数之间的关系式

$$C_t = \frac{t_m}{t} = \frac{C_l}{C_v} = \sqrt{C_l} \qquad t_m = \sqrt{C_l}t = \sqrt{1/15} \times 24 = 6.2 \quad h$$

可见模型所用的实验时间比对应原型的工作时间短得多。只要长度的比例系数 $C_l < 1$。模型的实验时间就可比对应的工作时间缩短。这一点很有用，这说明发生在原型的漫长过程，可以在模型实验中短时间内完成。

**例 5-3**　有一轿车，高 $h = 1.5$m，在公路上行驶，设计时速 $v = 108$km/h，拟通过风洞中模型实验来确定此轿车在公路上以此速行驶时的空气阻力。已知该风洞是低速全尺寸风洞（$C_l = 2/3$），并假定风洞试验段内气流温度与轿车在公路上行驶时的温度相同，试求：风洞实验时，风洞实验段内的气流速度应安排多大？

**解：**首先根据流动性质确定决定性相似特征数，这里选取 $Re$ 作为决定性相似特征数，$Re_m = Re_p$，即 $\dfrac{C_v C_l}{C_\nu} = 1$，再根据决定型相似特征数相等，确定几个比例系数的相互约束关系，这里 $C_\nu = 1$，所以 $C_v = \dfrac{1}{C_l}$，由于 $C_l = \dfrac{l_m}{l_p} = \dfrac{2}{3}$，$C_v = \dfrac{v_m}{v_p} = \dfrac{1}{C_l} = \dfrac{3}{2}$，那么最后得到风洞实验段内的气流速度应该是

$$v_m = v_p C_v = 108 \times 3/2 = 162\text{km/h} = 45 \quad m/s$$

**例 5-4**　在例 5-3 中，通过风洞模型实验，获得模型轿车在风洞实验段中的风速为 45m/s 时，空气阻力为 1000N，问：此轿车以 108km/h 的速度在公路上行驶时，所受的空气阻力有多大？

**解：**在设计模型时，比例尺如下：

$$C_\nu = 1 \qquad C_l = \frac{2}{3} \qquad C_v = \frac{3}{2}$$

在相同的流体和相同的温度时，流体密度比例系数 $C_\rho = 1$，那么力比例系数

$$C_f = C_\rho C_l^2 C_v^2 = 1 \times \left(\frac{2}{3}\right)^2 \times \left(\frac{3}{2}\right)^2 = 1$$

因此，该轿车在公路上以 108km/h 的速度行驶所遇到的空气阻力

$$F_p = \frac{F_m}{C_f} = 1000/1 = 1000 \quad N$$

## 5.4　量纲分析法

从前面相似理论可知，相似特征数是判断现象相似，设计相似模型的关键。对于不同的流动问题，决定流场相似的动力相似准则各不相同，保证两流动现象相似，要优先保证

主相似特征数相等。由于惯性力代表了保持原有流动状态的力，而黏性力、重力、压力、阻力等代表了试图改变原有流动状态的外力，因此在流场的动力相似中通常选取惯性力为特征力，将其他力与惯性力相比，从而得到具有特定物理意义的相似特征数。确定动力相似准则的方法有方程分析法和量纲分析法。

方程分析法适用于数理方程已知的物理现象，其分析的关键部分就是根据物理方程的量纲齐次性原理对方程进行无量纲化，所用方法为对各类物理量均引入相应的物理特征量，从而将物理量化为无量纲量，代入原方程后将方程化为无量纲形式，无量纲方程中各特征物理量组成的无量纲组合数就是相似特征数。对于一个复杂结构来说，构建其物理规律方程并得到完整的解析解是十分困难的，甚至要得到基于一定假设前提下的近似解也是难以实现的，因此，从这个意义上来说，用方程分析法推出相似准则存在某种程度的局限性。

量纲分析法主要用于分析物理现象中的未知规律，这些规律一般很难用确切的函数表达式表达出来。量纲分析主要通过对有关的物理量做量纲幂次分析，以齐次性原理为依据将它们组合成无量纲形式的组合量，用无量纲组合数即所谓的无量纲特征数代替有量纲的物理量之间的关系，揭示物理量之间在量纲上的内在联系，以此来降低变量数目，指导理论分析和实验研究。

### 5.4.1　量纲

所谓量纲就是物理量的单位种类，又称因次，如长度、宽度、高度、深度、厚度等都可以用米、英寸、公尺等不同单位来度量，但它们属于同一单位，即属于同一单位量纲（长度量纲），用 $L$ 表示。

### 5.4.2　量纲表达式

自然界中的量有些是基本量，有些是导出量，导出量与基本量之间有一定的关系，这种关系可以用公式的形式表达出来，称为量纲表达式。

国际单位制中流体力学中基本量有三个，即长度、时间和质量。其量纲的表示为：

长度：单位 m　量纲 [L]

时间：单位 s　量纲 [t]

质量：单位 kg　量纲 [M]

其他物理量都由基本量导出，见表 5.1。

**表 5.1　导出量纲**

| 导出量 | 物 理 方 程 | 量　纲 |
|---|---|---|
| 速度 $v$ | $v = \mathrm{d}l/\mathrm{d}t$ | $[v] = [\mathrm{Lt^{-1}}]$ |
| 力 $F$ | $F = ma = m\dfrac{\mathrm{d}^2 l}{\mathrm{d}t^2}$ | $[F] = [\mathrm{MLt^{-2}}]$ |
| 压力 $p$ | $p = \mathrm{d}F/\mathrm{d}A$ | $[p] = [\mathrm{ML^{-1}t^{-2}}]$ |
| 密度 $\rho$ | $\rho = \mathrm{d}m/\mathrm{d}V$ | $[\rho] = [\mathrm{ML^{-3}}]$ |

续表 5.1

| 导出量 | 物理方程 | 量纲 |
|---|---|---|
| 重力加速度 $g$ | $g = \mathrm{d}v/\mathrm{d}t$ | $[g] = [\mathrm{Lt^{-2}}]$ |
| 动力黏度 $\mu$ | $\mu = \dfrac{F}{A\dfrac{\mathrm{d}v}{\mathrm{d}l}}$ | $[\mu] = [\mathrm{ML^{-1}t^{-1}}]$ |
| 运动黏度 $\nu$ | $\nu = \mu/\rho$ | $[\nu] = [\mathrm{L^2t^{-1}}]$ |

下面介绍三个置换法则：

（1）如 $\varphi$ 和 $\varphi'$ 两现象相似，$\dfrac{\varphi_1}{\varphi_1'} = \dfrac{\varphi_2}{\varphi_2'} = C_\varphi$

则有：
$$\frac{\varphi_1 + \varphi_2}{\varphi_1' + \varphi_2'} = \frac{\varphi_1 - \varphi_2}{\varphi_1' - \varphi_2'} = \frac{\Delta\varphi}{\Delta\varphi'} = C_\varphi$$

即 $\Delta\varphi$、$\Delta\varphi'$两现象也相似；同理 $\varphi_1 + \varphi_2$、$\varphi_1' + \varphi_2'$也相似。

（2）同理：

$$\lim_{\Delta\varphi\to 0}\frac{\Delta\varphi}{\Delta\varphi'} = \frac{\mathrm{d}\varphi}{\mathrm{d}\varphi'} = C_\varphi$$

即 $\mathrm{d}\varphi$、$\mathrm{d}\varphi'$两现象也相似。

（3）对应量之比等于其微分量之比：

$$\frac{\mathrm{d}t}{\mathrm{d}x} = \frac{t}{x}$$

$$\frac{\mathrm{d}^2t}{\mathrm{d}x^2} = \frac{\mathrm{d}}{\mathrm{d}x}\left(\frac{\mathrm{d}t}{\mathrm{d}x}\right) = \frac{\mathrm{d}}{\mathrm{d}x}\left(\frac{t}{x}\right) = \frac{t}{x^2}$$

故有，
$$\frac{\mathrm{d}^nt}{\mathrm{d}x^n} = \frac{t}{x^n}$$

### 5.4.3 量纲和谐原理

量纲和谐性原理又被称为量纲一致性原理，也叫量纲齐次性原理，指一个物理现象或一个物理过程用一个物理方程表示时，方程中每项的量纲应该是和谐的、一致的、齐次的。一个正确的物理方程，式中的每项的量纲应该一样。以能量方程为例：

$$z + \frac{p}{\rho g} + \frac{v^2}{2g} = C$$

方程左边各项的量纲从左到右依次为 L、$\dfrac{\mathrm{ML^{-1}t^{-2}}}{\mathrm{ML^{-3}Lt^{-2}}} = \mathrm{L}$、$\dfrac{\mathrm{L^2t^{-2}}}{\mathrm{Lt^{-2}}} = \mathrm{L}$

### 5.4.4 量纲（因次）分析法

量纲分析法是依据物理方程量纲一致性原则，从量纲分析入手，找出流动过程的相似特征数，并借助实验找出这些相似特征数间的函数关系，即准则方程式——无量纲的物理方程。其分析方法有瑞利法和布金汉（Buckingham）π 定理法。

5.4.4.1 瑞利法

瑞利法是用定性物理量 $x_1$，$x_2$，…，$x_n$ 的某种幂次之积的函数来表示被决定的物理量 $y$，即

$$y = kx_1^{a_1}x_2^{a_2}\cdots x_n^{a_n}$$

式中，$k$ 为无量纲系数，由试验确定；$a_1$，$a_2$，…，$a_n$ 为待定指数，根据量纲一致性原则求出。下面以例题说明。

**例 5-5** 已知黏性流体在管内流动特征与速度 $v$、密度 $\rho$、黏性系数 $\mu$、管道直径 $d$ 有关，求各量的依变关系。

**解：**

$$f(v,\rho,\mu,d) = 0$$

$$v = f(\rho,\mu,d)$$

$$v = k\rho^a\mu^b d^c$$

$$[\mathrm{Lt^{-1}}] = k[\mathrm{ML^{-3}}]^a[\mathrm{ML^{-1}t^{-1}}]^b[\mathrm{L}]^c$$

$$\left.\begin{array}{ll}\mathrm{L}: & 1 = -3a - b + c\\ \mathrm{t}: & -1 = -b\\ \mathrm{M}: & 0 = a + b\end{array}\right\}\Rightarrow\begin{cases}a = -1\\ b = 1\\ c = -1\end{cases}$$

$$v = k\rho^{-1}\mu d^{-1},\quad k = \frac{v\rho d}{\mu}$$

$$Re = \frac{v\rho d}{\mu}$$

对于变量少的简单流动问题，用瑞利法可方便地直接求出结果，对于变量多的问题，如 $n$ 个变量，由于按照基本量纲只能列出三个代数方程，待定指数有 $n-3$ 个，便出现了待定指数的选取问题。为解决这一问题，出现了 $\pi$ 定理方法。

5.4.4.2 布金汉（Buckingham）$\pi$ 定理

如一个物理过程涉及 $n$ 个物理量和 $m$ 个基本量纲，则这个物理过程可以用由 $n$ 个物理量组成的 $n-m$ 个无量纲（相似特征数）的函数关系描述，可见变量减少了 $m$ 个。

$$x_1 = \varphi(x_2,x_3,\cdots,x_n)$$

$$\Pi_1 = f(\Pi_2,\Pi_3,\cdots,\Pi_{n-m})$$

下面以不可压流体等温流动为例来说明如何用量纲分析法导出相似特征数。具体步骤如下：

（1）写出影响这一现象的所有因素，此例中有 $v$、$l$、$\rho$、$\mu$、$g$、$t$、$p$，它们之间的关系为：

$$f(v,l,\rho,\mu,g,t,p) = 0$$

（2）写出所有有关物理量的量纲：

$v[\mathrm{Lt^{-1}}]$，$l[\mathrm{L}]$，$\rho[\mathrm{ML^{-3}}]$，$\mu[\mathrm{ML^{-1}t^{-1}}]$，$g[\mathrm{Lt^{-2}}]$，$t[\mathrm{t}]$，$p[\mathrm{ML^{-1}t^{-2}}]$。

（3）从 $n$ 个物理量中选择 $r$ 个物理量作为基本量，$r$ 个基本量的量纲要相互独立。通常基本量个数与基本量纲个数一致，故动量传输基本量为三个，这里选择长度、速度、密度为基本量。

（4）从这三个物理量以外的物理量中，每次轮取一个物理量连同这三个物理量组成一

个无量纲的 $\pi$，可写成 $n-3$ 个 $\pi$：

$$\pi_1 = \frac{p}{v^{a_1} l^{b_1} \rho^{c_1}}, \quad \pi_2 = \frac{g}{v^{a_2} l^{b_2} \rho^{c_2}}$$

即：

$$\pi_3 = \frac{\mu}{v^{a_3} l^{b_3} \rho^{c_3}}, \quad \pi_4 = \frac{t}{v^{a_4} l^{b_4} \rho^{c_4}}$$

（5）由相似特征数的量纲为零这一性质确定 $a_i$，$b_i$，$c_i$。

以 $\Pi_1$ 为例：
$$[\Pi_1] = \frac{[\mathrm{ML^{-1}t^{-2}}]}{[\mathrm{Lt^{-1}}]^{a_1}[\mathrm{L}]^{b_1}[\mathrm{Mt^{-3}}]^{c_1}}$$

因为
$$\begin{cases} \mathrm{M}: c_1 = 1 \\ \mathrm{L}: a_1 + b_1 - 3c_1 = -1 \\ \mathrm{t}: -a_1 = -2 \end{cases}$$

所以
$$a_1 = 2,\ b_1 = 0,\ c_1 = 1$$

从而有：
$$\Pi_1 = \frac{p}{\rho v^2} = Eu$$

同理
$$\Pi_2 = \frac{gl}{v^2} = Fr,\ \Pi_3 = \frac{\mu}{\rho v l} = \frac{1}{Re},\ \Pi_4 = \frac{vt}{l} = H_0$$

（6）写出特征数方程式：

$$f(Ho, Re, Fr, Eu) = 0$$

可见描述现象的物理量有 7 个，基本因次有 3 个，得到独立相似特征数是 7 - 3 = 4 个。

**例 5-6** 不可压缩牛顿黏性流体在内壁粗糙的直圆管定常流动，分析压强降低与相关物理量的关系。

**解：**（1）列举物理量。$\Delta p$，$v$，$d$，$\Delta$，$\rho$，$\mu$，$l$，共 7 个

$$\Delta p = f(\rho, v, d, \mu, \Delta, l)$$

（2）选择基本量：$\rho$，$v$，$d$；

（3）列 $\Pi$ 表达式求解 $\Pi$ 数。

1）$\Pi_1 = \rho^a v^b d^c \Delta p$

$$\mathrm{M^0L^0t^0} = (\mathrm{ML^{-3}})^a(\mathrm{Lt^{-1}})^b\mathrm{L}^c(\mathrm{ML^{-1}t^{-2}})$$

$$\begin{cases} \mathrm{M}: a + 1 = 0 \\ \mathrm{L}: -3a + b + c - 1 = 0 \\ \mathrm{t}: -b - 2 = 0 \end{cases}$$

解得：$a=-1$，$b=-2$，$c=0$

$$\Pi_1 = \frac{\Delta p}{\frac{1}{2}\rho v^2} = Eu \quad \text{（欧拉数，1/2 是人为加上去的）}$$

2）$\Pi_2 = \rho^a v^b d^c \mu$

$$M^0L^0t^0 = (ML^{-3})^a(Lt^{-1})^bL^c(ML^{-1}t^{-1})$$

$$\begin{cases} M: a+1=0 \\ L: -3a+b+c-1=0 \\ t: -b-1=0 \end{cases}$$

解得：$a=b=c=-1$

$$\Pi_2 = \frac{\mu}{\rho v d} = \frac{1}{Re} \quad （雷诺数）$$

3）$\Pi_3 = \rho^a v^b d^c \Delta$

$$M^0L^0t^0 = (ML^{-3})^a(Lt^{-1})^bL^cL$$

解得：$a=b=0$，$c=-1$

$$\Pi_3 = \frac{\Delta}{d} \quad （相对粗糙度）$$

4）$\Pi_4 = \rho^a v^b d^c l$（同上）

$$\Pi_4 = \frac{l}{d} \quad （几何比数）$$

（4）列 $\Pi$ 数方程

$$\Pi_1 = f(\Pi_2, \Pi_3, \Pi_4)$$

即

$$\frac{\Delta p}{\frac{1}{2}\rho v^2} = f\left(Re, \frac{\Delta}{d}, \frac{l}{d}\right) \quad 或 \quad \Delta p = \frac{1}{2}\rho v^2 f\left(Re, \frac{\Delta}{d}, \frac{l}{d}\right)$$

这就是达西公式，$\lambda$ 为沿程阻力系数，表示了等直圆管中流动流体的压降与沿程阻力系数、管长、速度水头成正比，与管径成反比。显然，$Eu$ 数反映了流体流动时的阻力系数，正好等于沿程阻力系数 $\lambda$。

从该例题看出，利用 $\pi$ 定理，可以在仅知与物理过程有关物理量的情况下，求出表达该物理过程关系式的基本结构形式。用量纲分析法所归纳出的式子往往还带有待定的系数，这个系数要通过实验来确定，而量纲分析法求解中已指定如何用实验来确定这个系数。因此，量纲分析法也是流体力学实验的理论基础。

将量纲分析法与方程分析法做一下比较：

量纲分析法：（1）不需研究细节，只需过程所涉及哪些物理量就足够了；（2）用准则方程式可直接应用到现象中去。

特点：只要掌握现象都包含了哪些物理量，便可求出相似特征数。当对现象缺乏深入了解，会导致结果是错误的或是片面的。

方程分析法：（1）必须已知该现象的微分方程组，否则只能用量纲分析法；（2）即使微分方程组不能解，只要能列出即可。

特点：导出的相似特征数物理意义明确；无量纲方程既适用于模型也适用于原型，但不能用于未知物理方程的流动。

## 5.5 模型实验与自模化性

### 5.5.1 近似模型法

相似理论提供模型研究的理论基础，模型实验法其实质就是在相似理论的指导下，建立与实际问题相似的模型，并对模型进行实验研究，把所得到的结论推广到实际问题中去。模型研究的关键就是要建立与实际问题相似的实验室模型，要保证模型与实际相似，必须满足几何相似、单值性条件相似、决定性特征数分别相等，但工程上以上三种条件很难全部做到。

如一个在水中航行的船，受到阻力与 $Re$ 及 $Fr$ 有关。

如想用 1/20 的模型研究大船的航行，须保证 $Fr_m = Fr_p$、$Re_m = Re_p$。

由前者，$\dfrac{v_m}{v_p} = \sqrt{\dfrac{gl_m}{gl_p}} = \sqrt{\dfrac{l_m}{l_p}} = \sqrt{\dfrac{1}{20}}$

由后者，$\nu_m = \nu_p \dfrac{v_m}{v_p} \cdot \dfrac{l_m}{l_p} = \nu_p \times \sqrt{\dfrac{1}{20}} \times \dfrac{1}{20}$

船在水中航行 $\nu_p = 1.1 \times 10^{-6} m^2/s$，所以 $\nu_m = 1.1 \times 10^{-8} m^2/s$，很难找到黏度如此小的流体来做实验。因此当定性特征数有两个时，模型中的介质选择已经很困难，所以建立近似相似模型是模型研究法得以实用的前提。

动力相似可以用相似特征数表示，若原型和模型流动动力相似，各同名相似特征数均相等，如果满足则称为完全的动力相似。事实上，不是所有的相似特征数之间都是相容的，如果所有的相似特征数都相等，意味着各比例系数均等于 1，实际上办不到，相当于模型流动和原型流动就成为了相等流动。所谓近似模型法就是在进行模型研究时，分析在相似条件中哪些因素对过程是主要的，起决定性作用的，哪些是次要的。对前者尽量加以保证，而后者尽量保证或可忽略。要达到主要动力相似就应该根据所研究或所需解决的原型流动的性质来决定，如：

(1) 对于重力起支配作用的流动：选用 $Fr$ 数为主要相似特征数，满足 $Fr_m = Fr_p$；

(2) 管道流动，流体机械中的流动：$Re$ 数为决定性相似特征数，满足 $Re_m = Re_p$；

(3) 可压缩流动：$Ma$ 数为决定性相似特征数，满足 $Ma_m = Ma_p$。

### 5.5.2 流体的自模化

对于黏性流体流动过程存在着自模化的特征，它使得近似模型建立易于实现。

管道流动中，决定流体流动状态的特征数是雷诺数，当雷诺数小于某一定值（称为第一临界值）时，流动呈层流，其速度分布彼此相似，与雷诺数大小无关。对于管道流动，无论流速如何，沿截面的速度分布形状总是一轴对称的旋转抛物面，这种特性称为“自模化性”。但雷诺数大于第一临界值，流动处于层流向湍流的过渡状态。流动进入湍流状态后，如雷诺数继续增加，它对湍流程度及速度分布的影响逐渐减小，当达到某一定值（称为第二临界值）以后，流动又一次进入自模化状态，即不管雷诺数多大，流动状态与速度分布不再变化，都彼此相似。

当 $Re$ 小于第一临界值时，称为第一自模化区；当 $Re$ 大于第二临界值时，称为第二自模化区。在进行模型实验研究时，只要原型设备的 $Re$ 数处于自模化区以内，则模型中的 $Re$ 数不必与原型相等，只要与原型处于同一自模化区即可，这给模型研究带来了极大的方便。理论分析和实验结果表明，流动进入第二自模化区以后，阻力系数不再变化，为一定数，可作为试验模型中的流动是否进入第二自模化区的标志。由于 $Eu$ 数反映了流体流动时的阻力系数正好等于沿程阻力系数 $\lambda$，我们可以理解为第一自模化区为莫迪图中的第一区即层流区，第二自模化区为莫迪图中的第五区。从莫迪图上可看到，当 $Re$ 数达到足够大后，管道流动进入完全粗糙区时，阻力系数保持常数，与 $Re$ 无关，而仅与粗糙度有关。

可见黏性流体运动中，决定流动为何种状态的是雷诺数，但雷诺数的这种决定作用只有在一定条件下才存在。当 $Re$ 小于第一临界值时，流动是层流状态，速度分布皆彼此相似，与 $Re$ 数值不再有关——第一自模化区；当 $Re$ 大于第二临界值时，流动呈紊流状态，不管 $Re$ 多大，流动图像及 $Eu$ 数不再随 $Re$ 而变化，流动状态与流速分布都彼此相似——第二自模化区。

因此，实验过程中只要保证原型设备与模型设备的雷诺数处于同一自模化区以内，则模型中的雷诺数不必与原型相等，可用较小的 $Re$ 数来进行实验，所用风机或泵容量和动力能耗可减小，比如当实验需要同时考虑 $Re$ 与 $Fr$ 数同时满足时；或者，即使实验只需满足 $Re$ 相等，但实验所用泵或风机能力有限时。

理论分析和实验结果表明：流动进入第二自模化区以后，$Eu$ 不再变化，为一定数，可作为试验模型中的流动是否进入第二自模化区的标志。这是因为层流状态时，雷诺数相对较小，黏性力的作用远大于惯性力的作用，后者可忽略；而紊流状态时，雷诺数相对较大，惯性力的作用远大于黏性力，后者可忽略。以上两种情况，由运动方程均导不出雷诺数，说明在这两种状态下，流动与 $Re$ 无关，即对 $Re$ 数是自动模化的。

模型试验数据整理成特征数方程式形式及其具体应用将在第 8.4 节中针对对流给热中结合圆管内强制对流换热进行详细论述。

## 本章小结

5-1 几何相似（空间相似）。

相似概念最初产生在几何学中，几何上的图形相似是对应部分比值成为一定值。

各对应线段比例相似：$\dfrac{l_1}{l_1'} = \dfrac{l_2}{l_2'} = \dfrac{l_3}{l_3'} = \dfrac{l}{l'} = C_l$

5-2 运动相似（时间相似）。

模型与原型所对应的流场上，对应时刻的流速方向相同而流速大小比例相等，即速度场相似。

速度比例尺：$C_v = \dfrac{v}{v'}$

时间比例尺：$C_t = \dfrac{t}{t'} = \dfrac{l/v}{l'/v'} = \dfrac{C_l}{C_v}$

5-3 动力相似（受力相似）。

模型与原型的流场所有对应点作用在流体微团上的各种力彼此方向相同，而它们大小的比例相等，则它们的动力场相似。

$$\frac{F_p}{F'_p} = \frac{F_t}{F'_t} = \frac{F_g}{F'_g} = \frac{F}{F'} = \frac{m\boldsymbol{a}}{m'\boldsymbol{a}'} = C_f$$

力比例尺：$C_f = C_\rho C_l^2 C_v^2$

压强比例尺：$C_p = \dfrac{p}{p'} = \dfrac{F_p/A}{F'_p/A'} = \dfrac{C_f}{C_A} = C_\rho C_v^2$

5-4 特征数。把一些因次相同的复合数群相比，得出的无因次的比值，称为特征数。

5-5 量纲分析法。

量纲：

$$\begin{cases}\text{基本量纲：质量}[\mathrm{M}]\text{、长度}[\mathrm{L}]\text{、时间}[\mathrm{t}]\\ \text{导出量纲：速度}[\mathrm{Lt^{-1}}]\text{、密度}[\mathrm{ML^{-3}}]\text{、力}[\mathrm{MLt^{-2}}]\text{等}\end{cases}$$

量纲和谐原理：描述物理现象的物理方程的各项量纲都是相同的。

π 定理：

$$\pi = n - m$$

式中，$\pi$ 为基本特征数数目；$n$ 为物理量数目；$m$ 为基本量纲数目。

对不可压缩黏性流体的流动：$\rho$，$v$，$l$，$\mu$，$g$，$\Delta p$，$t$

$\pi_1 = \dfrac{\rho v l}{\mu} = Re$　　雷诺数

$\pi_2 = \dfrac{v^2}{lg} = Fr$　　弗劳德数

$\pi_3 = \dfrac{\Delta p}{\rho v^2} = Eu$　　欧拉数

$\pi_4 = \dfrac{vt}{l} = Ho$　　时均数

5-6 方程分析法。

方程分析法是利用描述现象的基本微分方程组和全部单值性条件来导出相似特征数的方法。

5-7 单值性条件。

单值性条件如下：

(1) 几何条件；

(2) 物理条件；

(3) 边界条件；

(4) 初始条件。

5-8 相似原理。

(1) 相似第一定理（或相似正定理）。

定义：彼此相似的现象必定具有数值相同的相似特征数。

(2) 相似第二定理（逆定理）。

定义：凡同一类现象，若单值性条件相似，而且单值性条件的物理量所组成的相似特征数在数值上相等，则这些现象必定相似。

(3) 相似第三定理（π 定理）。

描述某现象的各种量之间的关系，可表示成相似特征数之间的关系式。

5-9 模型实验。

模型实验通常指用简化的可控制的方法再现实际发生的物理现象的实验。

5-10 近似模化：放弃那些对过程影响较小的近似条件。如黏性作用相对于重力小得多，只要 $Fr_m = Fr_p$ 即可。

5-11 自模性：当模型和实物中的流动是强制流动时，必须使两者的 $Re$ 相等，其流速分布才能相似。但实际上，当 $Re > Re_{cr}$后，流动图像和 $Eu$ 不再随 $Re$ 而变——自模化。

层流状态时，$Re$↓↓，黏性力 >> 惯性力，后者可忽略；

紊流状态时，$Re$↑↑，惯性力 >> 黏性力，后者可忽略。

5-12 何时需自模化。

（1）同时需 $Re$ 与 $Fr$ 均相等时；

（2）即使只需 $Re$ 相等，但风机能力有限或避免浪费；

（3）实物是气时，如用气体模拟产生不同流动时，需改为水模型。

## 思考题与习题

### 思考题

5-1 研究冶金过程的流体动力学问题有哪几种方法，其特点是什么?

5-2 什么叫无因次方程，有何特点?

5-3 什么是特征数，各相似特征数表达式及物理意义是什么?

5-4 相似特征数的导出有哪几种方法，试比较各自特点?

5-5 量纲分析法的理论依据及方法有哪几种，其应用如何?

5-6 相似原理具体解决了哪些问题，有何应用?

5-7 什么叫近似模拟法，什么叫自模化，何时需自模化?

5-8 特征数方程应用时为何要指明定性尺寸及定性温度?

### 习　题

5-1 量纲表征各物理量的（　　）。

A. 大小　　B. 类别　　C. 性质　　D. 特征

5-2 在工程流体力学或水力学中，常取的基本量纲为（　　）。

A. 质量量纲 M，长度量纲 L，时间量纲 t　　B. 长度量纲 L，时间量纲 t，流速量纲 V

C. 长度量纲 L，时间量纲 t，流量量纲 Q　　D. 质量量纲 M，长度量纲 L，密度量纲 ρ

5-3 下列各组物理量中，能取做基本物理量的是（　　）。

A. $l$（长度），$d$（管径），$v$（流速）　　B. $l$，$d$，$q_v$（流量）

C. $l$，$v$，$\rho$（密度）　　D. $d$，$q_v$，$\nu$（运动黏度）

5-4 瑞利法的基本思想是假定各物理量之间呈（　　）的乘积组合。

A. 对数形式　　B. 指数形式　　C. 积分形式　　D. 微分形式

5-5 根据 π 定理，若有 $n$ 个变量且互为函数关系，其中含有 $m$ 个基本物理量，则可将其组合成（　　）个无量纲量的函数关系。

A. $n+m$　　B. $n+m+1$　　C. $n+m-1$　　D. $n-m$

5-6 弗劳德数 $Fr$ 的物理意义在于它反映了（ ）的比值。

A. 惯性力与黏滞力　B. 重力与黏滞力　C. 惯性力与重力　D. 重力与压力

5-7 当水力模型按黏滞力相似准则设计时，其流量比尺 $\lambda_{q_v}$ =（ ）。

A. $\lambda_l\lambda_v$　B. $\lambda_v/\lambda_l$　C. $\lambda_l/\lambda_v$　D. $\lambda_l^{2.5}$

5-8 已知明渠水流模型实验的长度比尺 $\lambda_l=4$，若原型和模型采用同一流体，则其流量比尺 $\lambda_{q_v}$ =（ ）。

A. 4　B. 8　C. 16　D. 32

5-9 已知压力输水管模型实验的长度比尺 $\lambda_l=8$，若原型和模型采用同一流体，则其流量比尺 $\lambda_{q_v}$ =（ ）。

A. 2　B. 4　C. 8　D. 16

5-10 已知压力输水管模型实验的长度比尺 $\lambda_l=8$，若原型和模型采用同一流体，则其压强比尺 $\lambda_p$ =（ ）。

A. 1/8　B. 1/16　C. 1/32　D. 1/64

5-11 在圆管层流中，沿壁的切应力 $\tau_0$ 与管径 $d$、流速 $v$ 及流体黏性系数 $\mu$ 有关，用量纲分析法导出此关系的一般表达式。

5-12 环形管的压强降 $\Delta p$ 与环形管的内径 $R_1$、外径 $R_2$、管长 $L$、流体的密度 $\rho$、动力黏度 $\mu$ 及平均流速 $v$ 有关，试建立它们之间的关系式。

5-13 在拖池中做船模实验，船模比例尺为1/50，实船的航速为25km/h，假设流动重力、表面张力、黏性力起主导作用，试计算船模的速度应为多少才能保证动力相似，设实验和实船都是在海水中。

5-14 一潜艇的水上航速为6.7m/s，水下航速为5.2m/s，为了决定它在水面航行的行波阻力和水下航行的黏性阻力，分别在水池和风洞中进行船模实验。设船模的几何尺寸为实船的1/65，试分别计算船模在水池中的拖拽速度和风洞实验时的风速。设水和空气的运动黏度分别为 $1.145\times10^{-6}\text{m}^2/\text{s}$ 和 $1.45\times10^{-5}\text{m}^2/\text{s}$。

5-15 若作用在圆球上的阻力 $F$ 与球在流体中的运动速度 $v$、球的直径 $D$、流体密度 $\rho$、动力黏性系数 $\mu$ 有关，试用 $\pi$ 定理将阻力表示为有关量的函数。

5-16 煤油管路上的文丘里流量计 $D_1=300\text{mm}$，$d_1=150\text{mm}$，流量 $Q_1=100\text{L/s}$；煤油运动黏度 $\nu_1=4.5\times10^{-6}\text{m}^2/\text{s}$，密度 $\rho_1=820\text{kg/m}^3$。用 $\nu_2=1\times10^{-6}\text{m}^2/\text{s}$ 的水在缩小为圆形1/3的模型上试验，试求模型上的流量。如果在模型上测出水头损失 $h_{f_2}=0.2\text{m}$，收缩管段上压强差 $\Delta p_2=1\text{bar}$，试求煤油管路上的水头损失和收缩管段的压强差。

# II 热 量 传 输

按照热力学第二定律可知，凡是有温差的地方，就有热量自发地从高温物体向低温物体转移，这种由于温差引起的热量转移过程统称为热量传输，又称为传热学。

传热学这门学科是在18世纪30年代英国开始工业革命时生产力空前发展的条件下发展起来的。传热学的发展史实际上就是导热、对流、热辐射三种传热方式的发展史。导热、对流早为人们所认识，而热辐射是在1803年才确认的。

目前，大多数冶金生产过程都是在高温下进行的，冶金生产中的许多工序，如烧结、炼铁、炼钢和轧钢等都伴随有物料温度的变化，这就使冶金生产过程不可避免地与热量传输相联系，一定条件下，热量传输甚至成为某些工序的控制因素。因此，为了有效控制冶金生产过程，必须学习掌握传热学基本规律、计算方法和研究方法。

研究传热学不仅要探求其物理本质，更主要的是要研究热量传输的速率，从工程观点看，在规定温差下如何确定热量传输速率，是研究热量传输的一个限制性环节。

# 6 热量传输总论

**本章学习要点：** 介绍热量传输的基本概念，三种基本传输方式特点和基本定律，推导热量传输微分方程及单值性条件。

## 6.1 热量传输基本方式概论

热量传输有三种基本方式，即导热、对流和热辐射。实际工程上许多热量传输现象常常是由这三种基本方式共同作用的结果。

（1）导热。确认热是一种运动的过程中，科学史上有两个著名的实验起着关键作用，一是1798年伦福特钻炮筒大量发热实验；二是1799年戴维两块冰块摩擦生热化成水的实验。19世纪初，兰贝特、毕渥、傅里叶等都从固体一维导热的试验入手研究。1807年傅里叶特别重视数学工具的运用，把实验与理论结合起来，1822年论著《热的解析理论》，完成了导热理论的任务，提出了导热基本定律“傅里叶定律”，该定律与导热微分方程使他成为导热理论的奠基人。

（2）对流。流体流动理论是对流换热理论的必要前提。1823 年纳维提出不可压缩流体流动方程，1845 年，英国斯托克斯将其修改为纳维-斯托克斯方程，从此 N-S 方程形成了实际流体流动的基本方程。1880 年，雷诺提出一个对流动有决定性影响的无量纲物理量——雷诺数。在雷诺的基础上，1881 年洛仑兹获得自然对流解，1885 年格雷茨和 1910 年努塞尔获得管内换热的理论解。1909 年和 1915 年努塞尔的论文对强制对流和自然对流的基本微分方程及边界条件进行量纲分析获得了有关无量纲数之间的准则关系，从而促进了对流换热研究的发展，他的成果具有独创性，使他成为对流换热理论发展的杰出先驱。在实际流体运动微分方程的理论求解上，以下两方面发挥了作用，其一：普朗特于 1904 年提出的边界层概念，在流动边界层概念的启发下，1921 年波尔豪森又引进了热边界层的概念，1930 年波尔豪森与数学家施密特、贝克曼合作，成功地求解了竖壁附近空气的自然对流换热；其二：湍流计算模型的发展，有力地推动了传热学理论求解向纵深方向发展，近代发展中，麦克亚当、贝尔特和埃克特先后做出了重要贡献。

（3）热辐射。19 世纪斯忒藩通过实验确立了黑体的辐射能力正比于它的绝对温度的四次方的规律。后来该定律在理论上被玻耳兹曼证实，从而形成斯忒藩-玻耳兹曼定律。在物体之间辐射热量交换计算方面有两个重要的理论基础，其一是：物体的发射率与吸收率之间的关系问题，1859 年、1860 年基尔霍夫的两篇论文作了解答；其二是：物体间辐射换热的计算方法，1935 年波略克的净辐射法；1954 年、1967 年霍尔特的交换因子法；1956 年奥本亥姆的模拟网络法。

## 6.2 热量传输的基本概念

### 6.2.1 温度场

某一瞬间，空间所有各点的温度分布称为温度场，是标量场。温度场是时间和空间的函数，直角坐标系中如物体内部没有缝隙或只有一种材料组成的均匀物体内部的温度场。研究传热时，把所研究对象看成是连续介质，认为温度场是连续的，由连续函数全微分形式：

$$\mathrm{d}t = \frac{\partial t}{\partial \tau}\mathrm{d}\tau + \frac{\partial t}{\partial x}\mathrm{d}x + \frac{\partial t}{\partial y}\mathrm{d}y + \frac{\partial t}{\partial z}\mathrm{d}z \tag{6.1}$$

由温度场与时间的关系分为稳态和非稳态温度场。温度场随时间而变化，即 $t = f(x, y, z, \tau)$，$\frac{\partial t}{\partial \tau} \neq 0$，称为非稳态温度场。非稳态温度场中热量传输过程称为非稳态传热，如热量传输以导热方式进行称为不稳态导热。温度场不随时间而变化，即 $t = f(x, y, z)$，$\frac{\partial t}{\partial \tau} = 0$，称为稳态温度场。稳态温度场中的热量传输过程称为稳态传热。

温度场与空间坐标的关系分为一维、二维和三维。温度场的函数表达式与时间和空间的关系见表 6.1。

表 6.1　温度场的分类

| 项　目 | 时　间 | 三　维 | 二　维 | 一　维 |
|---|---|---|---|---|
| 稳　态 | $\frac{\partial t}{\partial \tau}=0$ | $t=f(x,y,z)$ | $t=f(x,y)$ | $t=f(x)$ |
| 非稳态 | $\frac{\partial t}{\partial \tau}\neq 0$ | $t=f(x,y,z,\tau)$ | $t=f(x,y,\tau)$ | $t=f(x,\tau)$ |

### 6.2.2　等温面和等温线

温度场除可用函数形式表示外，还可用几何形式表示，即用等温面和等温线表示，可直观了解物体内的温度分布情况。某一瞬间，物体中温度相同的点集合而成的线（直线或曲线）或面（平面或曲面）称为等温线（面）。

等温面（线）具有如下性质：等温面（线）代表不同温度的等温面（线）绝不会彼此相交；连续温度场中，等温面（线）是连续的，不能在温度场中断开，或是完全封闭的曲面（线），或是终止于物体的边界上；同一等温面上不可能发生热量传输（没有温差），热量只能在穿过等温面方向，由高温向低温等温面传递。

### 6.2.3　温度梯度

由等温面（线）可从整体上了解温度场情况，但常需了解温度场的局部性质，这就要引入温度梯度概念，即温度差 $\Delta t$ 对于沿法线方向两等温面之间的距离 $\Delta n$ 的比值的极限称为温度梯度。

温度场中某一点的温度在一个确定方向上的变化率，即单位长度上的温度变化率叫方向导数，是个标量。

$$\left(\frac{\partial t}{\partial x}\right)_{\mathrm{M}}=\lim_{\mathrm{M}\to\mathrm{M}'}\frac{t(\mathrm{M}')-t(\mathrm{M})}{\mathrm{MM}'}=\lim_{\Delta x\to 0}\frac{\Delta t}{\Delta x} \tag{6.2}$$

温度梯度是个矢量，正方向指向温度变化率（增长率）最大的方向，即等温面外法线方向（温度增加方向），大小等于该方向的方向导数，用 $\mathrm{grad}t$（℃/m）或 $\nabla t$ 表示

$$\mathrm{grad}t=\lim_{\Delta n\to 0}\frac{\Delta t}{\Delta n}=\frac{\partial t}{\partial n}\boldsymbol{n} \tag{6.3}$$

直角坐标系中表示形式为：

$$\mathrm{grad}t=\frac{\partial t}{\partial x}\boldsymbol{i}+\frac{\partial t}{\partial y}\boldsymbol{j}+\frac{\partial t}{\partial z}\boldsymbol{k} \tag{6.4}$$

式中，$\boldsymbol{i}$，$\boldsymbol{j}$，$\boldsymbol{k}$ 是三个坐标轴上的单位向量，如图 6.1 所示。

### 6.2.4　热流量与热流密度

热流量是表示热量传输速率的物理量。单位时间内通过某一给定面积 $A$ 所传输的热量称为热流量，用 $\boldsymbol{Q}$[W]表示。

单位时间，通过单位面积的热量称为热流密度或热通量，用 $\boldsymbol{q}$[$\mathrm{W/m^2}$]表示。

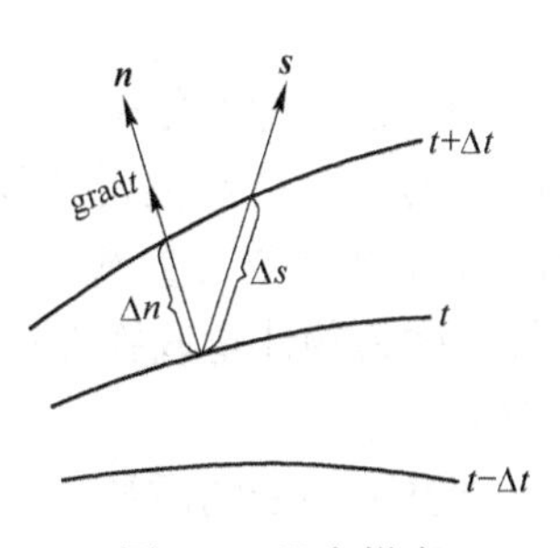


图 6.1　温度梯度

$\boldsymbol{Q}$ 与 $\boldsymbol{q}$ 均是矢量，方向是由高温物体流向低温物体，两者的关系为 $Q = qA$(W)。

## 6.3 导　热

导热又称热传导，是指物体内不同温度的各部分之间或不同温度的物体相接触时发生的热量传输的现象。导热物体各部分间不发生相对位移（靠物体中分子、原子、电子热运动而产生传递）。没有能量形式的转移，如铁棒一端插入炉内加热，另一端也逐渐变热。

### 6.3.1 导热基本定律——傅里叶定律

反映导热规律的基本定律是傅里叶定律。1822 年，法国数学家傅里叶（J. B. Fourier）在实验研究导热过程的基础上指出：单位时间内通过单位截面积的导热量与温度梯度成正比。其数学表达式为

$$\dot{\boldsymbol{q}} = -\lambda \mathrm{grad}t = -\lambda \frac{\partial t}{\partial n}\boldsymbol{n} \tag{6.5}$$

式中，比例系数 $\lambda$ 称为导热系数，单位是 W/(m·℃)；负号表示导热方向或热量传递方向，与温度梯度方向相反，永远沿着温度降低的方向。

数学表达式适用于稳态及非稳态导热过程。温度梯度 $\mathrm{grad}t=0$，则导热现象消失 $q=0$（引起物体内部热量传输的根本原因是物体内部存在温度梯度）。只适用于连续均匀且各向同性物体（因为 $q$ 方向与等温面并不垂直时，公式仅在导热系数主轴方向上成立）。

由定律可知，由温度场 $f(t)$ 可得到温度梯度 $\mathrm{grad}t$，从而进一步确定热流通量 $q$，故导热问题研究中，注意力集中于分析物体内部的温度场 $f(t)$。

在直角坐标系中表示成单位热流矢量为各方向分矢量之和。

$$q = q_x\boldsymbol{i} + q_y\boldsymbol{j} + q_z\boldsymbol{k} \tag{6.6}$$

$$q_x = -\lambda \frac{\partial t}{\partial x};\ q_y = -\lambda \frac{\partial t}{\partial y};\ q_z = -\lambda \frac{\partial t}{\partial z} \tag{6.7}$$

### 6.3.2 导热系数

导热系数 $\lambda$[W/(m·℃)]是傅里叶定律表达式中的比例系数，按照式（6.5），定义为

$$\lambda = \frac{q}{-\dfrac{\partial t}{\partial n}} \tag{6.8}$$

单位温度梯度作用下，物体内部引起的热流密度或当物体内沿导热方向温度降落为 1℃/m 时产生的热流密度称为导热系数。导热系数反映了物体导热能力的大小，是物质的一个重要热物性参数。$\lambda$ 是材料固有的属性，由材料性质确定的物理量，又如 $c_p$、$\rho$、$\nu$ 等，称为物性量或物理性能参数。因涉及传热过程，故又称为热物性量，简称热物性参数。

导热系数受物质种类、物质结构（物态）、密度、成分、温度、湿度等因素影响，其中温度影响尤为重要。

同一种材料，导热系数 $\lambda$ 主要受温度影响。经验表明，在一定温度范围内，大多数材料的导热系数与温度近似呈线性关系，即

$$\lambda = \lambda_0(1 + bt) \tag{6.9}$$

式中 $\lambda$——温度为 $t$ 时的导热系数；

$\lambda_0$——只表示 $\lambda$ 在导热系数坐标上的截距，并不一定是0℃时材料的真实导热系数；

$b$——由实验确定的常数；

$t$——物体的平均温度。

各类物质导热系数随温度变化如图6.2所示。

导热系数随物态的不同有很大的差异。一般说来，固体的导热系数大于液体，气体则最小。

气体的导热系数，一般在0.006～0.6W/(m·℃)范围内。气体的导热是气体分子不规则热运动时相互碰撞的结果。温度增大分子热运动动能增大，使得导热系数增大；气体分子质量减小，则分子热运动动能增大使得导热系数增大。可以看出，分子质量越小，温度越高，则导热系数越大。气体中以氢分子的导热系数为最大，0℃时 $H_2$ 的导热系数 $\lambda = 0.17$W/(m·℃)，约是空气的7倍，这是氢气分子质量较小的缘故。在一般压力范围内，气体的导热系数与压力无关。

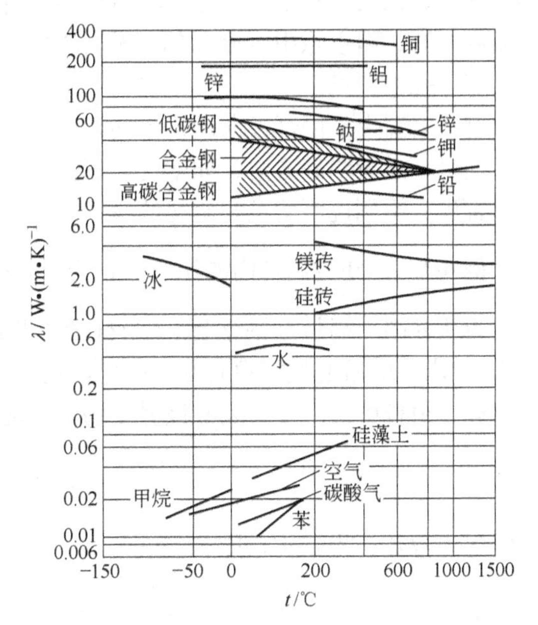


图6.2 不同材料的导热系数与温度的关系

液体的导热系数约在0.07～0.7W/(m·℃)范围内。液体是由分子振动所产生的不规则的弹性波来传递热量，类似于非金属固体。大多数液体的导热系数随温度升高而降低(水和甘油除外)。液体金属的导热系数比其他液体高得多，一般在1.75～87W/(m·℃)范围内，这是因为液体金属中自由电子起作用的结果。

在固体中，分子运动表现为晶格振动，而固体的导热依靠晶格振动和自由电子迁移两种方式来完成。金属中由于存在大量自由电子，大大增强了它们的导热能力。在固体材料中以金属导热能力最强，如银的导热系数最大，$\lambda_{Ag} = 420$W/(m·℃)。纯Al的导热系数 $\lambda_{Al} = 180$W/(m·℃)。各种固体导热系数一般在2.2～420W/(m·℃)的范围。

大多数纯金属的导热系数随温度升高而减小，这主要是因为温度升高时，晶格振动的加剧阻碍了自由电子的运动，即对导热起阻碍作用。这一阻碍作用大于晶格振动加剧本身对导热产生的促进作用，所以总的结果是导热系数下降。当金属中掺入杂质，将破坏晶格的完整性，干扰自由电子的运动，致使导热系数减小，如纯铜的导热系数 $\lambda_{Cu} = 395$W/(m·℃)，当加入微量砷后其降为140W/(m·℃)。此外，金属加工过程也会造成晶格缺陷，

所以化学成分相同的金属，导热系数也会因加工情况不同而有所差别。

合金的导热主要通过晶格振动方式进行，大部分合金的导热系数随温度升高而增加。

非金属固体（耐火材料）中的自由电子很少，导热主要靠晶格振动，即靠分子、原子在其平衡位置附近振动来实现。温度升高时晶格振动加剧，所以导热系数随之增大，但大多数金属氧化物的导热系数随温度升高而减小。

工程上常把室温下导热系数小于0.2W/(m·℃)的材料叫绝热材料。这种材料通常都是多孔体或纤维性材料。在多孔材料中，因空隙内充满导热系数很低的空气，故这种材料的导热实际上是基体材料与气孔传热的综合，它既包括基体材料的导热，也包括气孔中气体的导热，以及气孔中的对流和辐射作用。材料中的孔隙越多越细，其导热系数越低。随着温度升高，因空隙中对流和辐射作用加强，其导热系数也随之增加，如石棉、泡沫塑料，有多孔的特点。

有些材料由于内部各向结构不同，不同方向上 $\lambda$ 不同，称为各向异性体，在给出导热系数同时，还应明确方向，如木材、石墨等。

首先，举例说明傅里叶定律的应用。

**例 6-1** 已知金属杆内的温度分布为 $t = e^{-0.02\tau} \cdot \sin\frac{\pi x}{2l}$，其中 $\tau$ 为以小时计的时间，式中 $x$ 为从杆的一端量起的坐标，$l$ 为杆的总长度。如果杆的导热系数 $\lambda = 45\text{W}/(\text{m}\cdot℃)$，$l = 1\text{m}$，求10h后通过杆中心截面的导热通量。

**解：** 由杆中温度分布表明该温度场是一维不稳态温度场，傅里叶定律的表达式为

$$q_x = -\lambda\frac{\partial t}{\partial x}$$

取时间为常数，将 $t$ 对 $x$ 求导，得

$$\left(\frac{\partial t}{\partial x}\right)_\tau = \frac{\pi}{2l}\cdot e^{-0.02\tau}\cdot\cos\frac{\pi x}{2l}$$

在中心截面，即 $x = \frac{1}{2}$ 处

$$\left(\frac{\partial t}{\partial x}\right)_\tau = \frac{\pi}{2\times 1}\cdot e^{-0.02\tau}\cdot\cos\left(\frac{\pi}{2\times 1}\times\frac{1}{2}\right) = 1.11e^{-0.02\tau}$$

当 $\tau = 10\text{h}$ 时

$$\left(\frac{\partial t}{\partial x}\right) = 1.11e^{-0.02\times 10} = 0.908 \quad ℃/\text{m}$$

所以，10h后通过杆中心截面的导热通量为

$$q_x = -\lambda\left(\frac{\partial t}{\partial x}\right)_{t=10\text{h}} = -45\times 0.908 = -40.86 \quad \text{W/m}^2$$

负号表示导热方向与 $x$ 方向相反。

**例 6-2** 有一厚度为 $\delta$ 的无限大平壁，它的两侧表面分别保持均匀不变的温度 $t_{w1}$ 和 $t_{w2}$，如图6.3所示。试求下列条件下通过平壁的导热通量和壁内的温度分布，（1）平壁材料的导热系数为常数；（2）平壁材料的导热系数为 $\lambda = \lambda_0(1 + bt)$。

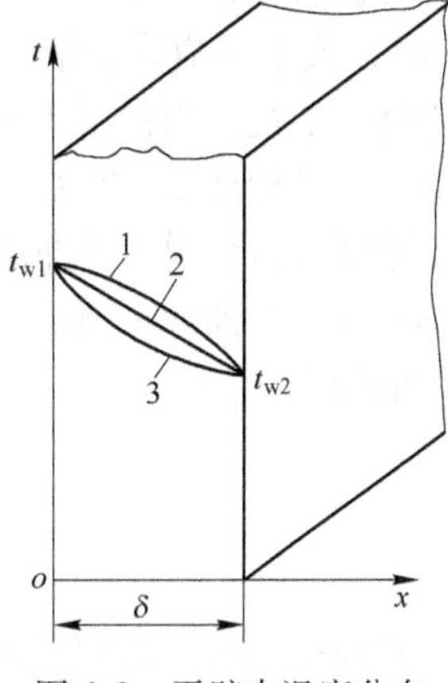


图 6.3　平壁内温度分布

**解**：这是一个一维稳态导热问题，利用傅里叶定律可直接导出通过平壁的导热公式。

（1）导热系数为常数：在稳态条件下，通过平壁的导热通量为常数，即

$$q = -\lambda \frac{\partial t}{\partial x} = 常数$$

将上式分离变量，并进行积分，则有

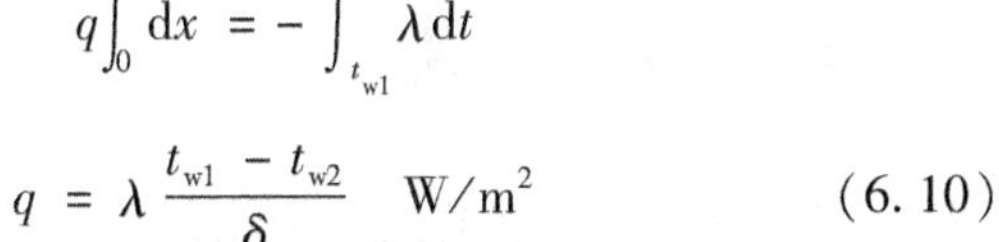

$$q\int_0^{\delta} \mathrm{d}x = -\int_{t_{w1}}^{t_{w2}} \lambda \mathrm{d}t$$

得
$$q = \lambda \frac{t_{w1} - t_{w2}}{\delta} \quad \mathrm{W/m^2} \tag{6.10}$$

式（6.10）即是平壁导热的计算公式。

设壁内距离壁面 $x$ 处的温度为 $t$，将傅里叶定律表达式从 0 到 $x$ 重新积分，则得

$$q\int_0^{x} \mathrm{d}x = -\int_{t_{w1}}^{t} \lambda \mathrm{d}t \Rightarrow qx = -\lambda(t - t_{w1})$$

将式（6.10）代入上式，经整理得平壁内温度分布为

$$t = t_{w1} - \frac{t_{w1} - t_{w2}}{\delta} x \tag{6.11}$$

（2）导热系数 $\lambda = \lambda_0(1 + bt)$。

该情况下的傅里叶定律表达式为

$$q = -\lambda_0(1 + bt)\frac{\mathrm{d}t}{\mathrm{d}x} = 常数$$

将上式分离变量并从 $x=0$ 积分到 $x=\delta$，即

$$q\int_0^{\delta} \mathrm{d}x = -\lambda_0 \int_{t_{w1}}^{t_{w2}} (1 + bt)\mathrm{d}t$$

得：
$$q = \lambda_0\left(1 + b\frac{t_{w1} + t_{w2}}{2}\right)\cdot\left(\frac{t_{w1} - t_{w2}}{\delta}\right) = \lambda_m \cdot \frac{t_{w1} - t_{w2}}{\delta} \quad \mathrm{W/m^2}$$

$$\lambda_m = \lambda_0\left(1 + b\frac{t_{w1} + t_{w2}}{2}\right) = \lambda_0(1 + bt_m) \tag{6.12}$$

式中，$\lambda_m$ 为平壁平均温度下的平均导热系数。

设平壁内距离表面 $x$ 处的温度为 $t$，将傅里叶定律表达式从 $x=0$ 积分到 $x=x$，即：

$$\frac{q}{\lambda_0}x = \left(t_{w1} + \frac{b}{2}t_{w1}^2\right) - \left(t + \frac{b}{2}t^2\right)$$

上式经整理后得平壁内温度分布

$$t = \sqrt{\left(t_{w1} + \frac{1}{b}\right)^2 - \frac{2qx}{b\lambda_0}} - \frac{1}{b} \tag{6.13}$$

式（6.10）和式（6.12）分别为稳态时，$\lambda = \mathrm{const}$ 和 $\lambda = \lambda_0(1 + bt)$ 情况下，单层平

壁导热的计算公式。比较可知，两种情况下的导热通量公式形式相同。只是当 $\lambda = \lambda_0(1+bt)$ 时，式中 $\lambda$ 应取平壁平均温度下的平均导热系数 $\lambda_m$。式（6.11）和式（6.13）是描述平壁中温度分布的关系式，可以看出，当 $\lambda = \text{const}$ 时，平壁内温度分布是一条直线，如图6.3 中的曲线2；当 $\lambda = \lambda_0(1+bt)$ 时，平壁内温度分布是一条曲线。显然 $b$ 为正值时，$\lambda$ 随温度升高而增大，即高温区的 $\lambda$ 值比低温区大，所以形成向上凸起的温度分布曲线，如图6.3 中的曲线1 所示。反之，若 $b$ 为负值，则温度分布为向下凹陷的曲线，如图6.3 中的曲线3 所示。

## 6.4 对 流

对流是指流体各部分之间发生相对位移而引起的热量传输现象。当流体流过与其温度不同的物体表面时，流体与固体表面之间发生的热量交换过程称为对流换热（如图6.4 所示）。其换热机理主要依靠流体分子热运动产生的导热作用和流体流动产生的对流作用，即当流体流过某一热表面时，热量首先通过导热方式从壁面传给邻近的流体，然后由于流体流动，把受热流体带到低温区并与其他流体相混合，从而把热量传给低温流体部分。

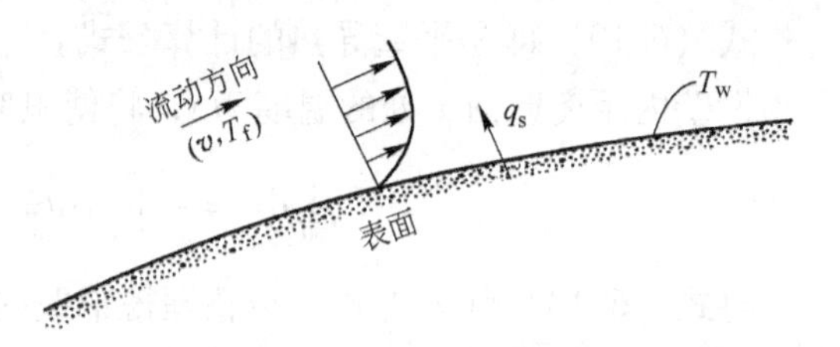

图6.4 气体流过物体表面对流换热示意图

按发生的原因可将对流分为强制对流和自然对流。对流换热过程中，由于外力作用（如泵，风机）或其他压差作用而引起的流动称为强制对流，而由于流体各部分温度不同，致使各部分密度不同引起的流动则称为自然对流。此外，有的对流换热过程中还会伴随着流体相的变化，如沸腾换热和凝结换热，前者为液体在表面上沸腾时的对流换热，后者为蒸汽在表面上凝结时的对流换热，均属于有相变的对流换热。

无论是哪一种对流换热形式，它们的热流量和热流密度都可按牛顿冷却公式计算，即

$$Q = \alpha(t_w - t_f)A = \alpha\Delta tA \quad (\text{W}) \qquad 或 \qquad q = \alpha(t_w - t_f) = \alpha\Delta t \quad (\text{W/m}^2) \tag{6.14}$$

式中 $t_w$，$t_f$——壁面及流体平均温度，℃；

$A$——与流体接触的壁面面积，$\text{m}^2$；

$\alpha$——对流换热系数，$\text{W/(m}^2\cdot℃)$。

式中，$\Delta t = t_w - t_f$，为换热面 $A$ 上流体与固体表面的平均温差。工程计算中无论流体被冷却还是被加热，换热量总是取正值，因此 $\Delta t$ 也总取正值。此外，$\alpha$ 大小是对流换热量 $q$ 计算的关键，它与流体的 $\lambda$、$\mu$、$\rho$、$c_p$ 等物性参数以及换热表面温度、形状、布置方式及流速等有关。

## 6.5 热 辐 射

我们知道，物体通过电磁波来传递能量的方式叫做辐射。按照产生电磁波的不同原因可以得到不同频率的电磁波。高频振荡电路产生的无线电波就是一种电磁波，此外还有红

外线、可见光、紫外线、X射线等各种电磁波。其中物体由于具有温度而辐射电磁波的现象称为热辐射。通过物体间相互辐射和吸收进行的热量传输过程称为辐射换热。热辐射的电磁波是物体内部微观粒子的热运动状态改变时激发出来的。只要物体的温度高于“绝对零度”（即0K），物体总是不断地把热能变为辐射能，向外发出热辐射，且物体的温度越高，辐射能力越强。同时，物体也不断地吸收周围物体投射到它表面上的热辐射，并把吸收的辐射能重新转变成热能。当物体与环境处于热平衡时，其表面上的热辐射换热仍在不停的进行，但其净辐射传热量等于零。

与导热、对流相比，热辐射这种传递能量方式有以下几个特点：（1）不需要中间介质，而且在真空中传递的效率最高，如太阳能量通过真空传至地球；（2）不仅伴随能量转移，且还有能量形式的转换；（3）在绝对0K以上物体均可以发射辐射能，辐射热交换结果是低温物体得到热量，高温物体失去了热量；（4）当物体与周围环境处于热平衡时，虽然辐射换热量为零，但此时处于动态平衡，辐射吸收过程仍在不断地进行。

为了定量表述单位黑体表面在一定温度下向外界辐射能量的多少，需要引入辐射力的概念。单位时间内，物体的单位表面积向外辐射的热量即为辐射力，记为$E$，单位为$W/m^2$。对于理想的辐射体（或称黑体），它的辐射力可按斯忒藩-玻耳兹曼定律计算，即

$$E_b = \sigma_b T^4 \tag{6.15}$$

式中，$E_b$为黑体的辐射力，$W/m^2$；$\sigma_b$为斯忒藩-玻耳兹曼常数，或称黑体的辐射常数，其值为$5.67\times10^{-8}W/(m^2\cdot K^4)$。

实际物体的辐射力$E$都小于同温度下黑体的辐射力$E_b$，并表示为

$$E = \varepsilon\sigma_b T^4 \tag{6.16}$$

式中，$\varepsilon$为物体的辐射率（发射率），或称黑度，它介于0~1之间。

## 6.6 传热热阻

将一维导热公式$Q = \lambda\dfrac{t_{w1}-t_{w2}}{\delta}\cdot A$整理成如下形式：

$$Q = \frac{t_{w1}-t_{w2}}{\delta/\lambda A} = \frac{\Delta t}{R_\lambda} \tag{6.17}$$

将式（6.17）与电学中的欧姆定律$I = \dfrac{U}{R}$相对比，不难得出$R_\lambda$具有类似于电阻的作用，把$R_\lambda$称为传热过程热阻，单位为℃/W，则其单位面积的导热热阻为$r_\lambda = \dfrac{\delta}{\lambda}$，单位为$m^2\cdot$℃/W。

同理由对流换热公式可得出对流换热热阻，具体如下：

$$Q = \alpha(t_w - t_f)\cdot A = \frac{t_w - t_f}{\dfrac{1}{\alpha A}} = \frac{t_w - t_f}{R_\alpha}$$

$$Q = \frac{\Delta t}{R_\alpha} \tag{6.18}$$

式中，$R_\alpha = \frac{1}{\alpha A}$，℃/W，为对流给热热阻。其单位面积的对流给热热阻 $r_\alpha = \frac{1}{\alpha}$，$m^2 \cdot$℃/W。

利用热阻可将某些热量传输问题转换成相应的模拟电路来分析，即串联热阻叠加原则。在一个串联的热量传递过程中，如果通过各个环节的热流量都相等，则串联热量传递过程的总热阻等于各串联环节热阻之和。即热阻串联时，总热阻为各串联的分热阻之和；热阻并联时，总热阻倒数为各并联热阻的倒数之和。

分析热阻组成，弄清各个环节的热阻在总热阻中所占的地位，能有效地抓住过程的主要矛盾。

如图 6.5 所示为暖气片内的热量传递方式，暖气片内热水与管子内壁是对流传热，管子内壁与外壁之间经导热将热量从内壁传到外壁，管子外壁与室内环境之间既有对流传热又有辐射传热。总之，导热、对流和热辐射是传热的最基本方式，任何复杂现象都是由这三种方式组成，根据不同具体条件，它们所占主次不同，如板坯连铸、省煤器和冷凝器等。

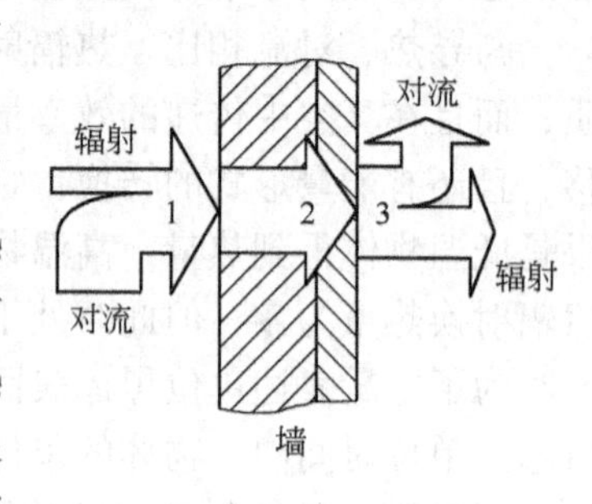


图 6.5 暖气片内外气流传热方式示意图

## 6.7 热量传输微分方程

由傅里叶定律可知，由温度场分布可以得到温度梯度，通过温度梯度可以计算热流密度 $q$，故导热问题集中于分析物体内部的温度场分布。

需要建立一个描述物体内各点温度与空间和时间内在联系的微分方程式，即能量微分方程或热量传输微分方程，加上单值性条件联立求解一个具体的温度场。

### 6.7.1 热量传输微分方程的推导

热能的传递有三种基本方式：热传导、热对流与热辐射。通过对大量实际导热问题的经验提炼，导热现象的规律总结为傅里叶定律，即

$$\dot{\boldsymbol{q}} = -\lambda \frac{\partial t}{\partial n}\dot{\boldsymbol{n}} \tag{6.19}$$

式中，$\lambda$ 是比例系数，称为热导率，又称导热系数（thermal conducitivity），负号表示热量传递方向与温度梯度的方向相反。

它和能量守恒定律（热力学第一定律）构成了热量传输微分方程的推导依据。热量传输微分方程推导方法如下：从流动着的流体内部，任取一个固定的微元体积并建立该体积元内流体能量守恒关系式。推导过程中做如下假定：（1）物性参数导热率 $\lambda$，密度 $\rho$，定压比热容 $c_p$ 等为常数，不随温度 $T$、压强 $p$ 改变；（2）非稳态有内热源（电阻加热放热，化学反应放热，溶解反应吸热，放热为正、吸热为负）；（3）不考虑动能，压力功和耗散能。由热力学第一定律导出简化后的物理方程：

$$Q_{外} = (p_2V_2 - p_1V_1) + (z_2 - z_1)g + (U_2 - U_1) + \frac{1}{2}(v_2^2 - v_1^2) + W \tag{6.20}$$

方程简化为：
$$Q_{外} = \Delta U$$

数学描述为：
$$Q_1 + Q_2 + Q_3 = \Delta U \tag{6.21}$$

式中 $Q_1$ ——单位时间内对流净传入微元体的总热量；

$Q_2$ ——单位时间内导热传入微元体的净热量；

$Q_3$ ——单位时间内微元体内热源生成的热量；

$\Delta U$——单位时间内微元体内能的增量。

黏性切应力使流体运动过程中存在黏性摩擦力影响，耗能量。但只有当流体高速流动时或黏性很大时才显重要，故流体流速低时，动能及耗散能可忽略。法向应力对流体产生的压缩功转化的压力功可忽略。

传入、传出热量都是 $x$，$y$，$z$ 三个方向各自贡献的结果（如图6.6所示），公式推导以 $x$ 方向为例，对流传入微元体的热量为 $Q_{1,x}$。在 $x$ 方向，由于流体流动，单位时间内从 $EFGH$ 面对流传入微元体的热量为 $Q_{1,x}$，即 $Q_{1,x} = \rho v_x u \mathrm{d}y\mathrm{d}z$。式中，$u$ 为每千克流体的内能，$u = c_p \cdot t$。与此同时，从 $ABCD$ 面对流传出微元体的热量为

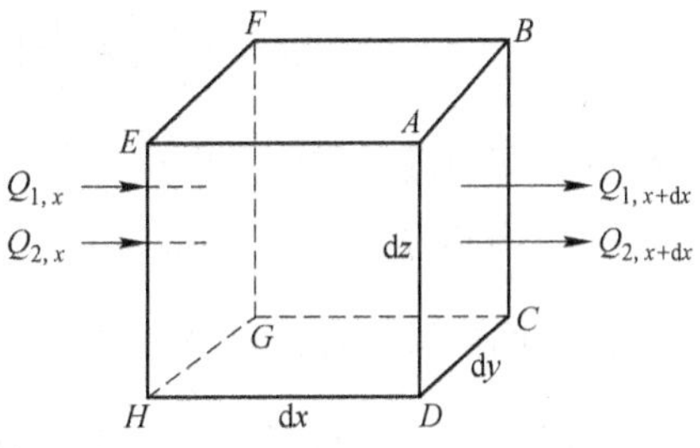


图6.6 微元体导热分析示意图

$$Q_{1,x+\mathrm{d}x} = Q_{1,x} + \frac{\partial}{\partial x}(Q_{1,x})\mathrm{d}x$$

在 $x$ 方向，单位时间内对流传入微元体的净热量为

$$Q_{1,x} - Q_{1,x+\mathrm{d}x} = -\frac{\partial}{\partial x}(Q_{1,x})\mathrm{d}x = -\rho\frac{\partial}{\partial x}(v_x u)\mathrm{d}x\mathrm{d}y\mathrm{d}z$$

$$= -\rho\left(u\frac{\partial v_x}{\partial x} + v_x\frac{\partial u}{\partial x}\right)\mathrm{d}x\mathrm{d}y\mathrm{d}z$$

同理，可写出 $y$ 和 $z$ 方向在单位时间内对流传入微元体的净热量，并由此可得单位时间内净传入微元体的总热量为

$$Q_1 = -\rho\left[v_x\frac{\partial u}{\partial x} + v_y\frac{\partial u}{\partial y} + v_z\frac{\partial u}{\partial z} + u\left(\frac{\partial v_x}{\partial x} + \frac{\partial v_y}{\partial y} + \frac{\partial v_z}{\partial z}\right)\right]\mathrm{d}x\mathrm{d}y\mathrm{d}z$$

由动量传输可知，对于不可压缩流体，其连续性方程为

$$\frac{\partial v_x}{\partial x} + \frac{\partial v_y}{\partial y} + \frac{\partial v_z}{\partial z} = 0$$

所以单位时间内对流净传入微元体的总热量为

$$Q_1 = -\rho\left(v_x\frac{\partial u}{\partial x} + v_y\frac{\partial u}{\partial y} + v_z\frac{\partial u}{\partial z}\right)\mathrm{d}x\mathrm{d}y\mathrm{d}z = -\rho c_p\left(v_x\frac{\partial t}{\partial x} + v_y\frac{\partial t}{\partial y} + v_z\frac{\partial t}{\partial z}\right)\mathrm{d}x\mathrm{d}y\mathrm{d}z \tag{6.22}$$

导热传入微元体的热量为 $Q_{2,x}$，可按傅里叶定律计算。在 $x$ 方向，单位时间内从 $EF$-$GH$ 面导热传入微元体的热量为

$$Q_{2,x} = -\lambda\frac{\partial t}{\partial x}\mathrm{d}y\mathrm{d}z$$

同时，从 $ABCD$ 面导热传出微元体的热量为

$$Q_{2,x+dx} = Q_{2,x} + \frac{\partial}{\partial x}(Q_{2,x})\mathrm{d}x$$

因此，从 $x$ 方向在单位时间内导热传入微元体的净热量为

$$Q_{2,x} - Q_{2,x+dx} = -\frac{\partial}{\partial x}(Q_{2,x})\mathrm{d}x = \frac{\partial}{\partial x}\left(\lambda\frac{\partial t}{\partial x}\right)\mathrm{d}x\mathrm{d}y\mathrm{d}z$$

同理，求 $y$ 和 $z$ 方向导热传入微元体的净热量，并由此可得单位时间内导热传入微元体的净热量为

$$Q_2 = \left[\frac{\partial}{\partial x}\left(\lambda\frac{\partial t}{\partial x}\right) + \frac{\partial}{\partial y}\left(\lambda\frac{\partial t}{\partial y}\right) + \frac{\partial}{\partial z}\left(\lambda\frac{\partial t}{\partial z}\right)\right]\mathrm{d}x\mathrm{d}y\mathrm{d}z \tag{6.23}$$

单位时间内微元体内热源生成的热量为：$Q_3 = q_v \mathrm{d}x\mathrm{d}y\mathrm{d}z$ (6.24)
式中，$q_v$ 为内热源强度，$\mathrm{W/m^3}$。

单位时间内微元体内能的增量为：$\Delta U = \rho c_p \frac{\partial t}{\partial \tau}\mathrm{d}x\mathrm{d}y\mathrm{d}z$ (6.25)

将式(6.22)~式(6.25)代入式（6.21），并消去 $\mathrm{d}x\mathrm{d}y\mathrm{d}z$，整理得

$$\frac{\partial t}{\partial \tau} + v_x\frac{\partial t}{\partial x} + v_y\frac{\partial t}{\partial y} + v_z\frac{\partial t}{\partial z} = a\left(\frac{\partial^2 t}{\partial x^2} + \frac{\partial^2 t}{\partial y^2} + \frac{\partial^2 t}{\partial z^2}\right) + \frac{q_v}{\rho c_p} \tag{6.26}$$

或

$$\frac{\mathrm{D}t}{\mathrm{D}\tau} = a\nabla^2 t + \frac{q_v}{\rho c_p} \tag{6.27}$$

式中，$a = \frac{\lambda}{\rho c_p}$ 为材料的导温系数或热扩散系数，也是热物性量。

式（6.27）即傅里叶-克希荷夫流体能量微分方程。

从傅里叶-克希荷夫流体能量微分方程中可以看出：（1）非稳态项表示流体温度 $t$ 与时间 $\tau$ 有关；（2）对流项是由流体宏观位移（对流）引起的热量转移；（3）导热项是由流体导热引起的热量转移，即对流换热现象是流体导热和对流联合作用的结果，流体的温度分布要受流体流速的影响；（4）当流体不流动处于静止时，$v_x = v_y = v_z = 0$，即为导热微分方程。

### 6.7.2 热量传输微分方程的形式

（1）导热系数为常数，即非稳态、有内热源、常物性的导热微分方程。此时式（6.27）化为

$$\frac{\partial t}{\partial \tau} = a\nabla^2 t + \frac{q_v}{\rho c_p} \tag{6.28}$$

式中，$a = \lambda/\rho c$，称为热扩散率或热扩散系数（thermal diffusivity）。

（2）导热系数为常数，无内热源、常物性的导热微分方程。式（6.27）化为

$$\frac{\partial t}{\partial \tau} = a\nabla^2 t \tag{6.29}$$

这就是常物性、无内热源的三维非稳态导热微分方程。

（3）稳态，有内热源、常物性的导热微分方程。此时式（6.27）化为

$$a\nabla^2 t + \frac{q_{\mathrm{v}}}{\rho c_p} = 0 \tag{6.30}$$

数学上将式（6.30）称为泊松（Poisson）方程，是常物性、稳态、三维且有内热源问题的温度场控制方程式。

（4）稳态，无内热源、常物性的导热微分方程。此时式（6.27）化为拉普拉斯（Laplace）方程

$$\nabla^2 t = 0 \tag{6.31}$$

（5）无内热源、一维稳态导热微分方程。

$$\frac{\mathrm{d}^2 t}{\mathrm{d}x^2} = 0 \tag{6.32}$$

注意：变物性的导热微分方程，导热系数 $\lambda$ 不能从偏微分号中提出来。

### 6.7.3 导温系数（热扩散率）的物理意义

以物体受热升温的情况为例来作分析，在物体受热升温的非稳态导热过程中，进入物体的热量沿途不断地被吸收而使当地温度升高，此过程持续到物体内部各点温度全部扯平为止。由热扩散率定义式 $a = \lambda/(\rho \cdot c_p)$ 可知，物体的导热系数 $\lambda$ 越大，在相同温度梯度下，可以传导更多的热量；分母 $\rho \cdot c_p$ 表示为单位体积的物体温度升高 1℃所需的热量，$\rho \cdot c_p$ 越小，温度升高 1℃所吸收的热量越少，可以剩下更多的热量继续向物体内部传递，能使物体内各点的温度更快地随界面温度的升高而升高。由此可见 $a$ 的物理意义如下：(1) $a$ 越大，表示物体受热时，其内部各点温度扯平的能力越大；（2）$a$ 越大，表示物体中温度变化传播的越快，所以 $a$ 也是材料传播温度变化能力大小的指标，亦称导温系数；（3）表示物体在非稳态导热过程中温度变化快慢的热物性参数，即 $\lambda$ 增大则导热能力增强（传导增强，蓄热减少），即加大热流量（相同温度梯度下可传导更多的热量）；$\rho \cdot c_p$ 下降则蓄热能力下降（传导增强），即通过物体的热量中只有少数被吸收用来提高物体的温度，其余更多热量将进一步向远处传播；（4）说明物体被加热或被冷却时，物体内部各部分温度趋于均一的能力，即同样加热、冷却，$a$ 越大则物体内各处温度越易均匀。如普碳钢的 $a$ 值约为合金钢的 2 ~ 4 倍，连铸过程中，普碳钢可采取拉速大，冷却强度大的工艺制度。

### 6.7.4 圆柱坐标系下的导热微分方程形式

工程上常遇到圆柱体、圆管壁、球壁等几何对称物体的导热问题，应用圆柱坐标或球坐标系来表示比较方便，可减少变量个数（如图 6.7 所示）。

圆柱坐标导热微分方程式推导有两种方法：（1）圆柱坐标系中的微元六面体，写出各能量收支项表达式，代入能量方程式导出；（2）根据直角坐标和圆柱坐标间存在的简单转换关系。

因为

$$x = r\cos\theta$$

$$y = r\sin\theta$$

$$z = z$$

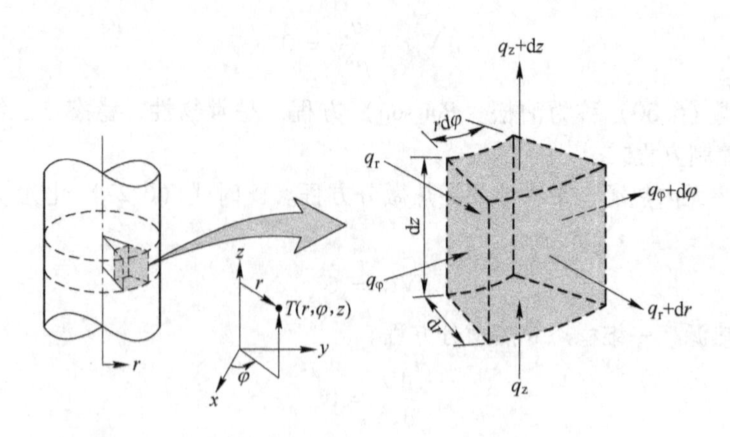


图6.7　圆柱坐标系中的微元体

经坐标转换得到圆柱坐标系导热微分方程

$$\frac{\partial t}{\partial \tau}=a\left(\frac{\partial^2 t}{\partial r^2}+\frac{1}{r}\cdot\frac{\partial t}{\partial r}+\frac{1}{r^2}\cdot\frac{\partial^2 t}{\partial \theta^2}+\frac{\partial^2 t}{\partial z^2}\right)+\frac{q_v}{\rho c_p} \tag{6.33}$$

式（6.33）经简化得无内热源、非稳态、常物性导热微分方程式

$$\frac{\partial t}{\partial \tau}=a\left(\frac{\partial^2 t}{\partial r^2}+\frac{1}{r}\cdot\frac{\partial t}{\partial r}+\frac{1}{r^2}\cdot\frac{\partial^2 t}{\partial \theta^2}+\frac{\partial^2 t}{\partial z^2}\right) \tag{6.34}$$

无内热源、稳态，仅沿径向有温度变化的导热微分方程式

$$\frac{\mathrm{d}^2 t}{\mathrm{d}r^2}+\frac{1}{r}\cdot\frac{\mathrm{d}t}{\mathrm{d}r}=0\quad 或\quad \frac{\mathrm{d}}{\mathrm{d}r}\left(r\frac{\mathrm{d}t}{\mathrm{d}r}\right)=0 \tag{6.35}$$

如空心圆筒导热过程中，当筒壁厚度远远小于其长度时，仅沿径向方向导热，任何一个同心圆柱面，等温面上没有热流变化。

通过导热微分方程可知，求解导热问题，实际上就是对导热微分方程式的求解。预知某一导热问题的温度分布，必须给出表征该问题的附加条件即单值性条件。

### 6.7.5　单值性条件

单值性条件是指使导热微分方程获得适合某一特定导热问题求解的附加条件。

热量传输微分方程只表示存在于物体内部的各点温度随时间和空间变化的一般关系式，是求解一切导热方程的依据（共性）。

单值性条件：为使微分方程具有确定的解，必须给出足以使传热过程单一地确定下来的各种条件，从而单值或唯一地确定出温度场表达式，这些条件称为“单值性条件”。即导热方程加单值性条件确定具体的温度场特解（个性）。

单值性条件包括以下几种：

（1）几何条件：导热物体几何形状是平壁、圆筒壁，其厚度、直径。

（2）物理条件：物体材料，物性 $\lambda$、$\mu$、$\rho$、$c_p$ 等值大小及是否为常物性，是否有内热源。

（3）初始条件：导热现象开始时，物体内温度分布情况，稳态时没有此项。

（4）边界条件：导热物体边界上换热条件，是指系统与外界相接触时的边界情况。

正是因为这些边界情况是系统内过程发生的原因，如物体表面的温度、热流和对流换热的情况等都属于边界条件。应着重分析初始条件和边界条件：

（1）初始条件：指过程开始时刻物体内的温度分布（对于流动流体还有速度分布）。

表示成：
$$t|_{\tau=0} = f(x,y,z)$$

1）最简单的情况是开始时刻物体内各点温度具有相同数值。

$$t|_{\tau=0} = t_0 = \text{const}$$

2）稳态传热：温度分布与时间无关，不存在初始条件。

（2）边界条件：是描述外部换热规律及其与内部导热之间的关系。对流换热问题边界条件：包括温度边界条件和速度边界条件；固体导热问题边界条件：只有温度边界条件。温度边界条件：指物体边界上的温度特征和换热情况，分为以下三类：

第Ⅰ类边界条件：已知任何时刻边界面上的温度（表面 $T$ 随 $\tau$ 变化规律）分布，简单表示为边界上温度在任何时刻保持恒定。

$$\tau > 0, \quad t_w = f(\tau)$$

简单表示为
$$t_w = \text{const} \tag{6.36}$$

第Ⅱ类边界条件：已知任何时刻物体边界面上的热流（$q$ 随 $\tau$ 变化规律）分布。

$$\tau > 0, \quad q_w = -\lambda \left.\frac{\partial t}{\partial n}\right|_w = f(\tau) \tag{6.37}$$

式中，$n$ 为 $w$ 表面的法线方向；$q_w$ 可为常数，也可为时间函数；简单情况：某个边界面完全绝热，$q_w$ 或 $\partial t/\partial n = 0$。

第Ⅲ类边界条件：又称对流边界条件，规定了边界上的换热条件，即物体与周围流体间的对流换热系数 $\alpha$ 及 $t_f$。已知物体被冷却，傅里叶定律牛顿冷却公式为：

$$-\lambda \left.\frac{\partial t}{\partial n}\right|_w = \alpha(t_w - t_f) \tag{6.38}$$

式中，$\alpha$ 及 $t_f$ 可为常数，也可为随 $\tau$ 变化函数。其中简单情况时，$\alpha$ 及 $t_f$ 为常数，$t_f$ 记作 $t_\infty$。

同时存在对流给热和辐射换热时，$\alpha$ 记作 $\alpha_\Sigma$。第Ⅲ类可转化为第Ⅰ类：当 $\alpha$ 很大时，$t_w = t_f$；第Ⅲ类可转化为第Ⅱ类：当 $\alpha$ 很小时，$-\lambda \left.\dfrac{\partial t}{\partial n}\right|_w = 0$。

**例 6-3**　一厚度为 $\delta$ 的无限大平板，其导热系数 $\lambda$ 为常数，平板内具有均匀的内热源 $q_v$（$W/m^3$）。平板 $x=0$ 一侧温度恒为 $t_w$，另一侧 $x=\delta$ 与温度为 $t_f$ 的流体直接接触，已知平板与流体间的对流换热系数为 $\alpha$，试写出这一稳态导热过程的微分方程和边界条件。

**解**：对于 $\lambda = \text{const}$，具有内热源的导热问题，其导热微分方程式为：

$$\frac{\partial t}{\partial \tau} = a\left(\frac{\partial^2 t}{\partial x^2} + \frac{\partial^2 t}{\partial y^2} + \frac{\partial^2 t}{\partial z^2}\right) + \frac{q_v}{\rho c_p}$$

因为是无限大平板的稳态导热，所以方程式可简化为一维稳态导热微分方程，即：

$$\frac{d^2t}{dx^2} + \frac{q_v}{\lambda} = 0$$

$x=0$ 一侧温度恒为 $t_w$，该问题的边界条件为：

$$t\big|_{x=0} = t_w$$

$x = \delta$ 一侧为对流边界，因此，边界条件为：

$$-\lambda \frac{dt}{dx}\bigg|_{x=\delta} = \alpha(t\big|_{x=\delta} - t_f)$$

**例 6-4** 一厚度为 $\delta$ 的无限大平板，其导热系数 $\lambda$ 为常数，平板内具有均匀的内热源 $q_v$(W/m$^3$)。平板 $x=0$ 一侧与温度为 $t_{f1}$ 的流体直接接触，已知平板与流体间的对流换热系数为 $\alpha_1$，$x=\delta$ 一侧与温度为 $t_{f2}$ 的流体直接接触，已知平板与流体间的对流换热系数为 $\alpha_2$。试写出这一稳态导热过程的微分方程和边界条件（$t_{f2} > t_{f1}$）。

**解**：对于 $\lambda = \text{const}$，具有内热源的导热问题，其导热微分方程式为：

$$\frac{\partial t}{\partial \tau} = a\left(\frac{\partial^2 t}{\partial x^2} + \frac{\partial^2 t}{\partial y^2} + \frac{\partial^2 t}{\partial z^2}\right) + \frac{q_v}{\rho c_p}$$

因为是无限大平板的稳态导热，所以方程式可简化为一维稳态导热微分方程，即：

$$\frac{d^2t}{dx^2} + \frac{q_v}{\lambda} = 0$$

$x=0$ 一侧为对流边界，该问题的边界条件为：

$$-\lambda \frac{dt}{dx}\bigg|_{x=0} = \alpha_1(t\big|_{x=0} - t_{f1})$$

$x = \delta$ 一侧为对流边界，因此，该问题的边界条件为：$-\lambda \frac{dt}{dx}\Big|_{x=\delta} = \alpha_2(t_{f2} - t\big|_{x=\delta})$。

### 6.7.6 傅里叶导热定律和导热微分方程式的比较

导热定律描述了导热物体内部温度梯度与热流密度间关系。导热微分方程式是借助于傅里叶定律和能量守恒定律导出的，描述了导热物体内部温度随时间和空间变化的一般关系。

求解导热问题主要任务是确定温度场的温度分布（导热方程）和热流密度分布（导热定律）。首先必须掌握不同导热问题的导热微分方程式及单值性条件的数学描述，进而求温度场分布及热流密度分布。

## 本章小结

6-1 热量传输的三种基本方式：导热、对流、热辐射。

6-2 导热基本定律：傅里叶定律 $Q = -\lambda A \frac{\partial t}{\partial x}$

6-3 对流基本定律：牛顿冷却公式 $Q = \alpha(t_w - t_f)A = \alpha \Delta t A$

6-4 辐射基本定律：斯蒂芬-玻耳兹曼定律 $E_b = \sigma_b T^4$

6-5 热量传输微分方程：

$$\frac{\partial t}{\partial \tau} = a\left(\frac{\partial^2 t}{\partial x^2} + \frac{\partial^2 t}{\partial y^2} + \frac{\partial^2 t}{\partial z^2}\right) + \frac{q_v}{\rho c_p}$$

6-6 单值性条件：
- 几何条件
- 物理条件
- 初始条件
- 边界条件（分三类）

## 思考题与习题

### 思考题

6-1 什么是热量传输，有哪几种基本传热方式？

6-2 温度场定义及表达形式？

6-3 温度梯度与热量通量间服从什么规律？

6-4 什么是导热，导热有何特点，基本定律是什么，解决的问题关键在哪？

6-5 什么是对流换热，换热机理是什么，如何分类？基本计算公式是什么，对流换热解决的问题关键在哪？

6-6 什么是辐射换热，辐射换热有何特点，其基本定律是什么？

6-7 热阻有何应用？

6-8 热量传输微分方程推导依据是什么？有哪几种形式？

### 习　题

6-1 单位时间通过单位面积的热量称为什么？一般用什么符号表示？（　　）

A. 热流密度，$q$　　B. 热流密度，$Q$　　C. 热流量，$q$　　D. 热流量，$Q$

6-2 太阳与地球间的热量传递属于下述哪种传热方式？（　　）

A. 导热　　B. 对流　　C. 热辐射　　D. 以上几种都不是

6-3 下列哪几种换热过程不需要有物体的宏观运动？（　　）

A. 对流　　B. 辐射　　C. 复合换热　　D. 导热

6-4 热流密度 $q$ 与热流量 $Q$ 的关系为（以下式子中 $A$ 为换热面积，$\lambda$ 为导热系数、$\alpha$ 为对流换热系数）（　）。

A. $q = \alpha Q/A$　　B. $q = Q/A$　　C. $q = \lambda Q$　　D. $q = \alpha Q$

6-5 在传热过程中，系统传热量与下列哪一个参数成反比？（　　）

A. 传热面积　　B. 流体温差　　C. 传热系数　　D. 传热热阻

6-6 第二类边界条件是什么？（　　）

A. 已知物体边界上的温度分布　　B. 已知物体表面与周围介质之间的换热情况

C. 已知物体边界上的热流密度　　D. 已知物体边界上流体的温度与流速

6-7 导温系数的物理意义是什么？（　　）

A. 表明材料导热能力的强弱　　B. 反映材料的储热能力

C. 反映材料传播温度变化的能力　　D. 表明稳态传热过程的物理量

6-8 若已知某一种气体的密度为 0.16kg/m$^3$，比热容为 1.122kJ/(kg·K)，导热系数为 0.0484W/(m·K)。求其导温系数。（　　）

A. $14.3m^2/s$　B. $2.69\times10^{-4}m^2/s$　C. $0.0699m^2/s$　D. $1.43\times10^4m^2/s$

6-9 推导导热微分方程时，主要依据的定律是（　　）。

A. 傅里叶定律和质量守恒定律　B. 牛顿冷却公式和动量守恒定律

C. 牛顿冷却公式和热力学第二定律　D. 傅里叶定律和能量守恒定律

6-10 从傅里叶-克希荷夫流体能量微分方程中可以看出，下列说法错误的是（　　）。

A. 热流密度仅与流体温度 $T$ 有关

B. 公式中的对流项是由流体宏观位移（对流）引起的热量转移

C. 对流换热现象是流体导热和对流联合作用的结果，流体的温度分布要受流体流速的影响

D. 当流体不流动处于静止时，$v_x = v_y = v_z = 0$ 即为导热微分方程

# 7 导 热

**本章学习要点**：确定不同情况下物体（固体）中的温度场和通过物体的热流密度（导热速率）。

**求解思路**：确定稳态或非稳态导热微分方程形式及初始条件和边界条件，可以得到温度场的分布，利用傅里叶定律可得热流密度。

**方法**：分析解法。

## 7.1 通过平壁的一维稳态导热

理想的一维导热平壁是长度、宽度为厚度 8 ~ 10 倍时的无限大平壁，认为沿长与宽方向没有温度变化，仅沿厚度方向有温度变化，可近似作为一维导热，如房间的墙壁，各种加热炉炉壁等。

### 7.1.1 第 I 类边界条件：表面温度为常数

7.1.1.1 单层平壁

设有一厚度为 $\delta$ 的无限大单层平壁，无内热源，常物性 $\lambda = \text{const}$，平壁两侧表面分别维持均匀稳定温度 $t_{w1}$、$t_{w2}$，且 $t_{w1} > t_{w2}$（如图 7.1 所示）。

数学描述：一维稳态无内热源导热微分方程式。

$$\frac{d^2 t}{dx^2} = 0 \tag{7.1}$$

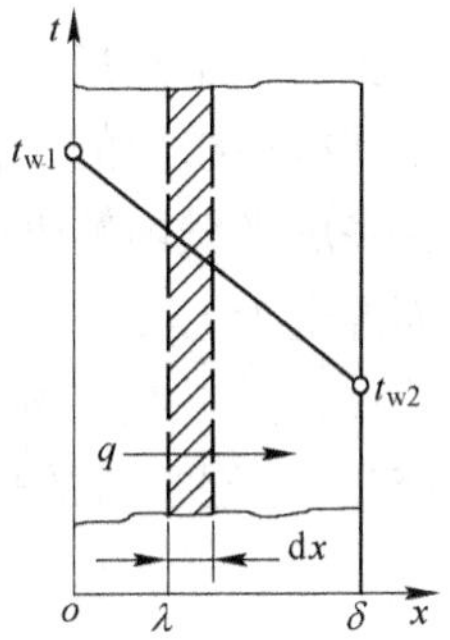

边界条件为：

$$x = 0, t = t_{w1}; x = \delta, t = t_{w2}$$

求解上述微分方程就可以得到平壁中的温度分布 $t = f(x)$。对式（7.1）两次积分得到通解：

$$t = C_1 x + C_2 \tag{7.2}$$

图 7.1 单层平壁

代入边界条件即可求出积分常数 $C_1$，$C_2$。

$$C_2 = t_{w1}$$

$$C_1 = \frac{t_{w2} - t_{w1}}{\delta}$$

将 $C_1$，$C_2$ 代入通解中，得到温度分布：

$$t = \frac{t_{w2} - t_{w1}}{\delta}x + t_{w1} \tag{7.3}$$

可见，对于无内热源，导热系数为常数的平壁，在稳态导热时，壁内的温度分布呈直线规律变化，与 $\lambda$ 无关。

已知温度分布，可求得温度梯度

$$\frac{dt}{dx} = \frac{t_{w2} - t_{w1}}{\delta} \tag{7.4}$$

将温度梯度代入傅里叶定律可得到通过此平壁的热流密度

$$q = -\lambda\frac{dt}{dx} = \lambda\frac{t_{w1} - t_{w2}}{\delta} \quad \text{W/m}^2 \tag{7.5}$$

如平壁侧面积为 $A$，则通过平壁的热流量为

$$Q = -\lambda A\frac{dt}{dx} = \lambda A\frac{t_{w1} - t_{w2}}{\delta} \quad \text{W} \tag{7.6}$$

由式（7.5）和式（7.6）可以看出，在一维平壁稳态导热过程中，由于温度梯度是常数，热流密度 $q$ 和热流量 $Q$ 都是常数，并与温差、导热系数和导热面积成正比，与平壁厚度 $\delta$ 成反比。

利用热阻的概念，采用模拟电路的方法确定热流密度 $q$（仅适用于一维稳态导热）。

$$q = \frac{t_{w1} - t_{w2}}{\delta/\lambda}, Q = \frac{t_{w1} - t_{w2}}{\delta/\lambda A} \tag{7.7}$$

7.1.1.2　*多层平壁*

多层平壁是指由几层不同材料组成的平壁，如工业炉的炉墙是由耐火砖、绝热砖等3层不同材料组成的，各层厚度分别为 $\delta_1$、$\delta_2$、$\delta_3$，导热系数分别为 $\lambda_1$、$\lambda_2$、$\lambda_3$ 且为常物性。多层平壁两侧表面维持均匀稳定温度 $t_{w1}$、$t_{w4}$，相互接触两表面具有相同温度，1-2 层界面温度为 $t_{w2}$，2-3 层为 $t_{w3}$（如图 7.2 所示）。

稳态导热时，经过各层平壁的热流密度必相等，根据式（7.5），三层平壁的热流密度分别为：

$$q = \frac{\lambda_1}{\delta_1}(t_{w1} - t_{w2})$$

$$q = \frac{\lambda_2}{\delta_2}(t_{w2} - t_{w3})$$

$$q = \frac{\lambda_3}{\delta_3}(t_{w3} - t_{w4})$$

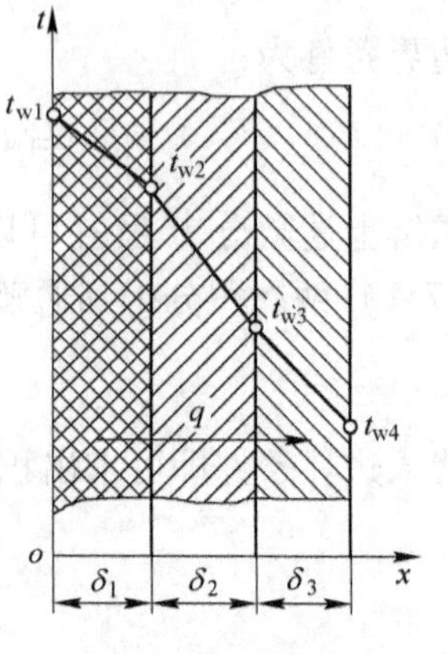

图 7.2　多层平壁导热

将上式移项并三式相加，整理成模拟电路的形式：

$$\left.\begin{aligned} t_{w1}-t_{w2} &= q\frac{\delta_1}{\lambda_1} \\ t_{w2}-t_{w3} &= q\frac{\delta_2}{\lambda_2} \\ t_{w3}-t_{w4} &= q\frac{\delta_3}{\lambda_3} \end{aligned}\right\} \Rightarrow q = \frac{t_{w1}-t_{w4}}{\dfrac{\delta_1}{\lambda_1}+\dfrac{\delta_2}{\lambda_2}+\dfrac{\delta_3}{\lambda_3}} = \frac{t_{w1}-t_{w4}}{\sum\limits_{i=1}^{3}\dfrac{\delta_i}{\lambda_i}} \quad \mathrm{W/m^2} \tag{7.8}$$

式中，$\sum\limits_{i=1}^{3}\dfrac{\delta_i}{\lambda_i}=\dfrac{\delta_1}{\lambda_1}+\dfrac{\delta_2}{\lambda_2}+\dfrac{\delta_3}{\lambda_3}$为整个平壁单位面积的总热阻，说明三层平壁导热的总热阻等于各层平壁导热热阻之和，这与串联电路中总电阻等于各分电阻之和类似。

通过 $n$ 层平壁的导热热流量 $Q$(W)为

$$Q = \frac{t_{w1}-t_{wn+1}}{\sum\limits_{i=1}^{n}\dfrac{\delta_i}{\lambda_i A}} \tag{7.9}$$

定义传热系数 $K$ 为单位面积上温度升高1℃时的传热量大小，W/(m$^2$·℃)：

$$K = \frac{1}{r_\lambda} = \frac{1}{\dfrac{s_1}{\lambda_1}+\dfrac{s_2}{\lambda_2}+\dfrac{s_3}{\lambda_3}} \tag{7.10}$$

所以　$q = K\Delta t$。

多层平壁之间的界面温度，即中间温度可由式（7.9）求得。第 $i$ 层和第 $i+1$ 层之间的界面温度为：

$$t_{wi+1} = t_{w1} - q\left(\frac{\delta_1}{\lambda_1}+\frac{\delta_2}{\lambda_2}+\cdots+\frac{\delta_i}{\lambda_i}\right) \tag{7.11}$$

若各层材料的导热系数为变量，应代入各层的平均导热系数，需先知道各层的界面温度，为简化计算，采用“逐步逼近法”。即先假定各中间温度，按此计算各层的平均导热系数，再确定热流密度，利用求得的热流密度重新计算中间温度，直至中间温度计算结果逼近假设值。

**例 7-1**　某炉墙内层为黏土砖，外层为硅藻土砖，它们的厚度分别为 $\delta_1=460$mm、$\delta_2=230$mm，导热系数分别为 $\lambda_1=0.7+0.64\times10^{-3}t$ W/(m·℃)、$\lambda_2=0.14+0.12\times10^{-3}t$ W/(m·℃)，炉墙两侧表面温度各为 $t_1=1400$℃、$t_2=100$℃，求稳态时通过炉墙的导热通量和两层砖交界面处的温度。

**解：**按试算法，假定交界面温度 $t_2=900$℃，计算每层砖的导热系数

$$\lambda_1 = 0.7+0.64\times10^{-3}\times\left(\frac{1400+900}{2}\right) = 1.436 \quad \mathrm{W/(m\cdot℃)}$$

$$\lambda_2 = 0.14+0.12\times10^{-3}\times\left(\frac{100+900}{2}\right) = 0.20 \quad \mathrm{W/(m\cdot℃)}$$

计算通过炉墙的热通量

$$q = \frac{t_{w1}-t_{w3}}{\dfrac{\delta_1}{\lambda_1}+\dfrac{\delta_2}{\lambda_2}} = \frac{1400-100}{\dfrac{0.46}{1.436}+\dfrac{0.23}{0.20}} = 884.2 \quad \mathrm{W/m^2}$$

计算界面温度

$$t_2 = t_{w1} - q\left(\frac{\delta_1}{\lambda_1}\right) = 1400 - 884.2 \times \frac{0.46}{1.436} = 1116.8 \quad ℃$$

$$t_2 \approx 1120 \quad ℃$$

将求出的 $t_2$ 与原假设的 $t_2$ 相比较相差甚大，重设 $t_2 = 1120℃$，则

$$\lambda_1 = 0.7 + 0.64 \times 10^{-3} \times \left(\frac{1400 + 1120}{2}\right) = 1.51 \quad W/(m \cdot ℃)$$

$$\lambda_2 = 0.14 + 0.12 \times 10^{-3} \times \left(\frac{100 + 1120}{2}\right) = 0.213 \quad W/(m \cdot ℃)$$

$$q = \frac{1400 - 100}{\frac{0.46}{1.51} + \frac{0.23}{0.213}} = 939 \quad W/m^2$$

$$t_2 = 1400 - 939 \times \frac{0.46}{1.51} = 1114 \quad ℃$$

$t_2$ 与第二次假设的温度值相近，故第二次求得的 $q$ 和 $t_2$ 即为所求的计算结果。

### 7.1.2 第Ⅲ类边界条件：周围介质温度为常数

#### 7.1.2.1 单层平壁的一维稳态导热

假定平壁厚为 $\delta$，平壁两侧流体温度分别为 $t_{f1}$、$t_{f2}$，无内热源，导热系数为常数，两侧流体与壁面间对流换热系数分别为 $\alpha_1$、$\alpha_2$，如图 7.3 所示。

一维稳态无内热源的导热微分方程为：

$$\frac{d^2 t}{dx^2} = 0$$

第Ⅲ类边界条件可表示为：

$$x = 0, q = -\lambda \left.\frac{dt}{dx}\right|_{x=0} = \alpha_1 (t_{f1} - t_{w1})$$

$$x = \delta, q = -\lambda \left.\frac{dt}{dx}\right|_{x=\delta} = \alpha_2 (t_{w2} - t_{f2})$$

将微分方程两次积分，得到通解：

$$t = C_1 x + C_2$$

带入边界条件得到积分常数：

$$C_1 = \frac{t_{f2} - t_{f1}}{\lambda\left(\frac{1}{\alpha_1} + \frac{\delta}{\lambda} + \frac{1}{\alpha_2}\right)}$$

$$C_2 = t_{f1} + \frac{t_{f2} - t_{f1}}{\alpha_1\left(\frac{1}{\alpha_1} + \frac{\delta}{\lambda} + \frac{1}{\alpha_2}\right)}$$

将 $C_1$，$C_2$ 代入得到温度分布：

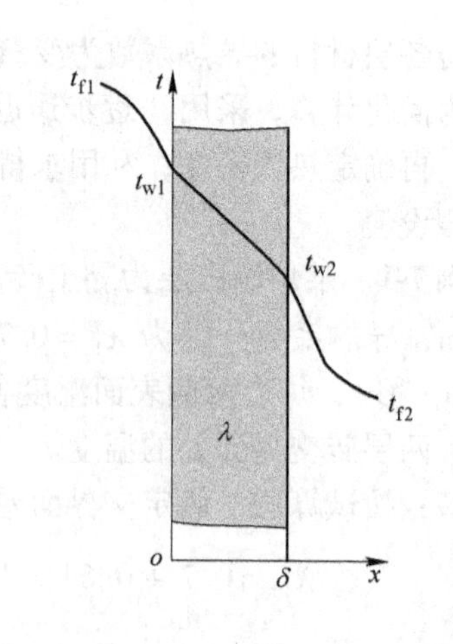


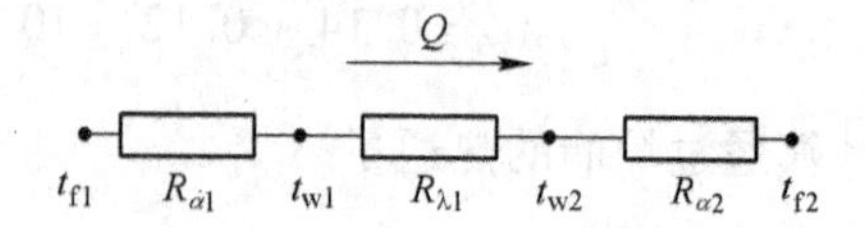


图 7.3 单层平壁一维稳态第Ⅲ类边界条件导热

$$t=\frac{t_{f2}-t_{f1}}{\lambda\left(\frac{1}{\alpha_1}+\frac{\delta}{\lambda}+\frac{1}{\alpha_2}\right)}x+t_{f1}+\frac{t_{f2}-t_{f1}}{\alpha_1\left(\frac{1}{\alpha_1}+\frac{\delta}{\lambda}+\frac{1}{\alpha_2}\right)} \tag{7.12}$$

上式表明温度分布是 $x$ 的线性函数，这一温度分布与第Ⅰ类边界条件下单层平壁导热的温度分布式是类似的。

将式（7.12）对温度求导，得到温度梯度：

$$\frac{dt}{dx}=\frac{t_{f2}-t_{f1}}{\lambda\left(\frac{1}{\alpha_1}+\frac{\delta}{\lambda}+\frac{1}{\alpha_2}\right)} \tag{7.13}$$

将式（7.13）代入傅里叶定律得到热流密度（$W/m^2$）：

$$q=-\lambda\frac{dt}{dx}=\frac{t_{f1}-t_{f2}}{\frac{1}{\alpha_1}+\frac{\delta}{\lambda}+\frac{1}{\alpha_2}} \tag{7.14}$$

表明通过任意截面的 $q$ 为常数。

热阻：

$$r=\frac{1}{\alpha_1}+\frac{\delta}{\lambda}+\frac{1}{\alpha_2}$$

式中，$\frac{1}{\alpha_1}$、$\frac{1}{\alpha_2}$ 为平壁两侧面与流体之间的单位面积上的对流换热热阻；$\frac{\delta}{\lambda}$ 为单位面积的导热热阻。

传热系数（$W/m^2$）：

$$K=\frac{1}{r},\quad q=K\Delta t=K(t_{f1}-t_{f2})$$

$$Q=KA\Delta t=\frac{\Delta t}{\frac{1}{KA}}$$

用模拟电路的方法求热流通量，整个传热过程可看成是对流给热—导热—对流给热三部分串联，同样可以得到热流密度和热流量的表达式。

$$q=\frac{t_{f1}-t_{f2}}{r}=\frac{t_{f1}-t_{f2}}{\frac{1}{\alpha_1}+\frac{\delta}{\lambda}+\frac{1}{\alpha_2}}$$

或

$$Q=\frac{t_{f1}-t_{f2}}{R}=\frac{t_{f1}-t_{f2}}{\frac{1}{\alpha_1 A}+\frac{\delta}{\lambda A}+\frac{1}{\alpha_2 A}}$$

#### 7.1.2.2 多层平壁

多层平壁按热阻串联概念，可直接得到热流体通过此多层平壁传给冷流体的热通量。

多层平壁一维稳态第Ⅲ类边界条件导热如图 7.4 所示，其中 $\lambda_1$，$\lambda_2$，…，$\lambda_n$ 为常数；$\delta_1$，$\delta_2$，…，$\delta_n$ 为各层厚度；$\alpha_1$，$\alpha_2$ 为多层平壁两侧的对流换热系数；$t_{f1}$，$t_{f2}$ 为多层平壁两侧的周围介质温度。

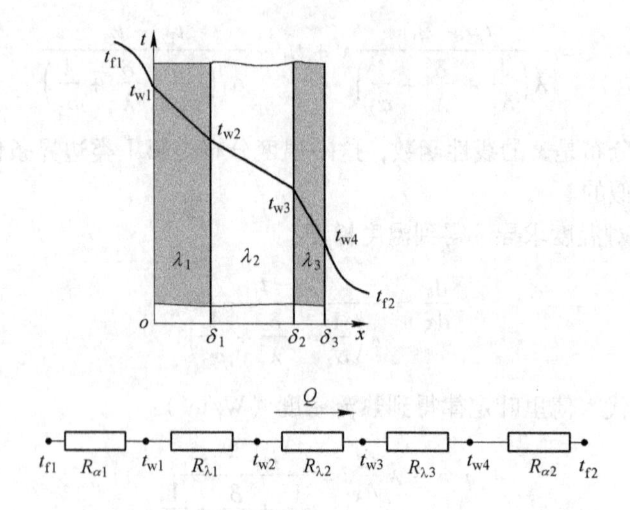


图 7.4　多层平壁一维稳态第Ⅲ类边界条件导热

$$q = \frac{t_{f1} - t_{f2}}{\frac{1}{\alpha_1} + \frac{\delta_1}{\lambda_1} + \frac{\delta_2}{\lambda_2} + \cdots + \frac{\delta_n}{\lambda_n} + \frac{1}{\alpha_2}} = \frac{t_{f1} - t_{f2}}{\frac{1}{\alpha_1} + \sum_{i=1}^{n} \frac{\delta_i}{\lambda_i} + \frac{1}{\alpha_2}} \tag{7.15}$$

其中热阻：

$$r = \frac{1}{\alpha_1} + \sum_{i=1}^{n} \frac{\delta_i}{\lambda_i} + \frac{1}{\alpha_2} \tag{7.16}$$

如平壁侧面积为 $A$，则通过多层平壁热流量为：

$$Q = \frac{t_{f1} - t_{f2}}{\frac{1}{\alpha_1 A} + \sum_{i=1}^{n} \frac{\delta_i}{\lambda_i A} + \frac{1}{\alpha_2 A}} \tag{7.17}$$

**例 7-2**　具有内热源并均匀分布的平壁，壁厚为 $2\delta$，假定平壁的长、宽远大于壁厚，平壁两侧表面温度恒为 $t_w$，内热源强度为 $q_v$，平壁材料的导热系数为常数，试推算稳态导热时，平壁内的温度分布和中心温度。

**解**：因平壁的长、宽远大于厚度，故此平壁的导热可认为是一维稳态导热。导热微分方程为：

$$\frac{d^2 t}{dx^2} + \frac{q_v}{\lambda} = 0$$

边界条件为：

$$x = \delta,\ t = t_w$$
$$x = -\delta, t = t_w$$

求解上述微分方程，得

$$t = -\frac{q_v}{2\lambda}x^2 + C_1 x + C_2$$

由边界条件确定积分常数：

$$C_2 = t_w + \frac{q_v}{2\lambda}\delta^2$$

$$C_1 = 0$$

平壁内的温度分布：

$$t = t_w + \frac{q_v}{2\lambda}(\delta^2 - x^2)$$

当 $x = 0$，则得平壁中心温度：

$$t_c = t_w + \frac{q_v}{2\lambda}\delta^2$$

**例 7-3** 如图 7.5 所示的墙壁，其导热系数为 50W/(m·K)，厚度为 50mm，在稳态情况下的墙壁内一维温度分布为 $t = 200 - 2000x^2$，式中 $t$ 的单位为℃，$x$ 的单位为 m。试求：(1)墙壁两侧表面的热流密度；(2)壁内单位体积的内热源生成热。

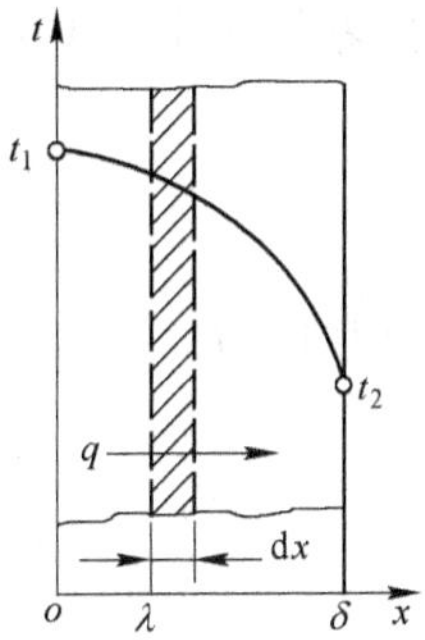

**解：**(1) 墙壁两侧表面的热流密度。由傅里叶定律有

$$q\big|_{x=0} = -\lambda \frac{\mathrm{d}t}{\mathrm{d}x}\bigg|_{x=0} = 4000\lambda x\big|_{x=0} = 0$$

$$q\big|_{x=\delta} = 4000\lambda x\big|_{x=\delta} = 4000 \times 50 \times 0.05 = 10 \quad \mathrm{kW/m^2}$$



图 7.5 单层平壁

(2) 壁内单位体积的内热源生成热。有两种解法：

1) 由导热微分方程：

$$\lambda \frac{\mathrm{d}^2 t}{\mathrm{d}x^2} + q_v = 0$$

所以，$q_v = -\lambda \frac{\mathrm{d}^2 t}{\mathrm{d}x^2} = -\lambda(-4000) = 4000\lambda = 4000 \times 50 = 2 \times 10^5 \quad \mathrm{W/m^3}$

2) $q_v = (q\big|_{x=\delta} - q\big|_{x=0})/\delta = (10 \times 10^3 - 0)/(5 \times 10^{-2}) = 2 \times 10^5 \quad \mathrm{W/m^3}$

## 7.2 通过圆筒壁的一维稳态导热

圆筒壁一维导热同样是工程中经常遇到的问题，如高炉、热风管道、蒸汽管道的导热均属通过圆筒形炉壁的导热问题。若筒壁长度远大于外径（$l/d_{外} > 10$），认为温度仅沿半径 $r$ 方向变化 $t = f(r)$，等温面是同心圆柱面，可视为一维导热处理。

### 7.2.1 第 I 类边界条件：表面温度为常数

#### 7.2.1.1 单层圆筒壁

一个长度为 $l$，内外径分别为 $r_1$、$r_2$ 的圆筒壁，$l \gg d_2$，无内热源（如图 7.6 所示）。导热系数为常数，内外壁温度均匀稳定，$z$ 轴在轴心上，即

$$\frac{\partial t}{\partial z} = 0, \quad \frac{\partial t}{\partial \theta} = 0$$

温度 $t$ 只是坐标 $r$ 的函数。一维稳态无内热源导热微分方程为：

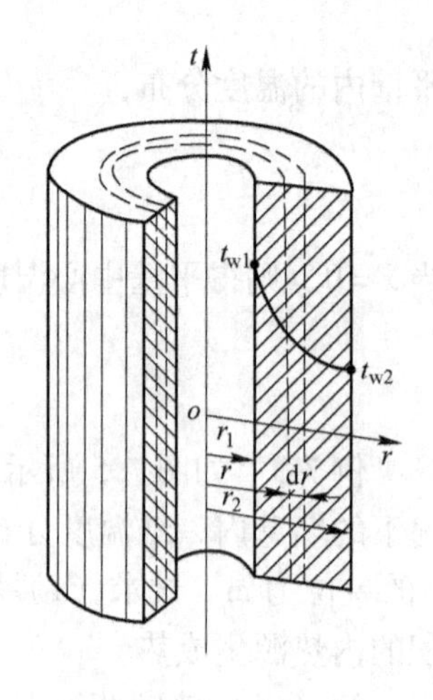


图 7.6 单层圆筒壁

$$\frac{\mathrm{d}}{\mathrm{d}r}\left(r\frac{\mathrm{d}t}{\mathrm{d}r}\right)=0 \tag{7.18}$$

边界条件：

$$r=r_1 \text{ 时}, \qquad t=t_{w1}$$

$$r=r_2 \text{ 时}, \qquad t=t_{w2}$$

积分两次得通解：

$$t=C_1\ln r+C_2$$

将边界条件代入式中，得：

$$t_{w1}=C_1\ln r_1+C_2$$

$$t_{w2}=C_1\ln r_2+C_2$$

积分常数为：

$$C_1=\frac{t_{w2}-t_{w1}}{\ln\frac{r_2}{r_1}}$$

$$C_2=\frac{t_{w1}\ln r_2-t_{w2}\ln r_1}{\ln\frac{r_2}{r_1}}$$

圆筒内的温度分布为：

$$t=t_{w1}+\frac{t_{w2}-t_{w1}}{\ln\frac{r_2}{r_1}}\ln\frac{r}{r_1} \tag{7.19}$$

由此可以看出，温度分布是按对数曲线的规律变化。

温度梯度为：

$$\frac{\mathrm{d}t}{\mathrm{d}r}=\frac{1}{r}\cdot\frac{t_{w2}-t_{w1}}{\ln\frac{r_2}{r_1}}$$

将其代入傅里叶定律，通过圆筒壁径向单位面积热流密度为：

$$q=-\lambda\frac{\mathrm{d}t}{\mathrm{d}r}=-\lambda\cdot\frac{t_{w2}-t_{w1}}{\ln\frac{r_2}{r_1}}\cdot\frac{1}{r} \tag{7.20}$$

可以看出，圆筒壁中温度梯度不是常数，随半径增加而下降；圆筒壁中热流密度不是常数，随半径增加而下降。

通过圆筒壁的热流量：

$$Q=A\cdot q=-2\pi rl\cdot\lambda\cdot\frac{t_{w2}-t_{w1}}{\ln\frac{r_2}{r_1}}\cdot\frac{1}{r}=\frac{t_{w1}-t_{w2}}{\frac{1}{2\pi l\lambda}\ln\frac{d_2}{d_1}}$$

可以看出，稳态导热通过圆筒壁的 $Q$ 与 $r$ 无关，是恒定的。

根据热阻的定义，通过整个圆筒壁的导热热阻为：

$$R = \frac{1}{2\pi l\lambda}\ln\frac{r_2}{r_1} \tag{7.21}$$

单位长度上的热流密度为：

$$q_l = \frac{Q}{L} = \frac{t_{w1} - t_{w2}}{\dfrac{1}{2\pi\lambda}\ln\dfrac{d_2}{d_1}} \tag{7.22}$$

式中，$\dfrac{1}{2\pi\lambda}\ln\dfrac{d_2}{d_1}$ 为单位长度圆筒壁的导热热阻。

$q_l$ 也不随 $r$ 变化，有

$$Q = q_l \cdot L = q_1 \cdot 2\pi r_1 L = q_2 \cdot 2\pi r_2 L$$

7.2.1.2 多层圆筒壁

多层圆筒壁如图 7.7 所示，例如高炉、热风炉。对于多层圆筒壁，$\lambda_1$，$\lambda_2$，…，$\lambda_n$ 为常数，$r_1$，$r_2$，…，$r_{n+1}$ 为半径，由模拟电路，通过它的热流量（W）为：

$$Q = \frac{t_{w1} - t_{wn+1}}{\sum_{i=1}^{n}\dfrac{1}{2\pi\lambda_i L}\ln\dfrac{d_{i+1}}{d_i}} \tag{7.23}$$

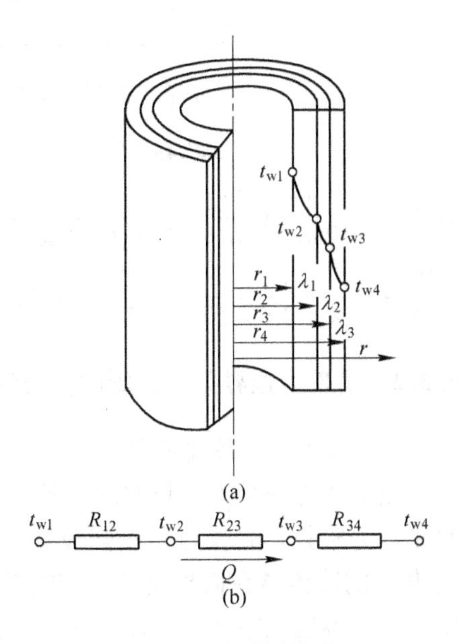


图 7.7 多层圆筒壁

单位长度热流量（W/m）：

$$q_l = \frac{Q}{L} = \frac{t_{w1} - t_{wn+1}}{\sum_{i=1}^{n}\dfrac{1}{2\pi\lambda_i}\ln\dfrac{d_{i+1}}{d_i}} \tag{7.24}$$

各层接触的界面温度（中间温度），对于第 $i$ 层和第 $i+1$ 层之间的中间温度：

$$t_{wi+1} = t_{w1} - q_l\left(\frac{1}{2\pi\lambda_1}\ln\frac{d_2}{d_1} + \frac{1}{2\pi\lambda_2}\ln\frac{d_3}{d_2} + \cdots + \frac{1}{2\pi\lambda_i}\ln\frac{d_{i+1}}{d_i}\right) = t_{w1} - q_l\sum_{i=1}^{i}\frac{1}{2\pi\lambda_i}\ln\frac{d_{i+1}}{d_i} \tag{7.25}$$

**例 7-4** 某高炉热风管道由四层组成：最内层为黏土砖、中间依次为硅藻土砖和石棉板，最外层为钢板。它们的厚度（单位：mm）分别为 $\delta_1 = 115$、$\delta_2 = 230$、$\delta_3 = 10$、$\delta_4 = 10$；导热系数（单位：W/(m · ℃)）：分别为 $\lambda_1 = 1.3$、$\lambda_2 = 0.28$、$\lambda_3 = 0.22$、$\lambda_4 = 52$。热风管道内径 $d_1 = 1$m，热风平均温度为 1000℃，与内壁的给热系数 $\alpha_1 = 31$W/(m$^2$ · ℃)，周围空气温度为 20℃，与风管外表面间的给热系数为 10.5W/(m$^2$ · ℃)。试求每米热风管长的热损失。

**解：** 已知

$$d_1 = 1 \quad \text{m}$$

$$d_2 = d_1 + 2\delta_1 = 1 + 0.23 = 1.23 \quad \text{m}$$

$$d_3 = d_2 + 2\delta_2 = 1.23 + 0.46 = 1.69 \quad \text{m}$$

$$d_4 = d_3 + 2\delta_3 = 1.69 + 0.02 = 1.71 \quad \text{m}$$
$$d_5 = d_4 + 2\delta_4 = 1.71 + 0.02 = 1.73 \quad \text{m}$$
$$t_{f1} = 1000 \quad ℃$$
$$t_{f2} = 20 \quad ℃$$

每米管长的热损失为

$$q_l = \frac{t_{f1} - t_{f2}}{\dfrac{1}{\pi d_1 \alpha_1} + \sum_{i=1}^{4} \dfrac{1}{2\pi\lambda_i}\ln\dfrac{d_{i+1}}{d_i} + \dfrac{1}{\pi d_5 \alpha_2}}$$
$$= \frac{1000 - 20}{\dfrac{1}{3.14 \times 1 \times 31} + \sum_{i=1}^{4} \dfrac{1}{2\pi\lambda_i}\ln\dfrac{d_{i+1}}{d_i} + \dfrac{1}{3.14 \times 1.73 \times 10.5}}$$
$$= 4043 \quad \text{W/m}$$

其中，$\sum_{i=1}^{4} \frac{1}{2\pi\lambda_i}\ln\frac{d_{i+1}}{d_i} = \frac{1}{2 \times 3.14 \times 1.3}\ln\frac{1.23}{1} + \frac{1}{2 \times 3.14 \times 0.28}\ln\frac{1.69}{1.23} + \frac{1}{2 \times 3.14 \times 0.22}\ln\frac{1.71}{1.69} + \frac{1}{2 \times 3.14 \times 52}\ln\frac{1.73}{1.71} = 0.215$。

### 7.2.2 第Ⅲ类边界条件：周围介质温度为常数

#### 7.2.2.1 单层圆筒壁

图7.8为一个无内热源的内外半径分别为 $r_1$、$r_2$，长度为 $l$ 的圆筒壁，筒壁材料的导热系数为常数。温度为 $t_{f1}$ 的热流体在筒内流动，筒内壁与流体的对流换热系数为 $\alpha_1$；温度为 $t_{f2}$ 的冷流体在筒外流动，与筒外壁的对流换热系数为 $\alpha_2$。假定冷热流体温度保持稳定，壁内温度仅沿半径 $r$ 方向发生变化。

该问题为第Ⅲ类边界条件下，通过圆筒壁的一维稳态导热问题，无内热源柱坐标系的导热微分方程及边界条件为：

$$\frac{d}{dr}\left(r\frac{dt}{dr}\right) = 0$$

$$r = r_1, \ -\lambda\frac{dt}{dr} = \alpha_1(t_{f1} - t_{w1})$$

$$r = r_2, \ -\lambda\frac{dt}{dr} = \alpha_2(t_{w2} - t_{f2})$$

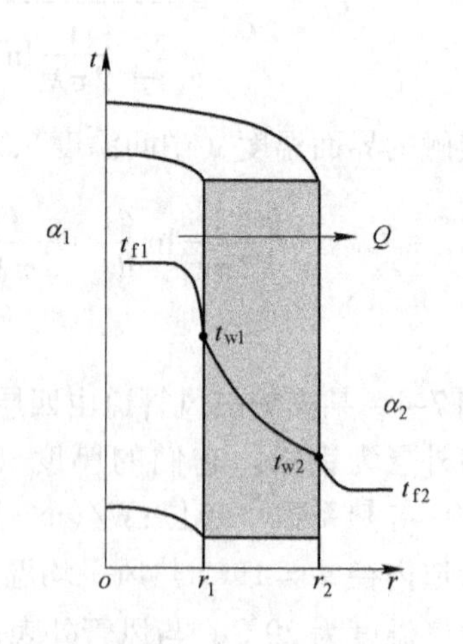


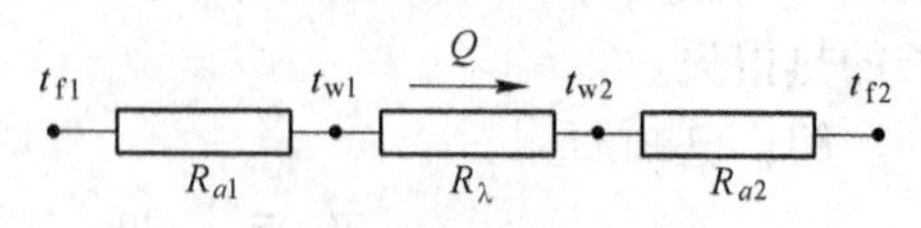


图7.8 单层圆筒壁一维稳态第Ⅲ类边界条件导热

由模拟电路方法分析，热流由以下三部分串联组成。

（1）热流体与内壁表面对流给热

$$Q_1 = \alpha_1(t_{f1} - t_{w1})\pi d_1 l = \frac{t_{f1} - t_{w1}}{\dfrac{1}{\alpha_1 \pi d_1 l}}$$

（2）圆筒壁内部导热

$$Q_2 = 2\pi l\lambda \frac{t_{w1} - t_{w2}}{\ln \dfrac{d_2}{d_1}} = \frac{t_{w1} - t_{w2}}{\dfrac{1}{2\pi\lambda l}\ln \dfrac{d_2}{d_1}}$$

（3）外表面与冷流体间对流给热

$$Q_3 = \alpha_2(t_{w2} - t_{f2})\pi d_2 l = \frac{t_{w2} - t_{f2}}{\dfrac{1}{\alpha_2 \pi d_2 l}}$$

由于在稳态条件下，三部分热流量相等，即

$$Q_1 = Q_2 = Q_3 = Q$$

消去 $t_{w1}$，$t_{w2}$可得：

$$Q = \frac{t_{f1} - t_{f2}}{\dfrac{1}{\alpha_1 \pi d_1 l} + \dfrac{1}{2\pi\lambda l}\ln \dfrac{d_2}{d_1} + \dfrac{1}{\alpha_2 \pi d_2 l}} \tag{7.26}$$

内外壁温度：

$$t_{w1} = t_{f1} - \frac{Q}{\pi d_1 l \alpha_1}$$

$$t_{w2} = t_{f2} + \frac{Q}{\pi d_2 l \alpha_2} \tag{7.27}$$

单位长度圆筒壁的热流量：

$$q_l = \frac{Q}{L} = \frac{t_{f1} - t_{f2}}{\dfrac{1}{\alpha_1 \pi d_1} + \dfrac{1}{2\pi\lambda}\ln \dfrac{d_2}{d_1} + \dfrac{1}{\alpha_2 \pi d_2}} \tag{7.28}$$

单位长度圆筒壁的传热系数 $K_l$ 及热阻 $r_l$ 为

$$K_l = \frac{1}{r_l} = \frac{1}{\dfrac{1}{\alpha_1 \pi d_1} + \dfrac{1}{2\pi\lambda}\ln \dfrac{d_2}{d_1} + \dfrac{1}{\alpha_2 \pi d_2}} \quad \mathrm{W/(m \cdot ℃)}$$

$$r_l = \frac{1}{\alpha_1 \pi d_1} + \frac{1}{2\pi\lambda}\ln \frac{d_2}{d_1} + \frac{1}{\alpha_2 \pi d_2} \tag{7.29}$$

所以有　　　$q_l = K_l \cdot (t_{f1} - t_{f2})$

7.2.2.2　多层圆筒壁

如图 7.7 所示，与分析多层平壁一样，运用串联热阻叠加的原则，可得多层圆筒壁的导热热流量。

$$q_l = \frac{\Delta t}{r} = \frac{t_{f1} - t_{f2}}{\dfrac{1}{\alpha_1 \pi d_1} + \sum\limits_{i=1}^{n} \dfrac{1}{2\pi\lambda_i}\ln \dfrac{d_{i+1}}{d_i} + \dfrac{1}{\alpha_2 \pi d_{n+1}}} \tag{7.30}$$

或者

$$Q = \frac{\Delta t}{R} = \frac{t_{f1} - t_{f2}}{\dfrac{1}{\alpha_1 \pi d_1 l} + \sum\limits_{i=1}^{n} \dfrac{1}{2\pi\lambda_i l}\ln \dfrac{d_{i+1}}{d_i} + \dfrac{1}{\alpha_2 \pi d_{n+1} l}} \tag{7.31}$$

**例 7-5** 一蒸汽管道，内外径分别为150mm和159mm。为了减少热损失，在管外包有三层保温材料：内层为 $\lambda_2=0.11$，厚 $\delta_2=5\text{mm}$ 的石棉白云石；中间为 $\lambda_3=0.1$，厚 $\delta_3=80\text{mm}$ 的石棉白云石预制板；外壳为 $\lambda_4=0.14$，厚 $\delta_4=5\text{mm}$ 的石棉硅藻土灰泥；钢管壁的 $\lambda_1=52$，管内表面和保温层外表面的温度分别为170℃和30℃。求该蒸汽管每米管长的散热量？

**解：** 已知 $d_1=0.15\text{m}$，$d_2=0.159\text{m}$，$d_3=0.169\text{m}$，$d_4=0.329\text{m}$，$d_5=0.339\text{m}$。各层每米管长的热阻分别为：

（1）管壁：

$$r_{l1}=\frac{1}{2\pi\lambda_1}\ln\frac{d_2}{d_1}=\frac{1}{2\times3.14\times52}\ln\frac{0.159}{0.15}=1.78\times10^{-4}$$

（2）石棉内层：

$$r_{l2}=\frac{1}{2\pi\lambda_2}\ln\frac{d_3}{d_2}=\frac{1}{2\times3.14\times0.11}\ln\frac{0.169}{0.159}=8.8\times10^{-2}$$

（3）石棉预制板：

$$r_{l3}=\frac{1}{2\pi\lambda_3}\ln\frac{d_4}{d_3}=\frac{1}{2\times3.14\times0.1}\ln\frac{0.329}{0.169}=1.06$$

（4）灰泥外壳：

$$r_{l4}=\frac{1}{2\pi\lambda_4}\ln\frac{d_5}{d_4}=\frac{1}{2\times3.14\times0.14}\ln\frac{0.339}{0.329}=3.4\times10^{-2}$$

蒸汽管道每米长的散热量为：

$$q_l=\frac{t_1-t_5}{\sum_{i=1}^{4}\frac{1}{2\pi\lambda_i}\ln\frac{d_{i+1}}{d_i}}=\frac{170-30}{1.78\times10^{-4}+8.8\times10^{-2}+1.06+3.4\times10^{-2}}=118.4\quad\text{W/m}$$

### 7.2.3 临界绝热层直径

工程上为减少管道的散热损失，采用在管道外表面敷设绝热层的方法，但这种方法并不是任何情况下都能减少热损失，它取决于敷设绝热层后的总热阻将如何变化。

墙壁有可能是圆筒壁、球壁及平壁，只要在外表面涂上绝热层，使热阻最大，传热便最小。

如图7.9所示，热阻包括四部分：(1)内部对流给热热阻；(2)内壁向外筒壁传导传热热阻；(3)外壁与绝热层传导传热热阻；(4)绝热层与冷流体对流给热热阻。

设在管道外面包一层绝热层，圆筒壁内为热流体穿越筒壁向外冷流体散热，此时单位管长的总热阻：

$$r_\Sigma=\frac{1}{\pi d_1\alpha_1}+\frac{1}{2\pi\lambda_1}\ln\frac{d_2}{d_1}+\frac{1}{2\pi\lambda_x}\ln\frac{d_x}{d_2}+\frac{1}{\pi d_x\alpha_2}\tag{7.32}$$

式中，$\alpha_1$、$\alpha_2$ 为内外对流给热系数；$d_1$、$d_2$ 为内外径；$d_x$ 为绝热层外直径；$\lambda_1$、$\lambda_x$ 为管道材料和绝热层直径材料的导热系数。

$r_\Sigma$ 仅是 $d_x$ 的函数，与式（7.32）前两项热阻无关。当 $d_x$ 增加，则$\frac{1}{\pi d_x \alpha_2}$减少，$\frac{1}{2\pi\lambda_x}\ln\frac{d_x}{d_2}$增加，可见 $r_\Sigma$ 对 $d_x$ 有极值，如图 7.10 所示。

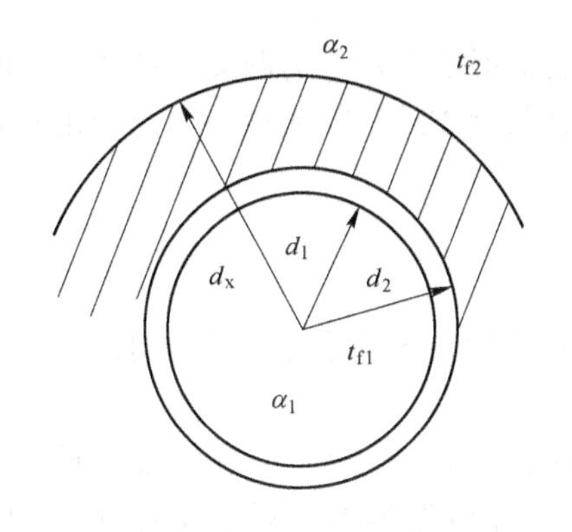


图 7.9　管道外包一层绝热层示意图

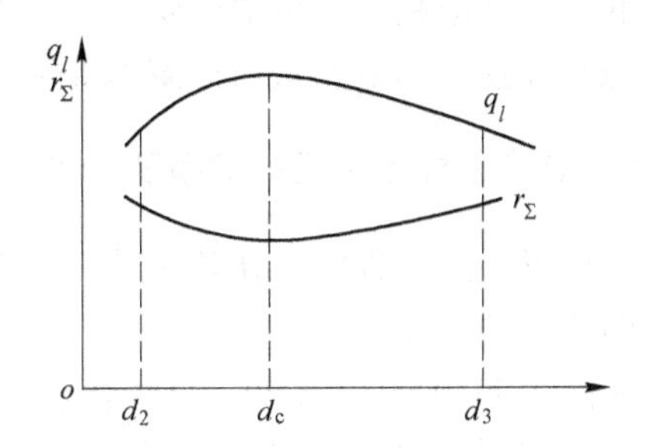


图 7.10　$r_\Sigma$ 与 $d_x$ 关系图

$$\frac{dr_\Sigma}{dd_x} = \frac{1}{\pi d_x}\left(\frac{1}{2\lambda_x} - \frac{1}{\alpha_2 d_x}\right) = 0 \tag{7.33}$$

$$\frac{d^2 r_\Sigma}{dd_x^2} = \frac{1}{\pi d_x^2}\left(\frac{2}{\alpha_2 d_x} - \frac{1}{2\lambda_x}\right) > 0$$

极值条件是：$d_x = d_c = \frac{2\lambda_x}{\alpha_2}$——临界绝热层直径

所以，当 $d_x = d_c$ 时，$r_\Sigma$ 为极小值，此时 $q_l$ 为最大，散热量最多。

由此我们可以看出：当 $d_2 \geqslant d_c$ 时，敷设绝热层会使 $q_l$ 降低；而且 $d_c$ 与 $\lambda_x$ 有关，可通过选用不同绝热材料改变 $d_c$ 值。

**例 7-6**　热介质在外径为 $d_2 = 25$mm 的管内流动，为减少热损失，在管外敷设绝热层，试问下列两种绝热材料中选用哪一种合适：（1）石棉制品，$\lambda = 0.20$W/(m·℃)；（2）矿渣棉，$\lambda = 0.058$W/(m·℃)。假定绝热层外表面与周围空气之间的对流换热系数为 $\alpha_2 = 9$W/(m$^2$·℃)。

**解**：根据 $d_x = d_c = \frac{2\lambda_x}{\alpha_2}$计算临界绝热层直径：

对于石棉制品　　$d_c = \frac{2 \times 0.2}{9} = 0.0444$ m

对于矿渣棉：

$$d_c = \frac{2 \times 0.058}{9} = 0.0129 \text{ m}$$

可见，在所给条件下，用石棉制品作绝热层时，因为 $d_c > d_2$，敷设绝热层，热损失将增加，故不适合。用矿渣棉作绝热层时，$d_c < d_2$，故适合。

## 7.3 非稳态导热过程的基本概念

物体的温度随时间而变化的导热过程称为非稳态导热，即

$$t = f(x,y,z,\tau)$$

根据物体温度随时间的推移而变化的特性，非稳态导热可以分为两类：物体的温度随时间的推移逐渐趋于恒定值的瞬态非稳态导热和物体的温度随时间而做周期性变化的周期性非稳态导热。本节着重讨论瞬态非稳态导热。

### 7.3.1 非稳态导热过程的类型及特点

非稳态导热过程中，在热量传递方向上不同位置处的导热量是处处不同的，其温度分布如图 7.11 所示。

从图 7.11 中可以看出，非稳态导热过程分为两个阶段，一个是温度分布主要受初始温度分布控制的非正规状况阶段，另一个是受热边界条件影响的正规状况阶段。一般来说，物体的整个非稳态导热过程主要处于正规状况阶段。存在着有区别的两个不同的导热阶段是这一类非稳态导热区别于周期性非稳态导热的一个特点。

前已指出，在非稳态导热过程中，热量传递方向上的不同位置的导热量是不同的，其分布如图 7.12 所示。

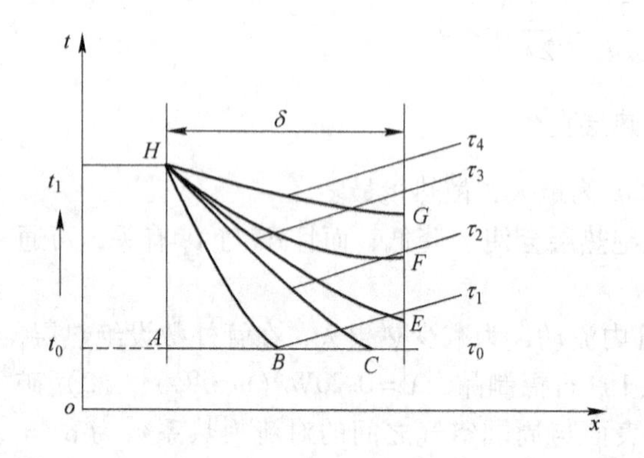


图 7.11 非稳态导热温度分布图

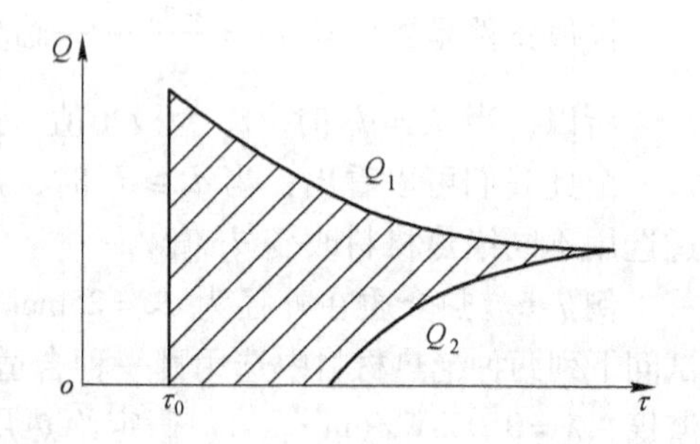


图 7.12 非稳态导热热量传递随位置变化
$Q_1$—板左侧导入的热流量；
$Q_2$—板右侧导出的热流量

导热微分方程式连同初始条件和边界条件一起，完整的描写了一个特定的非稳态导热问题。本节讨论中假定物体的热物性参数均为常数。

温度分布和热流量分布随时间和空间的变化规律为

$$t = f(x,y,z,\tau)\text{；}\ q = f(\tau) \tag{7.34}$$

求解非稳态导热微分方程式的方法有分析解法、近似分析法、数值解法，其中，分析解法有分离变量法、积分变换、拉普拉斯变换等方法；近似分析法包括集总参数法、积分

法；数值解法包括有限差分法、蒙特卡洛法、有限元法、分子动力学模拟等。本节采用分析解法中的分离变量法，近似分析法中的集总参数法。

### 7.3.2 第Ⅲ类边界条件下 *Bi* 数对平板中温度分布的影响

本节以第Ⅲ类边界条件为重点，来研究非稳态导热问题。

如图 7.13(a)所示，存在两个换热环节：流体与物体表面的对流换热环节和物体内部的导热环节，平板导热热阻 $r_\lambda = \delta/\lambda$，表面对流传热热阻 $r_\alpha = 1/\alpha$。

(1) 当 $r_\alpha = 1/\alpha \ll r_\lambda = \delta/\lambda$ 时，由于 $r_\alpha = 1/\alpha$ 几乎可以忽略，因而过程一开始平板的表面温度就被冷却到 $t_\infty$。随着时间的推移，平板内部各点的温度逐渐下降而趋于 $t_\infty$，如图 7.13(b)所示，此时相当于厚材的情形。

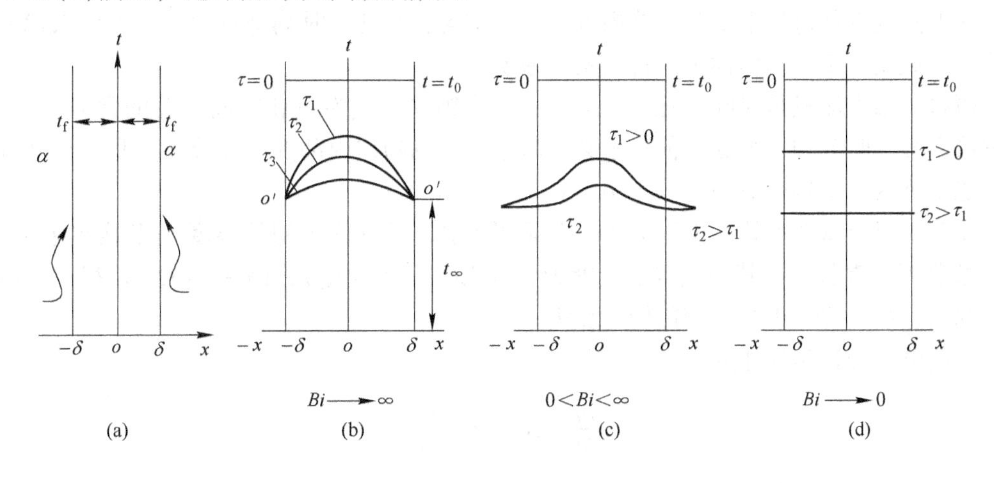


图 7.13　*Bi* 数对平板中温度分布的影响

(2) 当 $r_\alpha = 1/\alpha \gg r_\lambda = \delta/\lambda$ 时，平板内部导热热阻几乎可以忽略，因而任意时刻平板中各点的温度接近均匀，并随着时间的推移整体的下降，逐渐趋近于 $t_\infty$，如图 7.13(d)所示，此时相当于薄材的情形。

(3) 当 $r_\alpha = 1/\alpha$ 与 $r_\lambda = \delta/\lambda$ 相当时，平板中不同时刻的温度分布介于上述两种极端情况之间，如图 7.13(c)所示。

由此，引出 *Bi* 数，表征内部导热热阻和表面换热热阻的比值是一个无量纲的量，我们称之为毕渥数。即

$$Bi = \frac{r_\lambda}{r_\alpha} = \frac{\delta/\lambda}{1/\alpha} = \frac{\delta\alpha}{\lambda} \tag{7.35}$$

## 7.4 薄材的非稳态导热

### 7.4.1 薄材基本概念

一个物体加热总是由外界以对流（加辐射）的方式将热量传给物体表面，故物体内部所得到的热量取决于外部传热能力和内部导热能力或外部换热热阻和物体内部导热热阻。

（1）当 $R_{内} \ll R_{外}$，整个加热过程取决于外部热阻，相当于薄材加热；当 $R_{内} \gg R_{外}$，整个加热过程取决于内部热阻，相当于厚材加热。

（2）薄材、厚材不是几何概念，是由在加热过程中两种热阻相对大小来决定的，由毕渥数 $Bi$ 作为衡量标准。

几何尺寸较大的物体，如加热缓慢，物体导热性能较好，整个加热过程中物体内部温差始终较小，属薄材；几何尺寸较小的物体，如急速加热，物体内部出现显著温差，内部导热对加热过程有不可忽略的影响，属厚材。

### 7.4.2 集总热容系统的非稳态导热（薄材分析法）

#### 7.4.2.1 集总参数法的基本公式

在加热或冷却过程中，若物体内温度分布均匀，在任一时刻都可用一个温度来代表整个物体的温度，则该物体称为薄材或集总系统。

薄材的温度场只是时间的函数 $t=f(\tau)$，导热方程成为只和时间有关的常微分方程。只需给出某一时刻的一个温度值，不必给出某一时刻物体内部的温度分布，是一种把分布值问题处理成一个集中值问题的方法。

设有任意形状的物体，体积为 $V$，表面积为 $A$，具有均匀初始温度 $t_0$ 及换热系数 $\alpha$，物性参数 $\lambda$ 为常数。将其突然置于温度为 $t_\infty$ 介质中（$t_0>t_\infty$），因 $\lambda$ 很大、$\alpha$ 很小，内热阻可忽略，满足 $Bi<0.1$，可作薄材处理。

温度分布的数学描述为

$$\frac{\partial t}{\partial \tau} = a\nabla^2 t + \frac{Q_v}{\rho c_p}$$

由于物体内部热阻可以忽略，温度与空间坐标无关，所以上式中温度的二阶导数项为零，于是上式简化为

$$\frac{dt}{d\tau} = \frac{\dot{Q}_v}{\rho c_p} \tag{7.36}$$

可进一步简化为

$$Q = \alpha A(t-t_\infty)$$

由于物体被冷却，故

$$\dot{Q}_v = \frac{-Q}{V} = -\frac{\alpha A}{V}(t-t_\infty)$$

式中，$\dot{Q}_v$ 为单位体积物体与外界的总换热热流量。

初始条件为$\tau=0$，$t=t_0$。当物体被冷却时（$t>t_\infty$），由能量守恒可知

$$\alpha A(t-t_\infty) = -\rho V c_p \frac{dt}{d\tau}$$

引入过余温度 $\theta=t-t_\infty$，则有

$$\alpha A\theta = -\rho V c_p \frac{d\theta}{d\tau}$$

$$\theta(\tau=0)=t_0-t_\infty=\theta_0$$

因此，方程式可改写为

$$\frac{\mathrm{d}\theta}{\theta}=\frac{-\alpha A}{\rho Vc}\mathrm{d}\tau$$

对$\tau$从 0 到$\tau$积分，有

$$\int_{\theta_0}^{\theta}\frac{\mathrm{d}\theta}{\theta}=-\frac{\alpha A}{\rho Vc}\int_0^{\tau}\mathrm{d}\tau$$

$$\ln\frac{\theta}{\theta_0}=-\frac{\alpha A}{\rho Vc}\tau$$

$$\frac{\theta}{\theta_0}=\frac{t-t_\infty}{t_0-t_\infty}=\mathrm{e}^{-\frac{\alpha A}{\rho Vc}\tau} \tag{7.37}$$

可将上式指数做如下变化

$$\frac{\alpha A}{\rho cV}\tau=\frac{\alpha V}{\lambda A}\cdot\frac{\lambda A^2}{V^2\rho c}\tau=\frac{\alpha(V/A)}{\lambda}\cdot\frac{a\tau}{(V/A)^2}=Bi_{\mathrm{v}}\cdot Fo_{\mathrm{v}} \tag{7.38}$$

式中

$$Bi=\frac{\alpha l}{\lambda}=\frac{l/\lambda}{1/\alpha}=\frac{\text{物体内部导热热阻}}{\text{物体表面对流换热热阻}}$$

$$Fo=\frac{\tau}{l^2/a}=\frac{\text{换热时间}}{\text{边界热扰动扩散到 }l^2\text{ 面积上所需时间}}$$

*Fo* 为傅里叶数，*Fo* 越大，热扰动就能越深入地传播到物体内部，因而，物体各点的温度就越接近周围介质的温度。

规定 $s=V/A$ 为特性尺寸，则有 $Bi_{\mathrm{v}}=\frac{\alpha\cdot s}{\lambda}$，$Fo_{\mathrm{v}}=\frac{a\tau}{s^2}$。当为平板的情况时，$Bi_{\mathrm{v}}=Bi$；当为圆柱时，有 $Bi_{\mathrm{v}}=\frac{Bi}{2}$；当为球体时，有 $Bi_{\mathrm{v}}=\frac{Bi}{3}$。

7.4.2.2 集总参数法的应用条件

当固体内部的导热热阻远小于其表面的换热热阻时，任何时刻固体内部的温度都趋于一致，以致可以认为整个固体在同一瞬间均处于同一温度下。这种忽略物体内部导热热阻的简化分析方法称为集总参数法。采用此判据时，物体中各点过余温度的差别小于5%。

在应用集总参数法时，有

$$Bi_{\mathrm{v}}=\frac{\alpha(V/A)}{\lambda}\leqslant 0.1M$$

对厚为2$\delta$ 的无限大平板、半径为 $R$ 的无限长圆柱和半径为 $R$ 的球，有如下关系式：

无限大平板　$\frac{V}{A}=\frac{A\delta}{A}=\delta$　$Bi_{\mathrm{v}}=B_i$　$M=1$

无限长圆柱　$\frac{V}{A}=\frac{\pi R^2L}{2\pi RL}=\frac{R}{2}$　$Bi_{\mathrm{v}}=\frac{B_i}{2}$　$M=\frac{1}{2}$

球体 $\frac{V}{A} = \frac{\frac{4}{3}\pi R^3}{4\pi R^2} = \frac{R}{3}$ $Bi_v = \frac{B_i}{3}$ $M = \frac{1}{3}$

薄材加热或冷却时，物体中的温度随时间按指数关系变化，过程开始阶段温度变化较快，随后逐渐减缓，如下所示：

$$\frac{\theta}{\theta_0} = e^{-\frac{\alpha A}{\rho V c}\tau} = e^{-Bi_v \cdot Fo_v} \tag{7.39}$$

$$\frac{\theta}{\theta_0} = e^{-\tau/\tau_r}$$

方程中指数的量纲为：

$$\tau_r = \frac{\rho V c}{\alpha A} = \frac{\left[\frac{kg}{m^3}\right][m^3] \cdot \left[\frac{J}{kg \cdot K}\right]}{\left[\frac{W}{m^2 \cdot K}\right] \cdot [m^2]} = \frac{J}{W} = s$$

当$\tau \cdot \frac{\alpha A}{\rho V c} = 1$时，则$\frac{\theta}{\theta_0} = e^{-1} = 36.8\%$，表明当传热时间等于$\frac{\rho V c}{\alpha A}$时，物体的过余温度已经达到了初始过余温度的36.8%，称$\frac{\rho V c}{\alpha A}$为时间常数，用$\tau_r$表示。即$\tau = \tau_r$

$$\frac{\theta}{\theta_0} = e^{-1} = 36.8\%$$

应用集总参数法时，物体过余温度的变化曲线如图7.14所示。

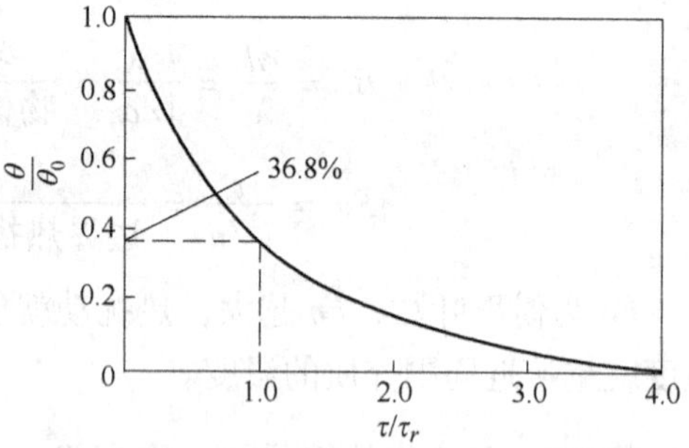

图7.14 物体过余温度的变化曲线

此时，瞬态热流量为

$$Q_\tau = \alpha A[t(\tau) - t_\infty] = \alpha A\theta = \alpha A\theta_0 e^{-\frac{\alpha A}{\rho V c}\tau} \quad W \tag{7.40}$$

则导热体在时间$0 \sim \tau$内传给流体的总热量为

$$Q = \int_0^\tau Q_\tau \, d\tau = \rho V c \theta_0 (1 - e^{-\frac{\alpha A}{\rho V c}\tau}) \quad J \tag{7.41}$$

如果导热体的热容量（$\rho V c$）小、换热条件好（$\alpha$）大，那么单位时间所传递的热量大，导热体的温度变化快，时间常数（$\rho V c/\alpha A$）小。

对于测温的热电偶节点，时间常数越小说明热电偶对流体温度变化的响应越快，这是测温技术所需要的。

对于微细热电偶、薄膜热电阻，有

当$\tau = 4\frac{\rho V c}{\alpha A}$时， $\frac{\theta}{\theta_0} = e^{-4} = 1.83\%$

工程上认为$\tau = 4\rho V c/\alpha A$时，导热体已达到热平衡状态，利用这一规律求换热时间及换热系数$\alpha$。

**例7-7** 有一直径为5cm的钢球，初始温度为450℃，将其突然置于温度为30℃的空气中，设钢球表面与周围环境间的总换热系数为 $24W/(m^2 \cdot ℃)$，试计算钢球冷却到 300℃所需的时间。已知钢球的 $c = 0.48kJ/(kg \cdot ℃)$，$\rho = 7753kg/m^3$，$\lambda = 33W/(m \cdot ℃)$。

**解**：先验算 $Bi$ 准数，钢球的特征尺寸为：

$$l = \frac{V}{A} = \frac{\frac{4}{3}\pi R^3}{4\pi R^2} = \frac{R}{3}$$

$$Bi_v = \frac{\alpha \cdot l}{\lambda} = \frac{24 \times 0.025/3}{33} = 0.006 < 0.1 \times \frac{1}{3}$$

故可以按薄材加热处理

$$\ln\frac{t_f - t}{t_f - t_0} = \frac{-\alpha A}{\rho c_p V}\tau \Rightarrow \ln\frac{30 - 300}{30 - 450} = -\frac{24 \times 4\pi \times 0.025^2}{7753 \times 0.48 \times 10^3 \times 4\pi/3 \times 0.025^3}\tau$$

所以有

$$\tau = 571s = 0.159h$$

**例 7-8**　将初始温度为 80℃，直径为 20mm 的紫铜棒突然横置于气温为 20℃，流速为 12m/s 的风道之中，5min 后，紫铜棒温度降到 34℃。试计算气体与紫铜棒之间的换热系数 $\alpha$。已知紫铜棒密度 $\rho = 8954kg/m^3$，比热容 $c = 383.1J/(kg \cdot ℃)$，导热系数 $\lambda = 386W/(m \cdot ℃)$。

**解**：先假定可以用集总系统法分析紫铜棒的散热过程

$$\frac{\theta}{\theta_0} = \frac{t - t_f}{t_0 - t_f} = e^{-\frac{\alpha A}{\rho V c}\tau} \Rightarrow \alpha = -\frac{\rho c V}{A\tau}\ln\frac{t - t_f}{t_0 - t_f} = \frac{8954 \times 383.1 \times 0.005}{300}\ln\frac{80 - 20}{34 - 20}$$

$$= 83.2 \quad W/(m^2 \cdot ℃)$$

$$\frac{V}{A} = \frac{\pi R^2 l}{2\pi R l} = \frac{R}{2} = 0.005 \quad m$$

其中，$\tau = 5 \times 60 = 300s$

验算 $Bi$：

$$Bi = \frac{\alpha \frac{V}{A}}{\lambda} = \frac{83.2 \times 0.005}{386} = 0.00108 < 0.1 \times \frac{1}{2}$$

**例 7-9**　初始温度 $t_0 = 250℃$，直径 $d = 0.5cm$ 的金属球落入温度 $t_f = 25℃$，压力为 $p = 1.01325 \times 10^5 Pa(1atm)$ 的大水箱中。已知表面沸腾时平均换热系数近似为 $\alpha_1 = 3000W/(m^2 \cdot ℃)$，非沸腾时 $\alpha_2 = 250W/(m^2 \cdot ℃)$，试计算该小球的温度响应和瞬时散热热流量。

已知：小球 $\lambda = 200W/(m \cdot ℃)$，$\rho = 2500kg/m^3$，$c = 0.8kJ/(kg \cdot ℃)$。

**解**：分两个阶段进行计算。第一阶段：小球从 250℃冷却到 100℃，小球表面附近水温达到、超过 100℃。第二阶段：小球从 100℃冷却到 25℃。

（1）计算 $Bi$。

小球特征尺寸：

$$s = \frac{V}{A} = \frac{\frac{4}{3}\pi R^3}{\pi R^2} = \frac{R}{3} = \frac{0.5 \times 10^{-2}}{2 \times 3} = 8.3 \times 10^{-4} \quad m$$

$$Bi_{\mathrm{v}}=\frac{\alpha_1\cdot s}{\lambda}=\frac{3000\times8.3\times10^{-4}}{200}=0.012<0.1\times\frac{1}{3}$$

$$Bi_{\mathrm{v}}=\frac{\alpha_2\cdot s}{\lambda}=\frac{250\times8.3\times10^{-4}}{200}=0.001<0.1\times\frac{1}{3}$$

所以，小球可看成是忽略内热阻的物体。

（2）分阶段计算。

第Ⅰ阶段：$t_0=250℃$，$\alpha_1=3000$，$t_{\mathrm{f}}=25℃$。

$$\frac{t-t_{\mathrm{f}}}{t_0-t_{\mathrm{f}}}=\mathrm{e}^{-\frac{\alpha A}{\rho Vc}\tau}$$

即
$$\frac{t-25}{250-25}=\mathrm{e}^{-\frac{3000}{2500\times800\times8.3\times10^{-4}}\tau}\Rightarrow t=25+225\mathrm{e}^{-1.8\tau}$$

第Ⅰ阶段经历时间：当 $t=100℃$ 时，$\tau=\tau_1$。

$$\tau_1=\frac{1}{1.8}\ln\frac{225}{75}=0.61\quad\mathrm{s}$$

瞬时热流量：

$$Q_\tau=\alpha_1(t_0-t_{\mathrm{f}})A\mathrm{e}^{-\frac{\alpha A}{\rho Vc}\tau}=3000\times(250-25)\times4\pi\times\left(\frac{0.005}{2}\right)^2\mathrm{e}^{-1.8\tau}$$

$$=53\mathrm{e}^{-1.8\tau}\quad\mathrm{W}$$

第Ⅱ阶段：当 $\tau>0.61\mathrm{s}$ 时，$t_0=100℃(\tau=0.61\mathrm{s})$，$\alpha_2=250$，$t_{\mathrm{f}}=25℃$。

$$\frac{t-t_{\mathrm{f}}}{t_0-t_{\mathrm{f}}}=\mathrm{e}^{-\frac{\alpha A}{\rho Vc}\tau}$$

$$\frac{t-25}{100-25}=\mathrm{e}^{-\frac{250(\tau-0.61)}{2500\times800\times8.3\times10^{-4}}}$$

$$t=25+75\mathrm{e}^{-0.15(\tau-0.61)}$$

瞬时热流量为：

$$Q_\tau=\alpha_2(t_0-t_{\mathrm{f}})A\mathrm{e}^{-\frac{\alpha A}{\rho Vc}\tau}$$

$$=250\times(100-25)\times4\pi\times\left(\frac{0.005}{2}\right)^2\mathrm{e}^{-0.15(\tau-0.61)}=1.47\mathrm{e}^{-0.15(\tau-0.61)}\quad\mathrm{W}$$

## 7.5 半无限大物体的一维非稳态导热

受热面位于 $x=0$ 处，而厚度为∞的物体，称为半无限体，透热深度小于物体的厚度，在 $x\to\infty$ 处无温度变化。实际工程中，大平板厚度有限，但在所考虑的时间内，平板中心面温度尚未受表面加热或冷却的影响而升温或降温，也可视为半无限大物体处理。如液态金属在砂型中的凝固，工件的表面淬火及高炉、加热炉基础的加热过程等都属于此类情况。

第Ⅰ类边界条件。第Ⅰ类边界条件下温度的变化如图 7.15 所示。

在第Ⅰ类边界条件下，表面温度在加热开始就立即升高到 $t_0 = t_w$，且在加热过程中保持不变。温度曲线如图 7.16 所示。

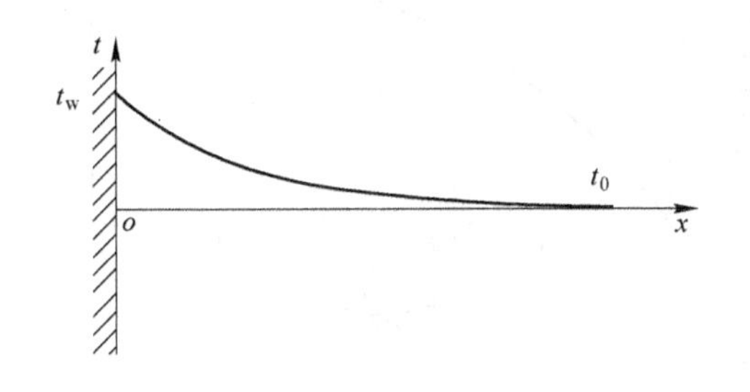


图 7.15 第Ⅰ类边界条件下温度的变化

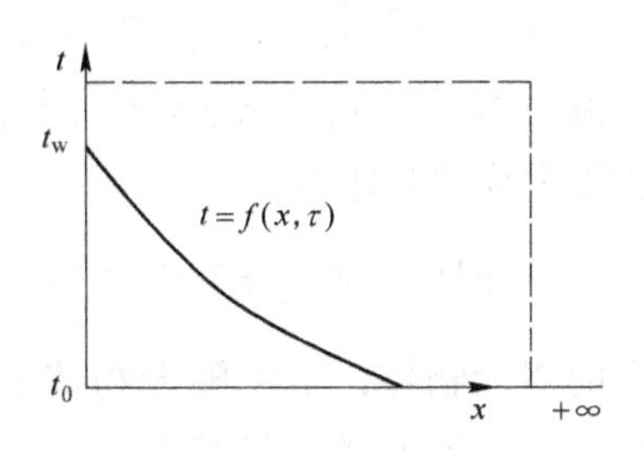


图 7.16 温度曲线

一维不稳态导热微分方程及其定解条件为

$$\frac{\partial t}{\partial \tau} = a\frac{\partial^2 t}{\partial x^2}$$

初始条件： $\tau = 0, 0 \leqslant x < \infty, t = t_0$ (7.42)

边界条件： $\tau > 0, x = 0, t = t_w$

$\tau > 0, x = \infty, t = t_0$

引入过余温度 $\theta = t - t_w$

$$\frac{\theta}{\theta_0} = \frac{2}{\sqrt{\pi}}\int_0^{\frac{x}{\sqrt{4a\tau}}} e^{-y^2}dy = \mathrm{erf}(x/\sqrt{4a\tau}) \tag{7.43}$$

定义误差函数：

$$\mathrm{erf}(x) = \frac{2}{\sqrt{\pi}}\int_0^x e^{-y^2}dy，当 x \to \infty、\mathrm{erf}(x) \to 1、x 有限大小时，\mathrm{erf}(x) < 1 \tag{7.44}$$

所以，令 $\eta = \frac{x}{\sqrt{4a\tau}}$，则有

$$\frac{\theta}{\theta_0} = \mathrm{erf}(\eta) \tag{7.45}$$

$$\frac{\theta}{\theta_0} = \frac{t_w - t}{t_w - t_0} = \frac{2}{\sqrt{\pi}}\int_0^{\frac{x}{\sqrt{4a\tau}}} e^{-y^2}dy = \mathrm{erf}(x/\sqrt{4a\tau}) \tag{7.46}$$

该式可用于以下计算：

（1）计算 $\tau$ 时刻离受热面 $x$ 处的温度。

（2）计算在 $x$ 点处达到某一温度 $t$ 所需的时间 $\tau$。

（3）当 $t = t_{熔}$ 时，$x$ 即为凝固壳厚度。

其中，因 $\frac{x}{2\sqrt{a\tau}} = \mathrm{const}$，则有 $x = k\sqrt{\tau}$（凝固定律）。

（4）当 $\frac{x}{2\sqrt{a\tau}} = 2$ 时，$\frac{\theta}{\theta_0} = \frac{t_w - t}{t_w - t_0} = 0.9953$，即 $t \approx t_0$，表明在 $x$ 处温度尚未变化（如图 7.17 所示）。利用这一关系，可确定经过 $\tau$ 时后，物体内温度开始变化的距离，或计算 $x$

处的温度开始变化所需要的时间。

（5）两个重要参数。

1）几何位置。若 $\eta \geqslant 2 \Rightarrow x \geqslant 4\sqrt{a\tau}$，对一厚为 $2\delta$ 的平板，若 $\delta \geqslant 4\sqrt{a\tau}$ 即可作为半无限大物体来处理。

2）时间。若 $\eta \geqslant 2 \Rightarrow \tau \leqslant \frac{x^2}{16a}$，对于有限大的实际物体，半无限大物体的概念只适用于物体的非稳态导热的初始阶段，在惰性时间以内。

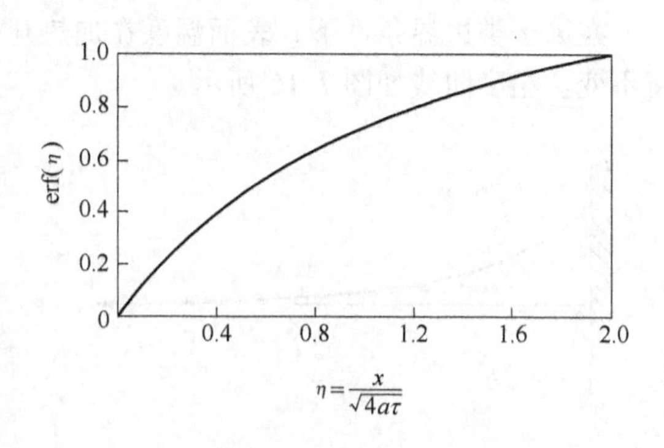


图 7.17 误差函数变化关系

表面上任一点的热流通量：

$$q_x = -\lambda \frac{\partial t}{\partial x} = -\lambda \frac{\partial \theta}{\partial x} = -\lambda \theta_0 \frac{1}{\sqrt{\pi a \tau}} e^{-x^2/4a\tau} \tag{7.47}$$

令 $x=0$，即得边界面上的热流通量。

$$q_w = -\lambda \frac{\partial t}{\partial x}\bigg|_{x=0} = -\lambda \frac{\theta_0}{\sqrt{\pi a \tau}} = \lambda (t_w - t_0) \frac{1}{\sqrt{\pi a \tau}} \tag{7.48}$$

通过 $x=0$ 处单位表面积的总热流量，即 $[0, \tau]$ 内累计传热量：

$$Q_\tau = \int_0^\tau q_w d\tau = 2\lambda (t_w - t_0) \sqrt{\frac{\tau}{\pi a}} \tag{7.49}$$

**例 7-10** 用热电偶测得高炉基础内某点的温度为 350℃，测定时间离开炉 120h，若炉缸底部表面温度为 1500℃，炉基材料的热扩散系数为 $0.002m^2/h$，炉基开始温度为 20℃，求炉缸底部表面到该测温点的距离。

**解：**高炉基础可视为半无限大物体，界面（$x=0$ 处）为炉缸底部表面。因为已知表面温度，故是第 I 类边界条件的问题。

$$t_0 = 20℃, t_w = 1500℃, t = 350℃$$

已知：

$$\frac{t_w - t}{t_w - t_0} = \text{erf}\left(\frac{x}{2\sqrt{a\tau}}\right)$$

代入数据有：

$$\frac{1500 - 350}{1500 - 20} = 0.777 = \text{erf}\left(\frac{x}{2\sqrt{a\tau}}\right)$$

由附录 9 查得：

$$\text{erf}\left(\frac{x}{2\sqrt{a\tau}}\right) = 0.777$$

$$\frac{x}{2\sqrt{a\tau}} = 0.8617$$

所以

$$x = 0.8617 \times 2 \times \sqrt{0.002 \times 120} = 0.844 \quad \text{m}$$

**例 7-11** 1650℃的钢水很快注入一直径为3m、高度为3.6m的钢包，假定钢包初始壁温均匀为650℃，包内钢水深度为2.4m。已知包壁材料的热物性参数为：$\rho = 2700\text{kg/m}^3$，$\lambda = 1.04\text{W/(m·℃)}$，$c_p = 1.25\text{kJ/(kg·℃)}$。

试求在开始15min内：（1）由于导热传入包壁的热量；（2）包壁内热量传递的距离。

**解：** 假定钢包壁可视为半无限大物体，在钢水和包壁界面（$x = 0$处）处温度不变，恒为钢水温度。一般说来，包壁厚度与钢包直径相比很小，可按平壁处理。

（1）开始15min内传入包壁的热量为

$$Q_\tau = 2\lambda(t_w - t_0)\sqrt{\frac{\tau}{\pi a}} = 2 \times 1.04 \times (1650 - 650) \times \sqrt{\frac{15 \times 60 \times 2700 \times 1.25 \times 10^3}{3.14 \times 1.04}}$$

$$= 63436.6 \quad \text{kJ/m}^2$$

$$Q = Q_\tau A = 63436.6 \times \left(\frac{\pi}{4} \times 3^2 + \pi \times 3 \times 2.4\right) = 18.8 \times 10^5 \quad \text{kJ}$$

（2）热量传递距离计算得

$$x = 4\sqrt{a\tau} = 4 \times \sqrt{\frac{1.04 \times 15 \times 60}{1.25 \times 10^3 \times 2700}} = 0.0666 \quad \text{m} = 66.6 \quad \text{mm}$$

由此可见，开始15min内，热量传递的距离比一般钢包壁的耐火材料厚度小，故按半无限大物体计算是可以的。

## 本章小结

7-1 稳态导热（一维）：本章要求分别掌握单层和多层平壁及圆筒壁的第Ⅰ类和第Ⅲ类边界条件情况。以下以多层的平壁和圆筒壁为例列举知识点，对应单层的简单情况包含在多层知识点之内(故在此省略)。

(1) 多层平壁：掌握用模拟电路的方法求热通量$q$及间壁温度$t$。

第Ⅰ类边界条件：已知边壁温度$t_1$和$t_2$

热阻：
$$r = \sum_{i=1}^{n} \frac{\delta_i}{\lambda_i} \quad (\text{m}^2 \cdot ℃)/\text{W}$$

热流密度：
$$q = \frac{t_1 - t_2}{r} \quad \text{W/m}^2$$

间壁温度：
$$t_m = t_1 - q\left(\frac{\delta_1}{\lambda_1} + \frac{\delta_2}{\lambda_2} + \cdots + \frac{\delta_{m-1}}{\lambda_{m-1}}\right) \quad ℃$$

第Ⅲ类边界条件：已知两侧空气温度$t_f$和对流换热系数$\alpha$

热阻：
$$r = \frac{1}{\alpha_1} + \sum_{i=1}^{n} \frac{\delta_i}{\lambda_i} + \frac{1}{\alpha_2} \quad (\text{m}^2 \cdot ℃)/\text{W}$$

热流密度：
$$q = \frac{t_{f1} - t_{f2}}{r} \quad \text{W/m}^2$$

间壁温度：$$t_m = t_{f1} - q\left(\frac{1}{\alpha_1} + \frac{\delta_1}{\lambda_1} + \frac{\delta_2}{\lambda_2} + \cdots + \frac{\delta_{m-1}}{\lambda_{m-1}}\right) \ ℃$$

（2）多层圆筒壁。

第Ⅰ类边界条件：已知边壁温度 $t_1$ 和 $t_{wn+1}$

热阻：$$r = \sum_{i=1}^{n} \frac{1}{2\pi\lambda_i l} \cdot \ln\frac{d_{i+1}}{d_i} \quad (m^2 \cdot ℃)/W$$

单位长度的热流量：

$$q_l = \frac{Q}{l} = \frac{t_{w1} - t_{wn+1}}{\sum_{i=1}^{n} \frac{1}{2\pi\lambda_i}\ln\frac{d_{i+1}}{d_i}} \ W/m$$

间壁温度：

$$t_{wi+1} = t_{w1} - q_l\left(\frac{1}{2\pi\lambda_1}\ln\frac{d_2}{d_1} + \frac{1}{2\pi\lambda_2}\ln\frac{d_3}{d_2} + \cdots + \frac{1}{2\pi\lambda_i}\ln\frac{d_{i+1}}{d_i}\right)$$

$$= t_{w1} - q_l\sum_{i=1}^{i} \frac{1}{2\pi\lambda_i}\ln\frac{d_{i+1}}{d_i} \quad ℃$$

第Ⅲ类边界条件：已知两侧空气温度 $t_f$ 和对流换热系数 $\alpha$

热阻：$$r = \frac{1}{\alpha_1} + \sum_{i=1}^{n} \frac{1}{2\pi\lambda_i l} \cdot \ln\frac{d_{i+1}}{d_i} + \frac{1}{\alpha_2} \quad (m^2 \cdot ℃)/W$$

单位长度的热流量：

$$q_l = \frac{Q}{l} = \frac{t_{f1} - t_{f2}}{\frac{1}{\alpha_1\pi d_1} + \sum_{i=1}^{n} \frac{1}{2\pi\lambda_i}\ln\frac{d_{i+1}}{d_i} + \frac{1}{\alpha_2\pi d_2}}$$

临界绝缘直径：$$d_c = \frac{2\lambda_x}{\alpha_2}$$

对圆筒壁来说，当 $d_x = d_c$ 时热阻为极小值，此时 $q_l$ 为最大，散热量最多。$d_c$ 称为临界绝热层直径。当 $d_2 \geqslant d_c$ 时，敷设绝热层会使 $q_l$ 降低，而且 $d_c$ 与 $\lambda_x$ 有关，可通过选用不同绝热材料改变 $d_c$ 值。

7-2　非稳态导热

（1）分类：周期性非稳态导热、瞬态非稳态导热。

（2）$Bi$ 数定义及物理意义：表示内部导热热阻与外部对流换热热阻之比（用于给定第Ⅲ类边界条件的非稳态导热问题）。

热量传递过程受以下两个环节影响：

1）$Bi \to 0$ 时，内部热阻 ≪ 外部热阻。此时内部温度变化一致，分布均一，$t$ 与空间坐标无关，仅为时间的函数。可作薄材处理。

2）$Bi \to \infty$ 时，内部热阻 ≫ 外部热阻。作为无限厚材处理。

注意：薄材和厚材与尺寸无关，仅取决于内部热阻与外部热阻之比（即 $Bi$ 数）。

（3）集总参数法：$Bi \leqslant 0.1$（薄材）

$$\frac{\theta}{\theta_0} = \frac{t - t_\infty}{t_0 - t_\infty} = e^{-\frac{\alpha A}{\rho V c}\tau} = e^{-\frac{\tau}{\tau_r}}$$（$\tau_r = \frac{\rho V c}{\alpha A}$ 为时间常数，$\tau_r$ 越小，响应越快）

1）当 $\tau = \tau_r$ 时，$\dfrac{\theta}{\theta_0} = 36.8\%$

2）当 $\tau = 4\tau_r$ 时，$\dfrac{\theta}{\theta_0} = 1.83\%$（此时可认为接近环境温度，达到换热平衡，利用这一规律求 $\tau$ 及 $\alpha$）

（4）薄材的三类题型：已知 $t$ 及 $\alpha$，求 $\tau$
已知 $\tau$ 及 $\alpha$，求 $t$
已知 $t$ 及 $\tau$，求 $\alpha$

（5）半无限大平壁：

判定条件：$\delta \geqslant 4\sqrt{a\tau}$ 或 $\tau \leqslant \dfrac{x^2}{16a^2}$

计算公式：$\dfrac{\theta}{\theta_0} = \dfrac{2}{\sqrt{\pi}}\int_0^{\frac{x}{\sqrt{4a\tau}}} e^{-y^2}dy = \mathrm{erf}\left(\dfrac{x}{\sqrt{4a\tau}}\right)$

## 思考题与习题

### 思考题

7-1 通过平壁一维稳态导热微分方程式是什么，如何在第Ⅰ、Ⅲ类边界条件下，用模拟电路法求解热流 $q$（单层、多层）？

7-2 通过圆筒壁一维稳态导热微分方程式是什么，如何在第Ⅰ、Ⅲ类边界条件下，用模拟电路法求解热流 $q$（单层、多层）？

7-3 给出临界绝热层直径推导过程。临界绝热层直径与哪些因素有关？

7-4 非稳态导热的分类及各类型的特点是什么？

7-5 $Bi$ 特征数、$Fo$ 特征数的定义及物理意义是什么？

7-6 $Bi_v$ 和 $Bi$ 各代表什么？

7-7 集总参数法的物理意义及应用条件是什么？

7-8 使用集总参数法对物体内部温度变化及换热量计算中，时间常数的定义及物理意义是什么？

7-9 半无限大平板的概念及其在实际工程问题中的应用。

### 习　题

7-1 通过大平壁常物性导热时，大平壁内的温度分布规律是下述的哪一种？（　　）
A. 直线　　B. 双曲线　　C. 抛物线　　D. 对数曲线

7-2 某一传热过程的热流密度 $q = 500\mathrm{W/m^2}$，冷、热流体间的温差为10℃，其传热系数和单位面积的总传热热阻各为多少？（　　）
A. $K = 50\mathrm{W/(m^2 \cdot K)}$，$r = 0.05\mathrm{(m^2 \cdot K)/W}$　　B. $K = 0.02\mathrm{W/(m^2 \cdot K)}$，$r = 50\mathrm{(m^2 \cdot K)/W}$
C. $K = 50\mathrm{W/(m^2 \cdot K)}$，$r = 0.02\mathrm{(m^2 \cdot K)/W}$　　D. $K = 50\mathrm{W/(m^2 \cdot K)}$，$r = 0.05\mathrm{(m^2 \cdot K)/W}$

7-3 平板的单位面积导热热阻的计算式应为哪一个？（　　）
A. $\delta/\lambda$　　B. $\delta/(\lambda A)$　　C. $1/\alpha$　　D. $1/(KA)$

7-4 在传热过程中，系统传热量与下列哪一个参数成反比？（　　）
A. 传热面积　　B. 流体温差　　C. 传热系数　　D. 传热热阻

7-5 增厚圆管外的保温层，管道热损失将如何变化？（　　）

A. 变大　　B. 变小　　C. 不变　　D. 可能变大，也可能变小

7-6 $Bi$ 准则表征了（　　）。

A. 内部导热热阻和表面换热热阻的比值

B. 表面换热热阻和内部导热热阻的比值

C. 换热时间与边界热扰动扩散到 $L^2$ 面积所需的时间的比值

D. 边界热扰动扩散到 $L^2$ 面积所需的时间与换热时间的比值

7-7 导热过程中，以下哪种情况下，任意时刻平板中各点的温度接近均匀。（　　）

A. 内部导热热阻 ≫ 表面热阻　　B. 表面热阻 ≫ 内部导热热阻

C. 平板有限薄　　D. 平板无限大

7-8 下列准则中，哪个是用来表征非稳态导热进行的深度，即换热时间与边界热扰动扩散到 $L^2$ 面积所需的时间。（　　）

A. $Re$　　B. $Bi$　　C. $Ho$　　D. $Fo$

7-9 $\dfrac{\alpha A}{\rho Vc}$ 的量纲是（　　）

A. 1　　B. 0　　C. $\dfrac{1}{\mathrm{s}}$　　D. s

7-10 下列叙述错误的是（　　）

A. 实际工程中，大平板厚度有限，但在所考虑的时间内，平板中心面温度尚未受表面加热或冷却的影响而升温或降温，也可视为半无限大物体处理。

B. 对于测温的热电偶，时间常数越小说明热电偶对流体温度变化的响应越快。

C. 对于集总参数法来说，由于物体内部热阻可以忽略，可以认为温度与空间坐标无关。

D. 对于半无限大平板的导热问题，只需给出某一时刻的一个温度值，不必给出某一时刻物体内部的温度分布。

7-11 某圆筒形炉壁由两层耐火材料组成，第一层为镁碳砖，第二层为黏土砖，两层紧密接触。第一层内外壁直径为 2.94m、3.54m，第二层外壁直径为 3.77m，炉壁内外温度分别为 1200℃ 和 150℃。求：导热热流及两层接触处温度（已知 $\lambda_1 = 4.3 - 0.48 \times 10^{-3} t$，$\lambda_2 = 0.698 + 0.5 \times 10^{-3} t$，W/(m·℃)）。

7-12 一蒸汽管外敷两层隔热材料，厚度相同，若外层的平均直径为内层的两倍，而内层材料的导热系数为外层材料的两倍。现若将两种材料的位置对换，其他条件不变，问两种情况下的散热热流有何变化？

7-13 某热风管道，内径 $d_1 = 85$mm，外径 $d_2 = 100$mm，管道材料导热系数为 $\lambda_1 = 58$W/(m·K)，内表面温度 $t_1 = 150$℃。现拟用玻璃棉保温（$\lambda_2 = 0.0526$W/(m·K)），若要求保温层外壁温度不高于 40℃，允许的热损失为 $Q_L = 52.3$W/m，试计算玻璃棉保温层的最小厚度。

7-14 直径为 100mm 的长黄铜棒，由 20℃ 放入 800℃ 的恒温介质中加热，若介质对黄铜棒表面的总对流给热系数平均为 116W/(m$^2$·K)，求：加热 1.5h 后铜棒的温度为多少？已知铜棒的平均导热系数为 163W/(m·K)，比热为 440J/(kg·K)，密度为 8800kg/m$^3$。

7-15 厚度为 $\delta = 1.2$m 的平壁，两表面温度分别为 $t_1 = 217$℃，$t_2 = 67$℃，导热系数 $\lambda = 1.0 \times (1 + 0.00406t)$，现要把一排水管嵌入壁内温度为 127℃ 地方。试问排水管应装在离热表面多远的地方？

7-16 厚度为 $\delta$ 的单层平壁，两侧温度分别维持在 $t_1$ 及 $t_2$，平板材料导热系数呈直线变化，即 $\lambda = a + bt$（$a$，$b$ 为常数）。试就 $b > 0$，$b = 0$，$b < 0$ 画出平板中的温度分布曲线，并写出平板某处当地热流的表达式。假定无内热源，某处 $x$ 热流密度表达式：

$$q = -\lambda \frac{\mathrm{d}t}{\mathrm{d}x} = -(a + bt)\frac{\mathrm{d}t}{\mathrm{d}x}$$

7-17 假定人对冷热的感觉以皮肤表面的热损失作为衡量依据。设人体脂肪层的厚度为3mm，其内表面温度为36℃且保持不变，在冬季的某一天，气温为-15℃，无风条件下，裸露的皮肤外表面与空气的表面传热系数为25W/(m$^2$·K)；有风时，表面传热系数为65W/(m$^2$·K)，人体脂肪层的导热系数为0.2W/(m·K)。试确定：

(1) 要使无风天的感觉与有风天气温-15℃时感受一样，则无风天的气温是多少？

(2) 在同样是-15℃气温下，无风和刮风天，人皮肤单位面积上的热损失之比是多少？

# 8 对流换热

**本章学习要点：** 对对流换热过程进行定性分析，给出对流换热的基本计算公式——牛顿冷却公式，分析影响对流换热系数的因素；介绍了求解强制对流换热系数的四种方法，即边界层理论及边界层换热微分方程法与积分方程法、动量传输和热量传输的比拟法及相似原理指导下实验法。最后，介绍了自然对流换热及关联式。

依靠流体的运动，把热量由一处传递到另一处的现象是传热的另一种基本方式，称为热对流。流动的流体与固体壁面相接触时所发生的热量传递过程称为对流换热。它们是两个不同的概念，不能将其混淆。

对流换热的实质是既有热对流作用，也有导热作用（与固壁接触处层流流动），已不再是基本传热方式。

对流换热的基本公式是牛顿冷却公式：

$$q = \alpha \Delta t (\mathrm{W/m^2}) \quad 或 \quad Q = \alpha A \Delta t (\mathrm{W}) \tag{8.1}$$

式中，$\alpha$ 为对流换热系数，是指单位面积上，当流体周围同固壁间为单位温差时，在单位时间内所能传递的热量，其大小表达了对流换热过程的强弱。

从定性上讲是揭示对流换热机理，并针对具体问题提出强化换热措施。从定量上讲是能计算不同形式对流换热问题的表面换热系数及对流换热量。牛顿冷却公式只是一个换热系数 $\alpha$ 的定义式，$\alpha$ 受多项因素影响，故研究对流换热问题的关键是如何确定 $\alpha$。

## 8.1 对流换热一般分析

引起流动的原因造成的影响即自然对流由流体内部浮升力引起，其大小取决于流体内部由温度差产生的密度差异，内部不存在整齐的流体宏观运动。强制对流由外力引起，使整个流体宏观运动，流速显著影响换热强弱，故浮升力可忽略。一般强制对流 $\alpha$ 较大，如空气自然对流 $\alpha = 5 \sim 25\mathrm{W/(m^2 \cdot ℃)}$，强制对流 $\alpha = 10 \sim 100\mathrm{W/(m^2 \cdot ℃)}$。

换热面的几何尺寸、形状和位置造成的影响有：（1）固体表面是个换热面，几何尺寸、形状不同必会影响 $\alpha$。（2）水平放置面朝上或朝下布置。即热面朝上时，流动畅通，气流扰动激烈，$\alpha$ 大，因为受热流体不断地离开表面而向上浮升，周围流体随即填补进来，形成了较强烈的对流运动。热面朝下时流动受到抑制，$\alpha$ 小，这是因为受热流体在浮升力作用下，更紧地贴近表面而形成较厚的边界层，使热表面的流体更加难以更新，如图8.1所示。

层流体只有沿轴向流动，因而沿壁面法向的热量转移主要依靠传导，即取决于流体导

热系数 $\lambda$，所以 $\alpha$ 减小。紊流时层与层间有脉动作用，不仅在平行于壁面方向有流动，垂直于壁面方向也有紊乱的对流作用。热量的传递不再受分子导热所控制，而主要取决于流体微团的横向混合，所以 $\alpha$ 增大。注意：层流与均匀流不同。均匀流是指任何一个截面流速是均匀分布的。

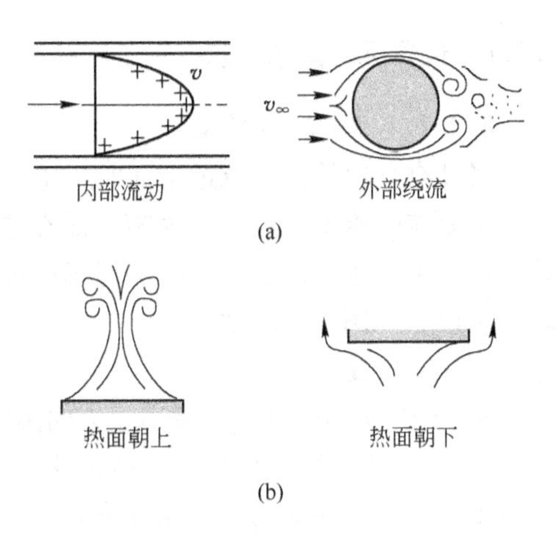


图 8.1　换热面对对流换热的影响
（a）强制对流；（b）自然对流

流体的物理性质（物性）：$\lambda$、$\mu$、$\rho$、$c_p$ 的影响即流体种类不同，物性也不同。同一种类流体，温度 $T$ 不同，物性也不同。

（1）$\rho \cdot c_p$ 的影响。

$\rho \cdot c_p$——单位体积流体的热容量；

$\rho \cdot c_p \cdot T$——单位体积流体所能携带的热量；

$\rho \cdot c_p \cdot v \cdot T$——$m$ 质量流体所能携带的热量。

可见流体携带热量表明对流换热能力，如常温下水：$\rho \cdot c_p = 4175\text{kJ}/(\text{m}^2 \cdot ℃)$，空气：$\rho \cdot c_p = 1.21\text{kJ}/(\text{m}^2 \cdot ℃)$。

（2）$\lambda$ 的影响。

近壁处导热量：
$$Q = -\lambda A \left.\frac{\text{d}t}{\text{d}y}\right|_{y=0}$$

$\lambda$ 增大，则流体边界层热阻 $\delta/\lambda$ 减小，传导能力增大，则 $\alpha$ 增大。

（3）$\mu$ 或 $\nu$ 的影响。

$\mu$ 或 $\nu$ 减小时（边界层厚度减小），靠近壁面边界层的速度梯度 $\text{d}v_x/\text{d}y$ 增大，则温度梯度 $\text{d}t/\text{d}y$ 增大，所以 $\alpha$ 增大。

（4）壁面热状态即指壁面温度 $t_\text{w}$ 及流体温度 $t_\text{f}$，另外还有壁面粗糙度 $\Delta$ 及尺寸 $l$。综上所述，影响对流换热的因素可表示为：

$$Q = \alpha A \Delta t \tag{8.2}$$

$$Q = f(t_\text{w}, t_\text{f}, l, \rho, c_p, \lambda, \mu, v, \beta\Delta t, \Phi)$$

所以有
$$\alpha = f(\Delta t, l, \rho, c_p, \lambda, \mu, v, \beta\Delta t, \Phi) \tag{8.3}$$

式中，$\Phi$ 为壁面几何形状因素；物理量 $\lambda$，$\mu$，$\rho$，$c_p$ 等与 $\Delta t$ 有关；$v$，$\beta\Delta t$，前者存在于强制对流，后者为自然对流。

## 8.2　边界层理论及平板层流边界层换热特征数关联式

在实际流体绕流固体时，固体边界上的流速为 0，在固体边界的外法线方向上的流体速度从 0 迅速增大，在边界附近的流区存在相当大的速度梯度，在这个流区内黏性作用不能忽略，边界附近的流区称为流动边界层（或附面层），边界层外流区，黏性作用可以忽略，当作理想流体来处理。当壁面与流体间有温差时，也会产生温度梯度很大的温度边界层（或称热边界层），这是 1904 年德国科学家普朗特 L. Prandtl 首先提出。

### 8.2.1 边界层的基本概念

8.2.1.1 流动边界层

当具有黏性的流体流过壁面时，由于黏滞力的作用，壁面附近形成一流体薄层，在这一层中流体的速度迅速下降为零，而在这一层外，流体的速度基本达到主流速度，这一流体层即流动边界层（velocity boundary layer），如图 8.2 所示。

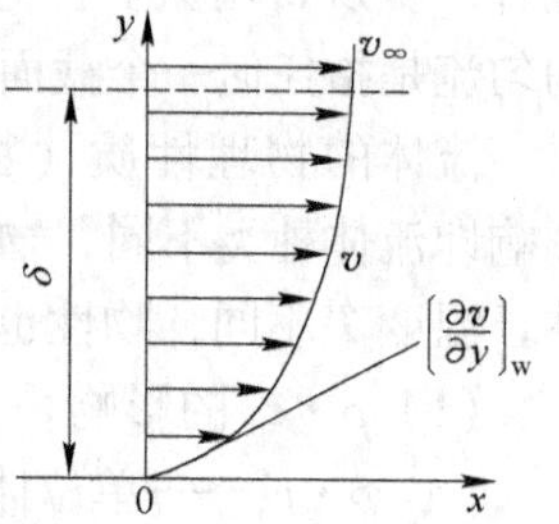

图 8.2 流动边界层

A 边界层厚度 $\delta$

从 $y=0$、$v=0$ 开始，$v$ 随着 $y$ 方向离壁面距离的增加而迅速增大；经过厚度为 $\delta$ 的薄层，$v$ 接近主流速度 $v_\infty$。定义 $v/v_\infty=0.99$ 处离壁面的距离为边界层厚度 $\delta$。

如 20℃ 空气以 $v_\infty=10\text{m/s}$ 速度掠过平板，在离板前沿 100m 和 200m 处边界层厚度 $\delta$ 分别为 1.8mm 和 2.5mm。

在边界层内，平均速度梯度很大，$y=0$ 处的速度梯度最大；由牛顿黏性定律：$\tau=\mu\dfrac{\partial v}{\partial y}$ 速度梯度大，黏滞应力大。在边界层外，$v_\infty$ 在 $y$ 方向不变化，$\partial v/\partial y=0$，黏滞应力为零。另外，流场可以划分为两个区：边界层区与主流区。流体的黏性作用起主导作用，流体的运动可用黏性流体运动微分方程组描述（N-S 方程）的区域称为边界层区。速度梯度为 0、$\tau=0$，可视为无黏性理想流体的区域为主流区，运用欧拉方程组描述。欧拉方程组的应用是边界层概念的基本思想。

流体外掠平板时的流动边界层如图 8.3 所示。

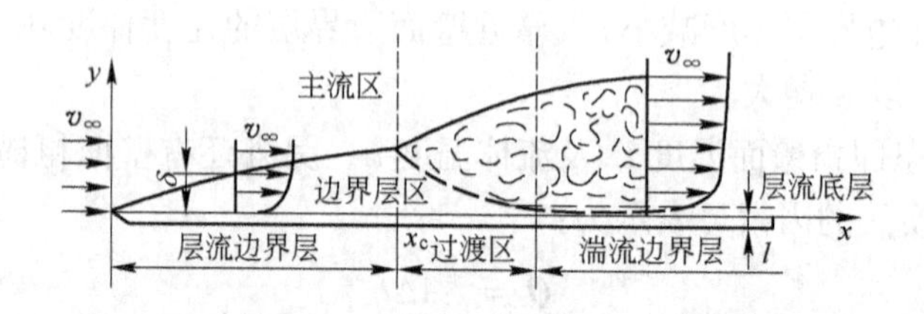


图 8.3 流体外掠平板时的流动边界层

由层流边界层开始向湍流边界层过渡的点称为转折点，用 $x_{cr}$ 表示，临界雷诺数用 $Re_{cr}$ 表示。

$$Re_{cr}=\frac{v_\infty x_{cr}}{\nu} \tag{8.4}$$

$$x_{cr}=\frac{\nu Re_{cr}}{v_\infty} \tag{8.5}$$

对于平板，一般 $Re_{cr}=3\times10^5\sim3\times10^6$，通常取为 $Re_{cr}=5\times10^5$。

对湍流边界层而言，黏性底层（层流底层）紧靠壁面处，黏滞力会占绝对优势，使黏附于壁面的一极薄层仍然会保持层流特征，具有最大的速度梯度。

B 流动边界层的几个重要特性

（1）边界层厚度 $\delta$ 与壁的定型尺寸 $l$ 相比极小，数量级 $\delta\ll l$。

（2）边界层内存在较大的速度梯度，黏性作用大，由 N-S 方程求解。

（3）边界层流态分层流与湍流。湍流边界层紧靠壁面处仍有层流特征，称为黏性底层。转折点 $x_{cr}$ 的影响因素有来流的紊流速度即来流是层流还是紊流，壁面的粗糙度。若来流速度很小，流动扰动小，紊乱不起来，全部为层流边界层；若来流速度很大，来流紊乱程度大，全部为紊流边界层。如希望 $x_{cr}$ 提前，可提高紊流度和壁面粗糙度。

$Re_{cr}$ 作用：不同流态边界层速度分布不同，造成流动阻力及换热遵循规律不同，需先判断 $Re_{cr}$ 后确定。

（4）流场可以划分为边界层区与主流区，边界层区由黏性流体运动微分方程组描述，主流区由理想流体运动微分方程——欧拉方程描述。

8.2.1.2 热边界层

当壁面与流体间有温差时，会产生温度梯度很大的温度边界层（热边界层）。热边界层（thermal boundary layer）特点如图 8.4 所示。

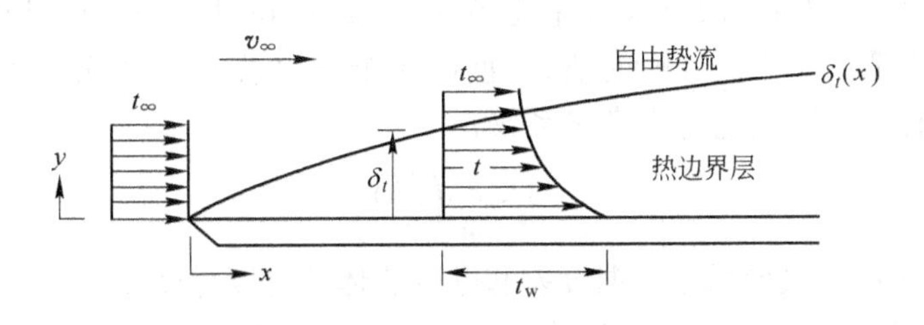


图 8.4 热边界层特点

$$y = 0, \theta_w = t - t_w = 0$$

$$y = \delta_t, \theta = t - t_w = 0.99\theta_\infty$$

厚度 $\delta$ 范围——热边界层或温度边界层。$\delta_t$ 为热边界层厚度，$\delta$ 与 $\delta_t$ 不一定相等。

同时流动边界层与热边界层的状况决定了热量传递过程和边界层内的温度分布，如图 8.5 所示。

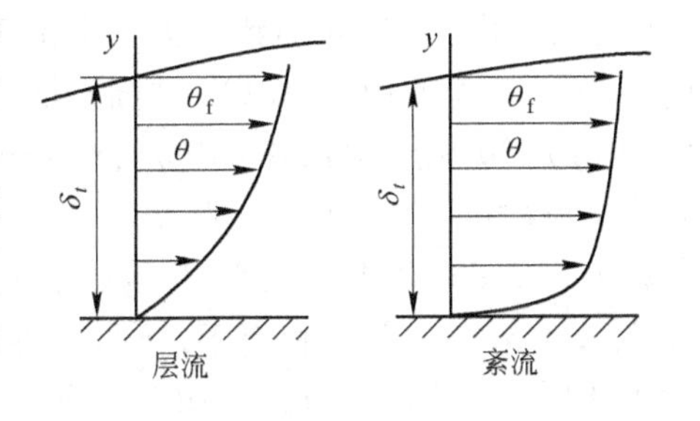


图 8.5 边界层内的温度分布

层流时，温度呈抛物线分布；湍流时，温度呈幂函数分布。湍流边界层贴壁处的温度梯度明显大于层流，即

$$\left(\frac{\partial t}{\partial y}\right)_{w,t} > \left(\frac{\partial t}{\partial y}\right)_{w,L} \tag{8.6}$$

故湍流换热比层流换热强。

$\delta$ 与 $\delta_t$ 分别反映流体分子和流体微团的动量和热量扩散的深度。

$$\delta_t/\delta \approx Pr^{-1/3} \quad （层流：0.6 \leqslant Pr \leqslant 50） \tag{8.7}$$

## 8.2.2 层流边界层换热微分方程组

采取数量级分析方法，研究解决边界层内边界层厚度沿界面变化的规律；边界层内流体速度分布、流动阻力计算问题；边界层内流体温度分布、对流换热计算问题；普朗特和冯·卡门除提出边界层外，还推导了边界层微分方程式和积分方程式，但因求解困难，只能对平板绕流层流边界层进行计算，而对复杂物体绕流和紊流边界层还不能求解。

（1）在常物性、无内热源、二维、不可压缩、牛顿流体的情况下，对流换热微分方程组为

$$\frac{\partial v_x}{\partial x}+\frac{\partial v_y}{\partial y}=0$$

$$\rho\left(\frac{\partial v_x}{\partial \tau}+v_x\frac{\partial v_x}{\partial x}+v_y\frac{\partial v_x}{\partial y}\right)=\rho f_x-\frac{\partial p}{\partial x}+\mu\left(\frac{\partial^2 v_x}{\partial x^2}+\frac{\partial^2 v_x}{\partial y^2}\right)$$

$$\rho\left(\frac{\partial v_y}{\partial \tau}+v_x\frac{\partial v_y}{\partial x}+v_y\frac{\partial v_y}{\partial y}\right)=\rho f_y-\frac{\partial p}{\partial x}+\mu\left(\frac{\partial^2 v_y}{\partial x^2}+\frac{\partial^2 v_y}{\partial y^2}\right)$$

$$\rho c_p\left(\frac{\partial t}{\partial \tau}+v_x\frac{\partial t}{\partial x}+v_y\frac{\partial t}{\partial y}\right)=\lambda\left(\frac{\partial^2 t}{\partial x^2}+\frac{\partial^2 t}{\partial y^2}\right) \tag{8.8}$$

4 个方程，4 个未知量，故可求得速度场（$v_x$，$v_y$）和温度场（$t$）以及压力场（$p$），既适用于层流，也适用于紊流（瞬时值）。前面 4 个方程求出温度场之后，可以利用牛顿冷却换热微分方程来计算当地对流换热系数 $\alpha_x$

$$\alpha_x=-\frac{\lambda}{\Delta t}\left(\frac{\partial t}{\partial y}\right)_{w,x} \tag{8.9}$$

式中，$\alpha_x$ 值取决于流体热导系数、温度差和贴壁流体的温度梯度。

温度梯度或温度场取决于流体热物性、流动状况（层流或紊流）、流速的大小及其分布、表面粗糙度等，也就是温度场取决于流场。速度场和温度场由对流换热微分方程组确定。

（2）边界层概念的引入可使换热微分方程组得以简化。简化方法常用数量级分析，通过对物理量的量纲进行分析而导出物理量之间定性关系的分析方法。即比较方程中各量或各项的量级的相对大小，保留量级较大的量或项，舍去那些量级小的项，使方程大大简化。例如：二维、稳态、强制对流、层流、忽略重力，5 个基本量的数量级为主流速度：$v_\infty \sim 0(1)$；温度：$t \sim 0(1)$；壁面特征长度：$l \sim 0(1)$；边界层厚度：$\delta \sim 0(\delta)$、$\delta_t \sim 0(\delta)$，其中 $x$ 与 $l$ 相当，即 $x \sim l \sim 0(1)$、$0 \leqslant y \leqslant \delta$，所以 $y \sim 0(\delta)$。$0(1)$、$0(\delta)$ 表示数量级为 1 和 $\delta$，$1 \gg \delta$，“$\sim$”—相当于，$v$ 沿边界层厚度由 0 到 $v_\infty$，即 $v \sim v_\infty \sim 0(1)$，具体如图 8.6 所示。

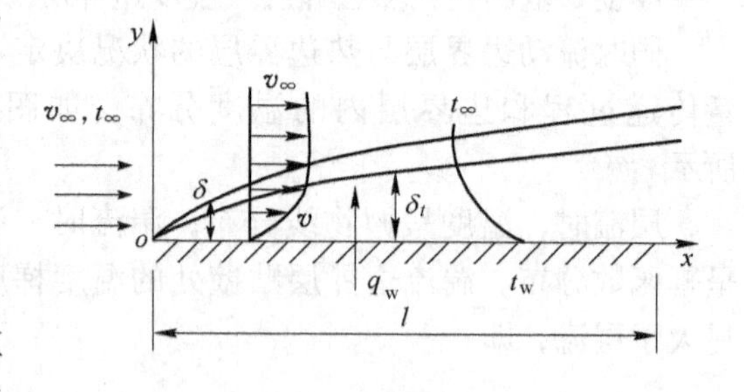

图 8.6 边界层内速度分布

由连续性方程

$$-\frac{\partial v_y}{\partial y}=\frac{\partial v_x}{\partial x}\sim\frac{v_\infty}{l}\sim 0(1)$$

有：$v \sim 0(\delta)$

$$\frac{\partial v_x}{\partial x}+\frac{\partial v_y}{\partial y}=0$$

$$\frac{1}{1} \qquad \frac{\delta}{\delta}$$

$$\rho\left(v_x\frac{\partial v_x}{\partial x}+v_y\frac{\partial v_x}{\partial y}\right)=-\frac{\partial p}{\partial x}+\mu\left(\frac{\partial^2 v_x}{\partial x^2}+\frac{\partial^2 v_x}{\partial y^2}\right)$$

$$1\left(1\ \frac{1}{1}\quad \delta\quad \frac{1}{\delta}\right)\qquad 1\quad \delta^2\left(\frac{1}{1^2}\qquad \frac{1}{\delta^2}\right)$$

$$\rho\left(v_x\frac{\partial v_y}{\partial x}+v_y\frac{\partial v_y}{\partial y}\right)=-\frac{\partial p}{\partial y}+\mu\left(\frac{\partial^2 v_y}{\partial x^2}+\frac{\partial^2 v_y}{\partial y^2}\right)$$

$$1\left(1\ \frac{\delta}{1}\quad \delta\quad \frac{\delta}{\delta}\right)\qquad \delta\quad \delta^2\left(\frac{\delta}{1^2}\qquad \frac{\delta}{\delta^2}\right)$$

$$\rho c_p\left(v_x\frac{\partial t}{\partial x}+v_y\frac{\partial t}{\partial y}\right)=\lambda\left(\frac{\partial t^2}{\partial x^2}+\frac{\partial^2 t}{\partial y^2}\right)$$

$$1\left(1\ \frac{1}{1}\quad \delta\ \frac{1}{\delta}\right)\qquad \delta^2\left(\frac{1}{1^2}\qquad \frac{1}{\delta^2}\right)$$

由数量级分析法，动量方程简化为：

$$\frac{\partial v_x}{\partial x}+\frac{\partial v_y}{\partial y}=0$$

$$\rho\left(v_x\frac{\partial v_x}{\partial x}+v_y\frac{\partial v_x}{\partial y}\right)=-\frac{\partial p}{\partial x}+\mu\frac{\partial^2 v_x}{\partial y^2}$$

由数量级分析法，热量传输方程简化为：

$$\rho c_p\left(v_x\frac{\partial t}{\partial x}+v_y\frac{\partial t}{\partial y}\right)=\lambda\frac{\partial^2 t}{\partial y^2}$$

$$\frac{\partial p}{\partial x}\sim 0(1),\frac{\partial p}{\partial y}\sim 0(\delta)$$

以上公式表明：边界层内的压力梯度仅沿 $x$ 方向变化，而边界层内法向的压力梯度极小，即压力可以忽略，边界层势流同一截面处压力相等。

边界层内任一截面压力与 $y$ 无关而等于主流压力

所以
$$\frac{\partial p}{\partial x}=\frac{\mathrm{d}p}{\mathrm{d}x}$$

$$\rho\left(v_x\frac{\partial v_x}{\partial x}+v_y\frac{\partial v_x}{\partial y}\right)=-\frac{\mathrm{d}p}{\mathrm{d}x}+\mu\frac{\partial^2 v_x}{\partial y^2}$$

由主流欧拉方程 $-\frac{\mathrm{d}p}{\mathrm{d}x}=\rho v_\infty\frac{\mathrm{d}v_\infty}{\mathrm{d}x}$，$\frac{\partial p}{\partial y}\sim 0(\delta)$ 可视为边界层的又一特性。

综上所述，层流边界层对流换热微分方程组可由以下四个方程组成：

$$\frac{\partial v_x}{\partial x}+\frac{\partial v_y}{\partial y}=0$$

$$v_x\frac{\partial v_x}{\partial x}+v_y\frac{\partial v_x}{\partial y}=-\frac{1}{\rho}\frac{\mathrm{d}p}{\mathrm{d}x}+\nu\frac{\partial^2 v_x}{\partial y^2}$$

$$v_x\frac{\partial t}{\partial x}+v_y\frac{\partial t}{\partial y}=a\frac{\partial^2 t}{\partial y^2}$$

$$\alpha_x = -\frac{\lambda}{\Delta t}\left(\frac{\partial t}{\partial y}\right)_{w,x}$$

层流边界层对流换热微分方程组：4 个方程、4 个未知量：$v_x$、$v_y$、$t$、$\alpha_x$，方程封闭。如果配上相应的定解条件，则可以求解。

### 8.2.3 平板层流边界层微分方程组布拉修斯解

（1）方程组可简化成：

$$\begin{cases}\dfrac{\partial v_x}{\partial x} + \dfrac{\partial v_y}{\partial y} = 0 \\ v_x\dfrac{\partial v_x}{\partial x} + v_y\dfrac{\partial v_y}{\partial y} = -\dfrac{1}{\rho}\dfrac{\mathrm{d}p}{\mathrm{d}x} + \nu\dfrac{\partial^2 v_x}{\partial y^2}\end{cases}$$

分析：未知量有 $v_x$、$v_y$ 及 $p$ 三个，方程为两个，如为平板绕流问题则 $\frac{\mathrm{d}p}{\mathrm{d}x} = 0$，认为沿 $x$ 方向无变化，否则可用伯努利方程求 $p$，或势流区可用欧拉方程：$\frac{\mathrm{D}v}{\mathrm{D}\tau} = -\frac{1}{\rho}\nabla p + \boldsymbol{f}$。

一维稳态势流：
$$v_x\frac{\mathrm{d}v_x}{\mathrm{d}x} = -\frac{1}{\rho}\frac{\mathrm{d}p}{\mathrm{d}x}$$

所以有
$$v_\infty\frac{\mathrm{d}v_\infty}{\mathrm{d}x} = -\frac{1}{\rho}\frac{\mathrm{d}p}{\mathrm{d}x}$$

如 $p$ 不随 $x$ 变化，则 $\frac{\mathrm{d}p}{\mathrm{d}x} = 0$，否则代入 $v_\infty\frac{\mathrm{d}v_\infty}{\mathrm{d}x}$。

（2）定解条件：

$$y = 0, v_x = 0, v_y = 0$$
$$y = \delta, v_x = v_\infty, v_y = 0$$

（3）平板层流流动边界层微分方程组：

求得边界层中速度分布规律及沿流动方向边界层厚度增长规律，并由此确定流动的剪切应力及阻力系数。

对层流绕流平板不可压缩流体稳定二维流动，数学描述：

$$\begin{cases}\dfrac{\partial v_x}{\partial x} + \dfrac{\partial v_y}{\partial y} = 0 \\ v_x\dfrac{\partial v_x}{\partial x} + v_y\dfrac{\partial v_y}{\partial y} = \nu\dfrac{\partial^2 v_x}{\partial x^2}\end{cases}$$

边界条件：

$$y = 0, v_x = 0, v_y = 0$$
$$y = \delta, v_x = v_\infty, v_y = 0$$

求解过程：布拉修斯首次引入流函数 $\varphi$，以求解上式。$\varphi$ 能自动满足二维连续性方程公式。通过把独立变量 $x$、$y$ 转变成 $\eta$，以及把非独立变量从 $\varphi(x,y)$ 转变为 $f(\eta)$ 的方法，可以将偏微分方程组简化为一个常微分方程。$\eta(x,y)$和$f(\eta)$表达式如下：

$$\eta(x,y) = \frac{y}{2}\left(\frac{v_\infty}{\nu x}\right)^{1/2}, f(\eta) = \frac{\varphi(x,y)}{(\nu x v_\infty)^{1/2}} \tag{8.10}$$

联立上述方程可得：

$$v_x = \frac{\partial \varphi}{\partial y} = \frac{v_\infty}{2}f'(\eta),\ v_y = -\frac{\partial \varphi}{\partial x} = \frac{1}{2}\left(\frac{\nu v_\infty}{x}\right)^{1/2}(\eta f' - f)$$

$$\frac{\partial v_x}{\partial y} = \frac{v_\infty}{4}\left(\frac{v_\infty}{\nu x}\right)^{\frac{1}{2}} f'',\ \frac{\partial^2 v_x}{\partial y^2} = \frac{v_\infty}{8} \times \frac{v_\infty}{\nu x} f''',\ \frac{\partial v_x}{\partial x} = -\frac{v_\infty \eta}{4x} f''$$

简化后可得到下面的方程：$f''' + ff'' = 0$。

定解条件为：$\eta = 0$ 时，$f = f' = 0$（初始条件）；$\eta = \infty$ 时，$f' = 2$（边界条件）。

上式虽然是常微分方程，但不是线性的。该方程首先由布拉修斯解出，他用级数展开式来表达在坐标原点的$f(\eta)$函数，并使用一个渐近解来满足在 $\eta = \infty$ 处的边界条件。图 8.7 给出了由布拉修斯解得的曲线与试验点。

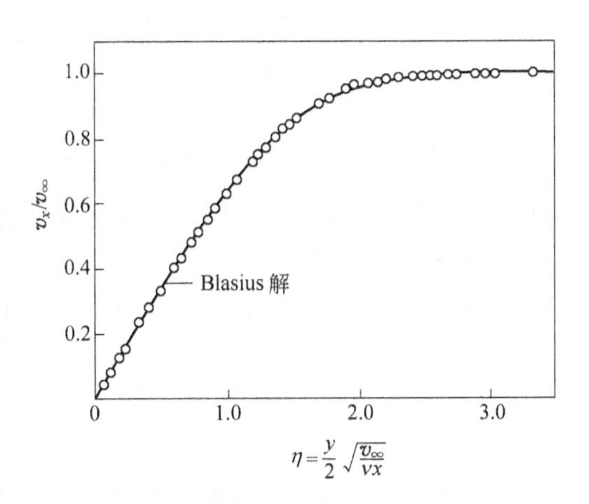


图 8.7　布拉修斯的理论曲线和试验点

由图 8.7 可见，理论曲线与试验点是非常吻合的。其后，霍华斯（Howarth）做了基本上相同的工作，但却得出了更为精确的结果。

表 8.1 列出了霍华斯的主要数值结果。其中，$\eta = \frac{y}{2}\sqrt{\frac{v_\infty}{\nu x}}$。

**表 8.1　平行于平板层流的$f$、$f'$、$f''$ 和$v_x/v_\infty$ 值**

| $\eta$ | $f$ | $f'$ | $f''$ | $v_x/v_\infty$ | $\eta$ | $f$ | $f'$ | $f''$ | $v_x/v_\infty$ |
|---|---|---|---|---|---|---|---|---|---|
| 0 | 0 | 0 | 1.32824 | 0 | 2.2 | 2.6924 | 1.9518 | 0.1558 | 0.9759 |
| 0.2 | 0.0266 | 0.2655 | 1.3260 | 0.1328 | 2.4 | 3.0853 | 1.9756 | 0.0875 | 0.9878 |
| 0.4 | 0.1061 | 0.5294 | 1.3096 | 0.2647 | 2.6 | 3.4819 | 1.9885 | 0.0454 | 0.9943 |
| 0.6 | 0.2380 | 0.7876 | 1.2264 | 0.3938 | 2.8 | 3.8803 | 1.9950 | 0.0217 | 0.9915 |
| 0.8 | 0.4203 | 1.0336 | 1.1867 | 0.5168 | 3.0 | 4.2796 | 1.9980 | 0.0096 | 0.9990 |
| 1.0 | 0.6500 | 1.2596 | 1.0670 | 0.6298 | 3.2 | 4.6794 | 1.9992 | 0.0039 | 0.9996 |
| 1.2 | 0.9223 | 1.4580 | 0.9124 | 0.7290 | 3.4 | 5.0793 | 1.9998 | 0.0015 | 0.9999 |
| 1.4 | 1.2310 | 1.6230 | 0.7360 | 0.8115 | 3.6 | 5.4793 | 2.0000 | 0.0005 | 1.0000 |
| 1.6 | 1.5691 | 1.7522 | 0.5565 | 0.8761 | 3.8 | 5.8792 | 2.0000 | 0.0002 | 1.0000 |
| 1.8 | 1.9295 | 1.8466 | 0.3924 | 0.9233 | 4.0 | 6.2792 | 2.0000 | 0.0000 | 1.0000 |
| 2.0 | 2.3058 | 1.9110 | 0.2570 | 0.9555 | 5.0 | 8.2792 | 2.0000 | 0.0000 | 1.0000 |
| 2.2 | 2.6924 | 1.9518 | 0.1558 | 0.9759 | | | | | |

（4）布拉修斯解：

1）边界层厚度增长规律：

当 $\eta=2.5$ 时，有 $v_x/v_\infty=0.99$，令此点处的 $y=\delta$，可得：

$$\eta=\frac{y}{2}\sqrt{\frac{v_\infty}{\nu x}}=\frac{\delta}{2}\sqrt{\frac{v_\infty}{\nu x}}=2.5 \quad 所以，\delta=5.0\sqrt{\frac{\nu x}{v_\infty}}$$

即 $\delta$ 与 $\sqrt{x}$ 成正比或 $\frac{\delta}{x}=5.0Re_x^{-\frac{1}{2}}$，其中 $Re_x=\frac{v_\infty x}{\nu}$。

2）平板壁面上摩擦阻力变化规律：

$$\left.\frac{\partial v_x}{\partial y}\right|_{y=0}=\frac{v_\infty}{4}\left(\frac{v_\infty}{\nu x}\right)^{\frac{1}{2}}\times f''(0)=0.332v_\infty\sqrt{\frac{v_\infty}{\nu x}}$$

平板壁面上切应力：$\tau_w=\mu\left.\frac{\partial v_x}{\partial y}\right|_{y=0}$，$\tau_w=0.332\mu v_\infty\sqrt{\frac{v_\infty}{\nu x}}$

式中，$\tau_w$ 为单位面积上摩擦阻力沿 $x$ 方向变化。

3）当地阻力系数：

由 $C_{fx}$ 定义式：局部切应力与流体动压头之比，体现流动阻力的无量纲准则。

$$C_{fx}=\frac{\tau_w}{\frac{1}{2}\rho v_\infty^2}=0.664\sqrt{\frac{\nu}{v_\infty x}}=\frac{0.664}{\sqrt{Re_x}}$$

4）平板总阻力 $F_D$ 及总阻力系数 $C_f$：

已知平板宽为 $b$，长为 $L$。

$$F_D=\int_A\tau_w\mathrm{d}A=b\int_0^l\tau_w\mathrm{d}x=b\int_0^l 0.332\mu v_\infty\sqrt{\frac{v_\infty}{\nu x}}\mathrm{d}x$$

$$=0.664\mu b v_\infty\sqrt{Re_L}$$

$$C_f=\frac{F_D}{\frac{1}{2}\rho v_\infty^2 A}=\frac{1.328}{\sqrt{Re_L}}，其中 Re_L=\frac{v_\infty L}{\nu}$$

注意：适用于平板层流边界层 $Re_L<3.5\times(10^5\sim10^6)$。

边界层微分方程是边界层计算的基本方程式，但由于它的非线性，即使对于形状很简单的物体的绕流，求解也十分困难。

### 8.2.4 边界层动量积分方程组

1921 年，冯·卡门提出了一种近似求解对流换热的数学解析法称为边界层积分方程组法。边界层积分方程组包括边界层动量积分方程式和边界层能量积分方程式，通过这些方程的积分，可求出边界层厚度和速度分布，然后由换热微分方程求解出换热系数。为区分边界层微分方程组的解，把积分方程组的解称为近似解，和其他的近似法相仿，求解时要引入一些纯经验的假设，这些假设是否符合实际，只能以精确解或实验结果作为标准来检验，否则无从直接判断近似解的可靠性。边界层积分方程组同样只能用于符合边界层特性的流动中，但它的数学求解步骤简单，能在许多至今无法用数学解的情况下求解。

在壁面附近任取一个固定的有限空间（不是微元空间），建立该有限空间内流体流动的动量守恒关系，对常物性、不可压缩流体，忽略质量力，二维稳态流动边界层（强掠平板）从流场中划出控制容积 $ABCD$（如图 8.8 所示），取 $BD$ 为 $dx$（$dx$ 无限小，$BD$、$AC$ 可看成直线），$z$ 方向为单位宽度，因边界层内 $y$ 方向的流速很小，只考虑 $x$ 方向上的动量变化，设距壁面 $y$ 处速度为 $v_x$，$y \geqslant \delta$ 处：$v_x = v_\infty$。

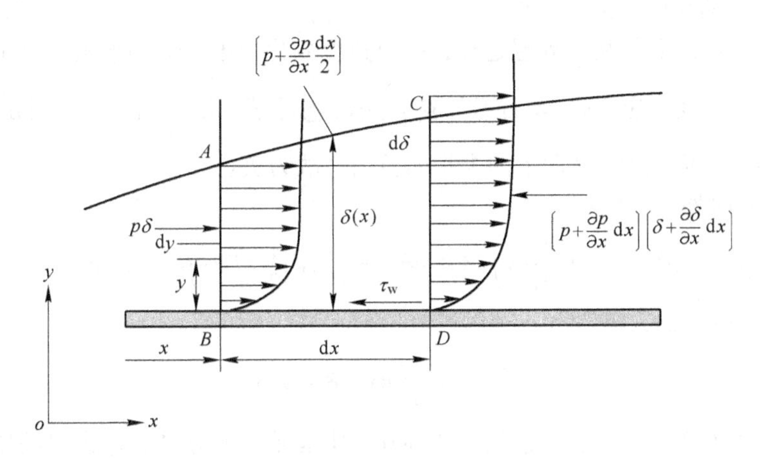


图 8.8 边界层上的速度及压力变化

根据动量守恒定理：单位时间内该控制体内流体动量的变化等于它所受的力。

$$M_{CD} - M_{AB} - M_{AC} = \Sigma F_x$$

式中，$M_{CD}$、$M_{AB}$、$M_{AC}$分别为单位时间内通过 $CD$、$AB$、$AC$ 面的流体动量在 $x$ 轴上的分量，$\Sigma F_x$ 为作用在微元面积段上所有外力合力在 $x$ 轴上的投影。

（1）动量的变化量（$x$ 方向）：

由 $AB$ 面流入 $ABCD$ 控制体质量流量为 $\rho\int_0^\delta v_x dy$，流入动量为 $\rho\int_0^\delta v_x^2 dy$。所以流体通过控制体 $ABCD$ 时：

1）通过 $AB$ 面流进动量 $M_{AB} = \rho\int_0^\delta v_x^2 dy$；

2）通过 $CD$ 面流出动量 $M_{CD} = M_{AB} + \dfrac{\partial M_{AB}}{\partial x}dx = \int_0^\delta \rho v_x^2 dy + \dfrac{\partial}{\partial x}\left(\int_0^\delta \rho v_x^2 dy\right)dx$；

3）通过 $AC$ 面流进动量 $M_{AC} = v_\infty(m_{CD} - m_{AB}) = v_\infty \dfrac{\partial}{\partial x}\left(\int_0^\delta \rho v_x dy\right)dx$。

注意：通过 $AC$ 面流入控制体的质量流量 = 流出 $CD$ 面与流入 $AB$ 面质量流量之差：

$$\rho\int_0^\delta v_x dy + \rho\frac{\partial}{\partial x}\left(\int_0^\delta v_x dy\right)dx - \rho\int_0^\delta v_x dy = \rho\frac{\partial}{\partial x}\left(\int_0^\delta v_x dy\right)dx$$

因 $BD$ 面没有流体穿过的，因而没有动量交换，所以流体通过控制体 $ABCD$ 后 $x$ 方向动量增量为：

$$\rho\frac{\partial}{\partial x}\left(\int_0^\delta v_x^2 dy\right)dx - \rho v_\infty \frac{\partial}{\partial x}\left(\int_0^\delta v_x dy\right)dx \tag{8.11}$$

（2）沿 $x$ 方向作用在控制体上的外力：

1）$AB$ 面上的压力为 $p\delta$；

2）$CD$ 面上的压力为 $-\left(p+\frac{\partial p}{\partial x}\mathrm{d}x\right)(\delta+\mathrm{d}\delta)$；

3）$AC$ 面上的压力为 $\left(p+\frac{1}{2}\frac{\partial p}{\partial x}\mathrm{d}x\right)\mathrm{d}s\cdot\sin\theta$；

4）BD 面上的切应力为 $-\tau_{\mathrm{w}}\mathrm{d}x$。

注意：1）$AC$ 面上部在边界层之外，那里速度变化为零，恒等于 $v_\infty$，无切应力。

2）$AB$ 面上压力是 $p\delta$ 而不写成 $\int_0^\delta p\mathrm{d}y$，忽略了 $p$ 沿 $y$ 轴变化，因 $\delta$ 很小。

3）$CD$ 面上及 $BD$ 面上的力指向负向，故为负。

所以，$x$ 方向外力代数和为

$$\Sigma F_x = p\delta-\left(p+\frac{\partial p}{\partial x}\mathrm{d}x\right)(\delta+d\delta)+\left(p+\frac{1}{2}\frac{\partial p}{\partial x}\mathrm{d}x\right)\mathrm{d}s\cdot\sin\theta-\tau_{\mathrm{w}}\mathrm{d}x \tag{8.12}$$

因为 $\mathrm{d}s\cdot\sin\theta=\mathrm{d}\delta$，得

$$\Sigma F_x = -\frac{\partial p}{\partial x}\mathrm{d}x\cdot\delta-\tau_{\mathrm{w}}\mathrm{d}x$$

边界层内边界就是物体表面，其流速为0，其压强等于边界层外边界的压强，即沿物体表面的法线 $y$ 方向压强不变，$p$ 与 $y$ 无关，可用全微分代替偏微分。由推导依据，再由式（8.11）及式（8.12）得：

$$\rho\frac{\mathrm{d}}{\mathrm{d}x}\left(\int_0^\delta v_x^2\mathrm{d}y\right)\mathrm{d}x-\rho v_\infty\frac{\mathrm{d}}{\mathrm{d}x}\left(\int_0^\delta v_x\mathrm{d}y\right)\mathrm{d}x=-\delta\frac{\mathrm{d}p}{\mathrm{d}x}\mathrm{d}x-\tau_{\mathrm{w}}\mathrm{d}x$$

简化形式：

由微分法则： $\mathrm{d}(xy)=x\mathrm{d}y+y\mathrm{d}x$

记 $\int_0^\delta v_x\mathrm{d}y=y, v_\infty=x$

则 $$\frac{\mathrm{d}}{\mathrm{d}x}\left(v_\infty\int_0^\delta v_x\mathrm{d}y\right)=v_\infty\frac{\mathrm{d}}{\mathrm{d}x}\int_0^\delta v_x\mathrm{d}y+\frac{\mathrm{d}v_\infty}{\mathrm{d}x}\int_0^\delta v_x\mathrm{d}y$$

所以 $$\rho v_\infty\frac{\mathrm{d}}{\mathrm{d}x}\int_0^\delta v_x\mathrm{d}y=\rho\frac{\mathrm{d}}{\mathrm{d}x}\left(v_\infty\int_0^\delta v_x\mathrm{d}y\right)-\rho\frac{\mathrm{d}v_\infty}{\mathrm{d}x}\int_0^\delta v_x\mathrm{d}y$$

代入上式

$$\rho\frac{\mathrm{d}}{\mathrm{d}x}\int_0^\delta(v_\infty-v_x)v_x\mathrm{d}y-\rho\frac{\mathrm{d}v_\infty}{\mathrm{d}x}\int_0^\delta v_x\mathrm{d}y=\delta\frac{\mathrm{d}p}{\mathrm{d}x}+\tau_{\mathrm{w}} \tag{8.13}$$

式（8.13）即为绕流物体表面的层流和紊流边界层的冯·卡门动量积分方程。

### 8.2.5 边界层动量积分方程组：冯·卡门近似解

边界层动量方程当 $\rho=C$ 时，有5个未知量，其中的 $v_\infty$ 用前面的势流理论求解，$p$ 由伯努利方程计算，还剩下 $v_x$、$\tau_{\mathrm{w}}$、$\delta$ 3个未知量，还需补充2个方程，一是边界层内流速分布的关系式 $v_x=v_x(y)$，二是切应力与边界层厚度的关系式 $\tau_{\mathrm{w}}=\tau_{\mathrm{w}}(\delta)$。后者根据流速分布的关系式求解得到。

通常在计算边界层动量积分方程时，先假定流速分布 $v_x = v_x(y)$。

8.2.5.1 平板层流边界层动量积分方程解

进一步简化：因平板边界层内 $\frac{\partial p}{\partial x} = 0$，故边界层内压力分布与主流区相同，而边界层外主流区的压力变化同主流速度可用伯努利方程表示。

动量积分方程：

$$\rho \frac{\mathrm{d}}{\mathrm{d}x}\int_0^\delta v_x(v_\infty - v_x)\mathrm{d}y = \mu \frac{\mathrm{d}v_x}{\mathrm{d}y}\bigg|_{y=0} \tag{8.14}$$

首先必须假设层流边界层内速度分布函数 $v_x = f(y)$。速度分布形式考虑：一个比较复杂的函数可以采用幂函数的线性组合来近似代替它，这种组合形式便于以后进行微分、积分等运算。采用三次四项式是因为有四个关于速度分布的条件，可求解四个待定函数 $a$、$b$、$c$、$d$，边界层内的速度分布归根结底要由实验测定，在卡门求解过程中速度分布采用多项式形式。

设
$$v_x = a + by + cy^2 + dy^3$$

边界条件：
$$y = 0, v_x = 0, \frac{\partial^2 v_x}{\partial y^2} = 0$$

$$y = \delta, v_x = v_\infty, \frac{\partial v_x}{\partial y} = 0$$

得出四个特定常数值：$a = 0$，$b = \frac{3v_\infty}{2\delta}$，$c = 0$，$d = -\frac{v_\infty}{2\delta^3}$

速度分布：
$$\frac{v_x}{v_\infty} = \frac{3y}{2\delta} - \frac{1}{2}\left(\frac{y}{\delta}\right)^3 \tag{8.15}$$

切应力：
$$\tau_w = \mu \frac{\mathrm{d}v_x}{\mathrm{d}y}\bigg|_{y=0} = \frac{3\mu v_\infty}{2\delta} \tag{8.16}$$

求 $\delta = f(x)$。

将式（8.15）、式（8.16）代入式（8.14）中，有：

$$v_\infty^2 \rho \frac{\mathrm{d}}{\mathrm{d}x}\int_0^\delta \left[\frac{3}{2}\cdot\frac{y}{\delta} - \frac{1}{2}\cdot\left(\frac{y}{\delta}\right)^3\right]\cdot\left\{1 - \left[\frac{3}{2}\cdot\frac{y}{\delta} - \frac{1}{2}\cdot\left(\frac{y}{\delta}\right)^3\right]\right\}\mathrm{d}y = \frac{3\mu}{2\delta}v_\infty$$

积分得：
$$\frac{39}{280}\rho v_\infty^2 \frac{\mathrm{d}\delta}{\mathrm{d}x} = \mu \frac{3v_\infty}{2\delta}$$

分离变量积分：

$$\int_0^\delta \delta \mathrm{d}\delta = \int_0^x \frac{140}{13}\cdot\frac{\nu}{v_\infty}\mathrm{d}x \Rightarrow \frac{13}{280}\rho v_\infty \delta^2 = \mu x + C$$

边界条件：$x = 0, \delta = 0$ 所以有 $C = 0$，得：

$$\delta = 4.64\sqrt{\frac{\nu x}{v_\infty}} = 4.64\frac{x}{\sqrt{Re_x}}$$

无量纲表达式为：
$$\frac{\delta}{x} = 4.64 Re_x^{-\frac{1}{2}} \tag{8.17}$$

公式（8.17）即为边界层厚度沿 $x$ 发展变化规律。

平板表面上的切应力：

将式（8.17）代入式（8.15）中可得边界层的速度分布；

将式（8.17）代入式（8.16）可得平板表面上的切应力。

（1）局部切应力 $\tau_w = \mu \left.\frac{dv_x}{dy}\right|_{y=0} = \mu \frac{3v_\infty}{2\delta} = \frac{0.323\rho v_\infty^2}{\sqrt{Re_x}}$

（2）平均摩擦阻力 $F_D = b\int_0^l \tau_w dx = 0.646bl\rho v_\infty^2 Re_L^{-\frac{1}{2}}$

（3）局部摩擦阻力系数 $c_{fx}$：

$$c_{fx} = \frac{\tau_w}{\frac{1}{2}\rho v_\infty^2} = 0.646Re_x^{-\frac{1}{2}}$$

因 $\tau_w$ 只与 $\delta$ 有关，而 $c_{fx}$ 只与 $x$ 有关，故称为局部摩擦阻力系数。

（4）平均摩擦阻力系数 $c_f$：

$$c_f = \frac{F_D}{\frac{1}{2}\rho v_\infty A} = \frac{1}{l}\int_0^l c_{fx}dx = 2c_{fx} = \frac{1.292}{\sqrt{Re_L}}$$

与动量微分方程比较（理论上的精确解）

$$\frac{\delta}{x} = \frac{5.0}{\sqrt{Re_x}},\ c_{fx} = 0.664/\sqrt{Re_x}$$，误差仅为3%

8.2.5.2 平板湍流边界层的计算

湍流边界层比层流边界层复杂得多，目前尚无精确解，只能用近似的解法，动量积分方程中的 $\tau_w$ 及 $v_x = f(y)$ 假设均不能直接用于湍流的边界层。将光滑圆管湍流的结果移植到光滑平板上，速度分布用 1/7 指数式，壁面切应力采用布拉修斯公式。取 $\delta = R = d/2$，由无压强梯度平板边界层动量积分方程可得：

速度分布：借助于圆管湍流的 1/7 次方规律：

$$v_x = v_\infty \left(\frac{y}{\delta}\right)^{\frac{1}{7}} \tag{8.18}$$

式中，$v_\infty$ 相当于管中心处 $v_{max}$。

切应力 $\tau_w$ 中的 $\mu$ 应是总黏度系数：$\mu = \mu_{层} + \mu_{附}$

对于管内流动：

由受力平衡 $$\tau_w \cdot \pi dl = \frac{\pi}{4}d^2\Delta p$$

所以有 $$\tau_w = \frac{d}{4l}\Delta p\ (\Delta p = p_1 - p_2)$$

管内流动压力损失计算公式为：$\Delta p = \lambda \frac{l}{d}\frac{\rho v^2}{2}$

由此二式得 $$\tau_w = \frac{\lambda}{8}\rho v^2$$

又已知$4000 < Re < 10^5$时，光滑管内湍流流动时$\lambda = \dfrac{0.3164}{Re^{\frac{1}{4}}}$且圆管湍流流动时$v = 0.817 v_{max}$。

所以，切应力分布为：

$$\tau_w = \frac{\lambda}{8}\rho v^2 = \frac{1}{8} \times 0.3164 Re^{-\frac{1}{4}} \rho (0.817 v_{max})^2 = 0.0233 \rho v_\infty^2 \left(\frac{\nu}{v_\infty \delta}\right)^{\frac{1}{4}} \tag{8.19}$$

由平板湍流边界层动量积分方程：

$$\frac{d}{dx}\left(\int_0^\delta v_x^2 dy\right) - v_\infty \frac{d}{dx}\left(\int_0^\delta v_x dy\right) = -\frac{\tau_w}{\rho}$$

将式（8.18）、式（8.19）代入上式中，得：

$$\frac{d}{dx}\left\{\int_0^\delta \left[v_\infty \left(\frac{y}{\delta}\right)^{\frac{1}{7}}\right]^2 dy\right\} - v_\infty \frac{d}{dx}\left[\int_0^\delta v_\infty \left(\frac{y}{\delta}\right)^{\frac{1}{7}} dy\right] = -\frac{0.0233}{\rho}\rho v_\infty^2 \left(\frac{\nu}{v_\infty \delta}\right)^{\frac{1}{4}}$$

整理得：
$$\frac{7}{72}\frac{d\delta}{dx} = 0.0233\left(\frac{\nu}{v_\infty \delta}\right)^{\frac{1}{4}}$$

分离变量后积分：
$$\delta^{\frac{5}{4}} = 0.0233 \times \frac{72}{7} \times \frac{5}{4}\left(\frac{\nu}{v_\infty}\right)^{\frac{1}{4}} x + C$$

假设$x=0$时，$\delta=0$（与事实出入，因湍流边界层是离开平板前一定距离的转折点开始形成的，但层流边界层所占长度≪湍流边界层长度，作为一种近似），所以$C=0$。

得
$$\delta = \frac{0.381x}{Re_x^{\frac{1}{5}}} \tag{8.20}$$

公式（8.20）即为湍流边界层的厚度沿平板发展变化的规律。

可见$\delta_{湍} > \delta_{层}$，且适用于1/7次方速度分布规律，$Re = 5 \times 10^5 \sim 10^7$，$v = 0.82 v_{max}$。

将式（8.20）代入式（8.19）中求解$\tau_w$，代入式（8.18）中求解$v_x$分布：

$$\tau_w = 0.0297 \rho v_\infty^2 Re_x^{-\frac{1}{5}}$$

$$F_D = b\int_0^l \tau_w dx = b\int_0^l 0.0297 \rho v_\infty^2 Re_x^{-\frac{1}{5}} = 0.037 bl\rho v_\infty^2 Re_L^{-\frac{1}{5}}$$

摩擦阻力系数：

$$c_f = \frac{F_D}{\frac{1}{2}\rho v_\infty^2 bl} = 0.074 Re_L^{-\frac{1}{5}} \left(c_{fx} = \frac{\tau_w}{\frac{1}{2}\rho v_\infty^2}\right)$$

与层流边界层相比，$Re$增加时，湍流的$c_f$减小得要慢些。适用范围：$3 \times 10^5 < Re_L < 10^7$。

当$Re_L > 10^7$时满足下式：

$$c_f = \frac{0.445}{(\lg Re_L)^{2.58}}$$

8.2.5.3 平板湍流边界层与平板层流边界层比较(见表8.2)

(1) $\delta = f(x)$:

湍流边界层: $\delta \propto x^{4/5}$; 层流边界层: $\delta \propto x^{1/2}$, 所以湍流边界层$\delta$比层流边界层$\delta$增加快。

(2) $v_x = f(y)$:

湍流边界层: $v_x$分布曲线更加饱满; $v_\infty$一样时, 湍流边界层内流体平均动量大于层流边界层。

(3) $F_D$分布:

湍流边界层: $F_D \propto v_\infty^{9/5} l^{4/5}$; 层流边界层: $F_D \propto v_\infty^{3/2} l^{1/2}$, 减小$F_D$, 应尽可能保持边界层流态为层流, 使转折点拖后。

**表8.2 平板的层流和湍流边界层比较**

| 项 目 | 湍流边界层 | 层流边界层 |
| --- | --- | --- |
| 边界层厚度 | $\frac{\delta}{x} = \frac{0.382}{\sqrt[5]{Re_x}}$ ($\delta \propto x^{4/5}$) | $\frac{\delta}{x} = \frac{5.0}{\sqrt{Re_x}}$ ($\delta \propto x^{1/2}$) |
| 壁面摩擦系数 | $c_{fx} = \frac{0.0593}{\sqrt[5]{Re_x}}$ | $c_{fx} = \frac{0.664}{\sqrt{Re_x}}$ |
| 摩擦阻力系数 | $c_f = \frac{0.074}{\sqrt[5]{Re_l}}$ | $c_f = \frac{1.328}{\sqrt{Re_l}}$ |

8.2.5.4 动量积分方程与微分方程应用比较

冯·卡门动量积分方程特点是并不要求边界层内每一个流体质点的运动均须满足边界层微分方程式的要求, 而只是除必须满足壁面及边界层外边缘处的边界条件外, 在边界层内部只须假定一个边界层内的流速分布来代替真正的流速分布, 只是这个假设的流速分布满足边界层动量方程和边界条件。

将动量积分方程与微分方程应用进行比较, 可以看出: (1) 动量积分方程只含有一个变量$x$, 只要给出边界层速度分布函数$v_x = f(y)$, 即可求解, 而微分方程是$x$、$y$两个方向上的偏微分方程, 所以求解相当困难; (2) 从物理本质上看, 这两个方程都应用动量守恒关系, 区别在于微分方程要求每个流体质点都满足动量守恒关系, 而积分方程只要求流动的流体在整体上满足动量守恒关系; (3) 与微分方程相比, 积分方程要粗糙些, 故解称为近似解, 积分方程解的准确度, 在很大程度上取决于$v_x = f(y)$。

### 8.2.6 平板混合边界层的计算

流体绕薄平板流动时, 起始段为层流边界层, 后过渡为湍流边界层, 当层流边界层只占有整个板很小部分长度时, 可近似看成整个板都是湍流, 但当层流边界层不可忽略时, 应按混合边界层计算。混合边界层中的流动$\delta$, $\tau_w$及$c_f$不仅决定于$Re_l$且与$Re_{cr}$有关。

计算时引入假设:

(1) 层流边界层转变为湍流边界层是在某处突然发生, 无过渡段;

(2) 混合边界层的湍流边界层可以看作是从平板的首端开始的湍流边界层的一部分。

那么, 整个混合边界层平板上的总摩擦阻力由层流边界层的摩擦阻力和湍流边界层的

摩擦阻力两部分组成。图8.9所示即为平板混合边界层，则

$$c_{fm}\frac{\rho v_{\infty}^{2}}{2}bl = c_{ft}\frac{\rho v_{\infty}^{2}}{2}bl - c_{ft}\frac{\rho v_{\infty}^{2}}{2}bx_{c} + c_{fl}\frac{\rho v_{\infty}^{2}}{2}bx_{c}$$

式中，$c_{fm}$为混合边界层摩阻系数；$c_{ft}$为湍流边界层摩阻系数；$c_{fl}$为层流边界层摩阻系数；$x_c$为转折点到平板首端的距离。

化简后，得：

$$c_{fm} = c_{ft} - (c_{ft} - c_{fl})x_c/l$$

计算得 $c_{fm} = \frac{0.074}{Re_l^{1/5}} - \frac{1700}{Re_l}$，条件：$Re_{cr} = 5\times10^5$。

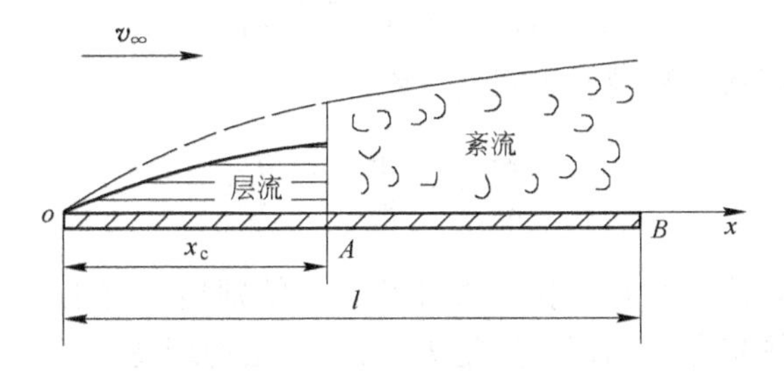


图8.9 平板混合边界层

### 8.2.7 平板层流换热的特征数关联式

已知：

$$v_x\frac{\partial t}{\partial x} + v_y\frac{\partial t}{\partial y} = a\frac{\partial^2 t}{\partial y^2}$$

$$\alpha_x = -\frac{\lambda}{\Delta t}\left(\frac{\partial t}{\partial y}\right)_{w,x} \tag{8.21}$$

在已知流场分布的情况下，求解出温度分布，进而求得对流换热系数。例如：对于主流场均速$v_\infty$、均温$t_\infty$，并给定恒定壁温的情况下的流体纵掠平板换热，由已知的流动边界层速度场及边界条件：

$$y = 0, v_x = 0, v_y = 0, t = t_w$$

$$y = \delta, v_x = v_\infty, t = t_\infty$$

求解上述方程组，可得局部表面传热系数$\alpha_x$的表达式

$$\alpha_x = 0.332\frac{\lambda}{x}\left(\frac{v_\infty x}{\nu}\right)^{\frac{1}{2}}\left(\frac{\nu}{a}\right)^{\frac{1}{3}} \tag{8.22}$$

$$\frac{\alpha_x x}{\lambda} = 0.332\left(\frac{v_\infty x}{\nu}\right)^{\frac{1}{2}}\left(\frac{\nu}{a}\right)^{\frac{1}{3}}$$

$$Nu_x = 0.332Re_x^{\frac{1}{2}}\cdot Pr^{\frac{1}{3}}$$

一定要注意上面准则方程的适用条件：外掠等温平板、无内热源、层流。

式中 $Nu_x = \dfrac{\alpha_x x}{\lambda}$ 为努塞尔（Nusselt）数；

$Re_x = \dfrac{v_\infty x}{\nu}$ 为雷诺（Reynolds）数；

$Pr = \dfrac{\nu}{a}$ 为普朗特数。

$\delta$ 与 $\delta_t$ 之间的关系：

对于外掠平板的层流流动，有 $v_\infty = \text{const}$，所以 $\dfrac{dp}{dx} = 0$

动量方程
$$v_x \frac{\partial v_x}{\partial x} + v_y \frac{\partial v_x}{\partial y} = \nu \frac{\partial^2 v_x}{\partial y^2}$$

此时动量方程与能量方程的形式完全一致

$$v_x \frac{\partial t}{\partial x} + v_y \frac{\partial t}{\partial y} = a \frac{\partial^2 t}{\partial y^2} \tag{8.23}$$

表明此情况下动量传递与热量传递规律相似。特别地：对于 $\nu = a$ 的流体（$Pr = 1$），速度场与无量纲温度场将完全相似，这是 $Pr$ 的另一层物理意义，即表示流动边界层和温度边界层的厚度相同。

**例 8-1** 4℃的空气以 1m/s 的速度流过一块宽 1m、长 1.5m 的平板，试求为使平板均匀保持 50℃所需供给的热量。

**解**：空气的定性温度为

$$t_m = \frac{t_f + t_w}{2} = \frac{4 + 50}{2} = 27 \quad ℃$$

根据此温度，由附录 1 查得空气在 27℃时

$$\nu = 15.68 \times 10^{-6} \quad m^2/s$$
$$\lambda = 0.02624 \quad W/(m \cdot ℃)$$
$$Pr = 0.702$$

计算雷诺数

$$Re_l = \frac{v_f l}{\nu} = \frac{1 \times 1.5}{15.68 \times 10^{-6}} = 9.55 \times 10^4 < 5 \times 10^5$$

因 $Re_l$ 小于临界雷诺数，故全板长的边界层均为层流。

可求得平均给热系数

$$\alpha = 0.664 \frac{\lambda}{l} Re_l^{1/2} Pr^{1/3}$$
$$= 0.664 \times \frac{0.02624}{1.5} \times (9.55 \times 10^4)^{1/2} \times 0.702^{1/3}$$
$$= 3.2 \quad W/(m^2 \cdot ℃)$$

由于平板两个侧面均以对流方式散热，因此，供给平板的热量应为

$$Q = 2\alpha A(t_w - t_f) = 2 \times 3.2 \times (1 \times 1.5) \times (50 - 4) = 441.6 \quad \text{W}$$

## 8.3 纵掠平板及管内湍流换热特征数关联式：动量与热量比拟法

边界层对流换热微分方程可用理论分析方法求解层流时流动和换热，且仅限于沿平板的流动。工程上，湍流比层流更普遍，但用分析解法求湍流换热遇到较大困难。

目前求湍流给热问题的重要途径之一就是比拟法。比拟法基本思想：（1）认为动量和热量传递规律是类同的，用数学式子把两现象联系起来；（2）用已由理论分析或实测得到的阻力规律（尼古拉兹实验）来求解换热规律；（3）阻力规律相对容易实测或分析得到，如阻力系数对于绕流平板，只与 $Re$ 有关，对于管内流动也只与 $Re$ 和 $\Delta/d$ 有关；而换热规律研究涉及非等温流动，无论理论分析或实验求解均较麻烦，正如8.1节所述；（4）因阻力规律计算式（大量实验规律）不是唯一的，比拟法理论推导的计算公式也不是唯一的，但对求解对流换热（尤其湍流）很有效。

### 8.3.1 湍流动量传输和热量传输

在动量传输中，由速度 $v_i = \bar{v}_i + v_i'$ 可知，当流动为层流流动时，由流体黏性引起的层流切应力为：

$$\tau_\mu = \mu \frac{dv_x}{dy} = \rho\nu \frac{dv_x}{dy} \tag{8.24}$$

式中，$\nu = \dfrac{\mu}{\rho}$ 为运动黏度，表明流体内部由于分子运动引起的单位面积动量交换速率；$\dfrac{dv_x}{dy}$ 为垂直于流动方向上单位体积的动量梯度。

当流动为湍流流动时，流体内的剪切应力除黏性所致外，更多的是为湍流脉动引起的，它取决于 $Re$ 和湍流强度等因素。它与湍流流动时普朗特混合长度 $l$ 的关系为：

$$\tau_\tau = \rho l^2 \left|\frac{dv_x}{dy}\right| \left(\frac{dv_x}{dy}\right) = \rho\varepsilon_m \frac{dv_x}{dy} \tag{8.25}$$

式（8.25）可以写成：

$$\tau_\tau = -\rho\, \overline{v_x' v_y'} = \rho\varepsilon_m \frac{dv_x}{dy} \tag{8.26}$$

式中，$\varepsilon_m$ 为湍流黏度，不是流体物性。它与 $Re$ 和湍流程度有关，是反映流动状态的参数。所以在湍流流动时，总的剪切应力 $\tau$ 应为两者之和。当流体为不可压缩时，可以得到：

$$\tau = \tau_\mu + \tau_\tau = \rho(\nu + \varepsilon_m) \frac{dv_x}{dy} \tag{8.27}$$

在热量传输中，因为层与层之间除导热外，还有横向混合及涡流引起的附加热量传递：

$$t_i = \bar{t} + t' \tag{8.28}$$

式中，$\bar{t}$ 表示层流导热，可由傅里叶定律确定；$t'$ 表示脉动温度热量传递加剧了附加热流量传递。所以 $q = q_\mu + q_t = -\rho c_p(a + \varepsilon_h)\dfrac{dt}{dy}$，其中 $q_\mu = -\lambda \dfrac{dt}{dy} = -\rho c_p a \dfrac{dt}{dy}$，为导热的热流密

度；$\varepsilon_h$ 为湍流导温系数，不是物性量。

（1）普朗特数：

$$Pr = \frac{\nu}{a} \tag{8.29}$$

式中，$\nu$ 表示分子动量扩散系数（运动黏度）；$a$ 表示分子热扩散系数（导温系数），$m^2/s$。

（2）湍流普朗特数：

$$Pr_t = \frac{\varepsilon_m}{\varepsilon_h} \tag{8.30}$$

式中，$\varepsilon_m$ 湍流动量扩散系数（湍流运动黏度）；$\varepsilon_h$ 湍流热扩散系数，$m^2/s$。

$\varepsilon_m$、$\varepsilon_h$ 表示湍流时动量和热量传递过程的程度和状态，不表示流体的物性参数，而且 $\varepsilon_m$、$\varepsilon_h$ 无法用纯数学方法求得，只能借用半经验方法解决。假设 $Pr_t=1$，它的物理意义表示在湍流中，热量和动量的传递过程完全相同。在许多物理方法中，已得到了满意的结果，近年测定 $Pr_t$ 随流体物性参数和位置变化满足下列关系式：

$$Pr_t = 1.0 \sim 1.6(Re,\text{离壁距离})$$

### 8.3.2 雷诺类比和珂尔伯恩类比

传输原理中可以采用的类比法有：雷诺类比、普朗特类比、卡门类比和珂尔伯恩类比，本节主要介绍雷诺类比和珂尔伯恩类比。

8.3.2.1 雷诺类比

雷诺认为整个流动区域全部是湍流，所以认为是粗糙的。但层流底层推导出的结果与之符合，故可以应用。

（1）层流中，认为整个流场是单一层流构成，所以 $\varepsilon_m \ll \nu$，$\varepsilon_h \ll a$。

$$\tau = \rho\nu \frac{dv_x}{dy} \tag{8.31}$$

$$q = -\rho c_p a \frac{dt}{dy} \tag{8.32}$$

由式（8.31）、式（8.32）类比得到：

$$\frac{q}{\tau} = \frac{-\lambda dt}{\mu dv_x} \tag{8.33}$$

假设 $\frac{q}{\tau}$ 在横截面任意 $y$ 处均相同且为同一常数，取其壁面处的值：$\frac{q}{\tau} = \frac{q_w}{\tau_w}$，上式等式左右积分

$$-\int_{t_w}^{t_\infty} dt = \frac{q_w}{\tau_w}\frac{\mu}{\lambda}\int_0^{v_\infty} dv_x$$

得到：$\frac{q_w}{\tau_w} = \frac{\lambda}{\mu} \cdot \frac{t_w - t_\infty}{v_\infty}$。

（2）湍流中，认为整个流场是由单一的湍流层构成，不存在层流底层，且湍流扩散强度比分子扩散强度大得多，即 $\varepsilon_m \gg \nu$，$\varepsilon_h \gg a$。

由 $\begin{cases} \tau = \rho\varepsilon_{m}\dfrac{dv_x}{dy} \\ q = -\rho c_p\varepsilon_{h}\dfrac{dt}{dy} \end{cases}$ 类比得 $\dfrac{q}{\tau} = -c_p\dfrac{\varepsilon_{h}}{\varepsilon_{m}}\dfrac{dt}{dv_x}$

假设条件：取 $Pr_t = 1$，且 $\dfrac{q}{\tau} = \dfrac{q_w}{\tau_w}$，所以 $\dfrac{q}{\tau} = -c_p\dfrac{dt}{dv_x} \Rightarrow -\int_{t_w}^{t_\infty} dt = \dfrac{q_w}{\tau_w}\dfrac{1}{c_p}\int_0^{v_\infty} dv_x$，进而由 $t_w - t_\infty = \dfrac{q_w}{\tau_w c_p}v_\infty$ 得 $\dfrac{q_w}{\tau_w} = c_p\dfrac{t_w - t_\infty}{v_\infty}$。

但实际上，湍流时存在层流底层，假设与实际不符。当 $Pr = 1$ 时，$c_p = \dfrac{\lambda}{\mu}$，上两式相同，即层流底层和湍流核心区的 $\dfrac{q_w}{\tau_w}$ 相同，即湍流中有层流底层存在的雷诺类比成立的条件是 $Pr = 1$。因为 $Pr = \dfrac{\nu}{a} = 1$，$a = \dfrac{\lambda}{\rho c_p}$，所以 $c_p = \dfrac{\lambda}{\rho a} = \dfrac{\lambda}{\nu\rho} = \dfrac{\lambda}{\mu}$。

(3) 雷诺类比解的推导。

由 $\dfrac{q_w}{\tau_w} = c_p\dfrac{t_w - t_\infty}{v_\infty}$ 和 $q_w = \alpha(t_w - t_\infty)$（对流换热量就是由壁面传入的 $Q$）

得到：

$$\frac{\alpha}{c_p} = \frac{\tau_w}{v_\infty} \tag{8.34}$$

由摩擦系数定义：局部切应力与流体动压头之比，体现流动阻力的无量纲准则。

由定义式：$c_f = \dfrac{\tau_w}{\frac{1}{2}\rho v_\infty^2}$ 得 $\tau_w = \dfrac{1}{2}\rho c_f v_\infty^2$。

将式（8.34）代入，得：

$$\frac{\alpha}{\rho c_p v_\infty} = \frac{1}{2}c_f \quad 或 \quad St = \frac{c_f}{2} \quad \text{—— 雷诺类比的解(沿平板流动)} \tag{8.35}$$

其中，$St = \dfrac{Nu}{Re \cdot Pr} = \dfrac{\alpha}{\rho c_p v_\infty}$，即为斯坦顿数。

雷诺类比解是用易求的阻力系数 $c_f$ 求不易求的换热系数 $\alpha$；适用条件 $Pr = 1$，没有局部阻力，只存在摩擦阻力。其不仅适用于边界层内且适用于边界层外的流动，以及平板上和圆管内流动；只要已知 $c_f$、$v_\infty$、$\rho$、$c_p$ 即可求 $\alpha$；求解过程比微分、积分法简单多了，且微分法只能确定沿平板的层流边界层内的 $\alpha$ 值。

举例说明对纵掠平板层流流动，已知纵掠平板层流流动的阻力系数 $c_{fx} = 0.664\dfrac{1}{\sqrt{Re_x}}$，代入雷诺类比解 $St = \dfrac{c_f}{2}$ 中，可得到纵掠平板层流流动的换热系数 $Nu_x = 0.332Re_x^{1/2}$ 或 $\alpha_x = 0.332\dfrac{\lambda}{x}Re_x^{1/2}$。

雷诺类比解同样可用于不符合边界层流动的区域：如管内为一元稳定流动。选控制体 1-1、2-2，$l$ 为管长（m），$d$ 为管内直径（m），$\Delta p$ 为管子 $l$ 段的压力损失（$N/m^2$）。

建立力平衡方程：因为 $a = 0$，所以有 $\Sigma F = 0$，得

$$\tau_w \cdot \pi dl = (p_1 - p_2) \cdot \frac{\pi}{4}d^2 \qquad (8.36)$$

对 1-1，2-2 两截面列伯努利方程（图 8.10）：

$$z_1 + \frac{p_1}{\gamma} + \frac{v_1^2}{2g} = z_2 + \frac{p_2}{\gamma} + \frac{v_2^2}{2g} + h_f$$

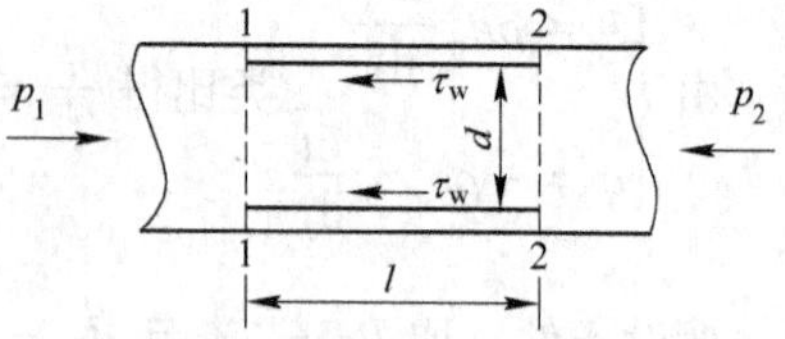

由于两截面位势能及动能均相等，所以有

$$h_f = \frac{p_1 - p_2}{\gamma} = \frac{\Delta p}{\gamma} \qquad (8.37)$$



图 8.10 伯努利方程示例

$h_f$ 从能量角度为能量损失，$\Delta p$ 从摩擦阻力角度为压头损失，但两者数值相同。摩擦阻力系数用 $f$ 表示以视与 $\lambda$ 的区别。

因为 $h_f = \lambda \dfrac{l}{d}\dfrac{v^2}{2g}$，所以 $\dfrac{\Delta p}{\gamma} = \lambda \dfrac{l}{d}\dfrac{v^2}{2g}$，得

$$\Delta p = f\frac{l}{d}\frac{\rho v^2}{2} \qquad (8.38)$$

将式（8.38）代入式（8.36）中，得：

$$\tau_w \cdot \pi dl = f\frac{l}{d}\frac{\rho v^2}{2}\frac{\pi d^2}{4},\ \tau_w = f\frac{\rho v^2}{8}$$

由定义式 $\tau_w = c_f\dfrac{\rho v^2}{2}$，有 $c_f = \dfrac{f}{4}$，即平板流动阻力系数为圆管中流动阻力系数的 1/4 倍。代入雷诺类比解中，得：

$$\frac{\alpha}{\rho c_p v_\infty} = \frac{f}{8} \quad 或 \quad St = \frac{f}{8}$$

此即为圆管内流动时的雷诺类比解。其中，$f = f(Re, \Delta/d)$ 为圆管内流动时的沿程阻力系数。

8.3.2.2　珂尔伯恩类比解

珂尔伯恩通过实验研究了对流换热与流体摩擦阻力之间的关系，提出了对流换热系数与摩擦阻力系数之间的关系。当 $Pr \neq 1$ 时，可用 $Pr^{2/3}$ 修正 $St$ 数（推导略）。如：对于流体沿平板流动：$St \cdot Pr^{2/3} = \dfrac{c_f}{2}$；对于流体在圆管内流动：$St \cdot Pr^{2/3} = \dfrac{f}{8}$。定性尺寸为圆管内径 $d$、全板长 $l$；定性温度在 $Re$、$Pr$ 中为 $t_m = \dfrac{t_f + t_w}{2}$，在 $St$ 中为 $t_f$。

举例说明：

(1) 光滑管管流（湍流）。由莫迪图第Ⅲ区的光滑管管流摩擦阻力系数实验式：$f = \dfrac{0.3164}{Re^{0.25}}(Re < 10^5)$，雷诺类比解：

$$St_f = \frac{f}{8} = 0.0395Re_m^{-0.25}$$

或
$$Nu_m = 0.0395Re_m^{0.75}Pr_m$$

或
$$\alpha = 0.0395\frac{\lambda}{d}Re_m^{0.75}Pr_m$$

柯尔邦类比解：

$$St_f \cdot Pr_m^{2/3} = \frac{f}{8} = 0.0395Re_m^{-0.25}$$

（2）对于流体沿平板流动（湍流）：$Re = 5 \times 10^5 \sim 10^7$。

定性尺寸：全板长 $l$

柯尔邦解： $St_f \cdot Pr_m^{2/3} = c_f/2$

已知 $c_f = \dfrac{0.074}{Re^{1/5}}$（湍流区 $Re > 5 \times 10^5$），所以有，$St_f \cdot Pr_m^{2/3} = 0.037Re_m^{-1/5}$ 或 $Nu_m = 0.037Re_m^{0.8}Pr_m^{1/3}$。

**例 8-2** 平均温度为 30℃ 的水以 0.4kg/s 的流量流过一直径为 2.5cm、长 6m 的直管，测得压力降为 $3kN/m^2$。热通量保持为常数，平均壁温为 50℃，试求水的出口温度。

**解：** 边界层平均温度为：$t_m = \dfrac{t_f + t_w}{2} = \dfrac{30 + 50}{2} = 40$ ℃

由附录 2 以此温度查得：$\rho = 995.7\ kg/m^3$，$c_p = 4174\ J/(kg \cdot ℃)$，$Pr_m = 4.31$。

由 $q_m = \rho v_m A = \rho v_m \pi d^2/4$，得

$$v_m = 4q_m/(\rho \pi d^2) = 4 \times 0.4/(995.7 \times 3.14 \times 0.025^2) = 0.8184\ \ m/s$$

根据 $\Delta p = f \dfrac{l}{d} \rho \dfrac{v_m^2}{2}$ 得：

$$f = \Delta p \frac{d}{l} \frac{2}{\rho v_m^2} = 3000 \times \left(\frac{0.025}{6}\right) \times \frac{2}{995.7 \times (0.8184)^2} = 0.03749$$

因为水的 $Pr_m = 4.31 > 1$，应按柯尔邦类比解计算，即 $St_f Pr_m^{2/3} = \dfrac{f}{8}$。则 $St_f = \dfrac{f}{8Pr_m^{2/3}} = \dfrac{0.03749}{8 \times 4.31^{2/3}} = 1.769 \times 10^{-3}$，于是给热系数 $\alpha = St_f \rho c_p v_m = (1.769 \times 10^{-3}) \times 995.7 \times 4174 \times 0.8184 = 6016.9\ W/(m^2 \cdot ℃)$，管壁对水的热流量为：

$$Q = \alpha \cdot \pi \cdot d \cdot l(t_w - t_f) = 6016.9 \times 3.14 \times 0.025 \times 6 \times (50 - 30) = 56694.3\ \ W$$

又 $Q = q_m c_p \Delta t$，故水的温升为：$\Delta t = Q/(q_m \cdot c_p) = 56694.3/(0.4 \times 4174) = 34$ ℃。

即 $t_0 - t_i = 34$℃，因 $t_f = (t_0 + t_i)/2 = 30$℃，将上两式联立求解，得出口水温为 $t_0 = 47$ ℃。

**例 8-3** 20℃ 的空气在常压下以 10m/s 的速度流过平板，板面温度 $t_w = 60$℃，求距前缘 200mm 处的速度边界层和温度边界层以及 $\alpha_x$、$\alpha$ 和单宽换热量，再用类比法求局部摩擦系数 $c_f$。

已知：40℃ 空气物性参数为 $\lambda = 0.0271\ W/(m \cdot ℃)$，$\nu = 16.97 \times 10^{-6}\ m^2/s$，$Pr = 0.711$，$\rho = 1.127\ kg/m^3$，$c_p = 1.009 \times 10^3\ J/(kg \cdot ℃)$。

**解：** 边界层内空气的定性温度：$t_m = \dfrac{t_w + t_f}{2} = \dfrac{60 + 20}{2} = 40$℃。由题已知 40℃ 空气物性参数为 $\lambda = 0.0271\ W/(m \cdot ℃)$，$\mu = 16.97 \times 10^{-6}\ m^2/s$，$Pr = 0.711$。

$$Re_x = \frac{v_f \cdot x}{\nu} = \frac{10 \times 0.2}{16.97 \times 10^{-6}} = 1.18 \times 10^5 < 5 \times 10^5$$

所以为层流边界层，则

$$\delta = 5.0\frac{x}{\sqrt{Re_x}} = 5.0 \times \frac{0.2}{\sqrt{1.18 \times 10^5}} = 2.9 \times 10^{-3}\ \text{m} = 2.9\ \ \text{mm}$$

$$\delta_t = \frac{\delta}{Pr^{1/3}} = \frac{2.9 \times 10^{-3}}{0.711^{1/3}} = 3.2 \times 10^{-3}\ \text{m} = 3.2\ \ \text{mm}$$

局部换热系数：

$$Nu_x = 0.332Re_x^{1/2} \cdot Pr^{1/3} = 0.332 \times (1.18 \times 10^5)^{1/2}(0.711)^{1/3} = 101.8$$

$$\alpha_x = Nu_x\frac{\lambda}{x} = 101.8 \times \frac{0.0271}{0.2} = 13.8\ \ \text{W/(m}^2 \cdot ℃)$$

$$\alpha = 2\alpha_x = 27.6\ \ \text{W/(m}^2 \cdot ℃)$$

单位宽度的换热量：

$$Q = \alpha A(t_w - t_f) = 27.6 \times 0.2 \times 1 \times (60 - 20) = 220.8\ \ \text{W}$$

40℃空气物性参数为：$\rho = 1.127\ \text{kg/m}^3$，$c_p = 1.009 \times 10^3\ \ \text{J/(kg} \cdot ℃)$

$$St_x = \frac{\alpha_x}{\rho c_p v_\infty} = \frac{13.8}{1.127 \times 1.009 \times 10^3 \times 10} = 1.22 \times 10^{-3}$$

$$\frac{c_{fx}}{2} = St_x \cdot Pr^{2/3} = 1.22 \times 10^{-3} \times 0.711^{2/3} = 9.73 \times 10^{-4}$$

得 $$c_{fx} = 1.94 \times 10^{-3}$$

## 8.4 相似原理指导下的实验方法

至今仍有很多复杂的流体力学问题不能完全依靠理论分析的方法，只能用实验研究的方法去解决，在许多情况下计算机仿真研究也需要用实验进行检验。实验是不可缺少的手段，但是用实物或等尺寸模型进行实验研究有很大的局限性，一方面费用昂贵，难于实现；另一方面研究对象的变量太多，实验结果也缺乏通用性，不能推广使用。用相似理论指导下的模型实验的方法，其实验结果不但有广泛的适用性，而且可以更深刻地揭示现象的本质。

### 8.4.1 相似概念及基本内容

物理现象相似即对于同类的物理现象，在相应的时刻与相应的地点上与现象有关的物理量一一对应成比例。同类物理现象是用相同形式并具有相同内容的微分方程式所描写的现象。物理现象相似的特性要求同名特征数对应相等；各准数之间存在着函数关系，如常物性流体外掠平板对流换热特征数方程：$Nu = f(Re, Pr)$。

判断两个同类的物理现象相似的条件是：（1）同名的定性准数相等；（2）单值性条件相似。已定特征数是由所研究问题的已知量组成的特征数。例如，在研究对流传热现象时，$Re$ 和 $Pr$ 是特征数，而 $Nu$ 为待定特征数，因为其中的表面传热系数是需要求解的未知量。所谓单值性条件，是指使所研究的问题能被唯一地确定下来的条件。它包括：

（1）初始条件。指非稳态问题中初始时刻的物理量的分布，稳态问题不需要这一条件。

(2) 边界条件。所研究系统边界上的温度(或热流密度)、温度分布等条件。

(3) 几何条件。换热表面的几何形状、位置以及表面的粗糙程度等。

(4) 物理条件。物体的种类与物性。

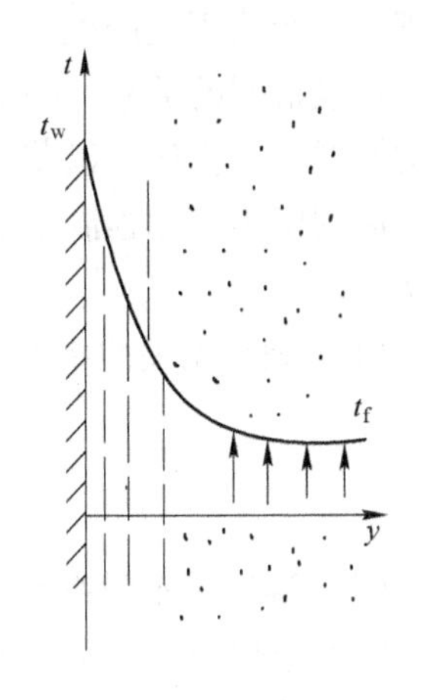

图 8.11 流动中的温度分布

### 8.4.2 导出相似特征数的两种方法

8.4.2.1 相似分析法(方程分析法)

相似分析法是指在已知物理现象数学描述的基础上,建立两现象之间的一系列比例系数,尺寸相似倍数,并导出这些相似系数之间的关系,从而获得无量纲量。

以图 8.11 所示的对流换热为例:

数学描述为

现象 1:$\alpha' = -\dfrac{\lambda'}{\Delta t'}\dfrac{\partial t'}{\partial y'}\bigg|_{y'=0}$

现象 2:$\alpha'' = -\dfrac{\lambda''}{\Delta t''}\dfrac{\partial t''}{\partial y''}\bigg|_{y''=0}$

与现象有关的各物理量场应分别相似,即建立相似倍数

$$\frac{\lambda'}{\lambda''} = C_\lambda,\frac{\alpha'}{\alpha''} = C_\alpha,\frac{t'}{t''} = C_t,\frac{y'}{y''} = C_y$$

相似倍数间的关系

$$\frac{C_\alpha C_y}{C_\lambda}\alpha'' = -\frac{\lambda''}{\Delta t''}\frac{\partial t''}{\partial y''}\bigg|_{y''=0},\frac{C_\alpha C_y}{C_\lambda} = 1$$

获得无量纲量及其关系

$$\frac{C_\alpha C_y}{C_\lambda} = 1 \Rightarrow \frac{\alpha' y'}{\lambda'} = \frac{\alpha'' y''}{\lambda''} \Rightarrow Nu_1 = Nu_2$$

上式证明了"同名特征数对应相等"是物理现象相似的特性。

类似地,通过动量微分方程可得:$Re_1 = Re_2$。

能量微分方程可导出:$\dfrac{v'l'}{a'} = \dfrac{v''l''}{a''} \Rightarrow Pe_1 = Pe_2$,

$$Pe = Pr \cdot Re \Rightarrow Pr_1 = Pr_2。$$

对自然对流的微分方程进行相应的分析,可得到一个新的无量纲数——格拉晓夫数,即

$$Gr = \frac{g\beta\Delta t l^3}{\nu^2}$$

式中,$\beta$ 为流体的体积膨胀系数,$K^{-1}$;$Gr$ 为表征流体浮升力与黏性力的比值。

8.4.2.2 量纲分析法

在已知相关物理量的前提下,采用量纲分析获得无量纲量。基本依据:π 定理,即一

个表示 $n$ 个物理量间关系的量纲一致的方程式，一定可以转换为包含 $n-r$ 个独立的无量纲物理量群间的关系，$r$ 指基本量纲的数目。优点：（1）方法简单；（2）在不知道微分方程的情况下，仍然可以获得无量纲量。

以圆管内单相强制对流换热为例，应用量纲分析法获得管内对流传热特征数的步骤如下：

（1）确定相关的物理量。

$$\alpha = f(v, d, \lambda, \mu, \rho, c_p)$$

$$n = 7$$

（2）确定基本量纲 $r$。

国际单位制中的 7 个基本量为：长度 [m]，质量 [kg]，时间 [s]，电流 [A]，温度 [K]，物质的量 [mol]，发光强度 [cd]。因此，上面涉及了 4 个基本量纲：时间 [t]，长度 [L]，质量 [M]，温度[T]。$n=7$：$\alpha, v, d, \lambda, \mu, \rho, c_p$，$r=4$：[T]、[L]、[M]、[t]，$n-r=3$，即应该有三个无量纲量。因此，我们必须选定 4 个基本物理量，以与其他量组成三个无量纲量，我们选 $v, d, \lambda, \mu$ 为基本物理量。

$$\pi_1 = \alpha v^{a_1} d^{b_1} \lambda^{c_1} \mu^{d_1}$$

$$\pi_2 = \rho v^{a_2} d^{b_2} \lambda^{c_2} \mu^{d_2}$$

$$\pi_3 = c_p v^{a_3} d^{b_3} \lambda^{c_3} \mu^{d_3}$$

(3)求解待定指数，以 $\pi_1$ 为例。

$$\begin{aligned}\pi_1 &= \alpha v^{a_1} d^{b_1} \lambda^{c_1} \mu^{d_1} \\ &= \mathrm{M}^1 \mathrm{t}^{-3} \mathrm{T}^{-1} \cdot \mathrm{L}^{a_1} \mathrm{t}^{-a_1} \cdot \mathrm{L}^{b_1} \cdot \mathrm{M}^{c_1} \mathrm{L}^{c_1} \mathrm{t}^{-3c_1} \mathrm{T}^{-c_1} \cdot \mathrm{M}^{d_1} \mathrm{L}^{-d_1} \mathrm{t}^{-d_1} \\ &= \mathrm{M}^{1+c_1+d_1} \mathrm{t}^{-3-a_1-3c_1-d_1} \cdot \mathrm{T}^{-1-c_1} \cdot \mathrm{L}^{a_1+b_1+c_1-d_1}\end{aligned}$$

$$\begin{cases} 1 + c_1 + d_1 = 0 \\ -3 - a_1 - 3c_1 - d_1 = 0 \\ -1 - c_1 = 0 \\ a_1 + b_1 + c_1 - d_1 = 0 \end{cases} \Rightarrow \begin{cases} a_1 = 0 \\ b_1 = 1 \\ c_1 = -1 \\ d_1 = 0 \end{cases}$$

$$\pi_1 = \alpha v^{a_1} d^{b_1} \lambda^{c_1} \mu^{d_1} = \alpha v^0 d^1 \lambda^{-1} \mu^0 = \frac{\alpha d}{\lambda} = Nu$$

同理，　　$\pi_2 = \dfrac{\rho v d}{\mu} = \dfrac{vd}{\nu} = Re$，$\pi_3 = \dfrac{\mu c_p}{\lambda} = \dfrac{\nu}{a} = Pr$

于是有：$Nu = f(Re, Pr)$。

此外，对流传热特征数还将涉及以下热相似特征数：

(1)傅里叶数。

$$Fo = \frac{a\tau}{l^2}，其中\ a = \frac{\lambda}{\rho c}$$

其中，$Fo=\frac{\tau}{l^2/a}$ 表示两个时间间隔之比，反映了不稳态条件下的温度场随时间变化的特征。其物理意义是随着 $Fo$ 增大则 $\tau$ 增大，热扰动越深入地传到物体内部。

(2)贝克利数。

$$Pe=\frac{vl}{a}=\frac{\nu}{a}\cdot\frac{vl}{\nu}=Pr\cdot Re$$

它表示流体整体宏观运动传递热量的能力与流体分子微观运动的导热能力的比值。即

$$Pe=\frac{vl}{a}=\frac{\rho c_p v}{\lambda/l}$$

(3)普朗特数。

$$Pr=\frac{\nu}{a}$$

它反映了动量扩散与热量扩散的相对大小。它的物理意义是当 $Pr=1$、$\delta=\delta_t$ 时，二者能力相等：

$$Pr>1\text{ 时}, \delta>\delta_t$$

$$Pr<1\text{ 时}, \delta<\delta_t$$

(4)努塞尔数。

$$Nu=\frac{\alpha l}{\lambda}=\frac{\alpha\Delta t}{\frac{\lambda\Delta t}{l}}$$

它反映了对流换热的强度，即实际热量传递与导热分子扩散热量传递的比较。

(5)雷诺数。

$$Re=\frac{vl}{\nu}$$

它反映了流体流动时惯性力和黏性力相对大小。

(6)格拉晓夫数。

$$Gr=\frac{\beta g\Delta t l^3}{\nu^2}$$

浮升力为 $\beta g\Delta t$，式中，$\beta$ 为体积膨胀系数，$\beta=\frac{1}{T}(1/\mathrm{K})$；$\Delta t$ 为流体与壁面的温差。

它反映了浮升力作用的强弱，表征浮升力与黏滞力的相对大小。

因此，强制对流换热：　$Nu=f(Re,Pr)$

自然对流换热：　$Nu=f(Gr,Pr)$

混合对流换热：　$Nu=f(Re,Gr,Pr)$

其中，$Nu$ 是被决定性特征数(含有待求的变量 $\alpha$)、$Re$、$Pr$、$Gr$ 是决定性特征数。按上述关联式整理实验数据，得到实用关联式，解决了实验中实验数据如何整理的问题。

### 8.4.3　管内强制对流换热特征数方程的应用

#### 8.4.3.1　模化试验应遵循的原则

(1)模型与原型中的对流换热过程必须相似，要满足 8.4.1 小节中相似的条件。

(2)实验时改变条件,测量与现象有关的、相似特征数中所包含的全部物理量,因而可以得到几组有关的相似特征数。

(3)利用这几组有关的相似特征数,经过整理得到特征数间的函数关联式。

8.4.3.2 对流换热的特征数方程

对稳定流动无相变的对流换热现象,其对流换热的特征数方程为:

$$Nu = f(Re, Pr, Gr) \tag{8.39}$$

层流及湍流、过渡区的强制对流换热有以下几种简化形式:

(1)对于湍流强制对流换热特征数方程可简化为

$$Nu = f(Re, Pr) \tag{8.40}$$

(2)对某流体,以空气为例可简化为

$$Pr = 0.7, Nu = f(Re) \tag{8.41}$$

(3)自然对流换热特征数方程可简化为

$$Nu = f(Pr, Gr)$$

8.4.3.3 实验数据的整理

特征关联式的具体函数形式、定性温度、特征长度等的确定具有一定的经验性。

目的:完满表达实验数据的规律性、便于应用。特征数关联式通常整理成已定准则的幂函数形式:

$$Nu = cRe^n$$

$$Nu = cRe^n Pr^m \tag{8.42}$$

$$Nu = c(Gr \cdot Pr)^n$$

式中,$c$、$n$、$m$ 等需由实验数据确定,通常由图解法和最小二乘法确定。

(1)幂函数形式:

$$Nu = cRe^n Pr^m \tag{8.43}$$

$$\lg Nu = \lg c + n\lg Re + m\lg Pr \tag{8.44}$$

如空气 $Pr = \text{const}$,则 $Nu = cRe^n$,

$$\lg Nu = \lg c + n\lg Re \tag{8.45}$$

式中,$\lg c$ 为截距,$n$ 为斜率。

(2)由实验确定 $n$、$m$、$c$ 值:

设 $Re$ 相同,以 $Re = 10^4$ 时做管内流动,换热实验用不同 $Pr$ 数的流体,如空气、水、丙酮、苯、油等。实验结果如图 8.12 所示,得到斜率$m = 0.4$。

$$\lg Nu = \lg c' + m\lg Pr$$

以 $\lg(Nu/Pr^{0.4})$ 为纵坐标,换热实验用不同 $Re$ 数的流体。

$$\lg \frac{Nu}{Pr^{0.4}} = \lg c + n\lg Re$$

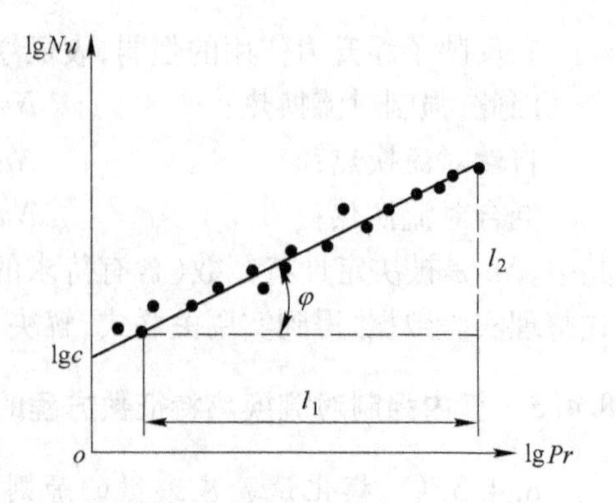


图 8.12 $Re$ 相同时的对流实验结果图

实验得到：斜率 $n=0.8$，由纵坐标上截距得 $c=0.023$，故 $Nu=0.023Re^{0.8}Pr^{0.4}$。

8.4.3.4 强制对流换热的特征数方程的应用

（1）管内湍流时的换热特征数方程（如图 8.13 所示）：

$$Nu=0.023Re^{0.8}Pr^{0.4}$$

$$\frac{\alpha\cdot d}{\lambda}=0.023\left(\frac{\rho vd}{\mu}\right)^{0.8}\left(\frac{\mu c_p}{\lambda}\right)^{0.4}$$

所以有 $\alpha=f(v^{0.8},d^{-0.2},\lambda^{0.6},c_p^{0.4},\rho^{0.8}\mu^{-0.4})$

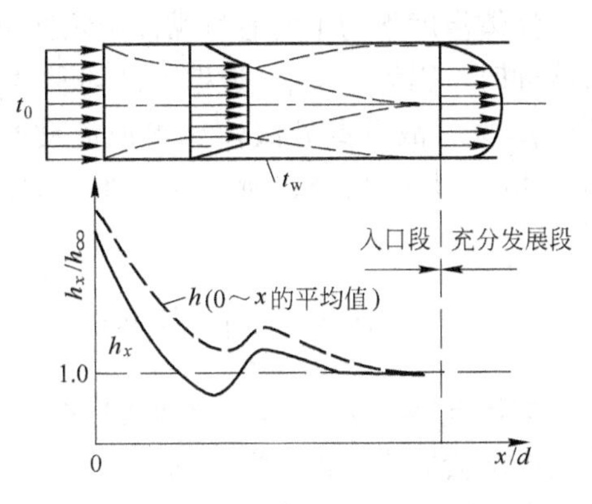


图 8.13 流体管内紊流流动换热示意图

分析影响因素：

1）$v$ 及 $\rho$ 对 $\alpha$ 的影响最大。

2）物性的影响，$\lambda$、$\rho$、$c_p$ 的增大使 $\alpha$ 也增大，而 $\mu$ 的增大使 $\alpha$ 减小。

3）$\alpha$ 与 $d$ 成反比，故条件允许时，应尽量采用小直径管来强化换热。

为扩大其适用范围，公式修正如下：

$$Nu_m=0.023Re_m^{0.8}Pr_m^{0.4}\varepsilon_l\cdot\varepsilon_R\cdot\varepsilon_t$$

适用范围：$Re_m=10^4\sim1.2\times10^5$；$Pr_m=0.6\sim120$（下标 m 为采用 $t_m$ 计算的物性参量），$l/d\geqslant50$，$\Delta t(t_f-t_w)\leqslant50℃$（气体），$\Delta t\leqslant20\sim30℃$（水），$\Delta t\leqslant10℃$（油）。

定性温度：$t_m=\dfrac{t_f+t_w}{2}$，定性尺寸：$d_{内}$。

上述限制条件是实验中的单质性条件所决定，因此，该准数方程使用的范围很窄，对于超出使用范围的换热问题，修正系数 $\varepsilon_l$、$\varepsilon_R$ 及 $\varepsilon_t$ 的确定：

1）管道长度修正系数 $\varepsilon_l(\geqslant1)$。

对于 $l/d<50$ 的短管考虑入口段影响，入口段处 $\delta$ 较小使 $\alpha_x$ 变大且达到最大值，随 $l$ 的增大 $\delta$ 变大使 $\alpha_x$ 减小，当 $l$ 增大至定值后 $\alpha_x$ 不再变化，另外还与进口形状及管壁粗糙度有关。

2）螺旋管管道弯曲修正系数 $\varepsilon_R(>1)$。

弯曲管道流动情况示意图如图 8.14 所示。

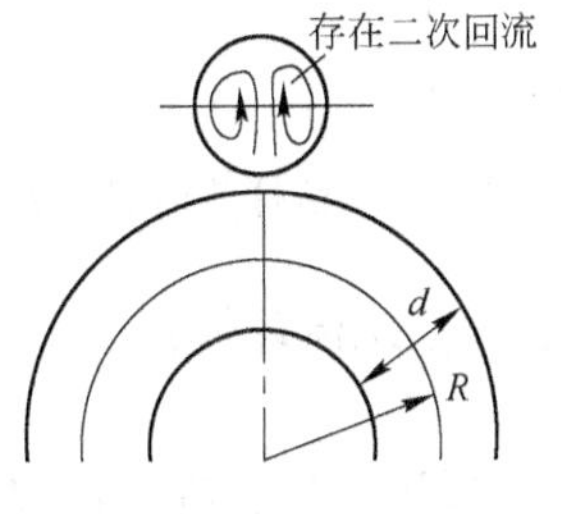


图 8.14 弯曲管道流动情况示意图

弯管修正系数 $\varepsilon_R$ 的计算和管内流体种类有关，一般采用下面的两个公式进行计算：

$$\varepsilon_R=1+1.77d/R（气体）$$

$$\varepsilon_R=1+10.3(d/R)^3（液体）$$

因离心力产生二次环流增加了边界层扰动，使换热能力增强。

3）温差修正系数 $\varepsilon_t$。

$$\varepsilon_t=\left(\frac{\mu_f}{\mu_w}\right)^n（液体）$$

液体被加热时 $n=0.11$，液体被冷却时 $n=0.25$。

式中 $\mu_f$——以流体平均温度为定性温度时流体动力黏度；

$\mu_w$——以壁面平均温度为定性温度时流体动力黏度。

液体温度不均主要通过黏性影响换热。当液体被冷却时，因为 $t_w < t_f$，近壁处液体黏度 $\mu_w$ 比管中心的 $\mu_f$ 大，故近壁处液体比等温流动时慢些，且 $\Delta t$ 的增大使 $\alpha$ 减小，所以 $\varepsilon_t < 1$（如图 8.15 所示）。

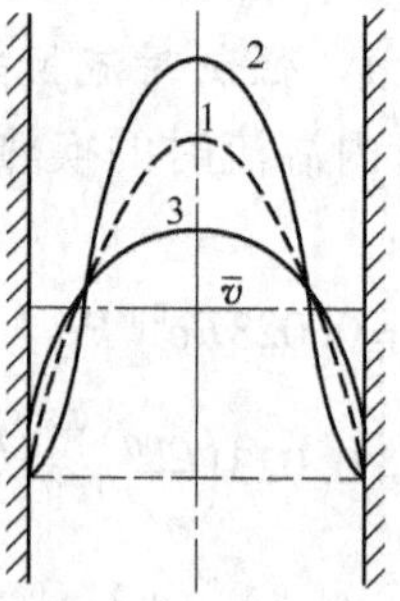

$$\varepsilon_t = \left(\frac{t_f}{t_w}\right)^n \text{（气体）}$$

加热气体时 $n = 0.5$，冷却气体时 $n = 0$。气体温度不均会影响多种物性不均。

图 8.15　流体被冷却或加热示意图
1—等温流动；2—液体被冷却或气体被加热；3—液体被加热或气体被冷却

上述准则方程的应用范围可进一步扩大。对于非圆形截面槽道，用当量直径作为特征尺度应用到上述准则方程中去，即

$$d_e = \frac{4A_c}{l}$$

式中，$A_c$ 为槽道的流动截面积；$l$ 为湿周长。

注意：对截面上出现尖角的流动区域，采用当量直径的方法会导致较大的误差。

1）边界条件不一致，则 $\alpha$ 不同所以使 $Nu$ 不同，即相似条件不满足故待定特征数不可能相同。

2）强化管内换热：增加 $v$，采用内肋管、弯管、内螺旋管、扭曲管。另外，采用短管，小直径管和增加 $\Delta$ 的方法。

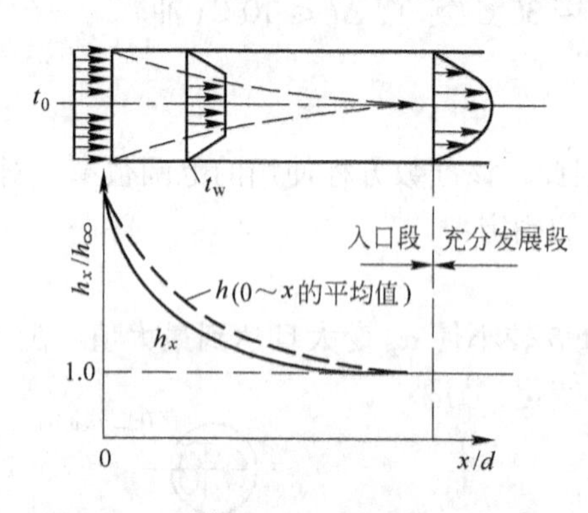

图 8.16　流体管内层流流动换热示意图

（2）管内层流时换热特征数方程（如图 8.16 所示）：

$$Nu_f = 1.86Re_f^{1/3}Pr_f^{1/3}\left(\frac{d}{l}\right)^{1/3}\left(\frac{\mu_f}{\mu_w}\right)^{0.14} \tag{8.46}$$

（3）外部流动的强制对流换热特征数方程：

1）绕流球体：

$$Nu_m = 2.0 + 0.6Re_m^{1/2}Pr_m^{1/3} \tag{8.47}$$

适用条件：$Re = 1 \sim 70000$，$Pr = 0.6 \sim 400$。

2）绕流圆柱体：

$$Nu_m = cRe_m^n \quad \text{适用于气体}$$

$$Nu_m = cRe_m^n \times 1.1Pr_m^{1/3} \quad \text{适用于液体}$$

规定：定性温度为 $t_m$，定性尺寸为 $d_{外}$；

$c$，$n$ 值决定于 $Re_m$。当 $Re_m = 40 \sim 4000$ 时，$c = 0.615$，$n = 0.466$；当 $Re_m = 4000 \sim 40000$ 时，$c = 0.174$，$n = 0.618$。

注意：在使用对流换热经验关联式时要注意的事项：

（1）根据对流换热类型和有关参数范围选择所需的关联式。如有关参数已超越使用范

围，原则上不能用（或修正后可用）。

（2）按规定选取定性温度，按 $t_m$ 计算流体物性参数。

（3）按规定选取特征尺寸。

（4）按规定计算特征流速。

（5）正确选用各种修正系数。

**例 8-4** 水流过 $l=5$m 长的直管时，从 $t_{f'}=25.3$℃ 被加热到 $t_{f''}=34.6$℃，管内直径 $d=20$mm，水在管内的流速为 2m/s，求换热系数。

**解：** 因为是直管，且 $l/d>50$，故不需修正，同时不考虑温差修正 $\varepsilon_t=1$。

水的平均温度 $$t_f=\frac{t_{f'}+t_{f''}}{2}=\frac{25.3+34.6}{2}=30\quad ℃$$

以此为定性温度查得物性参数：

$$\lambda=0.612\text{W}/(\text{m}\cdot℃),\nu=0.805\times10^{-6}\text{m}^2/\text{s},Pr=5.45$$

$$Re_f=\frac{vd}{\nu}=\frac{2\times0.02}{0.805\times10^{-6}}=4.97\times10^4>2300$$

属于紊流区：

$$Nu_f=0.023Re_f^{0.8}Pr_f^{0.4}=0.023\times(4.97\times10^4)^{0.8}\times5.45^{0.4}=259$$

所以有 $$\alpha=\frac{\lambda}{d}Nu_f=\frac{0.612}{0.02}\times259=7925.4\quad \text{W}/(\text{m}^2\cdot℃)$$

如考虑温差修正，则首先需知道壁温。按下述步骤计算：

每秒流过管子的水的总吸热量：

$$\begin{aligned}Q&=\rho c_p\Delta t\cdot vA\\&=995.7\times4174\times(34.6-25.3)\times2\times\frac{3.14}{4}\times0.02^2\\&=24273\quad \text{J/s}=24273\quad \text{W}\end{aligned}$$

由牛顿冷却公式： $$Q=\alpha A(t_w-t_f)$$

先假设 $\alpha=8000\text{W}/(\text{m}^2\cdot℃)$，代入上式估算平均 $t_w$

$$t_w=t_f+\frac{Q}{\alpha A}=30+\frac{24273}{8000\times0.02\pi\times5}=39.6\quad ℃$$

$$\varepsilon_t=\left(\frac{\mu_f}{\mu_w}\right)^{0.11}=\left(\frac{801.5\times10^{-6}}{655.2\times10^{-6}}\right)^{0.11}=1.022$$

所以 $$\alpha=1.022\times7925.4=8099.8\quad \text{W}/(\text{m}^2\cdot℃)$$

与原值相差不大，不必重复。否则，应反复计算。

**例 8-5** 用热线风速计测量空气的流速，已知热线风速计的加热丝（铂丝）直径为 0.25mm，长度为 30mm。温度为 20℃ 的空气正朝着垂直于温度为 60℃ 的铂丝方向流动，铂丝消耗的热能为 0.8W，求空气的流速。

**解：** 在稳态条件下，根据铂丝的能量平衡，得

$$Q=0.8=\alpha\pi dL(t_w-t_f)$$

故

$$\alpha = \frac{0.8}{3.14 \times 0.25 \times 10^{-3} \times 0.03 \times (60 - 20)}$$

$$= 849.3 \quad W/(m^2 \cdot ℃)$$

定性温度
$$t_m = \frac{t_w + t_f}{2} = \frac{60 + 20}{2} = 40 \quad ℃$$

由附录1查得空气的导热系数及运动黏度：

$$\lambda_m = 0.0276 \quad W/(m \cdot ℃), \ \nu = 16.96 \times 10^{-6} \quad m^2/s$$

因此
$$Nu_m = \frac{\alpha d}{\lambda_m} = \frac{849.3 \times 0.00025}{0.0276} = 7.7$$

假设 $Re_m = 40 \sim 4000$，则有 $C = 0.615$，$n = 0.466$。因此，$Nu_m = 7.7 = 0.615 Re_m^{0.466}$，得 $Re_m = 225.9$。

因此，计算出的 $Re$ 在假设的范围之内，故计算成立。

$$Re_m = \frac{v_f d}{\nu_m}$$

由此得空气流速：

$$v_f = \frac{Re_m \nu_m}{d} = 225.9 \times \frac{16.96 \times 10^{-6}}{0.25 \times 10^{-3}} = 15.3 \quad m/s$$

## 8.5 自然对流换热及其关联式

### 8.5.1 概述

由流体自身温度场的不均匀所引起的流动称为自然对流。在自然对流换热系统中，流体的运动是由浮升力所引起的，而浮升力的产生源于流体温度不同的壁面对流体的加热或冷却，使流体的密度发生变化。因此，壁面与流体间的温度差异是自然流动和自然对流换热的根本原因。

通常，不均匀温度场仅发生在靠近换热壁面的薄层之内。图8.17所示是一块竖直热壁面附近的薄层内流体温度和速度的变化曲线。很明显，其温度单调下降，而速度分布具有两头小中间大的形式。这是因为在贴壁处流体速度必为零，而在薄层外侧已无温差，且浮升力取决于温差，故速度也等于零；在这两者之间有一个峰值。换热越强，薄层内的温度变化越大，自然对流也越强烈。

自然对流也有层流和湍流之分。以贴近一块热竖壁的自然对流为例，自下而上的流动情况如图8.18所示。在壁的下部，流动刚开始形成时是规则的层流；若壁面足够高，则上部流动会转变为湍流。不同的流动状态对换热有决定性的影响。层流时，换热热阻主要取决于薄层的厚度。从换热壁面下端开始，随着温度的增加，层流薄层的厚度也逐渐增加。与此同时，局部表面传热系数 $\alpha_x$ 随高度增加而减小。如果壁面足够高，流动将逐渐转变为湍流，这时湍流换热规律有所变化。在达到充分湍流后，局部表面传热系数几乎是常量。

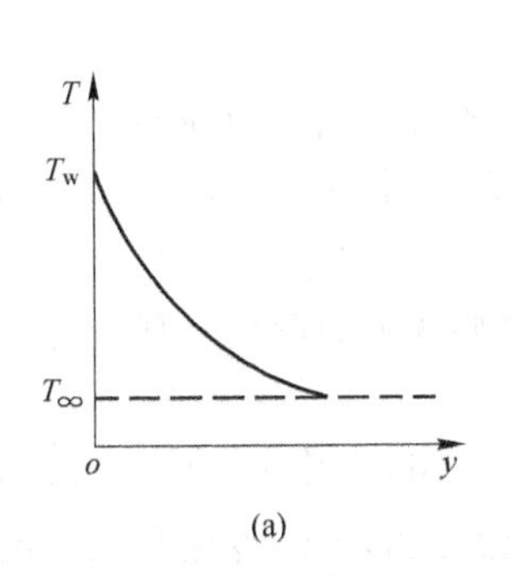


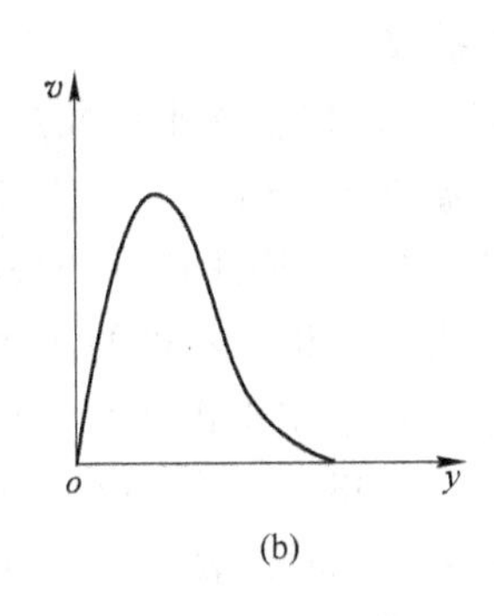


图 8.17 竖壁附近自然对流的温度与速度分布
(a) 温度分布；(b) 速度分布

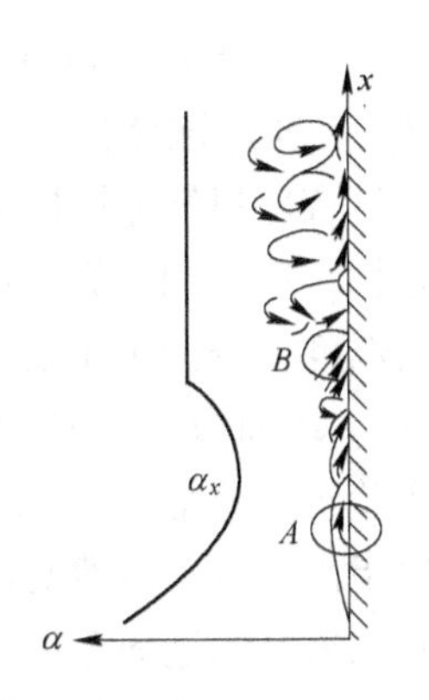


图 8.18 沿壁高度自下而上的流动情况

自然对流换热按流体所处空间大小不同一般分为大空间和有限空间两类。若流体处在大空间内，自然对流不受干扰，这种情况称为大空间自然对流换热。大空间是相对的，在许多实际问题中，虽然空间不大，但流体运动所产生的边界层并不互相干扰，因而可以应用大空间自然对流换热公式。如图 8.19 的封闭夹层，夹层宽度为 $\delta$，高度为 $H$，壁温 $T_{w1} > T_{w2}$。夹层内空气被加热形成的边界层厚度为 $\delta_1$，被冷却形成的边界层厚度为 $\delta_2$，且在任意高度均满足 $\delta > \delta_1 + \delta_2$。因此，冷热流体的运动不会互相干扰，故可作为大空间处理。由于 $\delta_1$、$\delta_2$ 与温差及流体的物性等有关，不太容易确定，通常认为 $\delta/H > 0.3$ 时为大空间，否则为有限空间。

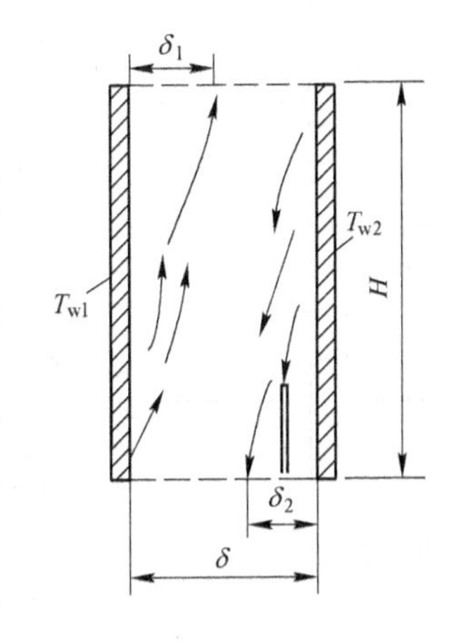


图 8.19 大空间和有限空间的判别

自然对流换热在冶金生产中是常见的现象。炉墙附近的自然对流换热就相当于图 8.18 所示。可以想象钢包和模铸中钢液的自然对流换热，如图 8.19 所示。本节仅介绍大空间自然对流换热。

### 8.5.2 大空间自然对流换热关联式

工程中广泛使用的是如下形式的关联式：

$$Nu_m = C(Gr_m \cdot Pr_m)^n \tag{8.48}$$

式中，$C$ 和 $n$ 是由实验确定的常数；$Gr_m = \dfrac{g\beta\Delta t l^3}{\nu^2}$，其中 $l$ 为特征长度。

在常热流条件下局部表面的关联式：

$$Nu_x = C(Gr_x^* \cdot Pr)^n \tag{8.49}$$

式中，$Gr_x^* = Gr_x \cdot Nu = \dfrac{\beta g\Delta t x^3}{\nu^2} \cdot \dfrac{\alpha x}{\lambda} = \dfrac{\beta g q x^4}{\lambda\nu^2}$。

采用式（8.49）进行计算时，因 $T_{w,x}$ 未知，$T_{m,x}$ 不能确定，故仍要事先假定壁面 $x$ 处的温度 $T_{w,x}$，通过试计算确定表面传热系数。

对于符合理想气体性质的气体，$Gr_m$ 中的体积膨胀系数 $\beta = 1/T$。在自然对流换热关联式里，定性温度采用边界层的算术平均温度 $T_m = (T_w + T_\infty)/2$。$T_\infty$ 是指未受壁面影响的远处流体的温度；$Gr_m$ 中的 $\Delta T$ 为 $T_w$ 与 $T_\infty$ 之差。特征长度的选择方案通常为：竖壁或竖圆柱取高度，横圆柱取外径。表 8.3 是按式（8.48）整理的几种典型的表面形状及其布置情况中有实验约定的常数 $C$ 和 $n$ 的值，它们也适用于式（8.49）。

需要指出，对于自然对流湍流，式（8.48）中 $n = 1/3$，式（8.49）中 $n = 1/4$。这样展开关联式后，两边的定型尺寸可以消去。此时，表明自然对流湍流的表面传热系数与定型尺寸无关，该现象称为自模化现象。利用这一特征，湍流换热实验研究可以采用较小尺寸的物体进行，只要求实验现象的 $Gr \cdot Pr$ 处于湍流范围。

**表 8.3 大空间自然对流换热关联式（8.48）或式（8.49）中的 $C$ 和 $n$ 值**

| 加热表面形状与位置 | 流动情况示意图 | 状态 | 系数 $C$ 及指数 $n$ | | $Gr \cdot Pr$ 适用范围 |
|---|---|---|---|---|---|
| | | | $C$ | $n$ | |
| 竖平板及竖圆柱 | | 层流 | 0.59 | 1/4 | $10^4 \sim 3 \times 10^9$ |
| | | 湍流 | 0.11 | 1/3 | $> 2 \times 10^{10}$ |
| 横圆柱 | | 层流 | 0.53 | 1/4 | $10^4 \sim 5.76 \times 10^8$ |
| | | 湍流 | 0.10 | 1/3 | $> 4.65 \times 10^9$ |
| 水平板热面朝上或冷面朝下 | | 层流 | 0.54 | 1/4 | $2 \times 10^4 \sim 8 \times 10^6$ |
| | | 湍流 | 0.15 | 1/3 | $8 \times 10^6 \sim 10^{11}$ |
| 水平板热面朝下或冷面朝上 | | 层流 | 0.58 | 1/5 | $10^5 \sim 10^{11}$ |

值得注意的是，竖直圆筒使用于该竖平板公式所必须满足的条件是：

$$\frac{d}{H} \geqslant \frac{35}{Gr_m^{1/4}} \tag{8.50}$$

竖直圆筒的高度 $L$ 为定型尺寸。对于直径小而有限长的竖直圆筒，小曲率有强化作用。

**例 8-6** 已知电弧炉顶外表面平均温度为100℃，周围空气温度为20℃，炉顶直径为2m，试计算炉顶的对流热损失。

**解：** 这一问题可视作热面朝上的水平面的自然对流给热。定性温度为

$$t_m = \frac{t_w + t_f}{2} = \frac{100 + 20}{2} = 60 \quad ℃$$

由附录1查得空气的热物性参数为

$$\lambda = 2.9 \times 10^{-2} \mathrm{W/(m \cdot ℃)},\ \nu = 18.97 \times 10^{-6} \mathrm{m^2/s},\ Pr = 0.696$$

$$Gr \cdot Pr = \frac{\beta g d^3 \Delta t}{\nu^2} \cdot Pr = \frac{9.81 \times 2^3 \times (100 - 20)}{(273 + 60) \times (18.97 \times 10^{-6})^2} \times 0.696$$

$$= 3.65 \times 10^{10} > 8 \times 10^6$$

属于湍流（见表8.3），所以

$$Nu_m = 0.15(Gr \cdot Pr)_m^{1/3} = 0.15 \times (3.65 \times 10^{10})^{1/3} = 497.4$$

对流给热系数为

$$\alpha = \frac{497.4 \times 2.9 \times 10^{-2}}{2} = 7.2 \quad \mathrm{W/(m^2 \cdot ℃)}$$

炉顶的对流热损失为

$$Q = \alpha(t_w - t_f)A = 7.2 \times (100 - 20) \times (3.14 \times 2^2)/4$$

$$= 1812.7 \quad \mathrm{W}$$

## 本章小结

本章主要介绍了以下几个方面的问题：对流换热的机理；定性分析影响对流换热问题的因素有哪些；解决对流换热问题的关键是如何确定对流换热系数 $\alpha$。

定量确定 $\alpha$ 的方法有：

(1) 微分方法：依靠边界层理论来简化微分方程的方法。重点在对边界层理论及研究意义的理解。

1) 边界层理论的主要思想：将绕流物体表面的流动分为两个区。

① 边界层区：$\delta$ 很小，$\frac{\mathrm{d}v}{\mathrm{d}y}$ 很大，此时黏性不可忽略，必须用 *N-S* 方程求解。

② 主流区：$\frac{\mathrm{d}v}{\mathrm{d}y} \to 0$，无速度梯度，所以黏性体现不出来，用理想流体欧拉方程来求解。

因此问题集中在边界层区的求解→引入量级分析法对 *N-S* 方程进行求解→简化成适合边界层内的 *N-S* 方程→布拉修斯得出对速度场分布的解→进而确定出阻力（促进了航空航海事业的发展）。

2) 边界层理论的意义：求解绕流物体表面阻力大小的同时，速度分布得到了求解；换热能力得到了求解；质量传输得到了求解。

(2) 积分方法：1921 年冯·卡门引入该方法，解决了绕流曲面和湍流状态的问题。

(3) 比拟法：利用动量传递和热量传递方程具有的类似性，用容易求得的 $C_f$，反求 $\alpha$，要求掌握推导过程的应用。

(4) 相似理论指导下的实验方法：该方法克服了用实物模型进行试验研究费用高、难实现，变量多，结果缺乏通用性的局限。

**相似三定理：**

定理一：彼此相似的现象必定具有数值相同的相似准数。解决了模型实验需要测量哪些量的问题。

导出特征数的两种方法：(1) 相似分析法（方程分析法）；(2) 量纲分析法（瑞利法和布金汉法两种）。

定理二：凡同一类现象，若单值性条件相似，而且单值性条件的物理量所组成的相似特征数在数值上相等，则这些现象必定相似。解决了如何做到模型与原形相似的问题。

定理三：描述某现象的各种量之间的关系可表示成相似特征数。$\pi_1$，$\pi_2$，…，$\pi_n$ 之间的函数关系，称为特征数方程式。回答了如何对测量结果进行加工整理的问题。

如：对稳定流动无相变的对流换热现象，其对流换热的特征数方程为

$$Nu = f(Re, Pr, Gr)$$

(1) 对于紊流强制对流换热特征数方程可简化为

$$Nu = f(Re, Pr)$$

(2) 对某流体，以空气为例可简化为

$$Pr = 0.7,\ Nu = f(Re)$$

(3) 自然对流换热特征数方程可简化为

$$Nu = f(Pr, Gr)$$

强制对流换热的特征数方程的应用：管内紊流时的换热特征数方程

$$Nu = 0.023Re^{0.8}Pr^{0.4}$$

## 思考题与习题

### 思考题

8-1 由对流换热微分方程可知该式中没出现流速，则表面传热系数 $\alpha$ 与流体速度是否无关？

8-2 导热问题的第Ⅲ类边界条件为 $-\lambda \left.\frac{\partial t}{\partial y}\right|_{w} = \alpha(t_w - t_f)$，而对流换热微分方程变形为 $-\lambda \left.\frac{\partial t}{\partial y}\right|_{y=w} = \alpha\Delta t$，两者形式上相似，试说明两者有何不同？

8-3 影响对流换热的因素有哪些？确定对流换热系数方法有哪几种？

8-4 什么是流动边界层？温度边界层？

8-5 边界层具有哪些特征，边界层是如何形成和发展的？

8-6 边界层理论的内容及意义是什么？

8-7 给出边界层微分方程数学分析法求解思路及适用条件？

8-8 边界层积分方程推导的依据是什么，与微分方程相比具有哪些特点？

8-9 类比法求解的基本思路是什么，以雷诺类比解为例，给出具体的推导过程？

8-10 试比较类比法和边界层微分方程组法。

8-11 热相似特征数有哪些？各自名称及物理意义是什么？

8-12 对流换热特征数方程一般形式是什么，强制对流换热和自然对流换热的特征数方程表达形式各是什么？

8-13 在使用对流换热经验关系式时，要注意哪些事项？

8-14　对流换热的特征数方程有哪些不同形式？

8-15　管内强制紊流换热的特征数方程的修正要考虑哪些因素？

8-16　在使用对流换热经验关联式时要注意哪些事项？

8-17　强制对流换热的措施是什么？

## 习　题

8-1　在某一传热过程中，热流给定，若传热系数增加一倍，冷热流体间的温差将是原来的多少倍？(　　)

A. 1 倍　　B. 2 倍　　C. 3 倍　　D. 0.5 倍

8-2　绝大多数情况下强制对流时的对流换热系数（　　）自然对流换热系数。

A. 小于　　B. 等于　　C. 大于　　D. 无法比较

8-3　对流换热的基本计算式为（　　）。

A. 傅里叶定律　　B. 牛顿冷却公式　　C. 普朗克定律　　D. 欧姆定律

8-4　将保温瓶的双层玻璃中间抽成真空，其目的是什么？(　　)

A. 减少导热　　B. 减少对流换热　　C. 减少对流与辐射换热　　D. 减少导热与对流换热

8-5　流体掠过平板对流换热时，在下列边界层各区中，温度降主要发生在（　　）。

A. 主流区　　B. 紊流核心区　　C. 层流底层　　D. 紊流边界层

8-6　下列各参数中，属于物性参数的是（　　）。

A. 传热系数 $K$　　B. 吸收率 $\alpha$　　C. 普朗特数 $Pr$　　D. 换热系数 $\alpha$

8-7　下述哪种手段对提高对流换热系数无效？(　　)

A. 提高流速　　B. 增大管径　　C. 采用入口效应　　D. 采用导热系数大的流体

8-8　已知某气体的密度为 1.26kg/m$^3$，比热为 1.02kJ/(kg·K)，导热系数为 0.025W/(m·K)，黏度为 $15.1\times10^{-6}$m$^2$/s，其 $Pr$(普朗特)数为多少？(　　)

A. 0.78　　B. 0.02　　C. 0.7　　D. 0.62

8-9　$Nu$（努塞尔）准则反映（　　）。

A. 惯性力和黏滞性的相对大小　　B. 对流换热强度

C. 浮升力和黏滞性的相对大小　　D. 导热能力大小

8-10　无量纲组合 $\frac{g\beta_v\Delta t l^3}{\nu^2}$ 称为什么准则？(　　)

A. 雷诺 $Re$　　B. 普朗特 $Pr$　　C. 努塞尔 $Nu$　　D. 格拉晓夫 $Gr$

8-11　空气以 5m/s 的速度通过一内径为 60mm 的直管被加热，管长 2.4m，已知空气平均温度 90℃，管壁温度 140℃，求：对流给热系数。

8-12　利用空气自然冷却直径为 3mm 的水平导线，此时导线表面温度为 $t_w=90$℃，远离导线的空气温度为 30℃。求：对流给热系数。

8-13　流量为 10kg/h 的 11 号润滑油，流经长 5m，直径 12.5mm 的管子时，油从 83℃ 被冷却到 38℃。试计算管壁内壁的温度。

8-14　初温为 35℃、流量为 1.1kg/s 的水，进入直径为 50mm 的加热管加热。管内壁温为 65℃，如果要求水的出口温度为 45℃。求管长为多少？

8-15　初温为 20℃，流量为 1.0kg/s 的水，流入直径为 25mm、长度为 1.5m、内壁温度保持在 50℃ 的管子中被加热，测得水的进出口压差为 7000N/m$^2$，试计算水的出口温度。

# 9 辐 射 换 热

**本章学习要点**：在熟悉辐射基本概念及黑体辐射的基本定律的基础上，分析实际物体的辐射与吸收特性，研究两黑体、灰体表面间的辐射传热计算和辐射传热的网络计算法，最后还介绍了气体辐射与吸收特性。

## 9.1 热辐射的基本概念

### 9.1.1 热辐射的本质和特点

我们通常把电磁波传递能量的现象称为辐射。物体由于某种原因，如受热、电子碰撞、光照以及化学反应等都会造成物体内部分子、原子、电子振动，并产生各种能级的跃迁，因而发射电磁波并向真空，介质中传递能量。

物体受热而向外发射辐射能的现象即为热辐射。如金属加热600℃以下时，表面颜色几乎没有变化。但用专门仪器（如光电测量或温差电偶）测定可知：金属向外发射不可见的红外线。

首先，我们应该考虑热辐射波长在什么范围内（如图9.1所示）。理论上，$\lambda$：0 ~ ∞内均发射。一般应用范围有红外线、可见光、紫外线一部分，$\lambda$ = 0.1 ~ 100μm（太阳作为热辐射时，$\lambda$ 限制在此范围）。工程上有实际意义的热辐射波长为 $\lambda$ = 0.38 ~ 100μm，其中大部分热辐射范围为 $\lambda$ = 0.38 ~ 20μm（$T$ 在2000K以下）。

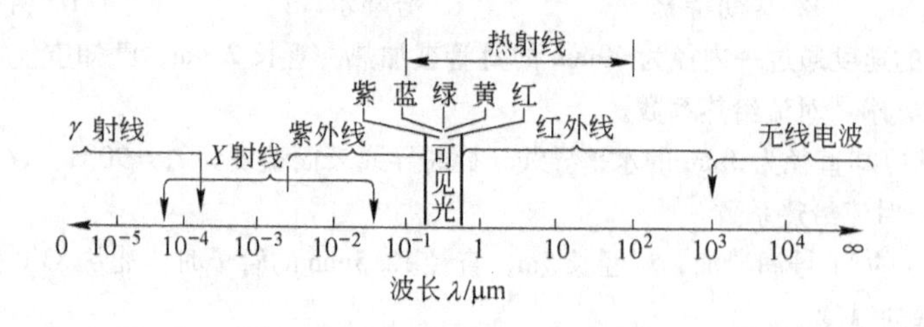


图9.1 电磁波谱

热辐射可以没有中间介质，可以在真空中进行，如阳光能穿过辽阔太空向地面辐射，而导热依靠物体本身，对流依靠流体，而且热辐射过程中伴随着能量的二次转化，即热能转化为辐射能，辐射能转化为热能。绝对0K（−273℃）以上物体都能发射辐射能。

物体之间通过相互辐射和吸收辐射能而产生的热量交换过程我们称为辐射换热。

### 9.1.2 辐射能的吸收、反射和透射

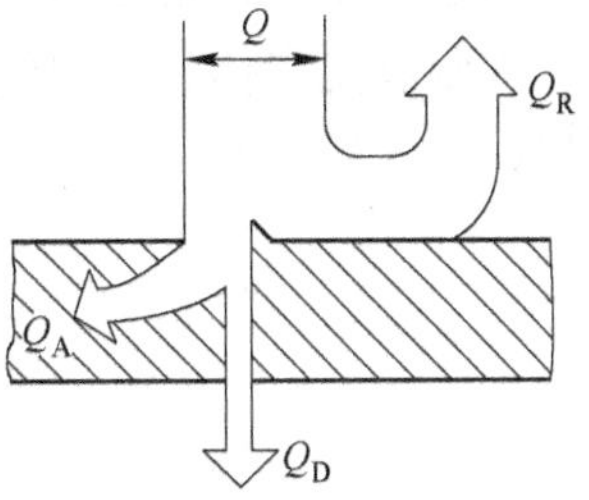

当热辐射投射到物体表面时，和可见光（物理学中学到的）一样有吸收、反射和透射现象（如图 9.2 所示）。

设 $Q$ 为外界投射到物体表面上的总辐射能，由能量守恒原理有：

$$Q = Q_A + Q_R + Q_D \tag{9.1}$$

图 9.2 物体对热辐射的吸收、反射和透射

式中 $Q_A$——物体吸收的辐射能，$Q_A = Q \cdot A$；

$Q_R$——被物体反射的辐射能，$Q_R = Q \cdot R$；

$Q_D$——透过物体的辐射能，$Q_D = Q \cdot D$。

其中 $A = \frac{Q_A}{Q}$，为物体的吸收率；$R = \frac{Q_R}{Q}$，为物体的反射率；$D = \frac{Q_D}{Q}$，为物体的透过率。

可知

$$A + R + D = 1$$

从 $\lambda$ 到 $\lambda + d\lambda$ 范围内对应的 $A_\lambda$，$R_\lambda$，$D_\lambda$ 为单色吸收率，单色反射率及单色透过率。

其中，$A$、$R$、$D$ 值与物体特征有关，与物体表面温度有关，与物体表面状态有关（粗糙度）；而且辐射能进入固体、液体表面时，仅在表面吸收转换成热能，使物体温度升高，没有透过能力。即 $A + R = 1$，$D = 0$，属表面辐射，在具体物体表面上进行，特点是不涉及内部，只取决于物体的表面状况。

反射分为镜面反射和漫反射，取决于表面粗糙度，相对于热辐射波长而言。

镜面反射时，表面不平整尺寸小于投射辐射波长时，入射角等于反射角，如高度磨光的金属板（如图 9.3 所示）。

漫反射时，表面不平整尺寸大于投射辐射波长时，反射不规则，一般均属工程材料（如图 9.4 所示）。

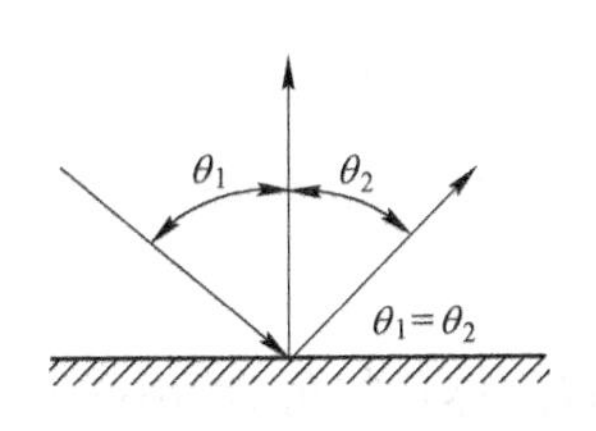


图 9.3 镜面反射

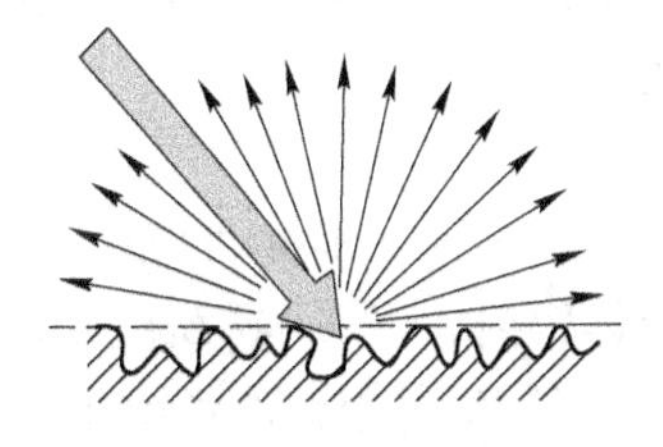

图 9.4 漫反射

当辐射投射到气体时，气体边吸收边透过，几乎没有反射能力，即 $A + D = 1$、$R = 0$，属容积辐射，即在整个气体容积中进行。

当我们引入理想物体时，$A = 1$、$R = D = 0$ 投入的辐射能完全被该物体吸收的称为黑体，或者绝对黑体。

$R = 1$、$A = D = 0$ 投入的辐射能全部被反射出去的物体称为镜体，或者绝对白体。

$D = 1$、$A = R = 0$ 投入的辐射能全部透过的物体为透明体，或者绝对透明体。

注意：上述讲的白体、黑体、透明体都不是对可见光，而是对热辐射线而言。如白漆，人眼看是白体，但热辐射线认为是黑表面；玻璃窗，对可见光是透明体，而红外线则是黑体。

## 9.2 黑体辐射的基本定律

### 9.2.1 黑体模型

空腔球壁侧壁表面上开一小孔，小孔面积/空腔内壁面积≤0.6%，热射线由小孔射进后，经多次反射、吸收，小孔吸收率$A$为0.999，反射出小孔的$R=0.001$，即小孔具有黑体性质。由这一原理，常在加热炉上安装窥视孔，如图9.5所示。

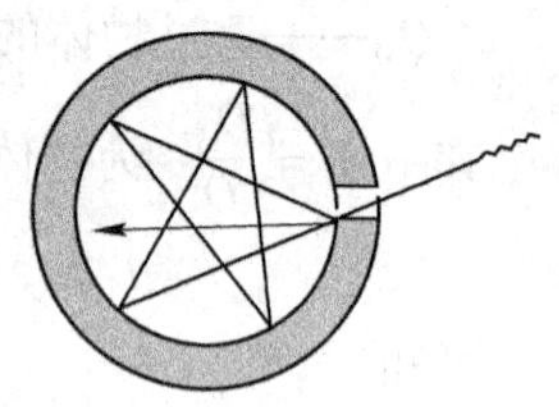

图9.5 人工黑体模型

我们可以看出，当$A=1$时简单、易研究，而且研究热辐射时，在研究黑体辐射基础上把实际物体的辐射和黑体辐射相比较，引入必要修正从而把黑体辐射规律引申到实际物体的辐射中去。

### 9.2.2 四个基本概念

（1）辐射力。物体在单位时间内，由单位表面积向半球空间（0～180℃）发射的全部波长（0～∞）的辐射能的总量称为辐射力，用$E$表示，单位为$W/m^2$。它表征物体发射辐射能本领的大小。

（2）单色辐射力。物体在单位时间内，由单位表面积向半球空间（0～180℃）发射的波长在$\lambda \sim \lambda+d\lambda$范围内辐射能量称为单色辐射力，用$E_\lambda$（$W/m^3$）表示，其公式表示为

$$E_\lambda = \frac{dE}{d\lambda} \tag{9.2}$$

由于不同波长发射出的辐射能量不同，它是描述辐射能量按波长分布的性质。$E$与$E_\lambda$的关系为：

$$E = \int_0^\infty E_\lambda d\lambda \tag{9.3}$$

对黑体辐射，以$E_b$或$E_{b\lambda}$表示。

（3）立体角。立体角表示的是一个空间角度，它是以立体角的角端为中心，作一半径为$r$的半球，将半球表面上被立体角切割的面积与半径平方（$r^2$）的比值作为它的大小（如图9.6所示）。

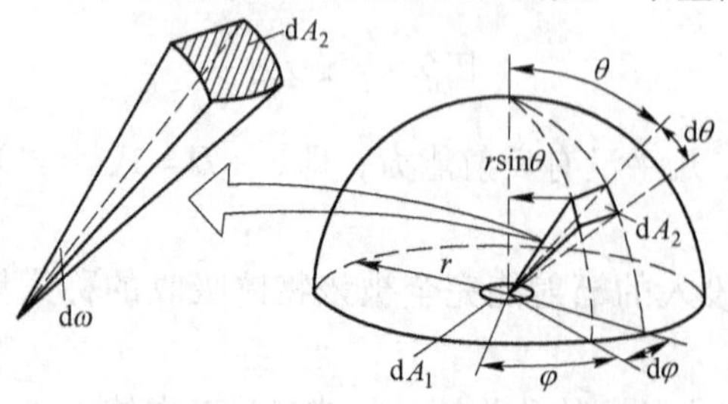


图9.6 立体角定义图

$$\omega = A/r^2 \qquad sr(球面度) \tag{9.4}$$

式中，$A$为立体角发射面积在半球面积所占的份额。

若$A=2\pi r^2$（整个半球表面积，$E_b$发射的

面积)，则 $\omega=2\pi$，整个半球空间的立体角为 $2\pi$ sr。

回忆一下平面角，以角端为圆心，画任一半径为 $r$ 的半圆，平面角 $\theta$ 大小即角度所对应的弧长（$s$）与半径（$r$）的比值：$\theta=s/r$，rad（弧度）。

微元立体角：

$$d\omega = \frac{dA_2}{r^2}(sr)$$

$$dA_2 = rd\theta \cdot r\sin\theta d\varphi = r^2\sin\theta d\theta d\varphi$$

所以，

$$d\omega = \sin\theta d\theta d\varphi$$

转换成半球立体角：

$$\omega = \int_0^{2\pi} d\varphi \int_0^{\frac{\pi}{2}} \sin\theta d\theta \tag{9.5}$$

（4）定向辐射强度。单位时间内与某一辐射方向垂直的单位面积(或单位可见辐射面积)，在单位立体角内发射的全部波长的辐射能量称为定向辐射强度（如图 9.7 所示)。用 $I$ 表示，单位 $W/(m^2 \cdot sr)$。

沿平面法线方向：

$$I_n = \frac{dQ_n}{dA_1 \cdot d\omega} \tag{9.6}$$

沿某一 $P$ 方向上：

$$I_\theta = \frac{dQ}{dA_1\cos\theta \cdot d\omega} \quad W/(m^2 \cdot sr) \tag{9.7}$$

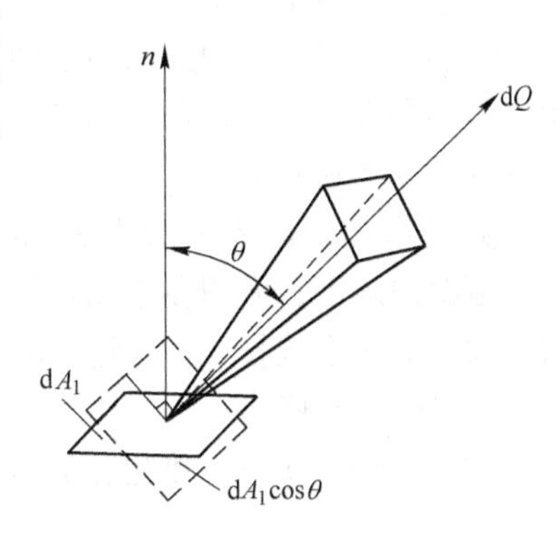


图 9.7 （定向）辐射强度

定向发射力 $E_\theta$ 是单位时间、单位面积在单位立体角内发射出全部波长的辐射能量。

定向辐射力与定向辐射强度间的关系为

$$E_\theta = \frac{dQ}{dA_1 \cdot d\omega} \tag{9.8}$$

$$E_\theta = I_\theta\cos\theta \tag{9.9}$$

在法线方向 $\theta=0$℃时，$E_n=I_n$。

辐射力 $E$ 是指从发射体单位表面积，在单位时间内进入整个半球空间的全部波长的总能量。但没指明在半球空间各个方向上的能量分布（立体角）及辐射力对不同波长辐射能量分布（$E_\lambda$）。以 $dA$ 为中心作半径为 $r$ 半球，则从 $dA$ 发射到各个方向的辐射能必定经过该半球表面，因不同方向上能量的比较只有在同样的立体角基础上才有意义。任意微元面积在空间指定方向上，单位时间发射出的辐射能量的强弱，需对相同立体角范围内作比较才有意义，即定向辐射力 $E_\theta$。但还不够，因为在指定方向从辐射面的法向（$\theta=0$）向更大的 $\theta$ 角变动时，由指定方向看到的辐射面积 $dA\cos\theta$ 不断减少，故应在相同可见面积基础上才有合理的比较。

### 9.2.3 黑体辐射的四个基本规律

9.2.3.1 普朗克定律

普朗克定律揭示的是单色辐射力与波长、温度的关系。即

$$E_{b\lambda} = f(\lambda, T)$$

它的表示形式为

$$E_{b\lambda} = \frac{c_1\lambda^{-5}}{e^{\frac{c_2}{\lambda T}} - 1} \quad \mathrm{W/m^3} \tag{9.10}$$

式中 $\lambda$——波长，μm；

$T$——黑体表面的绝对温度，K；

$c_1$——普朗克第一常数，$3.743 \times 10^8\ \mathrm{W \cdot \mu m^4/m^2}$；

$c_2$——普朗克第二常数，$1.4387 \times 10^4\ \mathrm{\mu m \cdot K}$。

普朗克定律可以用几条恒温曲线清楚地显示出不同温度下，黑体辐射力按波长分布的情况（如图9.8所示）。

随 $T$ 增加，黑体辐射力 $E_b$ 也随之增加，即是恒温曲线下，面积在不断增加。单色辐射力最大值对应于波长 $\lambda_{max}$。随 $T$ 增加，峰值波长 $\lambda_{max}$ 向短波段移动。

$$\lambda_{max} = f(T) \text{—— 维恩位移定律} \tag{9.11}$$

从图上找到某一温度下某段波长 0 ~ ∞ 范围内 $\lambda(T)$ 对应的 $E_{b\lambda}$，积分可得 $E_b$。

$$E_{b(0-\lambda)} = \int_0^\lambda E_{b\lambda} d\lambda = f(T) \text{—— 斯 - 玻定律} \tag{9.12}$$

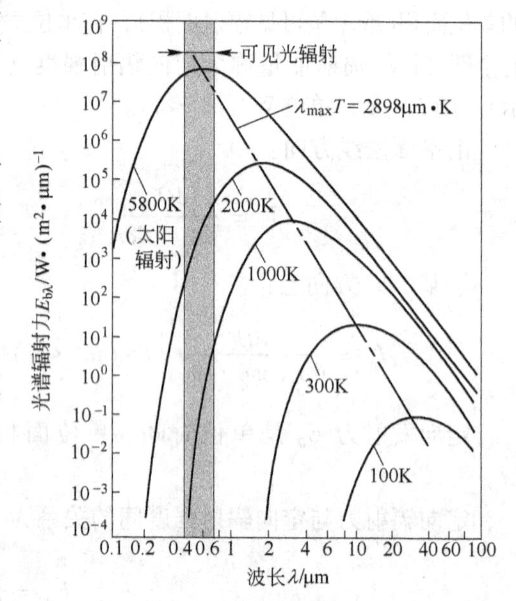


图9.8 普朗克定律的图示

9.2.3.2 维恩位移定律

维恩位移定律揭示了对应于 $E_{b\lambda max}$ 的波长 $\lambda_{max}$ 和绝对温度 $T$ 之间的关系。即

$$\frac{dE_{b\lambda}}{d\lambda} = 0$$

得到：

$$\lambda_{max} \cdot T = 2897.6 \quad \mathrm{\mu m \cdot K} \tag{9.13}$$

$\lambda_{max} \cdot T$ 为常数，$T$ 越高，$\lambda_{max}$ 越短。求对应于 $\lambda_{max}$ 的单色辐射力时，代入普朗克定律，可得 $E_{b\lambda m}$。估算太阳表面温度 $T$，用频谱仪或发射仪测出太阳 $\lambda_{max} = 0.5\mu m$（可见光为0.38 ~ 0.76），则太阳表面温度 $T = \frac{2897.6}{0.5} = 5795K$；工业应用中在2000K范围内，$\lambda_m = \frac{2897.6}{2000} = 1.45\mu m$，位于红外线区段（0.76 ~ 20μm）。当钢锭温度小于500℃，由于辐

射能分布中没有可见光部分，故钢锭颜色看不出变化，但随温度的增加，钢锭出现暗红、鲜红、橙黄、白炽色。这是 $E_{b\lambda max}$ 对应的 $\lambda_{max}$ 向短波方向移动，辐射能中可见光比例相应增加的缘故。

9.2.3.3　斯蒂芬-玻耳兹曼定律（四次方定律）

斯蒂芬-玻耳兹曼定律揭示了黑体辐射力 $E_b$ 与绝对温度 $T$ 之间的关系，这在热辐射分析计算中确定黑体辐射力是至关重要的。

由 $E_b$ 定义可知是向空间所有方向发射全部辐射能力的大小。

应用普朗克定律：

$$E_b = \int_0^\infty E_{b\lambda} d\lambda = \int_0^\infty \frac{c_1 \lambda^{-5}}{e^{\frac{c_2}{\lambda T}} - 1} d\lambda$$

$$= \sigma_b T^4 \tag{9.14}$$

或

$$E_b = c_0 \left(\frac{T}{100}\right)^4 \quad W/m^2 \tag{9.15}$$

式中　$\sigma_b$——黑体辐射常数，$5.67 \times 10^{-8}$ W/(m² · K⁴)；

$c_0$——黑体辐射系数，5.67 W/($m^2 \cdot K^4$)。

我们从上式可以看出 $E_b \propto T^4$，即 $T$ 增加，$E_b$ 也随之增加。如黑体表面温度为27℃和627℃时的辐射力分别为：

$$E_{b1} = 5.67 \times \left(\frac{27 + 273}{100}\right)^4 = 459 \quad W/m^2,\ E_{b2} = 5.67 \times \left(\frac{627 + 273}{100}\right)^4 = 37200 \quad W/m^2$$

由 $\dfrac{T_2}{T_1} = 3$，可得　　$\dfrac{E_{b2}}{E_{b1}} = 81$

可见只要黑体 $T$ 大于0K就有辐射力，且高、低温时 $E_b$ 差别很大。

9.2.3.4　兰贝特定律（余弦定律）

兰贝特定律揭示黑体辐射按空间方向的分布规律。

一个漫射表面向周围半球空间各个不同方向辐射的能量是不同的。以辐射表面 $dA$ 为中心的半球面上，在表面法线方向的辐射能量为最大，而随离开法线方向 $\theta$ 角的增加，辐射能量将逐渐减弱，因该表面在不同方向上的可见辐射面积不同。

兰贝特定律确定了漫射表面定向辐射力之间的关系，即任意方向上的定向辐射力 $E_\theta$ 等于法向方向上的定向辐射力乘以该表面与法线夹角的余弦值（如图9.9所示）。

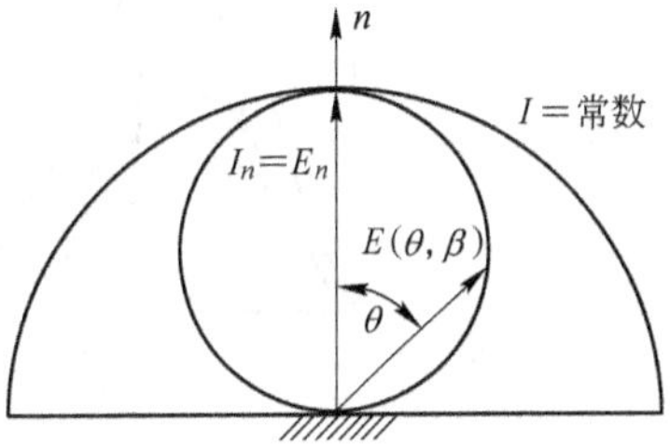

图9.9　兰贝特（余弦）定律

$$E_\theta = E_n \cos\theta$$

另一表达形式：由定向辐射强度定义

$$I_\theta = \frac{E_\theta}{\cos\theta} = \frac{E_n \cos\theta}{\cos\theta} = E_n = I_n \tag{9.16}$$

或

$$I_{\theta 1} = I_{\theta 2} = \cdots = I_n \tag{9.17}$$

即漫射表面的辐射强度与方向无关，具有各向同性的特性。

下面推导漫射表面的定向辐射强度 $I$ 与辐射力 $E$ 间的关系，如是黑体：

$$E_{\mathrm{b}} = \int_{\omega=2\pi} \frac{\mathrm{d}Q_\theta}{\mathrm{d}A} = \int_{\omega=2\pi} I_\theta \cos\theta \mathrm{d}\omega = I_{\mathrm{b}} \iint_{\omega=2\pi} \cos\theta \sin\theta \mathrm{d}\theta \mathrm{d}\varphi$$

$$= I_{\mathrm{b}} \int_0^{2\pi} \mathrm{d}\varphi \int_0^{\frac{\pi}{2}} \sin\theta \cos\theta \mathrm{d}\theta = \pi I_{\mathrm{b}}$$

即

$$\left.\begin{aligned} E_{\mathrm{b}} &= \pi I_{\mathrm{b}} \\ E &= \pi I \\ E_\lambda &= \pi I_\lambda \end{aligned}\right\} \tag{9.18}$$

适用于物体是漫射表面或服从兰贝特定律的物体。

从上式我们可以看出，黑体辐射力是辐射强度的 π 倍，表明黑体辐射强度仅随绝对温度而变；当辐射物体遵守兰贝特定律时，辐射力是任何方向上定向辐射强度的 π 倍；兰贝特定律只适用于具有漫射表面的物体（黑体与灰体，其 $E$、$\varepsilon$ 与方向无关），对实际物体表面各个方向的辐射强度并不是常数。

## 9.3 实际物体的辐射

### 9.3.1 实际物体的辐射特性

绝对黑体能够吸收所有的投射辐射且同时也是辐射力最强的物体。实际物体的辐射不同于绝对黑体。实际物体的辐射在不同温度下总是小于黑体辐射，而且实际物体的辐射力 $E_\lambda$ 随波长 $\lambda$ 和温度 $T$ 发生不规则变化，而黑体的 $E_{\mathrm{b}\lambda}$ 与 $\lambda$ 和 $T$ 是呈现规则的变化规律（如图 9.10 所示）。

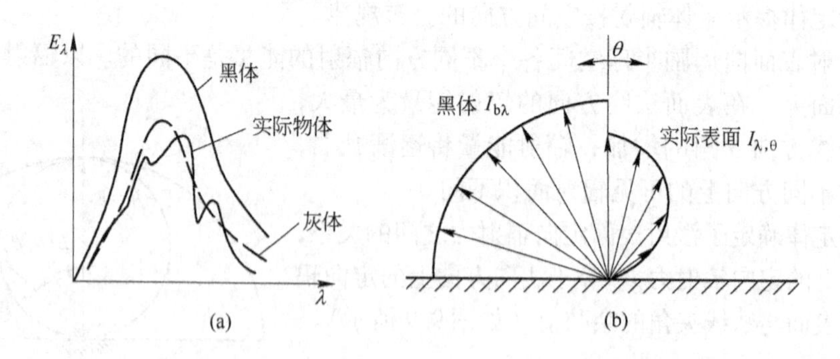


图 9.10 实际物体的辐射与黑体辐射的比较
（a）辐射的光谱分布；（b）方向分布

#### 9.3.1.1 实际物体的黑度

实际物体的辐射力 $E$ 与同温度下黑体的辐射力 $E_{\mathrm{b}}$ 的比值称为实际物体的黑度，也称为辐射率，记作 $\varepsilon$。

$$\varepsilon = \frac{E}{E_b} = \frac{\int_0^{\infty} E_\lambda d\lambda}{\int_0^{\infty} E_{b\lambda} d\lambda} \tag{9.19}$$

黑体黑度等于1，实际物体黑度介于0～1之间。黑度表征实际物体$E$接近同温度下$E_b$的程度，又称为半球总黑度。

实际物体辐射力：

$$E = \varepsilon E_b = \varepsilon \sigma_b T^4 = \varepsilon c_0 \left(\frac{T}{100}\right)^4 \tag{9.20}$$

实际物体辐射力$E$并不严格同$T^4$成正比（实验测定），但计算仍可用，产生的误差由$\varepsilon$修正；事实上实际物体的黑度$\varepsilon$与温度$T$有关。

9.3.1.2 实际物体的单色黑度

实际物体的单色辐射力与同温度黑体同一波长的单色辐射力之比称作实际物体的单色黑度，也称为半球单色黑度，记作$\varepsilon_\lambda$。

$$\varepsilon_\lambda = \frac{E_\lambda}{E_{b\lambda}} \tag{9.21}$$

故黑体的$\varepsilon_\lambda = 1$；$\varepsilon_\lambda$表征了由$\lambda$到$\lambda + d\lambda$范围内实际物体辐射接近黑体的程度。

$\varepsilon$和$\varepsilon_\lambda$的关系：

$$\varepsilon = \frac{E}{E_b} = \frac{\int_0^{\infty} E_\lambda d\lambda}{\int_0^{\infty} E_{b\lambda} d\lambda} = \frac{\int_0^{\infty} \varepsilon_\lambda E_{b\lambda} d\lambda}{\sigma_b T^4} \tag{9.22}$$

式中，$E_{b\lambda}$为黑体的单色辐射力，可由普朗克定律确定。

因物体发射的辐射能与$\lambda$和方向$\theta$有关，所以物体的黑度有不同的表达方式。

9.3.1.3 方向黑度

实际物体的定向辐射力与同温度黑体（在同一方向上）的定向辐射力之比称作方向黑度，记作$\varepsilon_\theta$。

$$\varepsilon_\theta = \frac{E_\theta}{E_{b\theta}} = \frac{I_\theta \cos\theta}{I_{b\theta} \cos\theta} = \frac{I_\theta}{I_{b\theta}} \tag{9.23}$$

式中 $\varepsilon_\theta$——方向黑度，用辐射方向与表面法线之间夹角$\theta$表示；

$I_\theta$，$I_{b\theta}$——均是在单位时间、单位立体角、单位可见面积上的辐射能量。

法向黑度$\varepsilon_n$：

$$\varepsilon_n = \frac{E_n}{E_{bn}} = \frac{I_n}{I_{bn}} \tag{9.24}$$

$\varepsilon_\theta$与方向有关（$\theta$在0°～90°范围内变化），实际物体不遵守兰贝特定律。如实际物体服从兰贝特定律，意味着在整个半球空间一切方向上的定向黑度$\varepsilon_\theta$在极坐标图中应表示为半圆，即$\varepsilon_\theta = \varepsilon_n$；黑体的$\varepsilon = \varepsilon_\theta = \varepsilon_\lambda = 1$，所以是理想物体。

$\varepsilon_\theta$与物体种类有关。对于非金属（非导电材料）：$\theta = 0°$、$\varepsilon_{\theta max} = \varepsilon_n$，当$\theta = 0° \sim 60°$时，$I_\theta$为一定值，此范围内$\varepsilon_\theta \approx \varepsilon_n$，可认为近似服从兰贝特定律。即认为非金属在整个半

球空间0°~120°范围内满足兰贝特定律，当$\theta=90°$时，$\varepsilon_\theta=0$，$I_\theta=0$。

对于金属导体，当$\theta=0°\sim40°$时，$\varepsilon_\theta=\varepsilon_n$，$I_\theta$为一定值，服从兰贝特定律。即认为金属在整个半球空间0°~80°范围内满足兰贝特定律。当$\theta>40°$，$\varepsilon_\theta$增加，$I_\theta$也增加；当$\theta=90°$时，$\varepsilon_\theta=0$，$I_\theta=0$。

如：高度磨光金属表面　　$\frac{\varepsilon}{\varepsilon_n}=1.2$（除外）

光滑表面　　$\frac{\varepsilon}{\varepsilon_n}=0.95$

表面粗糙物体　　$\frac{\varepsilon}{\varepsilon_n}=0.98$

金属：　　$1.0\leqslant\frac{\varepsilon}{\varepsilon_n}\leqslant1.2$　　(0°~80°)

非金属：　　$0.95\leqslant\frac{\varepsilon}{\varepsilon_n}\leqslant1.0$　　(0°~120°)

可见，$\frac{\varepsilon}{\varepsilon_n}=0.8\sim1.2$，近似认为整个半球平均黑度近似等于法向黑度，即$\frac{\varepsilon}{\varepsilon_n}\approx1$。

尽管$\varepsilon_\theta$有变化，但我们关心的是半球空间的平均黑度。近似认为$\varepsilon_\theta$不会影响半球平均黑度$\varepsilon$。$I_\theta$与方向无关，近似服从兰贝特定律，可近似用$\varepsilon_\theta$代替$\varepsilon$作为物体的黑度。故一般近似认为：大多数工程材料服从兰贝特定律，可用$\varepsilon_n$代替$\varepsilon$。

9.3.1.4　影响实际物体黑度的因素

(1) 物体种类。玻璃、钢铁、木头的$\varepsilon$不同（主要取决于实际物体本身，与外界条件无关）。

(2) 物体表面状况。金属表面由光滑→氧化→粗糙表面变化，$\varepsilon$依次增大。

(3) 与物体表面温度有关。金属表面黑度$\varepsilon$随$T$升高而增大。

例如：铝表面由50℃加热到500℃时，表面未受氧化时，黑度变化范围为$\varepsilon=0.02\sim0.03$；表面受到氧化后，黑度变化范围明显增加为$\varepsilon=0.2\sim0.3$。

非金属表面黑度$\varepsilon$通常较高，随$T$升高而下降（0.85~0.95），且与表面状况关系不大，一般取$\varepsilon=0.9$。

### 9.3.2　实际物体的吸收特性

(1) 在表面上半球空间内物体对所有投射方向和所有波长的投射辐射能量被表面所吸收的百分数叫做物体的吸收率，也称为半球总吸收率，用$\alpha$表示。

$$\alpha=\frac{\int_0^\infty\alpha_{\lambda1}(T_1)E_{\lambda2}(T_2)\mathrm{d}\lambda}{\int_0^\infty E_{\lambda2}(T_2)\mathrm{d}\lambda}=f(T_1,T_2)\tag{9.25}$$

式中　$\alpha_{\lambda1}(T_1)$——温度为$T_1$的物体1的单色吸收率。

$E_{\lambda2}(T_2)$——温度为$T_2$的物体2的单色辐射力。

影响$\alpha$的因素有物体本身状况、种类、表面$T$和表面状况，投射辐射特性，投射辐射方向$\theta$和光谱分布（什么辐射波长范围内的辐射）。

(2) 单色吸收率是在表面上半球空间内，物体对某一特定波长的辐射能所吸收的百分数，用 $\alpha_\lambda$ 表示。如

白瓷砖：$\lambda < 2\mu m$ 时，$\alpha_\lambda < 0.2$；而当 $\lambda > 2\mu m$ 时，$\alpha_\lambda$ 高达0.9。

玻璃：高 $T$ 下发射的可见光（$\lambda = 0.38 \sim 0.76\mu m$）及 $\lambda < 2.5\mu m$ 属短波红外线（$0.76 \sim 20\mu m$），$\alpha_\lambda$ 很小，可认为玻璃是透明体。而高温下发射的紫外线及常温、低温下 $\lambda > 3\mu m$ 属长波红外线，$\alpha_\lambda = 1$，表现了黑体的特性。

温室效应就是利用玻璃对辐射能吸收（或穿透）的选择性，太阳辐射的可见光和短波长的红外线绝大部分穿过玻璃进入温室，而玻璃却不允许温室内的物体在常温下所发射出的较长的红外线通过它进入外界环境。

黑体辐射的吸收率 $\alpha$ 与 $\alpha_\lambda$ 的关系：

$$\alpha = \frac{\int_0^\infty \alpha_\lambda(T_1)E_{b\lambda}(T_2)\mathrm{d}\lambda}{\int_0^\infty E_{b\lambda}(T_2)\mathrm{d}\lambda} = \frac{\int_0^\infty \alpha_\lambda(T_1)E_{b\lambda}(T_2)\mathrm{d}\lambda}{\sigma_b T_2^4} \tag{9.26}$$

式中 $T_1$——物体温度；

$T_2$——投入辐射物体（黑体）的温度。

吸收能力 $\alpha$ 不仅决定于物体温度 $T_1$，还决定于黑体温度 $T_2$，而辐射能力只决定于本身温度。一般导体（如 Al，石墨 C）吸收率 $\alpha$ 随 $T$ 升高而增大，非导电体吸收率 $\alpha$ 随 $T$ 升高而减小，但非导电体的 $\alpha$ 比导电体 $\alpha$ 大；当投射辐射来自非黑体时，$\alpha$ 会有显著的不同。

(3) 基尔霍夫定律。揭示了实际物体的辐射力 $E$ 和吸收率 $\alpha$ 间的关系，即物体的单色黑度等于同温度下物体对相同波长的单色吸收率。

两块平行平板相距很近时，两平板间的换热如图9.11所示。

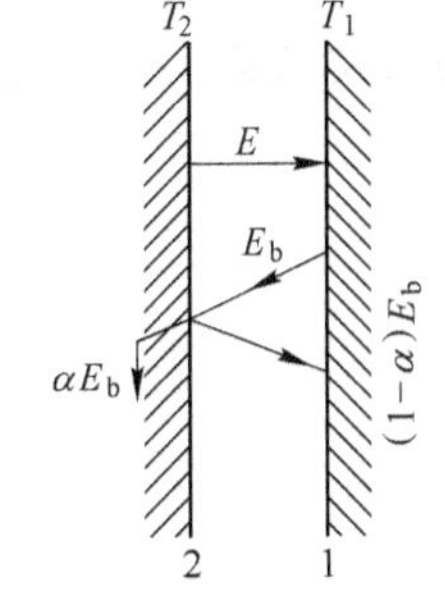

图9.11 两平板间的换热

板2：任意物体辐射力为 $E$，吸收率为 $\alpha$，温度为 $T$。

板1：黑体表面辐射力为 $E_b$，吸收率为 $\alpha_b$（$\alpha_b = 1$），温度为 $T_b$。

则两物体表面间的辐射换热量：$q = E - \alpha E_b$。

板2自身单位时间，单位面积发射能量 $E$，被黑体1全部吸收。板1辐射能量 $E_b$ 落在板2上被吸收的能量为 $\alpha E_b$，其余反射能量回板1，为 $(1-\alpha)E_b$，且全部被板1吸收。即两平板间辐射换热量 $q$ 等于任意平板失去的或得到的能量之差。同理板1也可得到这一结果。

如体系中 $T = T_b$，处于热平衡状态，则 $q = 0$。

$$\frac{E}{\alpha} = E_b = \frac{E_b}{\alpha_b}(\alpha_b = 1)$$

推广到任意物体有：

$$\frac{E_1}{\alpha_1} = \frac{E_2}{\alpha_2} = \cdots = \frac{E}{\alpha} = E_b = f(T) \tag{9.27}$$

此式即基尔霍夫定律表达式，适用于系统处于热平衡，且投射辐射来自于黑体或者对黑体的吸收率。

热平衡条件下，任何物体的辐射力和对来自黑体的吸收率的比值恒等于同温度下黑体的辐射力（与物性无关，只取决于温度）；同温度下，物体辐射力越大，其吸收率越大。由于 $\alpha$ 小于 1，故同温度下，黑体辐射力最大，其吸收率也最强。

基尔霍夫定律另一形式：

由 $\alpha=\dfrac{E}{E_b}$ 与黑度定义式 $\varepsilon=\dfrac{E}{E_b}$ 相比得：

$$\alpha=\varepsilon$$

即热平衡条件下，任意物体对黑体辐射的吸收率等于同温度下该物体的黑度。

因实际物体的 $\alpha_\lambda$ 与 $\varepsilon_\lambda$ 随 $\lambda$ 变化，且 $\alpha$ 与自身 $T$ 及表面状态有关，与投射辐射热源 $T$ 及光谱分布也有关，故 $\alpha=\varepsilon$ 适用条件是在系统处于热平衡下即 $T=T_b$ 时，投射辐射来自黑体。

因为 $\alpha=\varepsilon$，则有

$$\alpha=\frac{\int_0^\infty \alpha_\lambda E_{b\lambda}\mathrm{d}\lambda}{\int_0^\infty E_{b\lambda}\mathrm{d}\lambda}=\varepsilon=\frac{\int_0^\infty \varepsilon_\lambda E_{b\lambda}\mathrm{d}\lambda}{\int_0^\infty E_{b\lambda}\mathrm{d}\lambda} \tag{9.28}$$

### 9.3.3 灰体

单色吸收率，单色黑度与波长无关的物体或者发射率（黑度）为常数的物体，称为灰体。

即

$$\varepsilon=\frac{\int_0^\infty \varepsilon_\lambda E_{b\lambda}\mathrm{d}\lambda}{\int_0^\infty E_{b\lambda}\mathrm{d}\lambda}=\frac{\varepsilon_\lambda\int_0^\infty E_{b\lambda}\mathrm{d}\lambda}{\int_0^\infty E_{b\lambda}\mathrm{d}\lambda}=\varepsilon_\lambda \tag{9.29}$$

$$\alpha=\frac{\int_0^\infty \alpha_\lambda G_\lambda\mathrm{d}\lambda}{\int_0^\infty G_\lambda\mathrm{d}\lambda}=\frac{\alpha_\lambda\int_0^\infty G_\lambda\mathrm{d}\lambda}{\int_0^\infty G_\lambda\mathrm{d}\lambda}=\alpha_\lambda \tag{9.30}$$

灰体的 $\alpha_\lambda$，$\varepsilon_\lambda$ 值与 $\lambda$ 无关，只取决于本身特性而与外界投射辐射特性无关，因此当灰体温度一定时，其 $\alpha$、$\varepsilon$ 就是恒定的。即灰体的 $\alpha$、$\varepsilon$ 只取决于本身特性，是个物性量。

因为 $\varepsilon_\lambda=\dfrac{E_\lambda}{E_{b\lambda}}$，而 $E_\lambda$ 随 $\lambda$ 变化是无规则的，故实际物体的单色黑度 $\varepsilon_\lambda$ 与 $\lambda$ 变化复杂，无规律。为简化问题，人们设想一种理想物体，其在各波长下的单色辐射力与同温度下黑体在同样波长下的单色辐射力的比值为一常数，并与波长无关。即

$$\frac{E_{\lambda_1}}{E_{b\lambda_1}}=\frac{E_{\lambda_2}}{E_{b\lambda_2}}=\cdots=\frac{E}{E_b}=\varepsilon \quad 即 \quad \varepsilon_{\lambda_1}=\varepsilon_{\lambda_2}=\cdots=\varepsilon \tag{9.31}$$

由基尔霍夫定律：热平衡下，投射辐射来自黑体时 $\alpha=\varepsilon$。即对于理想物体有：

$$\varepsilon=\varepsilon_\lambda=\alpha_\lambda=\alpha \tag{9.32}$$

注意：上式不适用于对太阳辐射的吸收，因为可见光占总辐射能的46%。对于灰体$\alpha$，$\varepsilon$都与外界条件无关。为简化处理，在红外线范围内的实际物体可近似当作灰体处理，此时$\alpha=\varepsilon$，对辐射换热计算带来很大方便。

与黑体一样，灰体也是一种理想物体，且在红外线波长范围内（0.76～20μm），大部分工程材料表现出灰体性质，即$\alpha_\lambda$不随$\lambda$变化。

比如物体的颜色对可见光的吸收呈现强烈的选择性。如夏天穿白衣服时，兼有对太阳辐射的低吸收率$\alpha_\lambda$为0.12～0.26和自身辐射高黑度的优点；而黑衣服时$\alpha_\lambda$为0.97～0.99；但在常温下物体的红外线辐射其吸收率一般与物体的颜色无关。又如各种颜色的涂料在一般工业上辐射波长范围（红外线）内，$\alpha$为0.9左右且$\alpha$与$\lambda$无关。

就辐射和吸收规律性而论，灰体和黑体完全相同，但在数量上，灰体与黑体成折扣关系。

## 9.4 角 系 数

角系数描述的是一个表面发出的辐射能落到另一个表面的能量的比率，角系数只取决于物体的空间位置和几何形状，是一个纯几何量，是表面几何因素对辐射换热的影响。

辐射换热是通过物体间相互辐射和吸收进行热量传输的过程，计算时需确定：（1）每个物体各向外发射了多少辐射能；（2）每个物体向外发射的辐射能中有多少投射到另一物体上；（3）每个物体吸收了多少投射到它表面上的辐射能。

目前，由四次方定律可计算发射出去的辐射能，基尔霍夫定律可计算吸收的辐射能，而第二个问题涉及角系数。

### 9.4.1 角系数的定义

由表面1投射到表面2的辐射能量$Q_{1\to2}$占离开表面1的总辐射能量$Q_1$（向半球空间发射的全部辐射能量）份数，称为表面1对表面2的角系数，表示为$\varphi_{12}$。

$$\varphi_{12}=\frac{Q_{1\to2}}{Q_1}$$

同理：

$$\varphi_{21}=\frac{Q_{2\to1}}{Q_2},\varphi_{11}=\frac{Q_{1\to1}}{Q_1},\varphi_{22}=\frac{Q_{2\to2}}{Q_2}$$

角系数积分公式推导：研究任意放置的两表面间的辐射换热，先以两黑体表面间的辐射换热进行（如图9.12所示）。

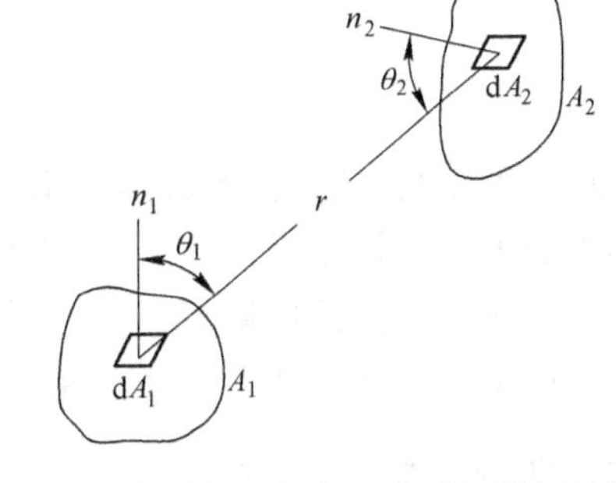


图9.12 任意放置两等温表面间的辐射换热

| | | |
|---|---|---|
| 空间任意放置的两黑体表面面积： | $A_1(dA_1)$ | $A_2(dA_2)$ |
| 温度： | $T_1$ | $T_2$ |

角系数：
$$\varphi_{12}=\frac{Q_{1\to2}}{Q_1}\qquad \varphi_{21}=\frac{Q_{2\to1}}{Q_2}\tag{9.33}$$

微元面积发射的辐射能：
$$dQ_1=E_{b1}dA_1\qquad dQ_2=E_{b2}dA_2\tag{9.34}$$

因为方向辐射强度：
$$I = \frac{\mathrm{d}Q}{\mathrm{d}A\cos\theta\mathrm{d}\omega}$$

微元面 $\mathrm{d}A_1$ 投射到 $\mathrm{d}A_2$ 的能量：$\mathrm{d}Q_{1\to2} = I_1\mathrm{d}A_1\cos\theta_1\mathrm{d}\omega_1$

微元面 $\mathrm{d}A_2$ 投射到 $\mathrm{d}A_1$ 的能量：$\mathrm{d}Q_{2\to1} = I_2\mathrm{d}A_2\cos\theta_2\mathrm{d}\omega_2$

其中
$$I_1 = \frac{E_{\mathrm{b1}}}{\pi} \qquad I_2 = \frac{E_{\mathrm{b2}}}{\pi}$$
$$\mathrm{d}\omega_1 = \frac{\mathrm{d}A_2\cos\theta_2}{r^2} \qquad \mathrm{d}\omega_2 = \frac{\mathrm{d}A_1\cos\theta_1}{r^2} \tag{9.35}$$

式中，$\mathrm{d}\omega_1$ 表示 $\mathrm{d}A_2$ 面占据 $\mathrm{d}A_1$ 面的微元立体角 $\mathrm{d}\omega_1$ 的值；$\mathrm{d}\omega_2$ 同理。所以，微元面间角系数：

$$\varphi_{\mathrm{d}A_1\to\mathrm{d}A_2} = \frac{\mathrm{d}Q_{1\to2}}{\mathrm{d}Q_1} = \frac{I_1\mathrm{d}A_1\cos\theta_1\mathrm{d}\omega_1}{E_{\mathrm{b1}}\mathrm{d}A_1} = \frac{\cos\theta_1\cos\theta_2\mathrm{d}A_2}{\pi r^2}$$
$$\varphi_{\mathrm{d}A_2\to\mathrm{d}A_1} = \frac{\mathrm{d}Q_{2\to1}}{\mathrm{d}Q_2} = \frac{I_2\mathrm{d}A_2\cos\theta_2\mathrm{d}\omega_2}{E_{\mathrm{b2}}\mathrm{d}A_2} = \frac{\cos\theta_1\cos\theta_2\mathrm{d}A_1}{\pi r^2} \tag{9.36}$$

微元面 $\mathrm{d}A_1$ 对 $A_2$ 面和微元面 $\mathrm{d}A_2$ 对 $A_1$ 面的角系数：

$$\varphi_{\mathrm{d}A_1\to A_2} = \int_{A_2}\frac{\cos\theta_1\cos\theta_2}{\pi r^2}\mathrm{d}A_2$$
$$\varphi_{\mathrm{d}A_2\to A_1} = \int_{A_1}\frac{\cos\theta_1\cos\theta_2}{\pi r^2}\mathrm{d}A_1 \tag{9.37}$$

$A_1$ 面与 $A_2$ 面的角系数：

$$\varphi_{A_1\to A_2} = \frac{1}{A_1}\iint_{A_1A_2}\frac{\cos\theta_1\cos\theta_2}{\pi r^2}\mathrm{d}A_1\mathrm{d}A_2$$
$$\varphi_{A_2\to A_1} = \frac{1}{A_2}\iint_{A_1A_2}\frac{\cos\theta_1\cos\theta_2}{\pi r^2}\mathrm{d}A_1\mathrm{d}A_2 \tag{9.38}$$

此式即积分公式，角系数是一个与换热面积的大小，形状和相对位置有关的纯几何量。但因积分法求 $\varphi_{12}$ 很繁琐，故只能计算一些形状规则的表面。

因 $\varphi_{12}$ 是一个纯几何量与 $\varepsilon$、$T$ 无关，故不仅适用于黑体，也适用于实际物体。由积分公式得 $\varphi_{12}A_1 = \varphi_{21}A_2$，即角系数的相对性。

### 9.4.2 辐射角系数的性质

（1）非自见表面的角系数为零，如平面、凸面；但自见表面的角系数不为零，如凹面（如图 9.13 所示）。

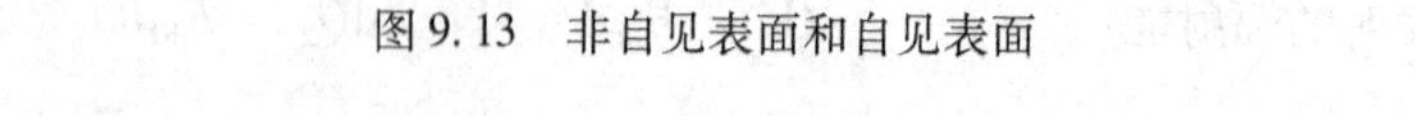

图 9.13 非自见表面和自见表面

（2）相对性。相对性关系为：

$$\varphi_{12}A_1 = \varphi_{21}A_2 \tag{9.39}$$

（3）完整性。角系数的完整性如图9.14所示。

由 $n$ 个面组成的封闭系统中，根据能量守恒原理：

$$Q_{1\to1} + Q_{1\to2} + \cdots + Q_{1\to n} = Q_1 \tag{9.40}$$

任意表面投射到所有各表面上的辐射能之和等于它所发射的总辐射能。

两边同除 $Q_1$：

$$\varphi_{11} + \varphi_{12} + \cdots + \varphi_{1n} = 1 \tag{9.41}$$

或者
$$\sum_{i=1}^{n} \varphi_{1i} = 1$$

（4）和分性。角系数的和分性如图9.15所示。

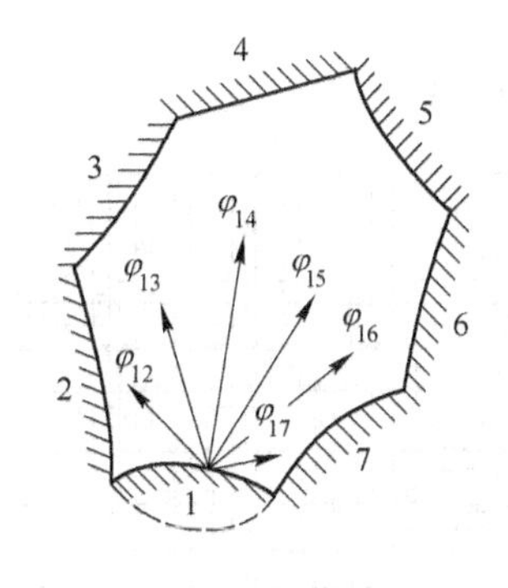


图9.14　角系数的完整性

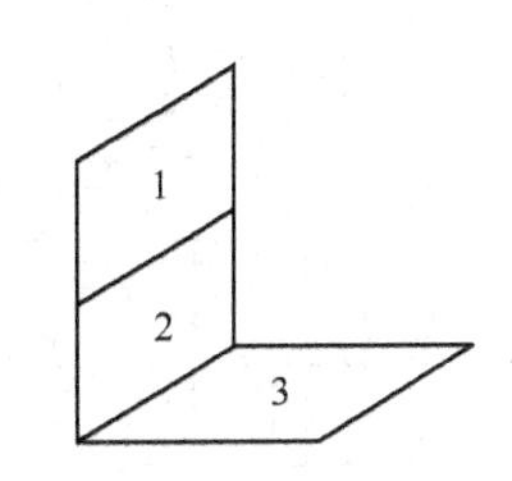


图9.15　角系数的和分性

组合面1+2对另外面3的角系数：

令 $A_{(1+2)} = A_1 + A_2$，求 $\varphi_{(1+2)3}$

由角系数完整性：
$$\varphi_{3(1+2)} = \varphi_{31} + \varphi_{32} \tag{9.42}$$

即：表面3对组合面1+2的角系数应等于表面3对1的角系数与表面3对2的角系数之和。

两边同乘 $A_3$：
$$A_3\varphi_{3(1+2)} = A_3\varphi_{31} + A_3\varphi_{32} \tag{9.43}$$

由角系数相对性：
$$A_{(1+2)}\varphi_{(1+2)3} = A_1\varphi_{13} + A_2\varphi_{23} \tag{9.44}$$

说明表面3得到的总辐射能来自于表面1和表面2的辐射能之和。

### 9.4.3 角系数的确定方法

（1）积分法是利用积分公式直接求解，只能求解形状规则表面，很少应用。

（2）线图法是特殊位置角系数求解方法，可查表（两平行或垂直表面）。工程上常把角系数理论求解的结果（积分法求出）制成线算图，如图9.16、图9.17、图9.18所示。

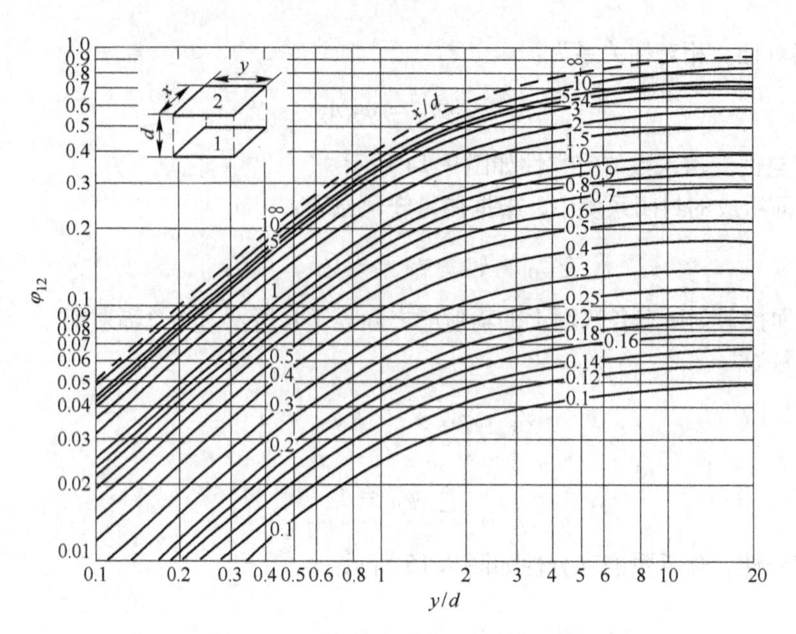


图 9.16　平行长方形表面间的角系数

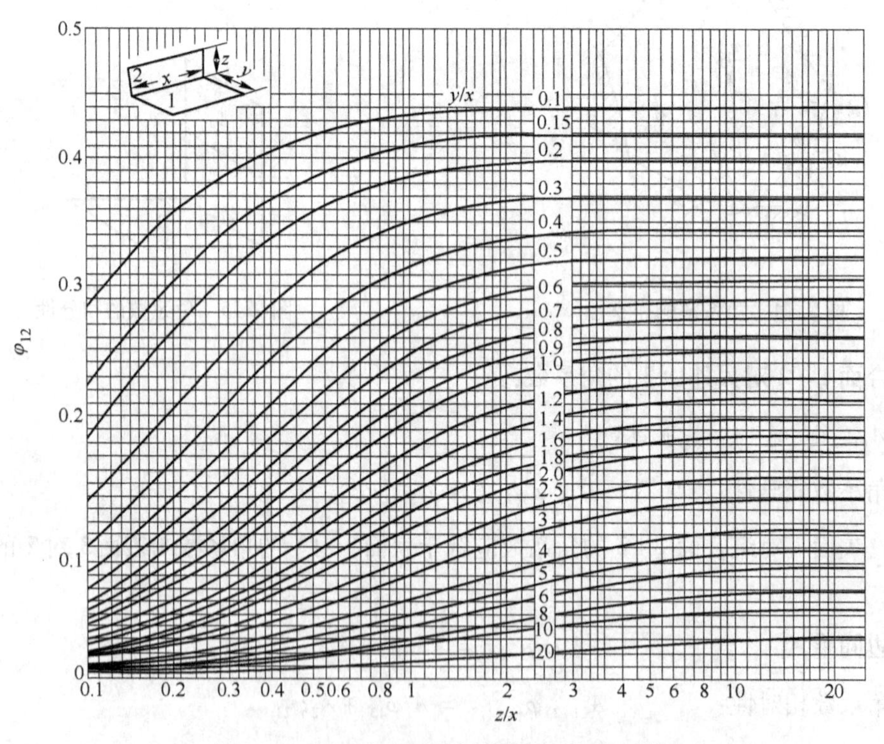


图 9.17　相互垂直两长方形表面间的角系数

（3）代数法是利用角系数性质来求不同空间的角系数，避免了复杂的积分计算，是由卜略克于 1935 年提出。如求 $\varphi_{12}$。

1）两个相距很近的平行表面组成的封闭空间如图 9.19 所示。

$A_1$、$A_2$ 都是非自见面，　　　$\varphi_{11} = \varphi_{22} = 0$

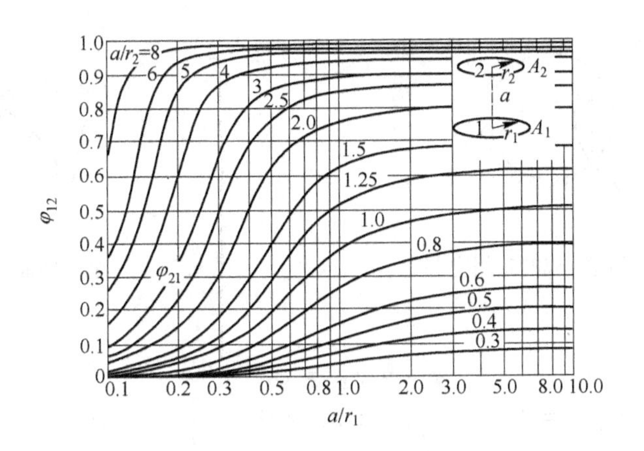


图 9. 18　两平行圆表面间的角系数

由完整性：

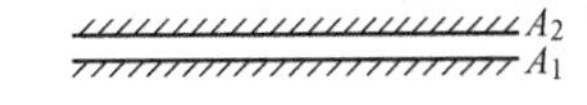


图 9. 19　两个相距很近的平行表面

$$\varphi_{11}+\varphi_{12}=1 \quad 所以 \quad \varphi_{12}=1$$

$$\varphi_{21}+\varphi_{22}=1 \quad 所以 \quad \varphi_{21}=1$$

由 $n$ 面组成的封闭系统中需求 $n\times n=n^2$ 个角系数，即需列出各代数方程，求解全部的角系数。

2）一个凹面与一个凸面或平面组成的封闭空间（如图 9. 20 所示）：两个表面包含 4 个角系数。

$A_1$ 是非自见面，则 $\varphi_{11}=0$

由完整性：$\varphi_{11}+\varphi_{12}=1$ 所以，$\varphi_{12}=1$

由相对性：$A_1\varphi_{12}=A_2\varphi_{21}$ 所以，$\varphi_{21}=\dfrac{A_1}{A_2}$

由完整性：$\varphi_{22}=1-\varphi_{21}=1-\dfrac{A_1}{A_2}$

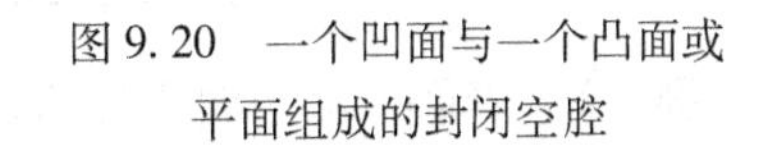


图 9. 20　一个凹面与一个凸面或平面组成的封闭空腔

3）两个凹面组成的封闭空间（两个自见表面组成，如图 9. 21 所示）。

假想在交界处有一非自见面 $a$，转成一个凹面和一个平面，情况同 2)，因为 $A_1$ 面对 $A_2$ 面的辐射能量都要经过假想的面 $a$。

因为 $\dfrac{Q_{1\to 2}}{Q_1}=\dfrac{Q_{1\to a}}{Q_1}$，即：

$$\varphi_{12}=\varphi_{1a}=\frac{a}{A_1},\ \varphi_{11}=1-\varphi_{12}=1-\frac{a}{A_1}$$

$$\varphi_{21}=\varphi_{2a}=\frac{a}{A_2},\ \varphi_{22}=1-\varphi_{21}=1-\frac{a}{A_2}$$

4）三个凸面组成的封闭空间（三个非自见表面，如图 9. 22 所示）。

假想垂直于纸面方向足够长。

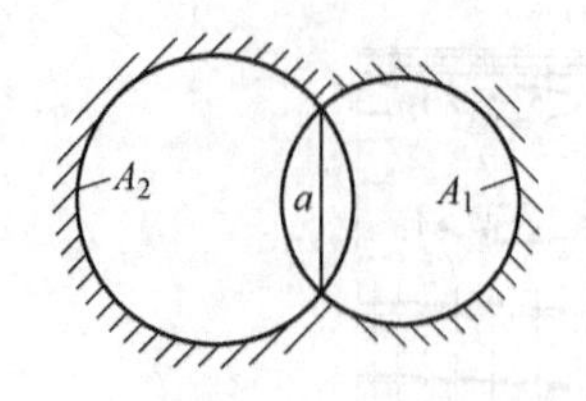

图 9.21 两个凹面组成的封闭空腔

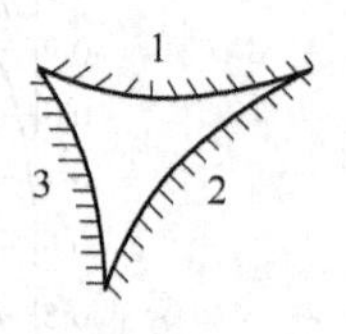

图 9.22 三个非凹面组成的封闭空腔

由完整性:

$$\varphi_{11} = \varphi_{22} = \varphi_{33} = 0$$

$$\begin{cases}\varphi_{11} + \varphi_{12} + \varphi_{13} = 1 \\ \varphi_{21} + \varphi_{22} + \varphi_{23} = 1 \\ \varphi_{31} + \varphi_{32} + \varphi_{33} = 1\end{cases} \Rightarrow \begin{cases}\varphi_{12} + \varphi_{13} = 1 \\ \varphi_{21} + \varphi_{23} = 1 \\ \varphi_{31} + \varphi_{32} = 1\end{cases} \xrightarrow[A_1A_2A_3]{\text{分别乘}} \begin{cases}\varphi_{12}A_1 + \varphi_{13}A_1 = A_1 \\ \varphi_{21}A_2 + \varphi_{23}A_2 = A_2 \\ \varphi_{31}A_3 + \varphi_{32}A_3 = A_3\end{cases}$$

由相对性: 6 个 $\varphi$ 简化成 3 个。

$$\begin{cases}\varphi_{12}A_1 + \varphi_{13}A_1 = A_1 \\ \varphi_{12}A_1 + \varphi_{23}A_2 = A_2 \\ \varphi_{13}A_1 + \varphi_{23}A_2 = A_3\end{cases} \Rightarrow \begin{cases}\varphi_{12} = \dfrac{A_1 + A_2 - A_3}{2A_1} \\ \varphi_{13} = \dfrac{A_1 + A_3 - A_2}{2A_1} \\ \varphi_{23} = \dfrac{A_2 + A_3 - A_1}{2A_2}\end{cases}$$

由相对性求 $\varphi_{21}$、$\varphi_{31}$、$\varphi_{32}$。如: $\varphi_{12}A_1 = \varphi_{21}A_2$，所以，$\varphi_{21} = \dfrac{A_2 + A_1 - A_3}{2A_2}$。

如三个面的边长为 $l_1$、$l_2$、$l_3$ 垂直于黑板足够长，相当于一个柱。可认为系统两端开口处逸出的辐射能可忽略不计，则该系统是封闭的。如垂直于纸面方向长度为 $l$，则其相应面积为 $A_1 = l_1 l$、$A_2 = l_2 l$、$A_3 = l_3 l$。

则 $\varphi_{21} = \dfrac{l_1 + l_2 - l_3}{2l_2}$，依此类推。

**例 9-1** 表面 1 对表面 3 的角系数如图 9.23 所示。

由完整性:

$$\varphi_{3(1+2)} = \varphi_{31} + \varphi_{32}$$

$$\varphi_{31} = \varphi_{3(1+2)} - \varphi_{32}$$

由相对性:

$$\varphi_{31}A_3 = \varphi_{13}A_1$$

$$\varphi_{13} = \frac{A_3}{A_1}\varphi_{31} = \frac{A_3}{A_1}(\varphi_{3(1+2)} - \varphi_{32})$$

$\varphi_{3(1+2)}$，$\varphi_{32}$ 都是具有公共边的相互垂直的矩形面积之间的角系数，可查表计算。

**例 9-2** 表面 1 对表面 4 的角系数如图 9.24 所示。

由和分性: $A_{12}\varphi_{12-34} = A_1\varphi_{1-34} + A_2\varphi_{2-34}$ (1)

由完整性: $A_1\varphi_{1-34} = A_1\varphi_{1-3} + A_1\varphi_{1-4}$ (2)

由和分性: $A_{12}\varphi_{12-3} = A_1\varphi_{1-3} + A_2\varphi_{2-3}$

$A_1\varphi_{1-3} = A_{12}\varphi_{12-3} - A_2\varphi_{2-3}$ (3)

将式 (2)、式 (3) 代入式 (1)，得

$$\varphi_{1-4} = \frac{1}{A_1}(A_{12}\varphi_{12-34} + A_2\varphi_{23} - A_{12}\varphi_{12-3} - A_2\varphi_{2-34})$$

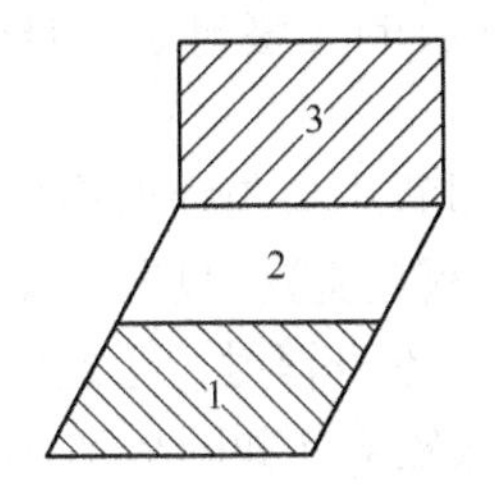

图9.23　例9-1示意图

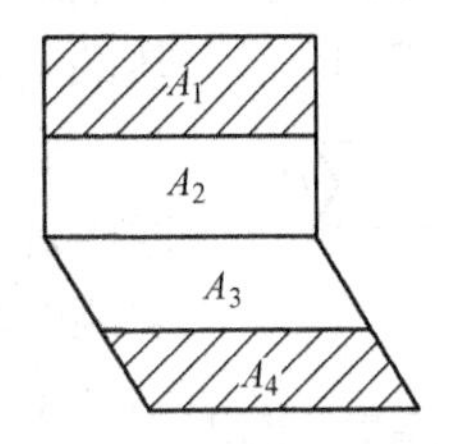

图9.24　例9-2示意图

## 9.5　物体间辐射换热的计算

前面分析了物体的热辐射特性和一些基本规律。在此基础上讨论物体间辐射换热。

本节着重讨论由透明介质或真空隔开的物体表面间的辐射换热。

影响物体间辐射换热因素：物体表面温度、黑度、尺寸、形状、相对位置等几何关系。分为两种：一种为黑体间辐射换热，比较简单；一种为灰体间辐射换热，由于吸收率小于1，故灰体间的辐射换热存在着多次吸收和反射过程，能量逐渐衰减趋势。

### 9.5.1　两黑体表面间的辐射换热

对于两个任意放置的黑体表面间的辐射换热，$A_1$ 面辐射换热给 $A_2$ 面的能量不是 $A_1$ 面辐射出的全部能量，而是相当于角系数 $\varphi_{12}$的部分，即 $E_{b1}A_1\varphi_{12}$，且全部被 $A_2$ 吸收。$A_2$ 同理。

两表面间的净换热量，由角系数相对性可得：

$$Q_{12} = E_{b1}A_1\varphi_{12} - E_{b2}A_2\varphi_{21} = (E_{b1} - E_{b2})A_1\varphi_{12} = \frac{E_{b1} - E_{b2}}{\dfrac{1}{A_1\varphi_{12}}} \tag{9.45}$$

将上式与电学中欧姆定律相比，两黑体表面间的辐射换热可用简单的等效电路表示：

$$Q_{12} = \frac{E_{b1} - E_{b2}}{\dfrac{1}{A_1\varphi_{12}}} \tag{9.46}$$

式中　$Q_{12}$——热流（电流）；

$E_{b1} - E_{b2}$——辐射势差（电位差）；

$\dfrac{1}{A_1\varphi_{12}}$——空间热阻（电阻）。

由于物体之间空间相对位置而引起的辐射热阻，称为空间（辐射）热阻。只取决于换热表面间的几何关系。如尺寸量 $A_1$、$\varphi_{12}$等，与表面辐射特性 $\varepsilon$，$\alpha$ 无关。

一物体只有部分辐射能投射到另一物体上，可看作是两物体之间存在着辐射热阻。当两物体表面的角系数越小，或表面积越小，则空间热阻越大，换热量越小。

### 9.5.2　灰体表面的辐射热流

灰体表面的辐射热流计算方法分为三种。多次反射法是多次吸收、反射，观察辐射能

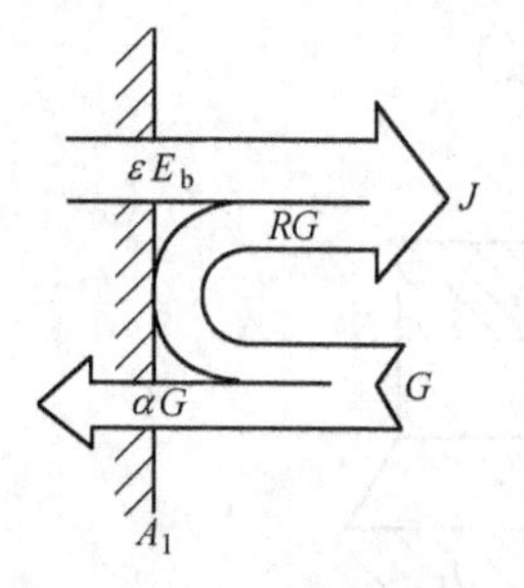


图 9.25　有效辐射示意图

数值的变化，揭示辐射换热过程机理，直观，但过细，对复杂的几何形状计算困难。积分法是建立在辐射能量传递积分方程的基础上，给出了辐射能量传递现象本质的完整概念，是研究辐射换热的基本方法，但积分困难。

有效辐射法是分析在辐射换热过程中参与辐射换热的各物体的净辐射（或净吸收）热流（或称差额热流），只考虑离开物体的辐射能的多少，不管这部分能量是物体本身辐射，还是反射辐射，都归结于总的辐射效果，即所谓的有效辐射（如图 9.25 所示）。

引入有效辐射原因是在考虑物体之间的辐射换热时，物体间辐射反复的吸收和反射，给分析带来了困难。

例如，有效辐射法计算两灰体间辐射换热时，设空间有一任意表面 $A_1$，与表面 $A_1$ 有关的辐射热流为：

投射辐射 $G$：单位时间内，（从周围物体）投射到（所研究物体 $A_1$）的单位表面积的总辐射能，$W/m^2$。

吸收辐射 $\alpha G$：单位时间内被 $A_1$ 单位表面吸收的辐射能。

反射辐射 $RG$：单位时间内被 $A_1$ 单位表面反射的辐射能 $RG = (1-\alpha)G$。

自身辐射 $E$：单位时间内被 $A_1$ 单位表面辐射的辐射能 $E = \varepsilon E_b$。

有效辐射 $J$：单位时间内离开 $A_1$ 单位表面的总辐射能 $J = E + RG$。

净辐射（或合成辐射）：一个物体与其他物体间的辐射换热量等于该物体净得到的或净失去的热量。

由于灰体有反射性，计算辐射换热量提出以下假设：灰体表面（即漫射表面）具有均匀的温度；整个表面上辐射、反射和吸收具有相同的特性（$\varepsilon$，$\alpha$ 均匀）；每个表面上的投射辐射在整个表面上也是均匀的；两表面形成一封闭空间。

灰体表面的净辐射热流公式：

从物体与外界热平衡看：$q = J - G$

从物体内部热平衡看：$q = E - \alpha G = \varepsilon E_b - \alpha G$

处于热平衡时，且灰体 $\alpha = \varepsilon$，二式联立，消去 $G$，得：

$$q = \frac{E_b - J}{\dfrac{1-\varepsilon}{\varepsilon}}$$

则

$$Q = qA = \frac{E_b - J}{\dfrac{1-\varepsilon}{\varepsilon A}} \tag{9.47}$$

故而，已知 $J$、$T$、$\varepsilon$，则可求 $q$ 或 $Q$。

与欧姆定律相比，模拟电路如图 9.26 所示，图中，$E_b - J$——辐射势差（电位差）；$\dfrac{1-\varepsilon}{\varepsilon A}$——表面辐射热阻；$Q$——热流。

对于灰体表面网络单元，表面（辐射）热阻是由于辐射性能低于黑体而引起的辐射热阻（如图 9.26 所示）。

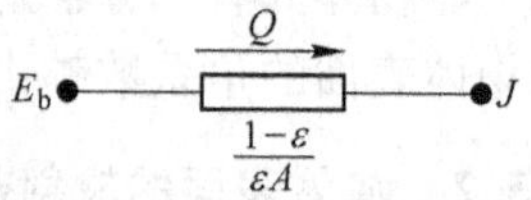

$E_b$　$Q$　$J$　$\dfrac{1-\varepsilon}{\varepsilon A}$

图 9.26　辐射表面热阻

如表面为黑体，则 $\varepsilon = 1$，该热阻为 0。黑体没有净辐射热流，其有效辐射就是其自身辐射 $E_b$，只有灰体表面会形成表面（辐射）热阻。当换热系统处于热平衡时 $q=0$，则 $J=E_b$，即物体的有效辐射等于同温度下的黑体辐射，与物体表面黑度无关。

总之，灰体与其他物体辐射换热时，首先要克服表面热阻，才可达到节点，而后再克服空间热阻来进行辐射换热。

### 9.5.3 两灰体表面间的辐射换热

对于任意放置的两灰体表面组成的封闭系统中，表面积为 $A_1$、$A_2$；两灰体等温表面温度为 $T_1>T_2$；单位$\tau$，单位面积向半球空间发射的有效辐射为 $J_1$，$J_2$；$A_1$ 向 $A_2$ 单位时间内辐射的能量相当于角系数 $\varphi_{12}$那么多份额量 $J_1A_1\varphi_{12}$ ，同理，$J_2A_2\varphi_{21}$（如图 9.27 所示）。

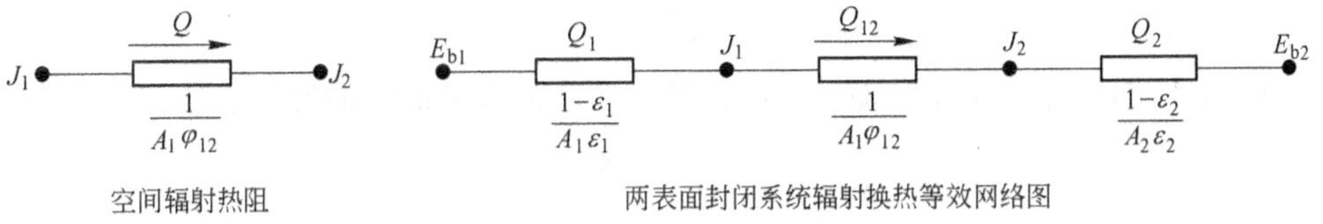

空间辐射热阻

两表面封闭系统辐射换热等效网络图

图 9.27 空间辐射热阻和两表面封闭系统辐射换热等效网络图

$A_1$ 面，$A_2$ 面的辐射换热量 $Q_{12}$：

$$Q_{12}=J_1A_1\varphi_{12}-J_2A_2\varphi_{21}=(J_1-J_2)A_1\varphi_{12}=\frac{J_1-J_2}{\dfrac{1}{A_1\varphi_{12}}} \tag{9.48}$$

由于 $J_1$、$J_2$ 是待求量，所以无法求 $Q_{12}$。

由 $A_1$ 面的净辐射热流，即表面 $A_1$ 失去的能量：

$$Q_1=\frac{E_{b1}-J_1}{\dfrac{1-\varepsilon_1}{\varepsilon_1A_1}} \tag{9.49}$$

由 $A_2$ 面的净辐射热流，即表面 $A_2$ 得到的能量：

$$Q_2=\frac{E_{b2}-J_2}{\dfrac{1-\varepsilon_2}{\varepsilon_2A_2}} \tag{9.50}$$

由换热系统热平衡或者能量守恒原则（稳态条件下）$Q_1=-Q_2=Q_{12}$。

将以上三式相加消去 $J_1$，$J_2$ 得：

$$Q_{12}=\frac{(E_{b1}-E_{b2})A_1}{\dfrac{1-\varepsilon_1}{\varepsilon_1}+\dfrac{1}{\varphi_{12}}+\dfrac{1-\varepsilon_2}{\varepsilon_2}\cdot\dfrac{A_1}{A_2}}=\varepsilon_{12}(E_{b1}-E_{b2})A_1\varphi_{12} \tag{9.51}$$

其中

$$\varepsilon_{12}=\frac{1}{\left(\dfrac{1}{\varepsilon_1}-1\right)\varphi_{12}+1+\left(\dfrac{1}{\varepsilon_2}-1\right)\varphi_{21}}$$

式中，$\varepsilon_{12}$称为系统黑度，其值取决于表面黑度 $\varepsilon_1$，$\varepsilon_2$。

故而，我们可通过改变换热系统表面黑度 $\varepsilon_1$、$\varepsilon_2$ 来增强或减弱辐射换热 $Q_{12}$。如电暖器为增强 $Q_{12}$，可在其表面涂上黑度大的油漆；暖水瓶为减弱 $Q_{12}$，内层涂 $\varepsilon$ 较小的银、铝等薄层来实现。模拟电路是两灰体表面封闭系统，先克服表面热阻以有效辐射大小向空间投射，再克服空间热阻到达另一物体表面，需再克服另一表面的热阻才可被其吸收。

下面介绍几种简化形式。以上是计算任意放置的两个灰体组成的封闭系统辐射换热的一般式，由换热几何形状不同，式中系统黑度 $\varepsilon_{12}$ 可有不同形式。

(1) 如 $A_1$、$A_2$ 为黑体表面，$\varepsilon_1=\varepsilon_2=1$。式（9.51）转为 $Q_{12}=A_1\varphi_{12}(E_{b1}-E_{b2})$。

(2) 两灰体表面平行平面：$A_1=A_2=A$。

如平面相当大：
$$\varphi_{11}=\varphi_{22}=0,\ \varphi_{12}=\varphi_{21}=1$$

所以，
$$Q_{12}=\frac{(E_{b1}-E_{b2})A}{\dfrac{1}{\varepsilon_1}+\dfrac{1}{\varepsilon_2}-1} \tag{9.52}$$

(3) 当 $A_1$ 面为非自见面，即一个凹面与一个凸面或平面间的辐射换热：

$$\varphi_{11}=0,\varphi_{12}=1,\ \varphi_{21}=\frac{A_1}{A_2}$$

$$Q_{12}=\frac{(E_{b1}-E_{b2})A_1}{\dfrac{1}{\varepsilon_1}+\varphi_{21}\left(\dfrac{1}{\varepsilon_2}-1\right)}=\frac{(E_{b1}-E_{b2})A_1}{\dfrac{1}{\varepsilon_1}+\dfrac{A_1}{A_2}\left(\dfrac{1}{\varepsilon_2}-1\right)} \tag{9.53}$$

当 $A_2\gg A_1$ 或者 $\dfrac{A_1}{A_2}\to 0$ 时，如铸件和物体在车间内的辐射散热及热电偶测 $T$ 等：

$$Q_{12}=\varepsilon_1 A_1(E_{b1}-E_{b2}) \tag{9.54}$$

可见热电偶测 $T$ 准确性及铸件在车间加热时，取决于小物体（热电偶）或铸件本身的黑度及面积，而与房间大小及管道大小无关。

**例 9-3** 有两平行黑体表面，相距很近，它们的温度分别为 1000℃ 与 500℃，试计算它们的辐射换热量，如果是灰体表面，黑度分别为 0.8 和 0.5，它们间的辐射换热量是多少？

**解：** 两黑体表面间：

$$q_{12}=(E_{b1}-E_{b2})\varphi_{12}=E_{b1}-E_{b2}=c_0\left[\left(\frac{T_1}{100}\right)^4-\left(\frac{T_2}{100}\right)^4\right]$$

$$=5.67\times\left[\left(\frac{1000+273}{100}\right)^4-\left(\frac{500+273}{100}\right)^4\right]=128655.65\quad \text{W/m}^2$$

两灰体表面间：

$$q_{12}=\frac{E_{b1}-E_{b2}}{\dfrac{1}{\varepsilon_1}+\dfrac{1}{\varepsilon_2}-1}=\frac{128655.65}{\dfrac{1}{0.8}+\dfrac{1}{0.5}-1}=57180.3\quad \text{W/m}^2$$

**例 9-4** 在金属铸型中浇铸平板铝铸件，已知平板铝铸件的长、宽分别为 200mm 及 300mm，铸件和铸型的表面温度分别为 $t_1=500$℃，$t_2=327$℃，黑度分别为 $\varepsilon_1=0.4$，$\varepsilon_2=0.8$。由于铸件凝固收缩，铸型受热膨胀，在铸件和铸型之间形成气隙，若气隙中的气体为透射气体，试求此时铸件和铸型之间的辐射换热量。

**解：** 气隙通常很薄，铸件和铸型间的辐射换热可看成是两个大平板之间的辐射换热，得整个铸件的两个侧面与金属铸型间的辐射换热量为：

$$Q_{12}=\frac{2c_0}{\frac{1}{\varepsilon_1}+\frac{1}{\varepsilon_2}-1}\left[\left(\frac{T_1}{100}\right)^4-\left(\frac{T_2}{100}\right)^4\right]A$$

$$=\frac{2\times5.67}{\frac{1}{0.4}+\frac{1}{0.8}-1}\times\left[\left(\frac{500+273}{100}\right)^4-\left(\frac{327+273}{100}\right)^4\right]\times(0.2\times0.3)$$

$$=563\quad\text{W}$$

**例 9-5** 有两平行钢板，温度各保持为 $t_1=527℃$ 和 $t_2=27℃$，黑度为 $\varepsilon_1=\varepsilon_2=0.8$，两钢板间的距离比起钢板的宽和高相对很小，试求这两块钢板的自身辐射，有效辐射，净辐射热流，反射辐射，投射辐射和吸收辐射热流。

**解：** 两平行钢板间的辐射换热量为：

$$q_{12}=\frac{E_{b1}-E_{b2}}{\frac{1}{\varepsilon_1}+\frac{1}{\varepsilon_2}-1}=\frac{c_0\left[\left(\frac{T_1}{100}\right)^4-\left(\frac{T_2}{100}\right)^4\right]}{\frac{1}{0.8}+\frac{1}{0.8}-1}=\frac{5.67\left[\left(\frac{527+273}{100}\right)^4-\left(\frac{27+273}{100}\right)^4\right]}{1.5}$$

$$=\frac{5.67\times(8^4-3^4)}{1.5}=15176.7\quad\text{W/m}^2$$

自身辐射：

$$E_1=\varepsilon_1c_0\left(\frac{T_1}{100}\right)^4=0.8\times5.67\times\left(\frac{527+273}{100}\right)^4=18579.4\quad\text{W/m}^2$$

$$E_2=\varepsilon_2c_0\left(\frac{T_2}{100}\right)^4=0.8\times5.67\times\left(\frac{27+273}{100}\right)^4=367.4\quad\text{W/m}^2$$

处于平衡时：

$$q_{12}=q_{净}=\frac{E_{b1}-J_1}{\frac{1-\varepsilon_1}{\varepsilon_1}}=\frac{E_{b2}-J_2}{\frac{1-\varepsilon_2}{\varepsilon_2}}=15176.7\quad\text{W/m}^2$$

有效辐射：

$$J_1=E_{b1}-q_{12}\cdot\left(\frac{1-\varepsilon_1}{\varepsilon_1}\right)=5.67\times\left(\frac{527+273}{100}\right)^4-15176.7\times\frac{1-0.8}{0.8}=19430\quad\text{W/m}^2$$

$$J_2=E_{b2}-q_{12}\cdot\left(\frac{1-\varepsilon_2}{\varepsilon_2}\right)=5.67\times\left(\frac{27+273}{100}\right)^4-15176.7\times\frac{1-0.8}{0.8}=-3334.9\quad\text{W/m}^2$$

因为 $J_1=E_1+R_1G_1$，所以反射辐射：

$$R_1G_1=J_1-E_1=19430-18579.4=850.6\quad\text{W/m}^2$$

$$R_2G_2=|J_2|-E_2=3334.9-367.4=2967.5\quad\text{W/m}^2$$

总投入辐射：

$$G_1 = \frac{J_1 - E_1}{R_1} = \frac{J_1 - E_1}{1 - \alpha_1} = \frac{850.6}{1 - 0.8} = 4253 \quad W/m^2$$

$$G_2 = \frac{J_2 - E_2}{R_2} = \frac{J_2 - E_2}{1 - \alpha_2} = \frac{2967.5}{1 - 0.8} = 14837.5 \quad W/m^2$$

吸收辐射：

$$\alpha_1 G_1 = 0.8 \times 4253 = 3402.4 \quad W/m^2$$

$$\alpha_2 G_2 = 0.8 \times 14837.5 = 11870 \quad W/m^2$$

## 9.6 辐射换热的网络解法

辐射换热的网络解法是应用有效辐射的概念，将辐射系统模拟成相应的电路系统，借助于电学中的克希荷夫定律求解辐射换热问题。这种解法处理多个表面组成的封闭系统比较直观。

### 9.6.1 三个灰体表面（等温）组成的封闭系统

首先，绘出网络图（如图 9.28 所示），然后，借助于克希荷夫（基尔霍夫）电流定律，即注入每个节点的热流之和为零（进来多少，流出多少），最后列出各节点有效辐射 $J$ 的关系式，再计算各个表面的净辐射热流。

（1）各表面净得到或净失去的能量为：

$$Q_1 = \frac{E_{b1} - J_1}{\dfrac{1 - \varepsilon_1}{\varepsilon_1 A_1}},\ Q_2 = \frac{E_{b2} - J_2}{\dfrac{1 - \varepsilon_2}{\varepsilon_2 A_2}}$$

$$Q_3 = \frac{E_{b3} - J_3}{\dfrac{1 - \varepsilon_3}{\varepsilon_3 A_3}}$$

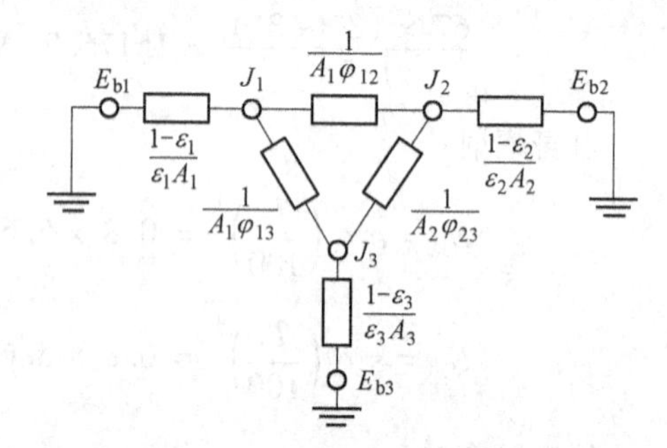

图 9.28 表面封闭腔的等效网络图

（2）各表面之间的辐射换热量为：

$$Q_{23} = \frac{J_2 - J_3}{\dfrac{1}{A_2\varphi_{23}}},\ Q_{12} = \frac{J_1 - J_2}{\dfrac{1}{A_1\varphi_{12}}},\ Q_{13} = \frac{J_1 - J_3}{\dfrac{1}{A_1\varphi_{13}}}$$

（3）$J_1$，$J_2$，$J_3$ 节点处有效辐射 $J$ 应满足：

$$J_1:\ Q_1 + Q_{21} + Q_{31} = 0,\ \frac{E_{b1} - J_1}{\dfrac{1 - \varepsilon_1}{\varepsilon_1 A_1}} + \frac{J_2 - J_1}{\dfrac{1}{A_1\varphi_{12}}} + \frac{J_3 - J_1}{\dfrac{1}{A_1\varphi_{13}}} = 0$$

$$J_2:\ Q_2 + Q_{12} + Q_{32} = 0,\ \frac{E_{b2} - J_2}{\dfrac{1 - \varepsilon_2}{\varepsilon_2 A_2}} + \frac{J_1 - J_2}{\dfrac{1}{A_1\varphi_{12}}} + \frac{J_3 - J_2}{\dfrac{1}{A_2\varphi_{23}}} = 0 \qquad (9.55)$$

$$J_3:\ Q_3 + Q_{13} + Q_{23} = 0,\ \frac{E_{b3} - J_3}{\dfrac{1 - \varepsilon_3}{\varepsilon_3 A_3}} + \frac{J_1 - J_3}{\dfrac{1}{A_1\varphi_{13}}} + \frac{J_2 - J_3}{\dfrac{1}{A_2\varphi_{23}}} = 0$$

以上共 9 个方程。已知 $T_1, T_2, T_3; A_1, A_2, A_3; \varepsilon_1, \varepsilon_2, \varepsilon_3; \varphi_{12}, \varphi_{13}, \varphi_{23}$，可求 $Q_1, Q_2, Q_3; Q_{12}$，

$Q_{13}, Q_{23}; J_1, J_2, J_3$。

已知三个表面 $T_1$，$T_2$，$T_3$ 可求 $J_1$，$J_2$，$J_3$；已知三个表面 $J_1$，$J_2$，$J_3$ 可求 $T_1$，$T_2$，$T_3$。

### 9.6.2 具有重辐射面的封闭腔的辐射换热

工程上所遇到的辐射表面与绝热表面组成的一个封闭腔辐射系统的情况。

重辐射面是在辐射换热系统中无净辐射换热量的表面即为辐射绝热面，外界向它表面投射的热流，大小不变地全部反射出去。

净辐射热流为零，即自身不向外发射净辐射，没有有效辐射，它本身不参与辐射换热，但却影响整个系统的换热热阻及换热量。

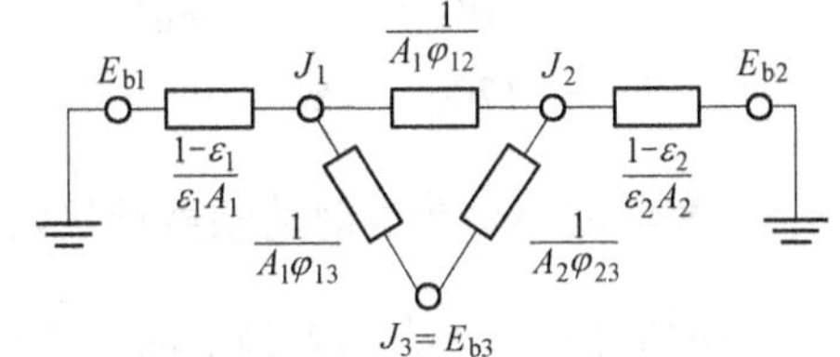

图 9.29 有重辐射面时两灰体间辐射换热的网络

如求解 $A_1$ 和 $A_2$ 面间的净辐射换热，网络图如图 9.29 所示，$A_1$ 与 $A_3$，$A_2$ 与 $A_3$ 间不存在辐射换热，只有 $A_1$ 和 $A_2$ 两表面间有辐射换热，空间热阻可看作两个串联，一个并联的等效电路。

$$Q_{12} = \frac{E_{b1} - E_{b2}}{\dfrac{1-\varepsilon_1}{\varepsilon_1 A_1} + R_{J_1J_2} + \dfrac{1-\varepsilon_2}{\varepsilon_2 A_2}}$$

因为

$$\frac{1}{R_{J_1J_2}} = \frac{1}{\dfrac{1}{A_1\varphi_{12}}} + \frac{1}{\dfrac{1}{A_1\varphi_{13}} + \dfrac{1}{A_2\varphi_{23}}}$$

所以

$$Q_{12} = \frac{E_{b1} - E_{b2}}{\dfrac{1-\varepsilon_1}{\varepsilon_1 A_1} + \dfrac{1}{A_1\varphi_{12} + \dfrac{1}{\dfrac{1}{A_1\varphi_{13}} + \dfrac{1}{A_2\varphi_{23}}}} + \dfrac{1-\varepsilon_2}{\varepsilon_2 A_2}} \tag{9.56}$$

**例 9-6** 有一炉顶隔焰加热熔锌炉，炉顶被煤气加热燃烧到 900℃，熔池液态锌温度保持 600℃，炉膛空间高 0.5m。炉顶为碳化硅砖砌成，设炉顶面积 $A_1$ 与熔池面积 $A_2$ 相等，为 $3.8\times1\text{m}^2$，已知碳化硅砖的黑度 $\varepsilon_1=0.85$，熔锌表面黑度 $\varepsilon_2=0.2$。假定炉墙散热损失可忽略，求炉顶与熔池间的辐射换热量。

**解：** 因炉墙散热损失可忽略，因此其内壁可视为绝热壁。该辐射换热系统的辐射网格可绘成图 9.29，因此 $A_1$ 与 $A_2$ 间的辐射换热量可用式（9.56）计算。

由 $d=0.5\text{m}$，$X=3.8\text{m}$，$Y=1.0\text{m}$，图 9.16 查得：$\varphi_{12}=0.55$，$\varphi_{13}=1-\varphi_{12}=1-0.55=0.45$。

根据相对性 $\varphi_{12}A_1 = \varphi_{21}A_2$ 得 $\varphi_{21} = \varphi_{12}\dfrac{A_1}{A_2} = 0.55$

根据完整性 $\varphi_{23}=1-\varphi_{21}=1-0.55=0.45$，又 $A_1=A_2$

$$\frac{1}{R_{eq}} = \varphi_{12}A_1 + \frac{1}{\dfrac{1}{\varphi_{13}A_1} + \dfrac{1}{\varphi_{23}A_2}} = A_1\left(\varphi_{12} + \frac{1}{\dfrac{1}{\varphi_{13}} + \dfrac{1}{\varphi_{23}}}\right)$$

$$= (1 \times 3.8) \times \left(0.55 + \frac{1}{\frac{1}{0.45} + \frac{1}{0.45}}\right) = 2.945$$

所以 $R_{eq} = 0.34$

熔池得到的辐射热流量为：

$$Q_{12} = \frac{E_{b1} - E_{b2}}{\frac{1-\varepsilon_1}{\varepsilon_1 A_1} + R_{eq} + \frac{1-\varepsilon_2}{\varepsilon_2 A_2}} = \frac{5.67\left[\left(\frac{900+273}{100}\right)^4 - \left(\frac{600+273}{100}\right)^4\right]}{\frac{1-0.85}{0.85 \times 3.8} + 0.34 + \frac{1-0.2}{0.2 \times 3.8}}$$

$$= 51706.7 \text{ W}$$

### 9.6.3 两表面间有隔热屏时的辐射换热网络

当某些场合要求减少辐射换热时，为减少物体表面间的辐射换热，在换热表面之间插入的隔阻辐射能的薄板称为遮热装置，如遮热板。通常采用反射率高的表面，$R$ 增高，吸收率 $\alpha$ 越小，则辐射率 $\varepsilon$ 越小的材料。遮热板本身不参与换热，在整个换热系统中净辐射热流等于零。遮热板即不向原系统放出热量，也不从中吸收热量，只是在热流通道中增大了系统的热阻，使换热表面间的辐射传热受到阻碍（如图 9.30 所示）。

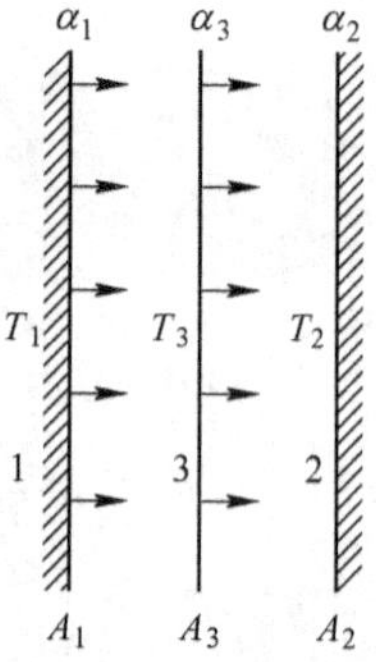

在两平行表面 $A_1$，$A_2$ 中间放一遮热板 $A_3$，温度分别为 $T_1, T_2, T_3(T_3' = T_3'')$，黑度分别为 $\varepsilon_1 = \varepsilon_2 = \varepsilon_3' = \varepsilon_3''$。

没有遮热板时，两平面的辐射换热网络如图 9.31 所示。

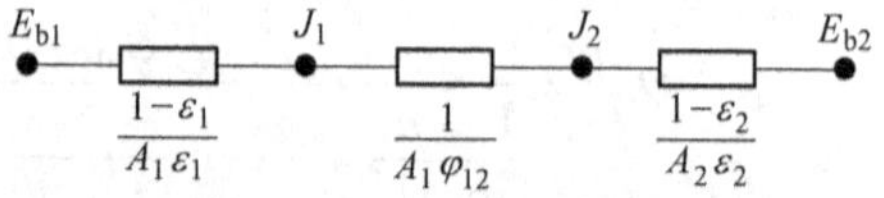

α1 α3 α2
T1 T3 T2
1 3 2
A1 A3 A2

图 9.30 隔热屏原理

Eb1 J1 J2 Eb2
(1−ε1)/(A1ε1) 1/(A1φ12) (1−ε2)/(A2ε2)

图 9.31 无遮热板时的两平面辐射换热网络

$$q_{12} = \frac{E_{b1} - E_{b2}}{\frac{1}{\varepsilon_1} + \frac{1}{\varepsilon_2} - 1}$$

有遮热板时，两平面辐射换热网络如图 9.32 所示。

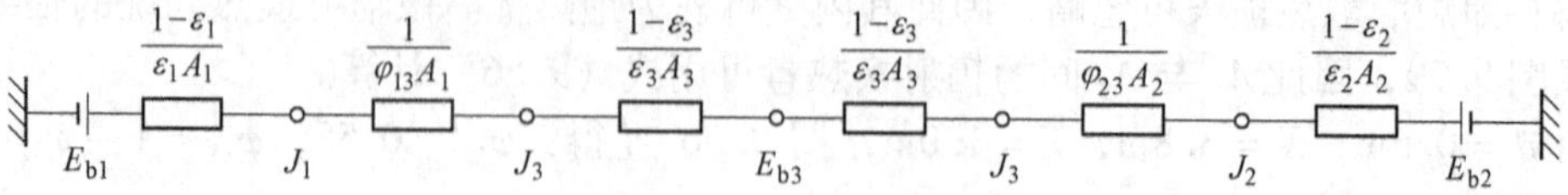

(1−ε1)/(ε1A1) 1/(φ13A1) (1−ε3)/(ε3A3) (1−ε3)/(ε3A3) 1/(φ23A2) (1−ε2)/(ε2A2)
Eb1 J1 J3 Eb3 J3 J2 Eb2

图 9.32 加入遮热板时的两平面辐射换热网络

计算 $q_{132}$。

$$q_{13'} = \frac{E_{b1} - E_{b3}}{\frac{1}{\varepsilon_1} + \frac{1}{\varepsilon_3'} - 1}, \quad q_{3''2} = \frac{E_{b3} - E_{b2}}{\frac{1}{\varepsilon_2} + \frac{1}{\varepsilon_3''} - 1}$$

因为，$\varepsilon_1 = \varepsilon_2 = \varepsilon_3' = \varepsilon_3''$，稳态下

$$q_{13'} = q_{3''2} = q_{132}$$

上两式相加去掉 $E_{b3}$ 得：

$$q_{132} = \frac{E_{b1} - E_{b2}}{2\left(\frac{1}{\varepsilon_1} + \frac{1}{\varepsilon_2} - 1\right)} = \frac{1}{2}q_{12} \tag{9.57}$$

加黑度与平板相同的遮热板后，可使平板间辐射换热量减少为原来的1/2。加入 $n$ 块黑度为 $\varepsilon$ 的遮热板，换热量减少为原来的$\frac{1}{n+1}$，表明遮热板层数越多，遮热效果越好。

工程中往往选择反射率高的材料作遮热板，此时 $\varepsilon_3 \ll \varepsilon_1$ 且 $\varepsilon_3 \ll \varepsilon_2$ 效果更显著。遮热板很薄且 $\lambda$ 很大，因为两侧 $T$ 相等，导热系数很大，既不增加也不带走换热系统的热量，仅在热量传递中增加了附加的阻力。

**例 9-7** 两平行大平板间的辐射换热，平板的黑度各为0.5和0.8，如果中间加进一块铝箔遮热板，其黑度为0.05，试计算辐射热减少的百分率。

**解：** 在未加遮热板时（图9.31），单位面积的辐射换热为

$$q_{1,2} = \frac{\sigma_b(T_1^4 - T_2^4)}{\frac{1}{\varepsilon_1} + \frac{1}{\varepsilon_2} - 1} = \frac{\sigma_b(T_1^4 - T_2^4)}{2.25}$$

加入遮热板后，如图9.32所示。

单位面积各表面热阻为

$$\frac{1-\varepsilon_1}{\varepsilon_1} = \frac{1-0.5}{0.5} = 1,\ \frac{1-\varepsilon_3}{\varepsilon_3} = \frac{1-0.05}{0.05} = 19,\ \frac{1-\varepsilon_2}{\varepsilon_2} = \frac{1-0.8}{0.8} = 0.25$$

单位面积空间辐射热阻为

$$\frac{1}{\varphi_{13}} = 1,\ \frac{1}{\varphi_{23}} = 1$$

辐射总热阻为： $1 + 2 \times 19 + 2 \times 1 + 0.25 = 41.25$

加入遮热板后的辐射换热量为： $q_{132} = \dfrac{\sigma_b(T_1^4 - T_2^4)}{41.25}$

所以，$\dfrac{q_{12} - q_{132}}{q_{12}} \times 100\% = \dfrac{41.25 - 2.25}{41.25} = 94.5\%$。

**例 9-8** 两个互相平行且相距很近的大平面。已知 $t_1 = 527℃$ 和 $t_2 = 27℃$，黑度为 $\varepsilon_1 = \varepsilon_2 = 0.8$，若两表面间安放一块黑度为 $\varepsilon_3 = 0.05$ 的铝箔隔热板，设铝箔两边温度相同。试求辐射换热量为未加隔热板时的多少？若隔热板的黑度为0.8，辐射换热量又为多少？

**解：** 未加遮热板时两大平板间的辐射换热量为：

$$q_{12} = \frac{E_{b1} - E_{b2}}{\frac{1}{\varepsilon_1} + \frac{1}{\varepsilon_2} - 1} = \frac{E_{b1} - E_{b2}}{\frac{1}{0.8} + \frac{1}{0.8} - 1} = 0.6667(E_{b1} - E_{b2})$$

设置 $\varepsilon_3=0.05$ 隔热屏后：

$$q'_{12}=\frac{E_{b1}-E_{b2}}{\frac{1-\varepsilon_1}{\varepsilon_1}+\frac{1}{\varphi_{13}}+\frac{1-\varepsilon_3}{\varepsilon_3}+\frac{1-\varepsilon_3}{\varepsilon_3}+\frac{1}{\varphi_{32}}+\frac{1-\varepsilon_2}{\varepsilon_2}}$$

$$=\frac{E_{b1}-E_{b2}}{\frac{1-0.8}{0.8}+1+\frac{1-0.05}{0.05}\times 2+1+\frac{1-0.8}{0.8}}$$

$$=0.0247(E_{b1}-E_{b2})$$

所以有
$$\frac{q'_{12}}{q_{12}}=\frac{0.0247}{0.6667}\times 100\%=3.7\%$$

即换热量为未加隔板时的3.7%，减少了96.3%。

$\varepsilon_3=0.8$ 时，
$$q''_{12}=\frac{E_{b1}-E_{b2}}{\frac{1-0.8}{0.8}\times 4+1+1}=0.3333(E_{b1}-E_{b2})$$

所以有
$$\frac{q''_{12}}{q_{12}}=\frac{0.3333}{0.6667}\times 100\%=50\%$$

**例 9-9**　辐射率分别为0.3和0.5的两个大的平行平板，其温度分别维持在370℃和800℃，在它们中间放一个两面辐射率皆为0.05的辐射遮热板。试计算（1）没有辐射遮热板时，单位面积的换热率是多少？（2）有辐射遮热板时，单位面积的换热率是多少？（3）辐射遮热板的温度。

**解**：按题意：

$$T_1=800℃=1073\ \ \mathrm{K},T_3=370℃=643\ \ \mathrm{K}$$

$$\varepsilon_1=0.3、\varepsilon_3=0.05、\varepsilon_2=0.5,\varphi_{13}=\varphi_{23}=1.0$$

$$E_{b2}=\sigma_b T_2^4=(5.669\times 10^{-8})\times 643^4=9691\ \ \mathrm{W/m^2}$$

可得
$$E_{b1}=\sigma_b T_1^4=(5.669\times 10^{-8})\times 1073^4=75146\ \ \mathrm{W/m^2}$$

网格中的热阻为：

$$\frac{1-\varepsilon_1}{\varepsilon_1}=\frac{1-0.3}{0.3}=2.333,\frac{1}{\varphi_{12}}=\frac{1}{\varphi_{23}}=\frac{1}{1}=1.0$$

$$\frac{1-\varepsilon_3}{\varepsilon_3}=\frac{1-0.05}{0.05}=19,\frac{1-\varepsilon_2}{\varepsilon_2}=\frac{1-0.5}{0.5}=1.0$$

（1）没有辐射遮热板时：

$$q=\frac{E_{b1}-E_{b2}}{\frac{1-\varepsilon_1}{\varepsilon_1}+\frac{1}{\varphi_{12}}+\frac{1-\varepsilon_2}{\varepsilon_2}}=\frac{75146-9691}{2.333+1+1}=15105\ \ \mathrm{W/m^2}$$

（2）有辐射遮热板时：

$$q=\frac{E_{b1}-E_{b2}}{\frac{1-\varepsilon_1}{\varepsilon_1}+\frac{1}{\varphi_{12}}+\frac{1-\varepsilon_3}{\varepsilon_3}+\frac{1-\varepsilon_3}{\varepsilon_3}+\frac{1}{\varphi_{23}}+\frac{1-\varepsilon_2}{\varepsilon_2}}$$

$$=\frac{75146-9691}{2.333+1+19+19+1+1}=1510.5\ \ \mathrm{W/m^2}$$

（3）辐射遮热板的温度为 $T_3$ 时：

在 1-3 节点与 1-2 节点间，依能量平衡可列出下述方程式：

$$\frac{E_{b1}-E_{b3}}{\dfrac{1-\varepsilon_1}{\varepsilon_1}+\dfrac{1}{\varphi_{13}}+\dfrac{1-\varepsilon_3}{\varepsilon_3}}=\frac{E_{b1}-E_{b2}}{\dfrac{1-\varepsilon_1}{\varepsilon_1}+\dfrac{1}{\varphi_{13}}+\dfrac{1-\varepsilon_3}{\varepsilon_3}+\dfrac{1-\varepsilon_3}{\varepsilon_3}+\dfrac{1}{\varphi_{23}}+\dfrac{1-\varepsilon_2}{\varepsilon_2}}$$

$$\frac{75146-E_{b3}}{2.333+1+19}=\frac{75146-9691}{2.333+1+19+19+1+1}$$

所以

$$E_{b3}=\sigma_b T_3^4=41411\quad \mathrm{W/m^2}$$

$$T_3=924\ \mathrm{K}=651\quad ℃$$

**例 9-10** 用裸露热电偶测量热风管内的热风温度，如图 9.33 所示。已知热电偶指示温度 $t_1=538℃$，热电偶的表面黑度为 0.7，管壁内表面温度 $t_2=260℃$，热风与热电偶接点间的给热系数 $\alpha=116\mathrm{W/(m^2\cdot ℃)}$，试求热风真实温度 $t_f$。

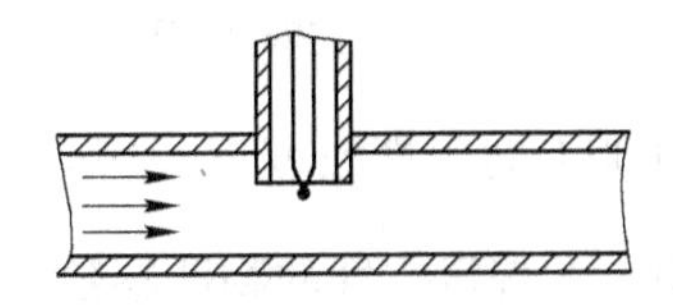

图 9.33 用裸露热电偶测量气流温度

**解：** 热风以对流给热方式将热量传给热接点，热接点则以辐射方式将热量传给风管内壁，因热接点表面积 $A_1$ 相对风管内表面积 $A_2$ 很小，即 $A_2\gg A_1$，因此

$$\alpha A_1(t_f-t_1)=\varepsilon_1 c_0\left[\left(\frac{T_1}{100}\right)^4-\left(\frac{T_2}{100}\right)^4\right]A_1$$

于是有

$$t_f=t_1+\frac{\varepsilon_1 c_0}{\alpha}\left[\left(\frac{T_1}{100}\right)^4-\left(\frac{T_2}{100}\right)^4\right]$$

$$=538+\frac{0.7\times5.67}{116}\left[\left(\frac{538+273}{100}\right)^4-\left(\frac{260+273}{100}\right)^4\right]$$

$$=538+120=658\quad ℃$$

**例 9-11** 有一水平放置的钢坯，长为 1.5m，宽为 0.5m，黑度为 $\varepsilon=0.6$，周围环境温度为 20℃。试比较钢坯温度在 200℃和 1000℃时，钢坯上表面由于辐射和对流造成的单位面积的热损失。

**解：** 钢坯上表面每单位面积的辐射热损失：

在 200℃ 时，$$E=\varepsilon c_0\left(\frac{T}{100}\right)^4=0.6\times5.67\times\left(\frac{200+273}{100}\right)^4=1702.9\quad \mathrm{W/m^2}$$

在 1000℃ 时，$$E=0.6\times5.67\times\left(\frac{1000+273}{100}\right)^4=89340.4\quad \mathrm{W/m^2}$$

钢坯上表面的对流热损失计算：对流给热系数 $\alpha$，可根据热面朝上的水平壁公式计算。

定型尺寸：$$l=\frac{1.5+0.5}{2}=1\quad \mathrm{m}$$

在 200℃时定性温度为：$$t_m=\frac{t_w+t_f}{2}=\frac{200+20}{2}=110\quad ℃$$

由附录 1 查得空气的物性参数为：

$$\lambda = 3.27 \times 10^{-2} \mathrm{W/(m \cdot ^\circ C)}; \nu = 24.24 \times 10^{-6} \mathrm{m^2/s}; Pr = 0.687$$

$$Gr \cdot Pr = \frac{\beta g l^3 \Delta t}{\nu^2} \cdot Pr = \frac{9.81 \times 1^3 \times (200 - 20)}{(273 + 110) \times (24.24 \times 10^{-6})^2} \times 0.687 = 5.4 \times 10^9 > 8 \times 10^6$$

属于湍流，所以 $Nu_m = 0.15(Gr \cdot Pr)_m^{1/3} = 0.15 \times (5.4 \times 10^9)^{1/3} = 263$

$$\alpha = Nu \cdot \frac{\lambda}{l} = \frac{263 \times 3.27 \times 10^{-2}}{1} = 8.6 \quad \mathrm{W/(m^2 \cdot ^\circ C)}$$

对流热损失：

$$q_c = \alpha(t_w - t_f) = 8.6 \times (200 - 20) = 1548 \quad \mathrm{W/m^2}$$

在 1000℃ 时定性温度为：$t_m = \frac{t_w + t_f}{2} = \frac{1000 + 20}{2} = 510 \quad ^\circ C$

由附录 1 查得空气的物性参数为：

$$\lambda = 5.75 \times 10^{-2} \mathrm{W/(m^2 \cdot ^\circ C)}; \nu = 79.4 \times 10^{-6} \mathrm{m^2/s}; Pr = 0.697$$

$$Gr \cdot Pr = \frac{\beta g l^3 \Delta t}{\nu^2} \cdot Pr = \frac{9.81 \times 1^3 \times (1000 - 20)}{(273 + 510) \times (79.4 \times 10^{-6})^2} \times 0.697 = 1.4 \times 10^9 > 8 \times 10^6$$

属于湍流，所以 $Nu_m = 0.15(Gr \cdot Pr)_m^{1/3} = 0.15 \times (1.4 \times 10^9)^{1/3} = 167.8$

$$\alpha = Nu \cdot \frac{\lambda}{l} = \frac{167.8 \times 5.75 \times 10^{-2}}{1} = 9.6 \quad \mathrm{W/(m^2 \cdot ^\circ C)}$$

对流热损失 $q_c = \alpha(t_w - t_f) = 9.6 \times (1000 - 20) = 9408 \quad \mathrm{W/m^2}$

由该例可以看到，钢坯温度为 200℃ 时对流热损失与辐射热损失数量级相当，而在 1000℃ 时，对流热损失仅为辐射热损失的十分之一，因此在高温下热辐射起着重要的作用，且温度越高，热辐射的作用越显著。

## 9.7 气体辐射

### 9.7.1 气体辐射的特点

与固体及液体的辐射相比，气体辐射具有下列特点：

（1）气体的辐射和吸收能力与气体分子结构有关。在工业常用温度范围内，单原子气体和对称双原子气体（如 $H_2$、$N_2$、$O_2$ 和空气等）的辐射和吸收能力很小，可以忽略不计，视为透明体；多原子气体（如 $CO_2$、$H_2O$ 和 $SO_2$ 等）以及不对称的双原子气体（如 CO）具有一定的辐射和吸收能力（见表 9.1）。因此，在分析和计算辐射换热时，必须予以考虑。

（2）气体的辐射和吸收对波长有明显的选择性。固体和液体能辐射和吸收全部波长（$0 \sim \infty$）的辐射能，它们的辐射和吸收光谱是连续的，而气体的辐射和吸收光谱则是不连续的，它只能辐射和吸收一定波长范围（称为光带）内的辐射能，在光带以外的波长既不能辐射也不能吸收。不同的气体，光带范围不同。对于二氧化碳 $CO_2$ 和水蒸气 $H_2O$，其主要光带的波长范围见表9.1。可以看出，两种气体的光带都位于红外线区域，并有部分互相重叠。

**表9.1 $CO_2$ 和 $H_2O$ 的辐射和吸收光带**

| 光带序号 | $CO_2$ | | $H_2O$ | |
|---|---|---|---|---|
| | $\lambda_1-\lambda_2$ | $\Delta\lambda$ | $\lambda_1-\lambda_2$ | $\Delta\lambda$ |
| 1 | 2.64－2.84 | 0.2 | 2.55－2.84 | 0.29 |
| 2 | 4.13－4.49 | 0.36 | 5.6－7.6 | 2.0 |
| 3 | 13－17 | 4.0 | 12－25 | 13.0 |

（3）固体及液体的辐射属于表面辐射，而气体的辐射和吸收是在整个气体容积中进行的，属于体积辐射。当热射线穿过气层时，辐射能沿途被气体分子吸收而逐渐减弱。其减弱程度取决于沿途碰到的气体分子的数目，碰到的气体分子数目越多，被吸收的辐射能也越多。因此，气体的吸收能力 $\alpha_g$ 与热射线经历的行程长度 $S$、气体的分压力 $p$ 和气体温度 $T_g$ 等因素有关，即：

$$\alpha_g = f(S,p,T_g) \tag{9.58}$$

### 9.7.2 气体的吸收定律

图9.34为单色热射线通过厚度为 $s$ 的气层时被气体吸收的情况，设单色辐射强度为 $I_\lambda$。实验证明，在厚度为 d$x$ 的微元层中，所减弱的单色辐射强度可表示为：

$$\mathrm{d}I_{\lambda_x} = -K_\lambda I_{\lambda_x}\mathrm{d}x \tag{9.59}$$

式中，$K_\lambda$ 称为单色减弱系数，单位为1/m，表示了单位距离内辐射强弱的百分数，它与气体的种类、温度、压力和射线波长有关，负号表示辐射强度随行程增加而减弱。

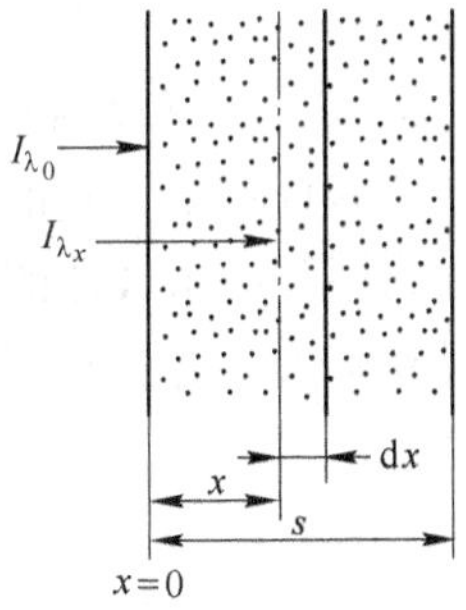

将式（9.59）沿气层厚度积分，并假定 $K_\lambda$ 为常数，则：

$$\int_{I_{\lambda0}}^{I_{\lambda_x}} \frac{\mathrm{d}I_{\lambda_x}}{I_{\lambda_x}} = -K_\lambda\int_0^s \mathrm{d}x$$

得

$$\frac{I_{\lambda_L}}{I_{\lambda_0}} = \mathrm{e}^{-K_\lambda \cdot s} \tag{9.60}$$

图9.34 辐射能在气层中的吸收

式（9.60）就是气体吸收定律，也称为贝尔（Beer）定律。它描述了单色辐射强度穿过气体层时衰减的规律。

式（9.60）等号左边正是气体的单色透射率，因此：

$$\tau_\lambda = \mathrm{e}^{-K_\lambda \cdot s} \tag{9.61}$$

因为气体的反射率 $\rho_\lambda=0$，所以气体的单色吸收率为：

$$\alpha_\lambda = 1-\tau_\lambda = 1-\mathrm{e}^{-K_\lambda \cdot s} \tag{9.62}$$

根据基尔霍夫定律，物体的单色黑度等于单色吸收率，由此得出：

$$\varepsilon_\lambda = \alpha_\lambda = 1-\mathrm{e}^{-K_\lambda \cdot s} \tag{9.63}$$

由式（9.63）可知，气体层越厚，气体的单色黑度 $\varepsilon_\lambda$ 和单色吸收率 $\alpha_\lambda$ 越大。当 $s\to\infty$ 时，$\varepsilon_\lambda=\alpha_\lambda\to1$，也就是说，当气体层为无限厚时，就具有黑体的性质。

### 9.7.3 气体的黑度和吸收率

9.7.3.1 气体的黑度

根据定义，气体的黑度为气体的辐射力与同温度下黑体的辐射力之比，即 $\varepsilon_g = \dfrac{E_g}{E_b}$。因此，气体的辐射力为：

$$E_g = \varepsilon_g \sigma_b T_g^4 \tag{9.64}$$

为方便起见，气体的辐射力计算仍采用四次方定律，把由此引起的误差计入黑度 $\varepsilon_g$ 之内。$\varepsilon_g$ 除了与有效平均射线行程 $S$ 有关外，还与气体的性质、温度和分压有关，可以表示为：

$$\varepsilon_g = f(S, T_g, p) \tag{9.65}$$

在实际工程计算中，气体的黑度可按霍脱尔（Hotte）等根据实验数据绘制的线图确定。图 9.35 为总压力 $10^5$Pa 时 $CO_2$ 的黑度。

图 9.36 是考虑气体分压单独影响的修正系数 $C_{CO_2}$。$CO_2$ 的黑度为：

$$\varepsilon_{CO_2} = C_{CO_2} \varepsilon_{CO_2}^* \tag{9.66}$$

对应于 $H_2O$ 考虑其影响的修正系数 $C_{H_2O}$ 的图分别为图 9.37 和图 9.38。$H_2O$ 的黑度为：

$$\varepsilon_{H_2O} = C_{H_2O} \varepsilon_{H_2O}^* \tag{9.67}$$

混合气体的黑度可按各组分叠加的原理进行计算。当混合气体中同时含有 $CO_2$ 和 $H_2O$ 时，由于这两种气体的部分光带相互重合，互相吸收辐射能量，使得混合气体辐射出的能量要比两种气体单独存在时辐射出的能量之和略小些。考虑到这一因素，混合气体的黑度应为：

$$\varepsilon_g = \varepsilon_{CO_2} + \varepsilon_{H_2O} - \Delta\varepsilon \tag{9.68}$$

式中，$\Delta\varepsilon$ 是考虑 $CO_2$ 和 $H_2O$ 部分光带重合的修正值，它可由图 9.39 确定。$\Delta\varepsilon$ 值一般不大，在工程计算中，其值很小，通常不超过 4% ~6%，可以忽略不计。

在利用算图求气体的黑度时，首先必须确定有效平均射线行程 $S$，它与气体容积的形状和尺寸有关。对各种不同形状的气体容积，有效平均射线行程可查表 9.2，或近似按下式计算：

$$S = 3.6 \frac{V}{A} \tag{9.69}$$

式中，$V$ 为气体所占容积，$m^3$；$A$ 为包围气体的器壁表面积，$m^2$。

**表 9.2 有效平均射线行程 S**

| 气体容积的形状 | 特征尺寸 | $S$/m |
|---|---|---|
| 球体对其表面的辐射 | 直径 $D$ | $0.60D$ |
| 无限长圆柱体对其侧面的辐射 | 直径 $D$ | $0.90D$ |
| 高等于直径的圆柱体对整个表面的辐射 | 直径 $D$ | $0.60D$ |
| 两个无限大平行平板间的气体层对其一侧表面的辐射 | 气体层 $L$ | $1.8L$ |
| 立方体对其表面的辐射 | 边长 $L$ | $0.6L$ |
| 叉排或顺排管束对管壁表面的辐射 | 节距 $s_1$、$s_2$ | $0.9D\left(\dfrac{4}{\pi} \cdot \dfrac{s_1 s_2}{D^2} - 1\right)$ |
| | 管外径 $D$ | |

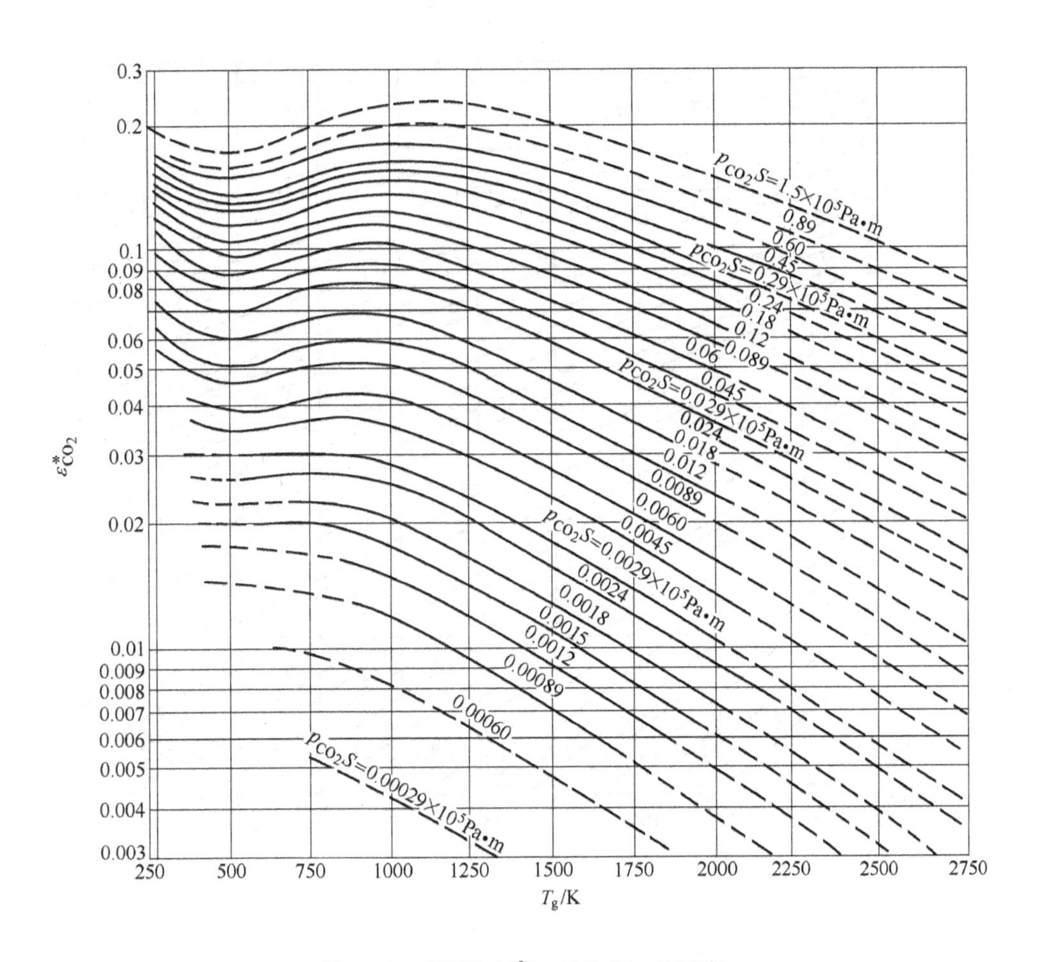


图 9.35　总压为 $10^5$Pa 时的 $CO_2$ 的黑度

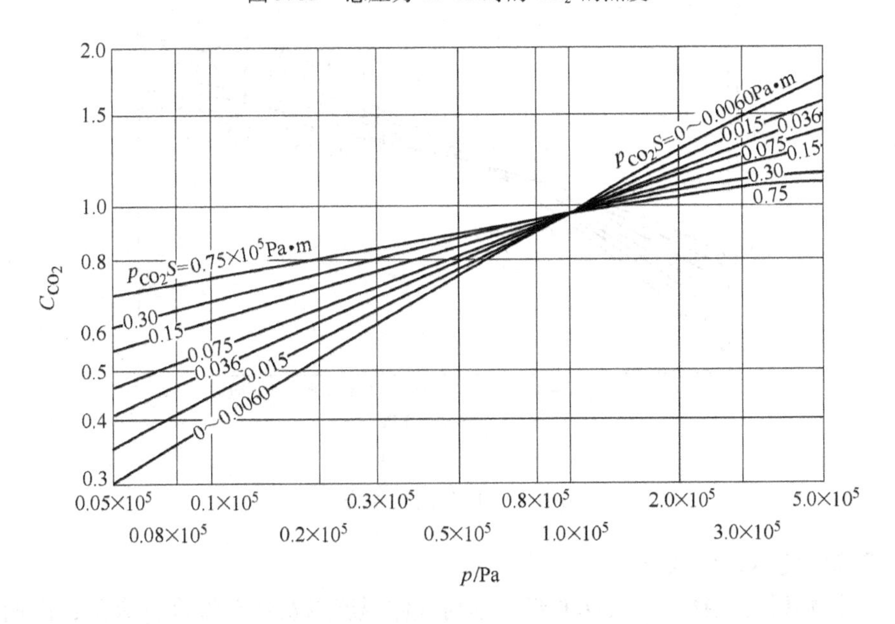


图 9.36　$CO_2$ 的压强修正

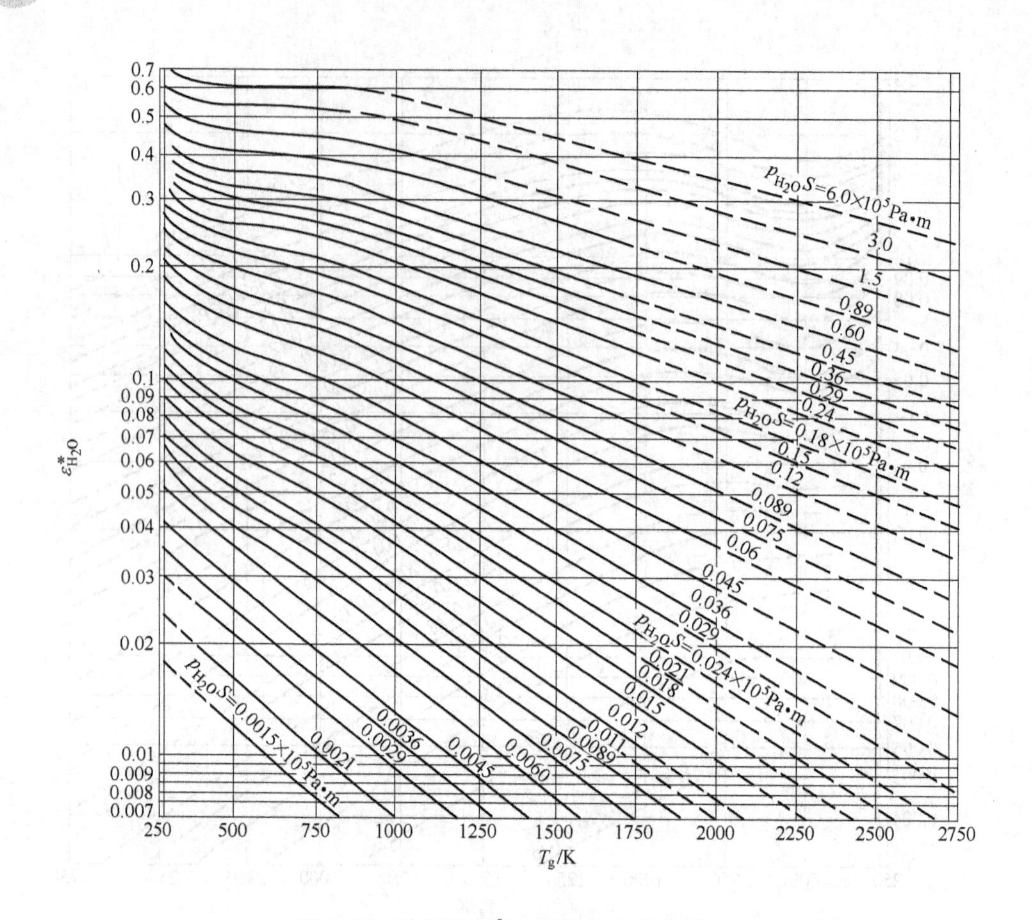


图 9.37 总压为 $10^5$Pa 时的 $H_2O$ 的发射率

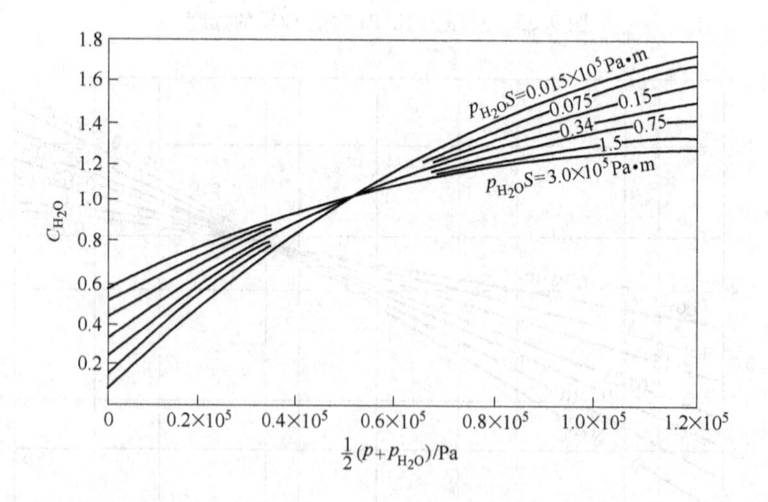


图 9.38 $H_2O$ 的压强修正

### 9.7.3.2 气体的吸收率

因为气体辐射有选择性，气体的吸收率与气体温度以及器壁温度都有关，因而不能看做灰体。气体温度和器壁温度相等时，气体的吸收率和它的发射率相等。如果气体温度不

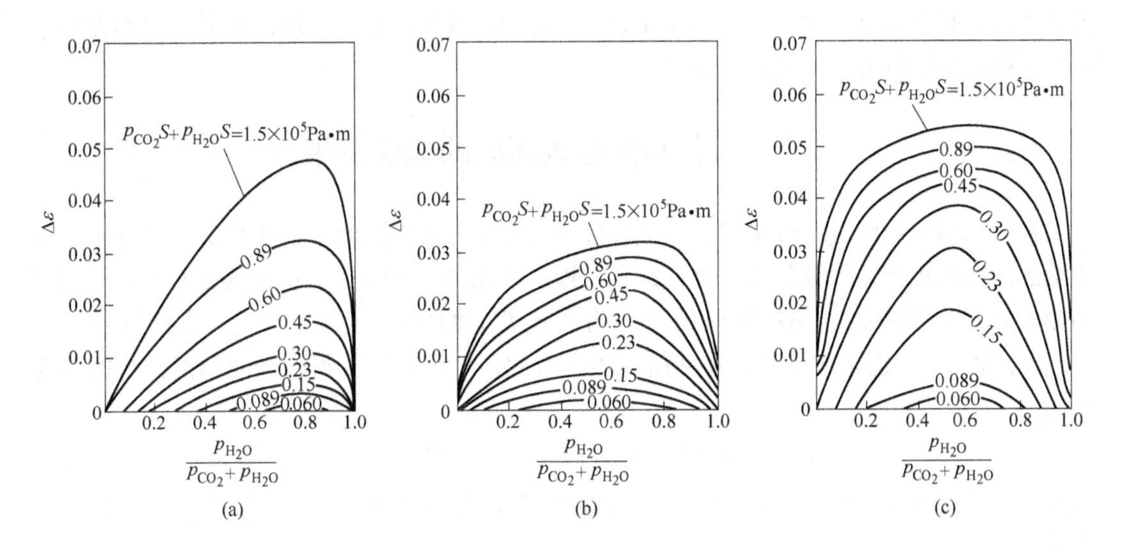


图 9.39　$H_2O$ 压力 $p_{H_2O}$ 影响的修正系数

（a）$T=400$K；（b）$T=811$K；（c）$T=1200$K

等于器壁温度，即 $T_g \neq T_w$，则气体的吸收率不等于它的发射率。这时 $CO_2$ 和 $H_2O$ 的吸收率可按下列经验公式计算：

$$\alpha_{CO_2} = C_{CO_2}\varepsilon^*_{CO_2}\left(\frac{T_g}{T_w}\right)^{0.65};\ \alpha_{H_2O} = C_{H_2O}\varepsilon^*_{H_2O}\left(\frac{T_g}{T_w}\right)^{0.45} \tag{9.70}$$

式中，$\varepsilon^*_{CO_2}$ 和 $\varepsilon^*_{H_2O}$ 的值可用壁面温度 $T_w$ 作横坐标，用 $p_{CO_2}\cdot S\cdot\frac{T_g}{T_w}$、$p_{H_2O}\cdot S\cdot\frac{T_g}{T_w}$ 作参变量，分别由图 9.35 和图 9.37 来确定。

对于含有 $CO_2$ 和 $H_2O$ 的混合气体，其吸收率为：

$$\alpha_g = \alpha_{CO_2} + \alpha_{H_2O} - \Delta\alpha \tag{9.71}$$

式中，$\Delta\alpha=[\Delta\varepsilon]_{T_w}$，$[\Delta\varepsilon]_{T_w}$ 是根据壁温 $T_w$ 由图 9.39 查得的修正值。

9.7.3.3　火焰辐射的概念

根据燃料的种类和燃烧方式的不同，燃料燃烧时生成不同的火焰。清洁的高炉煤气、转炉煤气和焦炭等在燃烧时，生成的火焰略带蓝色或近于无色，称为不发光火焰或称暗焰。这种火焰的辐射成分主要是 $CO_2$ 和 $H_2O$ 等，这些成分的辐射光带都处于可见光范围之外，故火焰不发光。液体燃料和煤粉等在燃烧时形成明显的光亮火焰，称为发光火焰或称辉焰。在发光火焰中，主要起辐射作用的是炭黑、灰粒和焦炭粒子等。这些固体微粒可以在可见光谱和红外光谱范围内连续发射辐射能量，因此它们的光谱是连续的，这不同于气体辐射，而与固体辐射类似。

不发光火焰与发光火焰具有不同的发射率。不发光火焰的辐射率大致可视为与烟气发射率相同，因烟气中有辐射和吸收能力的成分也是 $CO_2$ 和 $H_2O$ 等，故不发光火焰的发射率可由式（9.64）计算。在发光火焰中，固体微粒的存在使火焰的发射能力大大加强，如碳氢化合物热分解时产生的炭黑，它发射的辐射能量一般是三原子气体的 2～3 倍。发光火焰的辐射特性主要取决于其中所含固体微粒的性质和数量，而这些因素又与燃料种类、燃烧方式、炉内温度、炉子结构和操作状况等有关，情况较复杂。所以发光火焰的发射率一般根据实验数据和经验公式确定。

## 9.8 气体与围壁表面间的辐射换热

在气体黑度和吸收率确定之后，就可以对气体与外壳之间的辐射换热进行计算了。如把受热面当做黑体，计算就可简化，这在工程上是完全合适的。设外壳温度为 $T_w$，它的辐射力为 $\sigma_b T_w^4$，其中被气体所吸收的部分为 $\alpha_g \sigma_b T_w^4$；如气体的温度为 $T_g$，它的辐射力为 $\varepsilon_g \sigma_b T_g^4$，此时辐射能全部被黑体外壳所吸收。因此，可得到气体与外壳间辐射换热的热通量为：

$$q = \varepsilon_g \sigma_b T_g^4 - \alpha_g \sigma_b T_w^4 = \sigma_b(\varepsilon_g T_g^4 - \alpha_g T_w^4) \tag{9.72}$$

式中，$\varepsilon_g$ 为温度 $T_g$ 时气体的黑度；$\alpha_g$ 为温度 $T_g$ 时气体对来自温度 $T_w$ 的外壳辐射的吸收率。

如果外壳不是黑体，可当作黑度为 $\varepsilon_w$ 的灰体来考虑。这样，对灰体表面可有 $\varepsilon_w = \alpha_w$。

气体辐射到外壳的能量 $\varepsilon_g \sigma_b T_g^4$ 中，外壳只吸收 $\varepsilon_w \varepsilon_g \sigma_b T_g^4$，其余部分 $(1-\varepsilon_w)\varepsilon_g \sigma_b T_g^4$ 发射回气体，其中 $\alpha_g'(1-\varepsilon_w)\varepsilon_g \sigma_b T_g^4$ 被气体自身所吸收，而 $(1-\alpha_g')(1-\varepsilon_w)\varepsilon_g \sigma_b T_g^4$ 被反射回外壳。如此反复进行吸收和反射，对于气体与灰体外壳之间的辐射换热计算，利用有效辐射的概念，可以导出计算式为

$$Q_{gw} = \varepsilon_w \varepsilon_g A \sigma_b T_g^4 - \varepsilon_w \alpha_g A \sigma_b T_w^4 = \varepsilon_w A \sigma_b(\varepsilon_g T_g^4 - \alpha_g T_w^4) \tag{9.73}$$

如果壁面的黑度越大，则式（9.73）的计算越可靠。若黑外壳 $\varepsilon_w = 1$，则此式就成为式（9.72）。

如果 $\varepsilon_w > 0.8$ 时，可用下式近似计算（式中下标 w 表示固体壁面的参数）：

$$Q_{gw} = \varepsilon_w' A \sigma_b(\varepsilon_g T_g^4 - \alpha_g T_w^4) \tag{9.74}$$

外壳有效黑度 $\varepsilon_w'$ 介于 $\varepsilon_w \sim 1$ 之间，为简化起见，可采用 $\varepsilon_w' = (\varepsilon_w + 1)/2$。

## 9.9 辐射给热系数

对于壁面与气体，或者壁面与气体以及周围物体之间的热量传输过程，辐射换热和对流给热总是同时存在，而不是彼此孤立的。例如钢锭的冷却，它一方面是靠钢锭表面与周围环境之间的辐射换热，另一方面也是靠钢锭表面与空气之间的对流给热。在这一类辐射和对流同时存在的热量传输过程中，壁面的总热流量应为辐射换热的热流量 $Q_R$ 和对流给热的热流量 $Q_c$ 之和，即

$$Q = Q_R + Q_c \tag{9.75}$$

其中，对流给热的热流量 $Q_c$ 按牛顿冷却公式为

$$Q_c = \alpha_c(t_w - t_f)A \tag{9.76}$$

辐射换热的热流量 $Q_R$ 可根据具体情况用式（9.72）或式（9.73）计算，现在假定讨论的是物体在空气中的冷却问题，且周围物体的温度等于空气温度 $t_f$，则

$$Q_R = \varepsilon_w c_0 \left[ \left( \frac{T_w}{100} \right)^4 - \left( \frac{T_f}{100} \right)^4 \right] A \tag{9.77}$$

在这种情况下，为使计算简化，常用的近似方法是把辐射换热表达式线性化，也用牛顿公式的形式表示，即

$$Q_R = \alpha_R (t_w - t_f) A \tag{9.78}$$

比较式（9.77）和式（9.78）得

$$\alpha_R = \varepsilon_w c_0 \left[ \left( \frac{T_w}{100} \right)^4 - \left( \frac{T_f}{100} \right)^4 \right] \Big/ (t_w - t_f) \tag{9.79}$$

将式（9.76）和式（9.78）代入式（9.75），得到

$$\begin{aligned} Q &= (\alpha_c + \alpha_R)(t_w - t_f) A \\ &= \alpha_\Sigma (t_w - t_f) A \end{aligned} \tag{9.80}$$

式中，$\alpha_\Sigma$ 为总给热系数，$\alpha_\Sigma = \alpha_c + \alpha_R$；$\alpha_c$ 为对流给热系数；$\alpha_R$ 为辐射给热系数。

在计算辐射和对流同时存在的热量传输问题时，如果两种方式的换热速率 $Q_R$ 和 $Q_c$ 的数量级相差甚大，为使计算简化，可只取起主导作用的一方。

## 本章小结

本章介绍了辐射换热的定义，特点及基本概念，并从黑体辐射基本定律出发，通过辐射率和吸收率的概念，逐渐引出实际物体的辐射特性，从而可解决两物体间的辐射换热的计算问题。在介绍角系数概念和性质后，可进行任意位置物体之间的辐射换热计算。本章涉及的知识点有：

9-1 几个理想模型：

镜体：反射率为 1 的物体。

透明体：透过率为 1 的物体。

黑体：吸收率为 1 的物体。

9-2 四个基本概念：

辐射力：$E = \dfrac{dQ}{dA}$

单色辐射力：$E_\lambda = \dfrac{dQ}{d\lambda}$

立体角：$\omega = \dfrac{A}{r^2}$

定向辐射强度：$I_\theta = \dfrac{dQ}{dA\cos\theta d\omega}, E_\theta = I_\theta \cos\theta$

9-3 黑体辐射五个基本定律：

（1）普朗克定律：普朗克定律揭示的是单色辐射力与波长、温度的关系，即

$$E_{b\lambda} = \frac{c_1 \lambda^{-5}}{e^{\frac{c_2}{\lambda T}} - 1}$$

(2) 维恩位移定律：$\lambda_m \cdot T = 2897.6\mu m \cdot K$，随 $T$ 增加，峰值波长 $\lambda_{max}$ 向短波段移动。

(3) 斯-玻定律（四次方定律）：斯蒂芬-玻耳兹曼定律揭示了黑体辐射力 $E_b$ 与绝对温度 $T$ 之间的关系。应用普朗克定律得到

$$E_b = \int_0^\infty \frac{c_1 \lambda^{-5}}{e^{\frac{c_2}{\lambda T}} - 1} d\lambda = \sigma_b T^4$$

(4) 兰贝特定律（余弦定律）：揭示黑体辐射按空间方向的分布规律。

(5) 实际物体辐射特性：基尔霍夫定律 $\alpha = \varepsilon$。

9-4 角系数概念及性质：

定义：由表面 1 投射到表面 2 的辐射能量占离开表面 1 向半球空间发射的全部辐射能量的份额。

角系数的性质：

(1) 非自见表面的角系数为零：$\varphi_{11} = 0$，$\varphi_{22} = 0$。

(2) 相对性：$\varphi_{12} A_1 = \varphi_{21} A_2$。

(3) 完整性：由几个面组成的封闭系统中 $\varphi_{11} + \varphi_{12} + \cdots + \varphi_{1n} = 1$ 或者 $\sum_{i=1}^{n} \varphi_{1,i} = 1$。

(4) 和分性：$A_{(1+2)} \varphi_{(1+2),3} = A_1 \varphi_{13} + A_2 \varphi_{23}$。

9-5 物体间的辐射换热计算：

(1) 两黑体表面间的辐射换热：

$$Q_{12} = \frac{E_{b1} - E_{b2}}{\frac{1}{A_1 \varphi_{12}}}$$

(2) 两灰体表面间的辐射换热：

$$Q_{12} = \frac{(E_{b1} - E_{b2}) A_1}{\frac{1 - \varepsilon_1}{\varepsilon_1} + \frac{1}{\varphi_{12}} + \frac{1 - \varepsilon_2}{\varepsilon_2} \cdot \frac{A_1}{A_2}} = \varepsilon_{12} (E_{b1} - E_{b2}) A_1 \varphi_{12}$$

(3) 两平行放置的灰体表面间辐射换热：

$$Q_{12} = \frac{(E_{b1} - E_{b2}) A}{\frac{1}{\varepsilon_1} + \frac{1}{\varepsilon_2} - 1}$$

(4) 辐射换热的网络解法：应用有效辐射的概念，将辐射系统模拟成相应的电路系统，借助于电学中的克希荷夫定律求解辐射换热问题。

1) 三个灰体表面组成的封闭系统（此种方法为网络解法的基础）。

解题思路：绘出网络图（图 9.28）→克希荷夫电流定律（每个节点的电流和为零）→列出各节点有效辐射 $J$ 的关系式，即注入每个节点的热流之和为零。

已知 $T_1$，$T_2$，$T_3$，$A_1$，$A_2$，$A_3$，$\varepsilon_1$，$\varepsilon_2$，$\varepsilon_3$，$\varphi_{12}$，$\varphi_{13}$，$\varphi_{23}$ 及 9 个方程求 $Q_1$，$Q_2$，$Q_3$，$Q_{12}$，$Q_{13}$，$Q_{23}$，$J_1$，$J_2$，$J_3$。

2) 具有重辐射面的封闭腔的辐射换热。

即为辐射绝热面，外界向它表面投射的热流，大小不变地全部反射出去。

依据网络图 9.29，即可求解 $A_1$ 和 $A_2$ 面间的净辐射换热。

3）两表面间有隔热屏时的辐射换热网络。

遮热板作用：是当某些场合要求减少辐射换热时，在换热表面之间插入的隔阻辐射能的薄板，其网络如图 9.32 所示。

遮热板换热特点：本身不参与换热，在系统中净辐射热流等于零，只是增大了系统的热阻。

## 思考题与习题

### 思 考 题

9-1 热辐射特点是什么？其波长主要集中在哪些波长范围？

9-2 什么是物体表面的 $A$，$R$ 和 $D$？$A$，$R$，$D$ 值与哪些因素有关？辐射投射到固、液、气时，$A$，$R$，$D$ 值有何特点？

9-3 什么是绝对黑体，白体和透明体？

9-4 辐射力，单色辐射力，定向辐射力和辐射强度等概念有什么区别？

9-5 立体角概念是什么？

9-6 普朗克定律及维恩位移定律揭示的是什么规律？

9-7 什么是辐射角系数？它有什么特性？

9-8 计算辐射角系数都有哪些方法？

9-9 简述两面、三面封闭系统角系数的计算方法及计算任意两面间角系数的方法。

9-10 什么是有效辐射和净辐射热流密度？

9-11 试绘出由两灰体组成的封闭系统的辐射网络图。

9-12 什么是空间热阻，表面热阻？它是如何产生的？其大小取决于什么？

9-13 试绘出由三面灰体组成的封闭系统的辐射网络图，并列出各面有效辐射的方程式。

9-14 什么是辐射绝热面？它有什么特点？

9-15 试绘出具有辐射绝热面的三面辐射系统的网络图。

9-16 什么是遮热板？它有什么特点？

9-17 在两面平行板间的换热系统中间加一块与平板黑度相同的遮热板时，两面间辐射换热减少多少？绘出辐射网络图。

### 习　　题

9-1 影响物体表面黑度的主要因素是（　　）。

A. 物质种类、表面温度、表面状况　　B. 表面温度、表面状况、辐射强度

C. 物质种类、表面温度、表面颜色　　D. 表面颜色、表面温度、表面光洁度

9-2 单位时间内离开单位表面积的总辐射能称为（　　）。

A. 有效辐射　　B. 辐射力　　C. 辐射强度　　D. 反射辐射

9-3 物体能够发射热辐射的最基本条件是（　　）。

A. 温度大于 0K　　B. 具有传播介质　　C. 真空状态　　D. 表面较黑

9-4 温度对辐射换热的影响（　　）对对流换热的影响。

A. 等于　B. 大于　C. 小于　D. 可能大于、小于

9-5　下列哪个定律可用来计算黑体单色辐射力？(　　)

A. 斯蒂芬-玻耳兹曼定律　B. 基尔霍夫定律　C. 斯蒂芬公式　D. 普朗克定律

9-6　公式 $E_b = c_0\left(\frac{T}{100}\right)^4$（其中 $c_0 = 5.67 W/(m^2 \cdot K^4)$）是什么定律的表达式，其中 $E_b$ 指的是什么？(　　)

A. 基尔霍夫定律，黑体辐射力　B. 斯蒂芬-玻耳兹曼定律，黑体辐射力

C. 普朗克定律，单色辐射力　D. 四次方定律，背景辐射力

9-7　在同温度条件下的全波谱辐射和吸收，下列哪种说法是正确的？(　　)

A. 物体的辐射能力越强其吸收率越大　B. 物体的吸收率越大其反射率越大

C. 物体的吸收率越大其黑度越小　D. 物体的吸收率越大其辐射穿透率越大

9-8　在保温瓶内胆上镀银的目的是（　　）。

A. 削弱导热换热　B. 削弱辐射换热

C. 削弱对流换热　D. 同时削弱导热、对流与辐射换热

9-9　某一封闭系统只有 1、2 两个表面，$A_1 = 2A_2$，$\varphi_{12} = 0.25$，则 $\varphi_{21}$ 及 $\varphi_{22}$ 各为多少？(　　)

A. $\varphi_{21} = 0.5$，$\varphi_{22} = 0.25$　B. $\varphi_{21} = 0.25$，$\varphi_{22} = 0.5$

C. $\varphi_{21} = 0.5$，$\varphi_{22} = 0.5$　D. $\varphi_{21} = 0.5$，$\varphi_{22} = 0.75$

9-10　遮热板通常采用以下哪种材料？(　　)

A. 反射率高，导热系数低的材料　B. 反射率高，导热系数高的材料

C. 反射率低，导热系数低的材料　D. 反射率低，导热系数高的材料

9-11　一个 100W 的钨丝灯泡，工作时钨丝的温度为 2778K，钨丝表面的半球黑度为 0.3，试计算钨丝的面积。

9-12　利用光学仪器测得来自太阳的辐射光谱，得知其中最大单色辐射力的波长为 0.5μm，试计算太阳表面的温度。

9-13　两块平行放置的平板表面发射率均为 0.6，其板间距远小于板的宽度和高度，且两表面温度分别为 $t_1 = 427℃$，$t_2 = 27℃$。试确定：

（1）板 1 的自身辐射；

（2）对板 1 的投入辐射；

（3）板 1 的反射辐射；

（4）板 1 的有效辐射；

（5）板 2 的有效辐射；

（6）板 1、2 间的辐射换热量。

9-14　试证明：在两个平行平板之间加上 $n$ 块遮热板后，辐射换热量将减小到无遮热板时的 $\frac{1}{n+1}$。设各板均为漫灰表面，且发射率相同。

# Ⅲ　质量传输与反应工程学

# 10　质　量　传　输

**本章学习要点：** 主要介绍质量传输的基本概念、两种基本传输方式、质量传输平衡方程式、各种质量传输特征关联式、类似原理及类似实验方法在质量传输中的应用。

冶金过程充满了质量传输现象，它发生在不同物质和不同浓度之间，而且大多数发生在两相物质之间。质量传输过程与动量传输过程和热量传输密切相关，三者是有内在的、本质的联系，并建立在动量传输和热量传输基础上。质量传输之所以发生，是因为物系中某一部分存在浓度梯度，这种推动力与动量传输中的速度梯度和热量传输中的温度梯度是类似的。

## 10.1　两种质量传输方式

质量传输的基本方式有两种，即分子扩散传质和对流流动传质。

### 10.1.1　分子扩散传质

当介质为固体或静止的流体以及做层流运动的流体时，介质内存在浓度梯度，在分子运动作用下，必然会发生分子扩散传质。

$$J_{Ay} = -D_{AB}\left(\frac{dC_A}{dy}\right) \tag{10.1}$$

式中　$J_{Ay}$——成分 A 在 $y$ 方向上的扩散传质量（即单位时间内，通过单位面积的摩尔量），mol/(m$^2$·s)；

$D_{AB}$——成分 A 在 AB 混合物中的扩散系数，m$^2$/s；

$C_A$——成分 A 的浓度，mol/m$^3$；

$y$——扩散距离，m。

式（10.1）的形式与动量传输中的牛顿内摩擦定律和导热中的傅立叶定律形式类似。

### 10.1.2 对流流动传质

介质流动方向与传质方向相同时，发生对流流动传质，其值为：

$$N_A = C_A v_A \tag{10.2}$$

传质发生在流体与流体分界面上或流体与固体的分界面上，其传质方向与流动方向垂直时，也同样发生对流传质，其值为：

$$N_A = K(C_f - C_w) \tag{10.3}$$

式中 $N_A$——成分 A 在传质方向上的传质量，mol/(m² · s)；

$C_A$——成分 A 的浓度，mol/m³；

$C_f$，$C_w$——流体的浓度，流体或固体表面上浓度，mol/m³；

$v_A$——物质 A 的流动速度，m/s；

$K$——对流流动的传质系数，m/s。

式（10.3）的形式与对流传热中的牛顿冷却公式形式类似。

### 10.1.3 质量传输中的常用浓度单位

浓度差是质量传输的驱动力，根据不同的情况和需要，浓度有不同的表示方法。质量传输中常用的浓度单位有四种：

（1）质量浓度：即单位体积内某成分 A 的质量数值，如 $\rho_A$(kg/m³)；

（2）摩尔浓度：即单位体积内某成分 A 的摩尔数值，如 $C_A$(mol/m³)；

（3）质量分数：混合物中，某成分 A 在其中所占的质量数值百分数 $w_A$(%)；

（4）摩尔分数：混合物中，某成分 A 在其中所占的摩尔数值百分数 $X_A$(%)。

## 10.2 质量传输平衡方程式

质量传输平衡方程的推导依据为质量守恒定律，当流体在流动情况下进行质量传输时，根据微元体的分析，质量平衡方程可以有如下的数学描述：

[微元体质量 A 的输入 - 微元体质量 A 的输出] + [微元体质量 A 的积蓄] = 0

其中微元体质量 A 的输入包括对流流入及边界上分子扩散传入两部分，而微元体质量 A 的输出包括对流流出及边界上分子扩散传出量。推导过程与动量传输及导热方程的推导过程相同，具体推出的质量传输平衡方程式为：

$$\frac{\partial(\rho_A v_x)}{\partial x} + \frac{\partial(\rho_A v_y)}{\partial y} + \frac{\partial(\rho_A v_z)}{\partial z} + \frac{\partial\left(-D_{AB}\frac{\partial \rho_A}{\partial x}\right)}{\partial x} + \frac{\partial\left(-D_{AB}\frac{\partial \rho_A}{\partial y}\right)}{\partial y} + \frac{\partial\left(-D_{AB}\frac{\partial \rho_A}{\partial z}\right)}{\partial z} + \frac{\partial \rho_A}{\partial \tau} = 0 \tag{10.4}$$

式中，前三项为对流流入与流出之差；$\frac{\partial\left(-D_{AB}\frac{\partial \rho_A}{\partial x}\right)}{\partial x} + \frac{\partial\left(-D_{AB}\frac{\partial \rho_A}{\partial y}\right)}{\partial y} + \frac{\partial\left(-D_{AB}\frac{\partial \rho_A}{\partial z}\right)}{\partial z}$ 为分

子扩散传质流入与流出之差；最后一项为积蓄量。

根据具体流动的条件不同，质量传输方程式可以进行以下方式简化：

（1）当为不可压缩流动时：以 $C_i$ 代替 $\rho_i$，质量传输方程的形式如下：

$$\frac{\partial C_{\mathrm{A}}}{\partial \tau} + v_x \frac{\partial C_{\mathrm{A}}}{\partial x} + v_y \frac{\partial C_{\mathrm{A}}}{\partial y} + v_z \frac{\partial C_{\mathrm{A}}}{\partial z} = D_{\mathrm{AB}}\left(\frac{\partial^2 C_{\mathrm{A}}}{\partial x^2} + \frac{\partial^2 C_{\mathrm{A}}}{\partial y^2} + \frac{\partial^2 C_{\mathrm{A}}}{\partial z^2}\right) \tag{10.5}$$

（2）当介质为静止的流体或固体时，质量传输方程的形式如下：

$$\frac{\partial C_{\mathrm{A}}}{\partial \tau} = D_{\mathrm{AB}}\left(\frac{\partial^2 C_{\mathrm{A}}}{\partial x^2} + \frac{\partial^2 C_{\mathrm{A}}}{\partial y^2} + \frac{\partial^2 C_{\mathrm{A}}}{\partial z^2}\right) \tag{10.6}$$

（3）当传质过程处于稳态时，质量传输方程的形式如下：

$$\frac{\partial^2 C_{\mathrm{A}}}{\partial x^2} + \frac{\partial^2 C_{\mathrm{A}}}{\partial y^2} + \frac{\partial^2 C_{\mathrm{A}}}{\partial z^2} = 0 \tag{10.7}$$

求解质量传输方程需要的单值性条件有如下四种：

（1）几何条件：系统几何形状，尺寸（包括无限大尺寸，半无限大尺寸及形状）。

（2）初始条件：对各扩散组分在初始时刻的浓度可表示成 $C_i(x,0) = f(x)$ 或 $C_i(x,0) =$ 常数。

（3）边界条件：

1）系统表面浓度为已知，$C_i(0,\tau) = f(\tau)$ 或 $C_i(0,\tau) =$ 常数，如系统为气体，浓度还可用分压表示。

2）系统表面质量通量为已知，可表示成 $-D\frac{\partial C_i}{\partial x}\bigg|_{x=0} = f(\tau)$ 或 $-D\frac{\partial C_i}{\partial x}\bigg|_{x=0} =$ 常数。

3）系统外界浓度和传质系数为已知，即：

$$-D\frac{\partial C_i}{\partial x}\bigg|_{x=0} = K(C_i\big|_{x=0} - C_i\big|_{x=\infty}) \tag{10.8}$$

$$N_{\mathrm{A}i} = K(C_{\mathrm{A}i} - C_{\mathrm{A}\infty}) \tag{10.9}$$

式中　$C_{\mathrm{A}i}$——成分 A 靠近传质界面的浓度；

　　$C_{\mathrm{A}\infty}$——成分 A 在流体核心的浓度。

（4）物性条件：系统内参与传质过程的各物性参数的确定。

## 10.3　分子扩散传质

分子扩散传质是依靠分子运动来完成质量的传输，它可以发生在气体和液体中，也可以发生在固体中。不仅流体介质中的分子扩散传质对冶金过程有重要的影响，如通过边界层对矿石的氧化焙烧、还原炼铁，钢材的氧化脱碳和渗碳等；同时，固体介质中的分子扩散传质对冶金过程亦有重要影响，如铬钢的均匀化，球墨铸铁的球墨化等。

分子扩散传质广泛地发生在静止介质中和垂直于做层流流动及湍流流动的边界层中，与以导热形式的热量传输极为类似。

由于浓度梯度的存在，依靠分子运动的作用，作定向的质量传输称之为分子扩散传质。

### 10.3.1 分子扩散传质方程

当进行分子扩散传质时，扩散物质的扩散通量正比于浓度梯度，写成等式形式为：

$$J_{Ay} = -D_{AB}\left(\frac{dC_A}{dy}\right) \tag{10.10}$$

对于气体介质，如按理想气体考虑，用分压代替浓度，可以将 $\left.\begin{aligned} p_A V &= n_A RT \\ p_A &= \frac{n_A}{V}RT = C_A RT \end{aligned}\right\}$ 代入式（10.10）中，则方程式为：

$$J_{Ay} = -D_{AB}\frac{1}{RT}\left(\frac{dp_A}{dy}\right) \tag{10.11}$$

式中 $D_{AB}$——成分 A 在 A 和 B 混合物中的扩散系数，$m^2/s$，负号表示质量传输的方向与浓度梯度方向相反；

$C_A$——A 的物质浓度，$mol/m^3$；

$y$——扩散距离，m。

### 10.3.2 气体通过间壁的扩散

气体通过间壁的扩散主要有两种情况，一是气体通过金属平板的扩散，二是气体通过金属圆管的扩散。下面分别加以介绍。

10.3.2.1 气体通过金属平板的扩散

气体通过金属平板的稳态扩散如图 10.1 所示。

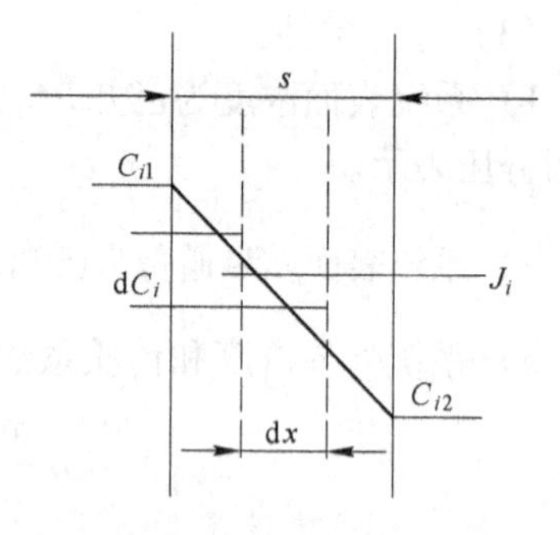


图 10.1 气体通过金属平板的稳态扩散

具体传质条件如下：平壁厚度为 $s$，平壁两侧表面上气体浓度为 $C_{i1}$、$C_{i2}$，气体通过平壁扩散系数为 $\overline{D}$ 并保持不变。属稳态分子扩散传质，可由菲克第一定律确定：

$$J_i = -\overline{D}\left(\frac{dC_i}{dx}\right)$$

由边界条件，积分得到：$J_i\int_0^s dx = -\overline{D}\int_{C_{i1}}^{C_{i2}} dC_i$

则
$$J_i = \frac{\overline{D}}{s}(C_{i1} - C_{i2}) \quad mol/(m^2 \cdot s)$$

或
$$J_i = \overline{D}\frac{k}{s}(\sqrt{p_1} - \sqrt{p_2}) \tag{10.12}$$

式中 $p_1$，$p_2$——金属平板两侧气体的分压；

$k$——平板两侧气体与其溶解于金属内的气体间的平衡常数。

注意：考虑了金属平板两侧及气体交界面上气体分压与气体在金属中溶解度有关，而它与气相组分的浓度相平衡，即 $C_1 = k\sqrt{p_1}$，$C_2 = k\sqrt{p_2}$。

气体通过固体的扩散，常用渗透率 $P$ 表示：

$$P = \overline{D}K\sqrt{p}$$

10.3.2.2 气体通过金属圆管的扩散

气体通过金属圆管的扩散如图 10.2 所示。

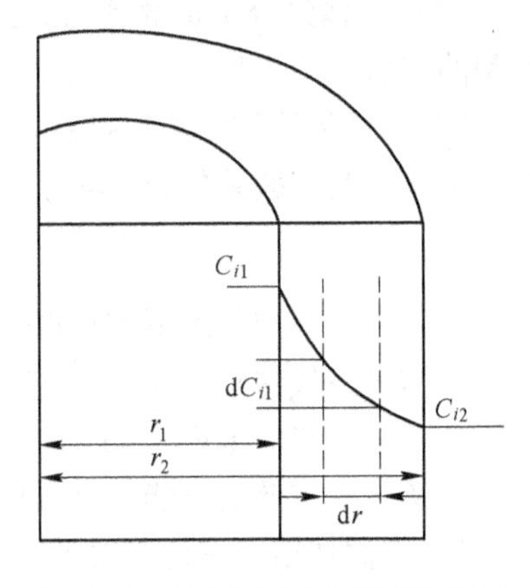


图 10.2 气体通过金属圆管的扩散

具体传质条件如下：金属圆管内径 $r_1$，外径 $r_2$，两侧气体浓度 $C_1$、$C_2$，气体通过金属圆管扩散系数为 $\overline{D}$ 并保持不变。

稳态时传质可由菲克第一定律确定：

$$J_iA_r = -\overline{D}\frac{dC_i}{dr}A_r \quad \text{mol/s} \tag{10.13}$$

式中，$A_r = 2\pi rl$。

由边界条件积分：
$$\int_{C_{i1}}^{C_{i2}} dC_i = -\frac{J_iA_r}{\overline{D}2\pi l}\int_{r_1}^{r_2}\frac{dr}{r}$$

所以
$$J_i = \frac{2\pi l\overline{D}}{A_r\ln\frac{r_1}{r_2}}(C_1 - C_2) \quad \text{mol/(m}^2\cdot\text{s)} \tag{10.14}$$

### 10.3.3 分子扩散传质系数

分子扩散系数是指单位时间内，浓度梯度为一个单位时，通过单位面积传输的质量（$m^2/s$）。

分子扩散系数 $D$ 是物质的物理属性，表示扩散能力的大小，与物质种类、结构状态、温度、压力、浓度等都有关系。

（1）气体的分子扩散系数。其值大致在 $1\times10^{-5}\sim1\times10^{-4}\,m^2/s$ 范围内，其值大小决定于扩散物质和扩散介质两者的种类及温度，而与压强和浓度关系较小。经验公式为：

$$D_{AB} = \frac{1\times10^{-7}T^{1.75}\left(\frac{1}{M_A}+\frac{1}{M_B}\right)^{0.5}}{p(V_A^{1/3}+V_B^{1/3})^2} \quad m^2/s \tag{10.15}$$

式中 $p$——混合气体的压力；
$V_A$，$V_B$——两气体的扩散体积；
$M_A$，$M_B$——成分 A、B 的相对分子质量；
$T$——绝对温度。

（2）液体的分子扩散系数。其值大致在 $1\times10^{-10}\sim1\times10^{-9}\,m^2/s$ 范围内，不仅与液体种类和温度有关，且随溶质浓度而变。经验公式：

$$D_{AB} = \frac{9.96\times10^{-5}T}{\mu_B V_A'^{1/3}} \tag{10.16}$$

式中 $\mu_B$——溶剂 B 的黏度，Pa·s；
$V_A'$——溶质 A（大分子）的分子体积，$cm^3/mol$。

（3）固体的分子扩散系数。其值大致在 $1\times10^{-10}\sim1\times10^{-14}\mathrm{m^2/s}$ 范围内。有以下三种类型的扩散：

1）与固体结构无关的扩散。属于分子在均相物体内分子运动的扩散，完全遵守菲克第一定律，其扩散系数 $D_{AB}$ 与物质压强无关，但随浓度和温度而变。

$$D_{AB}=D_0\exp(-E/RT) \tag{10.17}$$

式中 $D_0$——标准状态下的扩散系数，$\mathrm{m^2/s}$；

$R$——气体常数；

$T$——绝对温度，K；

$E$——扩散活化能，J/mol。

2）与固体结构密切相关的扩散。如气体在有孔固体中的扩散，属于相际扩散，且与孔大小、形状、多少、结构状态等有关，分为三种类别：

分子扩散型：$2r\gg100\bar{\lambda}$，主要发生分子与分子之间碰撞。孔内物质的分子扩散可用一般的扩散定律计算，但考虑扩散是在孔截面上进行，不是在固体总截面上发生，需修正：

$$D_{ABP}=D_{AB}\frac{\varepsilon}{\tau} \tag{10.18}$$

式中，$\varepsilon$ 为固体的孔隙度；$\tau$ 为曲折系数（由实验测定）。

纽特孙扩散型：$2r\ll0.1\bar{\lambda}$

$$D_{KP}=\frac{2}{3}\bar{r}\,\bar{v}_A=\frac{2}{3}\bar{r}\sqrt{\frac{RT}{\pi M_A}}=97.0\bar{r}\left(\frac{T}{M_A}\right)^{1/2}\ \mathrm{m^2/s} \tag{10.19}$$

式中 $\bar{r}$——孔半径平均值，m；

$\bar{v}_A$——成分 A 的分子均方根速度，m/s。

$2r\approx\bar{\lambda}$ 时，

$$D_P=\left(\frac{1}{D_{ABP}}+\frac{1}{D_{KP}}\right)^{-1}\ \mathrm{m^2/s} \tag{10.20}$$

表面扩散型：当扩散物质能被固体表面吸附时

$$J_A=-\left[\left(\frac{1}{D_{ABP}}+\frac{1}{D_{KP}}\right)^{-1}+kD_{SP}\right]\frac{\mathrm{d}C_A}{\mathrm{d}y} \tag{10.21}$$

式中 $D_{SP}$——表面扩散系数，$\mathrm{m^2/s}$；

$k$——常数。

3）晶格内的扩散。金属晶格内和非金属晶体内的扩散主要有两种方式：空穴扩散，多发生在合金及离子型化合物中，扩散系数很小；间位扩散，从晶格内穿行，比前者扩散系数大。

### 10.3.4 静止介质中不稳态扩散传质

不稳态时，在静止介质中质量传输方程又称菲克第二定律。

$$\frac{\partial C_A}{\partial\tau}=D_{AB}\left(\frac{\partial^2C_A}{\partial x^2}+\frac{\partial^2C_A}{\partial y^2}+\frac{\partial^2C_A}{\partial z^2}\right) \tag{10.22}$$

半无限大物体，表示浓度为一定值时，质量传输一维微分方程为：

$$\frac{\partial C_A}{\partial \tau} = D_{AB}\frac{\partial^2 C_A}{\partial x^2} \tag{10.23}$$

单值性条件为：
$$\begin{cases} \tau = 0, 0 < x < \infty, C_A = C_{A0} \\ \tau > 0, x = 0, C_A = C_{Ai} \\ \tau > 0, x = \infty, C_A = C_{A0} \end{cases}$$

解得：
$$\frac{C_{Ai} - C_A}{C_{Ai} - C_{A0}} = \mathrm{erf}\left(\frac{x}{2\sqrt{D_{AB}\tau}}\right) \tag{10.24}$$

表面上质量通量 $J_A|_{x=0} = -D_{AB}\frac{\partial C_A}{\partial y}\bigg|_{x=0} = (C_{Ai} - C_{A0})\sqrt{\frac{D_{AB}}{\pi\tau}}$ (10.25)

**例 10-1** 设有一钢件，在一定温度下进行渗碳，渗碳前钢件内部碳的浓度为 0.2%，渗碳时钢表面碳的平衡浓度保持 1.0%，在该温度下，碳在铁中的扩散系数 $D = 2.0\times10^{-7}$ $cm^2/s$，试确定在渗碳 1h 和 10h 后，钢件内部 0.05cm 处碳的浓度。

**解：**

$$\frac{C_{Ai} - C_A}{C_{Ai} - C_{A0}} = \mathrm{erf}\left(\frac{x}{2\sqrt{D_{AB}\tau}}\right)$$

在渗碳 1h 后，$C_{Ai} = 1.0\%$，$C_{A0} = 0.2\%$。

$$\frac{1.0 - C_A}{1.0 - 0.2} = \mathrm{erf}\left(\frac{x}{2\sqrt{2\times10^{-7}\times3600\times1}}\right)$$

$$C_A = 1.0 - 0.8\mathrm{erf}\left(\frac{0.05}{2\sqrt{2\times10^{-7}\times3600\times1}}\right) = 0.354\%$$

渗碳 10h 后，$C_{Ai} = 1.0\%$，$C_{A0} = 0.2\%$。

$$\frac{1.0 - C_A}{1.0 - 0.2} = \mathrm{erf}\left(\frac{x}{2\sqrt{2\times10^{-7}\times3600\times10}}\right)$$

$$C_A = 1.0 - 0.8\mathrm{erf}\left(\frac{0.05}{2\sqrt{2\times10^{-7}\times3600\times10}}\right) = 0.937\%$$

## 10.4 对流流动传质

固体燃料燃烧时空气流中的氧气向燃料表面的传输，高炉炼铁时炉气流中的一氧化碳向矿石表面的传输与转炉炼钢时，氧气流中的氧气向钢表面的传输等都属于对流流动传质。

具有实际意义的对流流动传质是发生在固体壁与流体之间，两种不相溶的流体之间，与发生在边界层的对流传热有相似之处。

传质系数
$$K = \frac{J_A|_{y=0}}{C_0 - C_f} = \frac{-D\left(\frac{\mathrm{d}C_A}{\mathrm{d}y}\right)_{y=0}}{C_0 - C_f} \quad (\mathrm{m/s}) \tag{10.26}$$

### 10.4.1 对流流动传质模型

为了更好地说明对流流动传质过程的机理，人们提出了各种简化的传质模型，但其仅是一种假说，目的是为了按照该模型进行数学分析，以解答相应的问题。本节主要介绍以下三种模型。

10.4.1.1 边界层内传质模型（Ⅰ）——薄膜理论

该模型的传质通量为：

$$J_A = \frac{D}{\delta_c'}(C_f - C_w) \quad \text{kmol/(m}^2 \cdot \text{s)} \tag{10.27}$$

传质系数 $K = \dfrac{D}{\delta_c'}$，其中 $\delta_c'$称有效浓度附面层（如图 10.3 所示）。

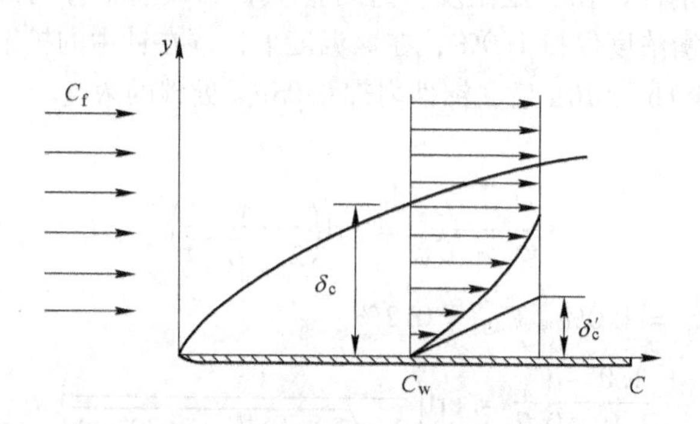


图 10.3 附面层内的浓度分布

10.4.1.2 边界层内传质模型（Ⅱ）——渗透理论

引入该模型主要是因为扩散系数并非常数，而有效边界层厚度也受主流核心区运动的影响。虽薄膜理论简易，但说明不了复杂的边界层内的传质过程，所以提出了渗透理论模型。

渗透理论认为传质过程是不稳定的扩散过程，流体核心区微团穿过薄层，不断地向物体表面迁移，在接触过程中，由于流体的浓度与物体表面浓度不同，从而使微团浓度发生变化，而在表面不断更新情况下，产生质量的传输。

从统计学观点，可得无数微团与表面之间的质量转移，看作流体穿过边界层对表面的不稳态扩散过程。

一维的微分方程为：

$$\frac{\partial C}{\partial \tau} = D\frac{\partial^2 C}{\partial x^2}$$

单值性条件为：

$$\begin{cases} \tau = 0, 0 < x < \infty, C = C_f \\ \tau > 0, x = 0, C = C_w \\ \tau > 0, x = \infty, C = C_f \end{cases}$$

解得：

$$\frac{C_w - C(x,\tau)}{C_w - C_f} = \text{erf}\left(\frac{x}{2\sqrt{D\tau}}\right) \tag{10.28}$$

式中，$\text{erf}\left(\dfrac{x}{2\sqrt{D\tau}}\right)$ 为高斯误差函数，可查附录 9。

通过界面的传质通量为：$J|_{x=0}=-D\left(\frac{\partial C}{\partial x}\right)_{x=0}=\sqrt{\frac{D}{\pi\tau}}(C_w-C_f)$ (10.29)

$\tau$时间内平均质量传输通量为：

$$J|_{x=0}=\frac{1}{\tau}\int_0^{\tau}\sqrt{\frac{D}{\pi\tau}}(C_w-C_f)\mathrm{d}\tau$$

$$=2\sqrt{\frac{D}{\pi\tau}}(C_w-C_f)$$

传质系数：$K=2\sqrt{\frac{D}{\pi\tau}}$，$K\propto D^{\frac{1}{2}}$。

10.4.1.3 边界层传质模型——薄膜渗透理论

该理论综合了薄膜理论和渗透理论，其特征是：

（1）流体的物体表面间传质阻力全部集中于薄膜内；

（2）薄膜的厚度随流体流动情况而变。

当$\pi\leqslant\frac{\delta_c'^2}{D\tau}<\infty$时，$J_A=\sqrt{\frac{D}{\pi\tau}}(C_w-C_f)$，$\tau$短，为不稳定传质；当$0<\frac{\delta_c'^2}{D\tau}\leqslant\pi$时，$J_A=\frac{D}{\delta_c'}(C_w-C_f)$，$\tau$长，为稳定传质。

### 10.4.2 平板层流流动质量传输特征数关联式

对于平行于平板流动的层流流动传质，与动量传输相似，在贴近平板的表面上亦有一个浓度边界层产生，浓度梯度集中在这一薄层中。稳态时，速度边界层微分方程为：

$$v_x\frac{\partial v_x}{\partial x}+v_y\frac{\partial v_y}{\partial y}=\nu\frac{\partial^2 v_x}{\partial x^2}$$

类似地稳态浓度边界层微分方程式为：

$$v_x\frac{\partial C_A}{\partial x}+v_y\frac{\partial C_A}{\partial y}=D_{AB}\frac{\partial^2 C_A}{\partial x^2}$$

代入边界条件求解得：

（1）浓度分布：$\frac{C_{Ai}-C_A}{C_{Ai}-C_{A0}}=0.332\frac{y}{x}Re_x^{1/2}Sc^{1/3}$ (10.30)

式中 $C_{A0}$——流体中溶质A的浓度；

$C_{Ai}$——平板表面溶质A的浓度；

$Sc$——当层流流动时速度边界层$\delta$与浓度边界层$\delta_c$关系（$\delta/\delta_c=Sc^{1/3}$）。

（2）平板表面上扩散传质通量：

$$J_A|_{y=0}=-D_{AB}\left(\frac{\partial C_A}{\partial y}\right)_{y=0}=K_c^{层}(C_{Ai}-C_{A0})$$

$$=-D_{AB}(C_{Ai}-C_{A0})0.332\frac{1}{x}Re_x^{1/2}Sc^{1/3}$$

层流时对流传质系数 $K_c^{层}$ 为：

$$K_c^{层} = 0.332\frac{D_{AB}}{x}Re_x^{1/2}Sc^{1/3}$$

可见 $K_c^{层}$ 随 $x$ 而变。层流时，对流传质系数平均值为：

$$\overline{K_c^{层}} = \frac{1}{l}\int_0^l K_c^{层}\mathrm{d}x = 0.664\frac{D_{AB}}{l}Re_l^{1/2}Sc^{1/3}$$

$K_c^{层}$ 平均值的特征数形式为：

$$Sh_x^{层} = \frac{K_c^{层}x}{D_{AB}} = 0.332Re_x^{1/2}Sc^{1/3}$$

$$Sh_l^{层} = \frac{K_c^{层}l}{D_{AB}} = 0.664Re_l^{1/2}Sc^{1/3} \quad (Re_l < 2\times 10^5)$$

式中，$Re_l = \frac{\rho v_\infty l}{\mu}$，$l$ 为平板沿流体方向的特征长度；$Sh_x^{层}$ 为层流时谢伍德数，表示层流流动时的传质过程中，对流传质系数 $K_c^{层}$ 与扩散系数 $D_{AB}$ 之间关系，与 $Nu$ 类似。

### 10.4.3 平板湍流流动质量传输特征数关联式

湍流边界层中的传质过程无法用分析法的微分方程求解，只能用控制体法积分方程求解获得。平行于平板流动的湍流流动传质时，有下式成立：

$$K_c^{湍} = 0.0292\frac{D_{AB}}{x}Re_x^{4/5}Sc^{1/3}$$

整理成特征数形式：

$$Sh_x^{湍} = \frac{K_c^{湍}x}{D_{AB}} = 0.0292Re_x^{4/5}Sc^{1/3}$$

$$Sh_l^{湍} = \frac{K_c^{湍}l}{D_{AB}} = 0.0365Re_l^{4/5}Sc^{1/3} \quad (Re_l > 2\times 10^5)$$

式中，$Re_l = \frac{\rho v_\infty l}{\mu}$，$l$ 为平板沿流体方向的特征长度。

如果考虑平板前端有 $x_{cr}$ 长度为层流边界层，则 $l$ 长度上的综合平均传质系数为：

$$K_c^{综合} = \frac{D_{AB}}{l}[0.664Re_{x_{cr}}^{1/2} + 0.0365(Re_l^{4/5} - Re_{x_{cr}}^{4/5})]Sc^{1/3}$$

将综合传质系数整理成特征数形式，即：

$$Sh_l^{综合} = \frac{K_c^{综合}l}{D_{AB}} = 0.664Re_{x_{cr}}^{1/2} + 0.0365(Re_l^{4/5} - Re_{x_{cr}}^{4/5})Sc^{1/3}$$

式中，$Sh$ 为综合考虑两种流动状态的谢伍德数，它给出了综合条件下，对流传质系数与扩散系数之间的关系。

**例 10-2** 压力为 $1.013\times 10^5$Pa 的空气流过乙醇表面，其速度为 6m/s，温度为 289K，试计算离前沿 1m 长以内，每平方米面积上乙醇的汽化速率。已知由层流变湍流时的临界雷诺数 $Re_{cr} = 3\times 10^5$，在 289K 温度下乙醇的饱和蒸汽压为 4000Pa，乙醇-空气混合物的运动黏度为 $1.48\times 10^{-5}$m²/s，乙醇在空气中的扩散系数为 $1.26\times 10^{-5}$m²/s，计算时忽略表面传质速率对边界层的影响。

**解：** 计算离前端1m处流动是否属于湍流边界层。

$$Re_l = \frac{v_0 l}{\nu} = \frac{6 \times 1}{1.48 \times 10^{-5}} = 4.054 \times 10^5 > 3 \times 10^5$$

属湍流边界层，这时

$$Sc = \frac{\nu}{D_{AB}} = \frac{1.48 \times 10^{-5}}{1.26 \times 10^{-5}} = 1.175$$

将已知条件代入公式 $K_c^{综合} = \frac{D_{AB}}{l}[0.664 Re_{x_{cr}}^{1/2} + 0.0365(Re_l^{4/5} - Re_{x_{cr}}^{4/5})]Sc^{1/3}$

得：

$$K_c^{综合} = \frac{1.26 \times 10^{-5}}{1} \times [0.664 \times (3 \times 10^5)^{1/2} + 0.0365 \times (4.054^{4/5} - 3^{4/5}) \times (10^5)^{4/5}] \times 1.175^{1/3}$$

$$= 1.26 \times 10^{-5} \times [363.688 + 365 \times (3.064 - 2.408)] \times 1.055$$

$$= 0.00802$$

乙醇的气化速率可表示为：

$$J_A \cdot A = K_c^{综合}(C_{Ai} - C_{A0})A$$

$$C_{Ai} = \frac{p_A}{RT} = \frac{4000}{8.314 \times 289} = 1.66\text{mol/m}^3, C_{A0} = 0$$

$$J_A \cdot A = 0.00802 \times 1.66 \times 1 = 0.0133\text{mol/s}$$

### 10.4.4 相似原理指导下对流流动传质特征数方程

一般特征数方程形式

$$Sh = f(Re, Sc, l/D) \text{ 或 } Sh = K \cdot Re^n \cdot Sc^m$$

式中，$Sh = \frac{K_c d}{D_{AB}}$为谢伍德数；$Re = \frac{vd}{\nu}$为雷诺数。

流体流过球体时的传质，对于球体来说 $Sh$ 和 $Re$ 的定义为：

$$Sh = \frac{K_c d}{D_{AB}},\ Re = \frac{\rho v_\infty d}{\mu}$$

式中，$d$ 为球体的直径；$D_{AB}$为传质气态组分A在液态组分B中的扩散系数；$v_\infty$为流体的主体流速；$\rho$ 和 $\mu$ 为流体混合物的密度和黏度。当组分A浓度较低时，则视为纯组分B，相应的密度和黏度取B的数值。

单个球体传质的 $Sh$ 表示为两项，一项是由纯分子扩散引起的传质；另一项是因强制对流引起的传质，其表达式为：

$$Sh = Sh_o + CRe^m Sc^{1/3}$$

式中，$C$ 和 $m$ 为关联常数。当 $Re$ 很小时，$Sh$ 值应接近于2.0，该值通过分析从组分A进入一个大容积静止流体B中的分子扩散，可以从理论上推导出来。因此，可将传质的通用方程式写为：

$$Sh = 2 + CRe^{m}Sc^{1/3}$$

（1）流过单个球体时的传质。当流体流过球形固体颗粒或液滴进行传质时，其对流流动传质系数的特征数方程为：

$$Sh = \frac{K_{c}d_{p}}{D_{AB}} = 2 + BRe^{m}Sc^{n} \tag{10.31}$$

当流体为气体时，且满足 $0.6 < Sc < 2.7$，$1 < Re < 48000$ 的条件时，对流传质系数可以按照下式计算：

$$Sh = \frac{K_{c}d_{p}}{D_{AB}} = 2 + 0.552Re^{0.53}Sc^{1/3} \tag{10.32}$$

当流体为液体时，流动条件满足 $2 < Re < 2000$ 时，流动传质系数可以按照下式计算：

$$Sh = 2 + 0.95Re^{0.5}Sc^{1/3} \tag{10.33}$$

当流体仍为液体，但流动条件满足 $2000 < Re < 17000$ 时，流动传质系数可以按照下式计算：

$$Sh = 0.347Re^{0.62}Sc^{1/3} \tag{10.34}$$

（2）气泡（聚集态球形气泡）通过流体的传质。设想气体在大量液体中冒泡的情况。通常，这些球形气泡通过孔成串或成群地产生，通入到液体中。考虑到气泡在液体中上升过程中随着体积的变化会产生形变，溶解的气体 A 在大量液体 B 中冒泡的传质关联式：

在气泡直径（$d_b$）小于 2.5mm 时，采用

$$Sh = \frac{K_{L}d_{b}}{D_{AB}} = 0.31Gr^{1/3}Sc^{1/3}$$

在气泡直径大于或等于 5mm 时，

$$Sh = \frac{K_{L}d_{b}}{D_{AB}} = 0.42Gr^{1/3}Sc^{1/2}$$

上述方程中，$Gr = \frac{d_{b}^{3}\rho_{L}g\Delta\rho}{\mu^{2}}$，其中，$\Delta\rho$ 为液体和气泡中的气体密度差。

（3）流体流过填充床时的传质。如矿石及耐火材料的焙烧，高炉炼铁，化铁炉化铁，粉煤流态化汽化等。若气体流过球形粒子固定床进行传质时，且满足 $90 < Re < 4000$ 的条件时，对流流动传质系数可以按照下式计算：

$$K_{c} = 2.06\frac{v_{空}}{\varepsilon}Re^{-0.575}Sc^{-0.666} \tag{10.35}$$

当液体流过球形粒子固定床进行传质时，且满足 $0.006 < Re < 55$，$165 < Sc < 70600$ 及 $0.35 < \varepsilon < 0.75$ 条件时，对流流动传质系数可以按照下式计算：

$$K_{c} = 1.09\frac{v_{空}}{\varepsilon}Re^{-0.666}Sc^{-0.666} \tag{10.36}$$

当气体和液体通过球形颗粒流化床时，$20 < Re < 3000$ 时，对流传质系数可以按照下式计算：

$$K_{c} = \left(0.01 + \frac{0.863}{Re^{0.58} - 0.483}\right)v_{空}\,Sc^{-0.666} \tag{10.37}$$

式中 $v_{空}$——空截面流速，m/s；

$\varepsilon$——空隙度。

（4）流体在圆管内流动时的传质。如果空气在圆管内流动，且管壁被液体淋湿，此时，可能发生气体被管壁液膜所吸收，或者液膜向气体蒸发，从而形成质量的传输。将 $Sc$ 数的范围扩大，并将一些研究的结果予以合并，对流传质系数可以按照下式计算：

$$Sh = \frac{K_L d}{D_{AB}} = 0.023 Re^{0.83} Sc^{1/3}$$

上式的适用范围是 $2000 < Re < 70000$，$1000 < Sc < 2260$。$Re$ 和 $Sc$ 是按运动流体主体状态确定的无量纲参量。

对于管内的层状流（$10 < Re < 2000$），传质系数约为：

$$Sh = 1.86 \times \left(\frac{v_m d^2}{l D_{AB}}\right)^{1/3} = 1.86 \times \left(\frac{d}{l} \cdot \frac{v_m d}{\nu} \cdot \frac{\nu}{D_{AB}}\right)^{1/3} = 1.86 \times \left(\frac{d}{l} Re \cdot Sc\right)^{1/3}$$

式中，$l$ 为管长；$v_m$ 为平均速度。

**例 10-3** 将一直径为 10mm 的球形萘粒子置于大气压下和 45℃ 的空气流中，空气的流速为 0.5m/s，萘的蒸气压为 74Pa，萘在空气中的扩散系数为 $6.92 \times 10^{-6} m^2/s$，试求这时的对流传质系数和萘的蒸发速率。

**解**：45℃时空气的物性为：$\rho_{空气} = 1.113 kg/m^3$，$\mu_{空气} = 1.93 \times 10^{-5} Nm/s$

$$Sc = \frac{\mu_{空气}}{\rho_{空气} D_{AB}} = \frac{1.93 \times 10^{-5}}{1.113 \times 6.92 \times 10^{-6}} = 2.506$$

$$Re = \frac{v_0 d_p \rho_{空气}}{\mu_{空气}} = \frac{0.5 \times 10 \times 10^{-3} \times 1.113}{1.93 \times 10^{-5}} = 288.3$$

按所给情况用式（10.32）计算：

$$Sh = \frac{K_c d_p}{D_{AB}} = 2 + 0.552 Re^{1/2} Sc^{1/3}$$

$$= 2 + 0.552 \times 288.3^{1/2} \times 2.506^{1/3} = 14.73$$

传质系数

$$K_c = \frac{Sh \cdot D_{AB}}{d} = \frac{14.73 \times 6.92 \times 10^{-6}}{10 \times 10^{-3}} = 1.02 \times 10^{-2}$$

萘的蒸发速率可表示为：　$J_A \cdot A = K_c (C_{Ai} - C_{A0}) A$

$$C_{Ai} = \frac{p}{RT} = \frac{74}{8.314 \times 318} = 0.0278 mol/m^3, C_{A0} = 0$$

$$J_A \cdot A = 1.02 \times 10^{-2} \times (0.0278 - 0) \times \pi \times 0.01^2 = 8.9 \times 10^{-8} mol/s$$

## 10.5 动量、热量和质量传输的类比

自然界充满了类似现象，类似现象不仅具有共同的运动方程式类型而且只要详细研究一种物质的运动规律，根据类似原理，就可以求知另一种物质运动规律。动量传输、热量传输及质量传输，它们之间具有极为显著的类似关系，不仅具有相同的描述现象的微分方程式且在本质上也有相同之处。

### 10.5.1 动量传输与热量传输的类似定律

表 10.1 为动量传输与热量传输的类似关系。

**表 10.1　动量传输与热量传输的类似关系**

| 项　目 | 传输通量 | 推动力 | 分子运动引起的传输 | 微团脉动引起的传输 | 湍流运动时总的传输 |
|---|---|---|---|---|---|
| 动量传输 | 单位时间，单位面积传输的动量 $\tau$ | 速度梯度 $\frac{\mathrm{d}v_x}{\mathrm{d}y}$ | $\tau_{层} = -\nu\frac{\mathrm{d}(\rho v_x)}{\mathrm{d}y}$ | $\tau_{附} = -\rho l^2\left\lvert\frac{\mathrm{d}v_x}{\mathrm{d}y}\right\rvert\frac{\mathrm{d}v_x}{\mathrm{d}y}$ $= -\varepsilon_{\mathrm{m}}\frac{\mathrm{d}(\rho v_x)}{\mathrm{d}y}$ | $\tau = \tau_{层} + \tau_{附}$ $= -\left(\nu + l^2\left\lvert\frac{\mathrm{d}v_x}{\mathrm{d}y}\right\rvert\right)\frac{\mathrm{d}(\rho v_x)}{\mathrm{d}y}$ $= -(\nu + \varepsilon_{\mathrm{m}})\frac{\mathrm{d}(\rho v_x)}{\mathrm{d}y}$ |
| 热量传输 | 单位时间，单位面积传输的热量 $q$ | 温度梯度 $\frac{\mathrm{d}t}{\mathrm{d}y}$ | $q_{层} = -\lambda\frac{\mathrm{d}t}{\mathrm{d}y}$ $= -a\frac{\mathrm{d}(\rho c_p t)}{\mathrm{d}y}$ | $q_{附} = -\rho c_p l^2\frac{\mathrm{d}v_x}{\mathrm{d}y}\frac{\mathrm{d}t}{\mathrm{d}y}$ $= -\varepsilon_{\mathrm{h}}\frac{\mathrm{d}(\rho c_p t)}{\mathrm{d}y}$ | $q = q_{层} + q_{附}$ $= -\left(\lambda + \rho c_p l^2\frac{\mathrm{d}v_x}{\mathrm{d}y}\right)\frac{\mathrm{d}t}{\mathrm{d}y}$ $= -(a + \varepsilon_{\mathrm{h}})\frac{\mathrm{d}(\rho c_p t)}{\mathrm{d}y}$ |

#### 10.5.1.1　动量传输与热量传输的雷诺类比

雷诺认为：单位时间内，质量为 $m$ 的流体微团由远处向表面运动，在到达表面时，速度 $v_x$ 降为0，所以单位时间传输的动量为 $mv_x$。由动量定律，单位时间动量的变化等于作用在表面上的剪应力，所以有下式成立：

$$m(v_x - 0) = \tau A \quad 所以，\frac{m}{A} = \frac{\tau}{v_x} \tag{10.38}$$

如果这个流体微团与表面的温度差为（$t_{\mathrm{b}} - t_{\mathrm{s}}$），则单位时间通过面积 $A$ 传给表面的热量为：

$$q = mc_p(t_{\mathrm{b}} - t_{\mathrm{s}}) = \alpha(t_{\mathrm{b}} - t_{\mathrm{s}})A$$

$$\frac{m}{A} = \frac{\alpha}{c_p} \tag{10.39}$$

联立式（10.38）和式（10.39），得 $\frac{\tau}{v_x} = \frac{\alpha}{c_p}$，两边同除以 $\rho v_x$，变形得 $\frac{\tau}{\rho v_x^2} = \frac{\alpha}{c_p \rho v_x}$，将 $\tau = c_{\mathrm{f}}\frac{\rho v_x^2}{2}$ 代入，得：

$$\frac{c_{\mathrm{f}}}{2} = \frac{\alpha}{c_p \rho v_x} \tag{10.40}$$

式（10.40）即为摩擦阻力系数 $c_{\mathrm{f}}$ 与对流给热系数 $\alpha$ 之间的关系。以上便是动量传输与热量传输关系的雷诺类似定律。

可以将动量传输与热量传输的雷诺类似定律整理成特征数形式：

$$\frac{\alpha}{c_p \rho v_x} = \frac{\frac{\alpha d}{\lambda}}{\frac{v_x d}{\nu} \cdot \frac{\nu}{\lambda/(\rho c_p)}} = \frac{Nu}{Re \cdot Pr} = St \tag{10.41}$$

所以

$$St = \frac{c_{\mathrm{f}}}{2}$$

式中，$St$ 为斯坦顿数，它表示动量传输过程与热量传输过程的类比。

当 $Pr=1$ 时，即流体为气体时，式（10.41）可以简化为 $Nu = \frac{c_f}{2}Re$。

10.5.1.2 动量传输与热量传输关系的柯尔邦类比

柯尔邦通过实验，确定了流体摩擦阻力系数与对流给热系数之间的关系，它的适用范围更广。

平板上层流流动时：

$$Nu_x = 0.332Re_x^{1/2} \cdot Pr^{1/3} \quad 即 \quad \frac{Nu_x}{Re_x \cdot Pr^{1/3}} = 0.332Re_x^{-1/2} \tag{10.42}$$

平板上层流流动摩擦阻力系数 $$c_{fx} = 0.664Re_x^{-1/2} \tag{10.43}$$

由式（10.42）和式（10.43）联立，得

$$\frac{Nu_x}{Re_x \cdot Pr^{1/3}} = \frac{c_{fx}}{2} \tag{10.44}$$

变形后

$$\frac{Nu_x}{Re_x \cdot Pr^{1/3}} = \frac{Nu_x}{Re_x \cdot Pr} \cdot Pr^{2/3} = St \cdot Pr^{2/3} = \frac{c_{fx}}{2} \tag{10.45}$$

### 10.5.2 动量传输与质量传输的类似定律

10.5.2.1 动量传输与质量传输的雷诺类比

由动量定理： $$m(v_x - 0) = \tau A，所以，\frac{m}{A} = \frac{\tau}{v_x} \tag{10.46}$$

单位 $\tau$ 内，面积 $A$ 上的对流流动传质量

$$\frac{m}{\rho}(\rho_A - \rho_{AS}) = K(\rho_A - \rho_{AS})A，所以，\frac{m}{A} = K\rho \tag{10.47}$$

由式（10.46）、式（10.47）得 $\frac{\tau}{v_x} = K\rho$，同除以 $\rho v_x$ 得 $\frac{\tau}{\rho v_x^2} = \frac{K}{v_x}$

代入 $\tau = c_f \frac{\rho v_x^2}{2}$ 得到 $\frac{c_f}{2} = \frac{K}{v_x}$，此即为动量传输与质量传输雷诺类似定律，它反映了摩擦阻力系数 $c_f$ 与对流流动传质系数 $K$ 之间的关系。

整理成特征数形式： $\frac{Kd}{D} = \frac{c_f}{2}\left(\frac{dv_x\rho}{\mu}\right)\left(\frac{\mu}{\rho D}\right)$ 即：$Sh = \frac{c_f}{2}Re \cdot Sc$

其中，$Sh = \frac{Kd}{D}$ 为谢伍德数，表明对流流动传质时，边界层内分子扩散传质与流体对表面的对流传质关系；$Sc = \frac{\mu}{\rho D}$ 为施密特数，表示流体流动时黏度与分子扩散传质系数的关系。

10.5.2.2 动量传输与质量传输的柯尔邦类比

平板上层流流动时特征数方程：$\frac{Sh_x}{Re_x \cdot Sc^{1/3}} = 0.332Re_x^{-1/2}$

平板上层流流动的摩擦阻力系数：$c_f = 0.664Re_x^{-1/2}$，则得 $\frac{Sh_x}{Re_x \cdot Sc^{1/3}} = \frac{c_f}{2}$

以上即为对流传质系数与摩擦阻力系数之间的关系。

整理成特征数形式为：

$$\frac{Sh}{Re \cdot Sc^{1/3}} = \frac{Sh}{Re \cdot Sc} \cdot Sc^{2/3} \Rightarrow St' \cdot Sc^{2/3} = \frac{c_f}{2}$$

当 $Sc = 1$ 时，与雷诺类似定律相同。

### 10.5.3　动量传输、热量传输和质量传输三者的类似

本质上三者是一致的，但表现为三种不同现象，同时又有某些类似性。宏观相同的规律如牛顿黏性定律，傅立叶定律和菲克传质定律可以用类似的方程式来描述。微观相同的规律即传输过程都是因为分子扩散运动和微团脉动引起的，可用同一机理来阐明。条件是要满足：常物性；不发生化学反应；无辐射能量的吸收和发射；无黏性损耗及低速流动。

10.5.3.1　类似关系特征数

（1）普朗特数 $Pr$：表述动量传输与热量传输的类比，其值由物体的物性参数运动黏度（$\nu$）和导温系数（$a$）之比决定。

$$Pr = \frac{\nu}{a}$$

（2）施密特数 $Sc$：表述动量传输与质量传输的类比，其值由物体的物性参数运动黏度（$\nu$）和传质系数（$D$）之比决定。

$$Sc = \frac{\nu}{D}$$

（3）路易斯数 $Le$：表述热量传输与质量传输的类比，其值由物体的物性参数——导温系数（$a$）及传质系数（$D$）之比决定。

$$Le = \frac{a}{D}$$

（4）斯坦顿数 $St$：表述动量传输过程与热量传输过程的类比。

$$St = \frac{Nu}{Re \cdot Pr}$$

式中，$Nu$ 由对流给热系数 $\alpha$ 与导热系数 $\lambda$ 及特性尺寸 $l$ 决定：$Nu = \frac{\alpha l}{\lambda} = \frac{\alpha \Delta t}{\lambda \Delta t / l}$。$Nu$ 数说明对流给热时，热量边界层中导热过程与流体对表面的对流换热的关系。

（5）斯坦顿数 $St'$：表述动量传输过程与质量传输过程的类比。

$$St' = \frac{Sh}{Re \cdot Sc}$$

式中，谢伍德数 $Sh$ 由对流传质系数 $K$、分子扩散系数 $D$ 和特性尺寸 $l$ 决定，$Sh = \frac{Kl}{D} =$

$\frac{K\Delta C}{D\Delta C/l}$, $Sh$ 表示质量边界层中分子扩散传质过程中与流体对表面的对流传质的关系。

（6）斯坦顿数 $St''$：表述热量传输过程与质量传输过程的类比。

$$St'' = \frac{Sh}{Nu \cdot Le}$$

各特征数之间关系如图 10.4 所示。

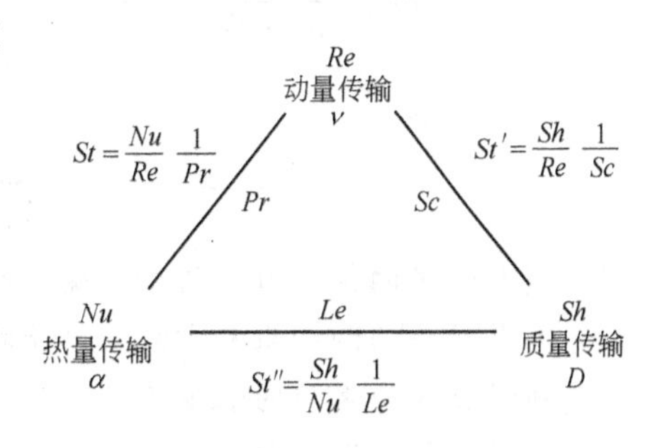


图 10.4 各特征数之间的关系

10.5.3.2 动量边界层、热量边界层和质量边界层类比关系

当流体流过固体表面时，有 $\delta$、$\delta_t$、$\delta_c$ 形成，它们间有类似的性质和速度分布。

（1）动量、热量传输同时并存时，$\delta$、$\delta_t$ 大小取决于 $Pr$ 值。

$$Pr < 1, \delta < \delta_t$$

$$Pr = 1, \delta = \delta_t$$

$$Pr > 1, \delta > \delta_t$$

（2）动量传输与质量传输同时并存时，$\delta$、$\delta_c$ 大小取决于 $Sc$ 值。

$$Sc < 1, \delta < \delta_c$$

$$Sc = 1, \delta = \delta_c$$

$$Sc > 1, \delta > \delta_c$$

对气体：因为 $Pr = Sc = 1$，所以有 $\delta = \delta_t = \delta_c$。

气体、液体、金属液体的 $Pr$ 和 $Sc$ 值见表 10.2。

**表 10.2 气体、液体及金属液体的 *Pr* 和 *Sc* 值**

| 特征数 | 气体 | 液体 | 金属液体 |
|---|---|---|---|
| $Pr$ | 0.6～1.0 | 1～50 | 0.001～0.02 |
| $Sc$ | 1.0～2.0 | 100～1000 | 1000 |

对液体：因为 $Pr > 1$、$Sc >> 1$，所以有 $\delta > \delta_t$，$\delta >> \delta_c$，故 $\delta > \delta_t > \delta_c$。

对金属液体：因为 $Pr << 1$，$Sc >> 1$，所以有 $\delta_t >> \delta >> \delta_c$。

当 $Pr = Sc = 1$ 时，三传之间的关系：$\frac{c_f}{2} = \frac{K}{v_x} = \frac{\alpha}{c_p \rho v_x}$

当 $Pr \neq 1$、$Sc \neq 1$ 时，三传之间的关系：

$$St = \frac{Nu}{Re \cdot Pr} = \frac{\alpha}{c_p \rho v_x} = \frac{\frac{c_f}{2}}{1 + 5\sqrt{\frac{c_f}{2}}\{Pr - 1 + \ln[(1 + 5Pr)/6]\}}$$

$$St' = \frac{Sh}{Re \cdot Sc} = \frac{K}{v_x} = \frac{\frac{c_f}{2}}{1 + 5\sqrt{\frac{c_f}{2}}\{Sc - 1 + \ln[(1 + 5Sc)/6]\}}$$

## 本章小结

10-1 质量传输的推动力：质量传输之所以发生是由于物系中某一部分存在着浓度梯度。质量传输的两种基本方式：分子扩散传质和对流流动传质。

质量传输中常用的浓度单位：质量浓度、摩尔浓度、质量分数、摩尔分数。

10-2 质量传输平衡方程式：

$$\frac{\partial(\rho_A v_x)}{\partial x} + \frac{\partial(\rho_A v_y)}{\partial y} + \frac{\partial(\rho_A v_z)}{\partial z} + \frac{\partial\left(-D_{AB}\frac{\partial\rho_A}{\partial x}\right)}{\partial x} + \frac{\partial\left(-D_{AB}\frac{\partial\rho_A}{\partial y}\right)}{\partial y} + \frac{\partial\left(-D_{AB}\frac{\partial\rho_A}{\partial z}\right)}{\partial z} + \frac{\partial\rho_A}{\partial\tau} = 0$$

10-3 分子扩散传质：

(1) 概念：当介质为固体或静止的流体以及做层流运动的流体时，介质内存在浓度梯度，在分子运动作用下，必然会发生分子扩散传质。分子扩散传质是依靠分子的运动来完成质量的传输。

(2) 分子扩散传质方程：$J_{Ay} = -D_{AB}\left(\frac{dC_A}{dy}\right)$

(3) 气体通过间壁的扩散：1) 气体通过平板的扩散：其扩散通量为 $J_i = \frac{\overline{D}}{s}(C_{i1} - C_{i2})$；2) 气体通过金属圆管的扩散：其扩散通量为 $J_i = \frac{2\pi l\overline{D}}{A_r \ln\frac{r_1}{r_2}}(C_1 - C_2)$。

(4) 分子扩散系数 ($D_{AB}$)：分子扩散系数是指单位时间内，浓度梯度为一个单位时，通过单位面积传输的质量 ($m^2/s$)。

(5) 静止介质中的不稳态扩散传质：不稳态时，在静止介质中质量传输方程又称菲克第二定律。

$$\frac{\partial C_A}{\partial\tau} = D_{AB}\left(\frac{\partial^2 C_A}{\partial x^2} + \frac{\partial^2 C_A}{\partial y^2} + \frac{\partial^2 C_A}{\partial z^2}\right)$$

10-4 对流流动传质：

(1) 概念：介质流动方向与传质方向相同时，发生对流流动传质；传质发生在流体与流体分界面上或流体与固体的分界面上，而其传质方向与流动方向垂直时，也同样发生对流传质。

(2) 对流流动传质的模型

1) 边界层内传质模型（Ⅰ）——薄膜理论；

2) 边界层内传质模型（Ⅱ）——渗透理论；

3) 边界层传质模型——薄膜渗透理论。

(3) 层流流动时的质量传输：浓度分布，平板表面上扩散传质通量，层流时对流传质系数、$K_c^{层}$，$K_c^{湍}$ 平均值的特征数形式。

(4) 湍流流动时的质量传输。

(5) 相似原理指导下对流流动传质系数：

一般特征数方程形式 $Sh = f(Re, Sc, l/D)$ 或者 $Sh = K \cdot Re^n \cdot Sc^m$。

## 思考题与习题

### 思考题

10-1 质量传输有哪几种方式，各有何特点？

10-2 什么是分子扩散传质，基本定律是什么，解决的关键问题是什么？

10-3 什么是对流流动传质，对流流动传质机理是什么，基本计算公式是什么，解决的关键问题是什么？

10-4 简述质量传输平衡方程式推导的理论依据，给出公式的几种形式及适用条件。

10-5 对流流动传质模型有哪几种？

10-6 研究对流传质的方法有哪几种，各自特点及适用条件是什么？

10-7 对流传质过程中涉及哪些特征数，各自名称、定义式及物理意义是什么，对流传质的特征数方程一般形式是什么？

10-8 三传为何具有类似性，研究其类似性的意义是什么？

### 习　题

10-1 下面哪一项为质量传输的基本方式？（　　）

A. 分子扩散传质　　B. 对流　　C. 辐射　　D. 热传导

10-2 质量传输平衡方程推导依据为（　　）。

A. 能量守恒　　B. 动量守恒　　C. 质量守恒

10-3 当传质过程处于稳态时，质量传输方程的形式下面哪一个正确？（　　）

A. $\dfrac{\partial C_A}{\partial \tau} + v_x \dfrac{\partial C_A}{\partial x} + v_y \dfrac{\partial C_A}{\partial y} + v_z \dfrac{\partial C_A}{\partial z} = D_{AB}\left(\dfrac{\partial^2 C_A}{\partial x^2} + \dfrac{\partial^2 C_A}{\partial y^2} + \dfrac{\partial^2 C_A}{\partial z^2}\right)$

B. $\dfrac{\partial C_A}{\partial \tau} = D_{AB}\left(\dfrac{\partial^2 C_A}{\partial x^2} + \dfrac{\partial^2 C_A}{\partial y^2} + \dfrac{\partial^2 C_A}{\partial z^2}\right)$

C. $\dfrac{\partial^2 C_A}{\partial x^2} + \dfrac{\partial^2 C_A}{\partial y^2} + \dfrac{\partial^2 C_A}{\partial z^2} = 0$

10-4 对气体分子扩散系数影响较大的因素是（　　）。

A. 扩散物质和扩散介质的种类和温度　　B. 扩散物质和扩散介质的压强和浓度

C. 扩散物质和扩散介质的压强及温度　　D. 扩散物质和扩散介质的浓度及温度

10-5 物质扩散系数由小到大排列正确的是（　　）。

A. 气体、液体、固体　　B. 气体、固体、液体

C. 固体、液体、气体　　D. 液体、气体、固体

10-6 金属晶格内和非金属晶体内的扩散方式为（　　）。

A. 分子扩散和间位扩散　　B. 间位扩散和空穴扩散

C. 纽特孙扩散和分子扩散　　D. 空穴扩散和纽特孙扩散

10-7 非稳态扩散介质遵循的规律为（　　）。

A. 菲克第一定律　　B. 菲克第二定律　　C. 菲克第一定律和菲克第二定律

10-8 对流流动传质过程中，其特征数方程的一般形式为（ ）。

A. $Sh = f(Re, Sc, l/D)$　　B. $Nu = f(Re, Pr, Gr)$

C. $Nu = f(Re, Pr)$　　D. $Sh = f(Re, Pr)$

10-9 下面哪一个特征数表述了动量传输过程与热量传输过程的类比？（ ）。

A. $St$　　B. $Sc$　　C. $Le$　　D. $Pr$

10-10 动量传输与热量传输关系的雷诺类似定律正确的是（ ）。

A. $\frac{c_f}{2} = \frac{\alpha}{gc_p\rho v_x}$　　B. $Sh = \frac{c_f}{2}ReSc$　　C. $\frac{c_f}{2} = \frac{K}{v_x}$

10-11 求 $1.013\times10^5$Pa 气压下，298K 的空气与饱和水及水蒸气的混合物中的水蒸气浓度。已知该温度下饱和水蒸气压强 $p_A = 0.03168\times10^5$Pa，水的相对分子质量 $M_A = 18$，空气相对分子质量 $M_B = 28.9$。

10-12 在钢水底部鼓入氮气，设气泡为球冠形，其曲率半径 $r$ 为 0.025cm。氮在钢水中的扩散系数 $D = 5\times10^{-4}\text{cm}^2/\text{s}$，若气-液界面氮的浓度为 0.011%，钢水内部氮的浓度为 0.001%，试根据溶质渗透理论计算氮在钢水中的传质流密度。设钢水密度为 7.1g/cm³。

10-13 由 $O_2$（组分 A）和 $CO_2$（组分 B）构成的二元系统中发生一维稳态扩散。已知 $c_A = 0.0207\text{kmol/m}^3$，$c_B = 0.0622\text{kmol/m}^3$，$v_A = 0.0017\text{m/s}$，$v_B = 0.0003\text{m/s}$，试计算：(1) $v, v_m$；(2) $N_A, N_B, N$；(3) $n_A, n_B, n$。

10-14 流体在一平板上做湍流流动时，湍流边界层的谢伍德数可以用下式计算

$$Sh_l = 0.0292Re_L^{4/5}Sc^{1/3}$$

一烧杯的酒精被打翻，酒精覆盖在光滑的实验台表面上。实验室的排风扇可产生流速为 6m/s 且与台面平行的空气流。如果台面宽度为 1m，空气温度和压力分别为 289K 和 $1.013\times10^5$Pa，酒精在 289K 时的蒸气压为 4000Pa，试求酒精在每秒钟每平方米台面上的蒸发量。已知在 289K 的温度下，酒精的运动黏度 $\nu = 1.48\times10^{-5}\text{m}^2/\text{s}$，它在空气中的扩散系数 $D_{AB} = 1.26\times10^{-5}\text{m}^2/\text{s}$。

10-15 温度为 280K 的水以 1.5m/s 的流速在内壁上挂有玉桂酸的圆管内流动，圆管内径为 50mm。玉桂酸溶于水的施密特数 $Sc = 2920$。试用雷诺数计算充分发展后的对流传质系数。已知在 280K 下水的物性分别为：$\mu = 1.45\times10^{-3}\text{Pa}\cdot\text{s}$，$\rho = 1000\text{kg/m}^3$；当流体在管内进行湍流流动时，其摩擦阻力系数的经验式可以表示为：

$$c_f = 0.046Re^{-0.2}$$

10-16 在 293K，水流过直径为 3mm 的球形苯甲酸颗粒，水的流速为 0.18m/s。已知 293K 时苯甲酸溶液的黏度和密度分别为 $1\times10^{-3}\text{Pa}\cdot\text{s}$ 和 $1000\text{kg/m}^3$，苯甲酸在水中的扩散系数为 $0.77\times10^{-9}\text{m}^2/\text{s}$，试计算传质系数。

10-17 含 0.2% 碳的低碳钢工件在 1000℃下（奥氏体区）表面渗碳，如在渗碳气氛中使表面碳浓度维持在 1.2%，已知 1000℃条件下碳在钢中的平均扩散系数为 $3.59\times10^{-11}\text{m}^2/\text{s}$。求经过 3.5h 后距表面 0.5mm 深度处的碳浓度。

# 11 冶金反应工程学

**本章学习要点：** 本节体现了“三传”在冶金反应工程学中的具体应用，主要包括冶金反应的宏观动力学、冶金反应器和典型冶金反应器三部分内容。其中冶金反应宏观动力学部分主要介绍了发生在不同相之间的多相反应；冶金反应器部分介绍了理想反应器、非理想反应器及搅拌和反应器内液体的混合；典型冶金反应器部分主要介绍了冶金气-液反应器和冶金液-液反应器。

冶金反应工程学的创立和发展与化学反应工程学发展密切相关。20 世纪 60 年代起，世界冶金工业取得了令人惊叹的发展，冶金反应工程学也应运而生。日本名古屋大学的鞭岩教授把化学反应工程学研究方法和手段应用于冶金领域，并在 1972 年出版的专著中首先使用了冶金反应工程学的学科名称。我国著名冶金学专家叶渚沛在 50 年代就阐明应用传输原理理论来研究冶金过程的思想，并在中国科学院创办化工冶金研究所。该研究所在我国复合矿综合利用、新型冶炼方法、流态化和多相反应工程等方面开展了冶金反应工程学研究。

冶金反应工程学是研究冶金反应工程问题的科学。它以实际冶金反应过程为研究对象，研究伴随各类传递过程的冶金化学反应的规律。它又以解决工程问题为目的，研究实现不同冶金反应的各类冶金反应器的特征，并把两者有机结合起来形成一门独特科学体系，即以研究和解析冶金反应器和系统的操作过程为中心的新兴工程学科。

传输原理中动量、热量和质量三个物理量的传递速率会直接影响冶金反应过程的速率。最终离开反应器的物料组成，则完全由构成该物料的各微元在反应器的停留时间和所经历的温度和浓度的变化所决定。冶金反应器的传递过程十分复杂，操作条件变化、反应器的结构改变，甚至单纯的尺寸放大都将导致传递条件的变化。因此，研究冶金反应器内的传递过程规律及对冶金反应过程的影响是十分重要的。

## 11.1 冶金宏观动力学

多数冶金反应是发生在不同相之间的多相反应，按照体系中相界面特征划分可以分为五大类型的相间反应。即气-固反应、气-液反应、液-液反应、液-固反应和固-固反应。

### 11.1.1 气体-固体间反应

气体-固体间反应在冶金中非常普遍，如氧化物矿石的气体还原、硫化物矿的氧化焙烧、石灰石的热分解等。气体-固体间反应通常由以下三个基元步骤组成：

（1）气体反应物和生成物在主气流与固体表面之间的传质；

（2）气体反应物和生成物在有孔固体的孔隙内的扩散；

（3）气体和固体反应物之间的化学反应。

如果反应过程中热效应较大，还要考虑通过固体内部的热传导、主气流与固体表面间的对流换热和（或）辐射传热。

气体-固体间的反应，按照固体反应物的性质可以分为无孔颗粒和多孔颗粒两大类，每一类中又根据是否有固体产物生成再分为两类。根据固体产物是致密还是多孔，过程中的颗粒体积是否改变等，又可以对气体-固体反应进一步分类。因此，对于不同类型的气体-固体反应要考虑的基元步骤也不尽相同，要具体问题具体分析。

（1）不生成固体产物层的无孔颗粒与气体间的反应。碳的燃烧、矿石的氯化焙烧、金属的羟基化反应、固体分解为其他的反应等都属于不生成固体产物层的无孔颗粒与气体间的反应，随着反应的进行，固体颗粒的体积逐渐缩小以致最后消失。

（2）生成固体产物层的无孔颗粒与气体间的反应。金属氧化、氧化物矿的气体还原、硫化物矿的氧化焙烧、石灰石的热分解及含灰分煤的燃烧等都属于有固体产物层的无孔固体与气体间的反应，该类反应属于缩小的未反应核模型。

（3）多孔固体与气体间的反应。如果固体反应物是多孔，则气体反应物可能会扩散到固体反应物内部，并在扩散过程中发生反应。因此，反应没有明显界面，而是在固体反应物中的一个区域内发生。这类反应也可分为固体产物气化和有固体产物生成的反应两类。其中多孔碳燃烧或气化属于前者，球团矿的还原和某些金属氧化物的氢还原属于后者。

### 11.1.2 气体-液体间反应

气体-液体间反应在冶金过程中发挥着相当重要的作用。这类反应主要分为两大类，即分散的气泡通过液体的移动接触和气液两相持续接触反应。

#### 11.1.2.1 移动接触的气泡与液体间反应

这个过程主要包括四个部分，即气泡的形成，气泡在液体中的运动，气泡与液体间的传质，气泡与液体间的反应。

A 气泡的形成

液相中形成气泡主要有两种途径，一是由于溶液过饱和而产生气相核心，并长大形成气泡，该过程分为均相形核和非均相形核两种情况；二是由于浸没在液相中的喷嘴喷出气体产生气泡，如复吹转炉的底吹及钢包的底吹氩等。

由于均相形核克服的阻力非常巨大，因此在冶金熔体中，均相形核实际上是不可能的，都是非均相形核形成气泡。

气泡的大小与气体流量有一定的关系。当气体流量很小，$Re_0 = vd_0\rho_l/\mu_l < 500$ 时，处于静力学区，气泡的大小取决于浮力和表面张力之间的平衡，气泡径 $d_b$ 可以由下式求得：

$$d_b = [6d_0\sigma/g(\rho_l - \rho_g)]^{1/3} \tag{11.1}$$

式中，$d_b$ 和 $d_0$ 分别为气泡径和喷嘴内径；$\rho_l$ 和 $\rho_g$ 分别为液体和气体的密度；$\mu_l$ 为液体的动力黏度。此时，气泡径与喷嘴直径的1/3次方成正比，与气体流量无关。

当气体流量增大，$500 < Re_0 < 2100$ 时，处于动力学区，气泡的表面张力可以忽略，气泡主要在浮力和惯性力的控制下形成，此时脱离喷嘴的气泡平均体积为：

$$V_{b,c} = q\tau_c = (2\alpha/g)^{3/5}(3/4\pi)^{1/5}q^{6/5} \tag{11.2}$$

式中，$\alpha$ 为气泡排开液体体积的比例系数；$\tau_c$ 为气泡从开始形成、长大到脱离喷嘴（气泡半径为 $r_c$）所经历的时间；$q$ 为气体流量。

从式（11.2）可以看出，该条件下气泡径随气体流量的增加而增大。

当气体流量增加至 $Re_0 > 2100$ 时，可能进入射流区，喷入的气体很快分裂成许多小气泡，且雷诺数越大，气泡径越小；当 $Re_0 > 10000$ 时，气泡径近似为常数。

B 气泡在液体中的运动速度

气泡在液体中的运动速度主要取决于浮力、黏滞力和形状阻力，当这些力达到平衡时，气泡匀速上升，这与固体颗粒在气体或液体中下落时的情况类似。但是两者之间也有一些重要差异，一是气泡不是刚性体，在力的作用下会变形；二是气泡上浮时，泡内气体可以产生循环流动，会影响形状阻力大小。气泡在液体中的运动将取决于雷诺数 $Re_b$、韦伯数 $We_b$ 及弥散系统中的无量纲特征数，即重力与表面张力之比 $\left(Eo_b = \frac{g\Delta\rho d_b^2}{\sigma}\right)$。

当 $Re_b < 2$ 时，形成球形小气泡，行为类似刚体，服从 Stokes 定律，其上升速率为：

$$v_t = d_b^2(\rho_l - \rho_g)g/(18\mu) \tag{11.3}$$

当气泡为球形，且 $2 < Re_b < 400$ 时，气泡内将发生循环流动，可减少形状阻力，气泡上升速度 $v_t$ 将增加至式（11.3）的计算值的 1.5 倍。

当 $Re_b > 1000$，且 $We_b > 18$，或 $Eo_b > 50$ 时，在低黏度或中等黏度液体中上升的当量直径大于 1cm 的气泡成球冠形，其上升速度与液体性质无关，可由下式估算：

$$v_t = 1.02(gd_b/2)^{1/2} \tag{11.4}$$

C 气泡与液体间的传质

气泡与液体间的传质过程受气泡内气体循环、气泡变形和振动等因素影响，比通常气液间传质过程复杂。其传质系数按雷诺数大小可以分为四个区域计算。

（1）$Re_b < 1.0$ 区域。气泡行为类似刚性球体，通过理论分析有下式成立：

$$Sh = k_b d_b/D = 0.99(Re_b Sc)^{1/3} \tag{11.5}$$

式中，$Sc$ 为施密特数（$Sc = \mu_l/(\rho_l D)$）。

（2）$1 < Re_b < 100$ 区域。气泡内不发生循环流动时，可应用下式计算：

$$Sh = 2 + 0.55Re_b^{0.55}Sc^{0.33} \tag{11.6}$$

（3）$100 < Re_b < 400$ 区域。气泡内有气体循环，引起气泡变形和振动，尚无合适计算式。

（4）$Re_b > 400$ 区域。对于球冠形气泡有

$$Sh = 1.28(Re_b/Sc)^{1/2} \tag{11.7}$$

结合式（11.7）和式（11.4）可导出气泡传质系数 $K_d$：

$$K_d = 1.08g^{1/4}D^{1/2}d_b^{-1/4} \tag{11.8}$$

式中，$D$ 为组分的分子扩散系数。在无可靠实验数据时，可以根据以上各式联立推导传质系数 $K_d$ 值。

气泡与液体间的传质通量为：

$$N_A = K_d(C_{Ab} - C_{Ai}) \tag{11.9}$$

式中，$C_{Ab}$为液相主体与气泡界面上 A 的浓度，$C_{Ai}$为液相主体与界面上 A 的浓度。

D　气泡与液体间的反应

大多数气体与液体间的反应速度都比扩散速度快，因此气泡与液体间的反应通常受传质过程控制，界面上的化学反应达到平衡状态。

#### 11.1.2.2　持续接触的气液相间反应

气液相间反应及气体的吸收或解吸，在多数金属的精炼中有重要意义。其中气液相间反应是伴随传质过程的化学反应，而气体的吸收或解吸可作为物理过程。通常情况下两者都受液体中传质过程控制。

气液间传质理论主要有界膜模型、渗透理论和表面更新理论三种。

A　界膜模型

界膜模型假设流体与界面间的传质阻力完全在于紧贴界面的薄膜内，即有效边界层内，薄膜内传质靠分子扩散且浓度分布稳定，膜以外的流体中浓度均匀。传质通量通常由下式确定：

$$N_A = -D_A \mathrm{d}C_A/\mathrm{d}x = D_A(C_{Ai} - C_{Ab})/\delta \tag{11.10}$$

式中，$\delta$ 为边界层厚度。

B　渗透理论

渗透理论假定气液相间的传质由于液体表面上的流体微元不断被来自主体且具有主体浓度的新微元所更换完成的，微元在表面的停留时间很短且是均等的，气体组分 A 向微元中渗透距离远小于微元尺寸，所以可把 A 在微元中的渗透视为半无限大液体中的非稳态扩散。

A 组分某一时刻的传质通量为：

$$N_A = -D_A \partial C_A/\partial x \big|_{x=0} = \sqrt{D_A/\pi\tau}(C_{Ai} - C_{Ab}) \tag{11.11}$$

微元在表面上停留时间（$\tau$）内的平均传质通量为：

$$\overline{N_A} = \frac{1}{\tau}\int_0^\tau N_A \mathrm{d}\tau = 2\sqrt{D_A/\pi\tau}(C_{Ai} - C_{Ab}) \tag{11.12}$$

C　表面更新理论

表面更新理论假定，流体微元在表面上的停留时间服从统计定律，存在一个停留时间分布，其分布函数为：

$$\varphi(\tau) = s\mathrm{e}^{-s\tau} \tag{11.13}$$

式中，$s$ 为表面更新率，表示单位时间被更新的表面分数。

停留时间在 0 ~ ∞ 之间分布，所以平均传质通量为：

$$\overline{N_A} = \frac{1}{\tau}\int_0^\infty N_A\varphi(\tau)\mathrm{d}\tau = \int_0^\infty \sqrt{D_A/\pi\tau}(C_{Ai} - C_{Ab})s\mathrm{e}^{-s\tau}\mathrm{d}\tau$$

$$= \sqrt{sD_A}(C_{Ai} - C_{Ab}) \tag{11.14}$$

综合式（11.10）、式（11.11）和式（11.14），可以看出，传质通量可统一表达为

$$N_A = K_d(C_{Ai} - C_{Ab}) \tag{11.15}$$

式中，$K_d$ 为传质系数。三种理论中的传质系数 $K_d$ 分别为：$K_d = D_A/\delta$（界膜模型）；$K_d = 2\sqrt{D_A/\pi\tau}$（渗透理论）；$K_d = \sqrt{sD_A}$（表面更新理论）。

应用三种理论模型处理问题时，传质系数与扩散系数的关系是不同的。在冶金气-液反应中有许多应用它们的实例，其中以界膜模型应用最多。

### 11.1.3 液体-液体间反应

两个互不相溶液体间的反应在冶金中十分重要。如湿法冶金中的有机溶剂萃取、火法冶金中的渣-金属、渣-锍和锍-金属间的反应等。这类反应过程包括反应物和产物在两个液相中的传质和化学反应等基元步骤。反应进行时，可以两个液相均为连续相，也可以有一个液体为分散相。炼钢中的脱硅和脱锰等属于前者，喷粉精炼和电渣重熔及有机溶剂萃取等属于后者。

关于湿法冶金中有机溶剂萃取的具体内容在湿法冶金等书籍中有详细介绍，本书不再赘述；火法冶金中渣-金属反应在《冶金物理化学》一书中有具体阐述，本书也不作介绍；渣-锍与锍-金属间的反应在关于铜冶炼等有色金属冶炼的书中有讲解。

### 11.1.4 液体-固体间反应

火法冶金中，液态金属和合金的凝固、废钢和合金元素在钢水中的熔化溶解、石灰石或球团矿在熔渣中的熔化溶解及熔渣和耐火材料间的反应等，还有湿法冶金中的浸出、沉淀和净化等都是冶金中重要的液-固反应。液-固反应与气-固间的反应都属于流体-固体间的反应，有许多相似之处。但是，液-固间反应有其固有的特点，如凝固和熔化主要是伴随有传热的物理相变过程，特别是凝固速度直接影响到晶粒大小、晶体结构及杂质偏析等，已成为单独学科，本章没有涉及。固体在液态金属液中的溶解过程属于液-固反应过程。

通常认为固体在液体中的溶解由两个基元步骤构成：一是固体晶格被破坏转化为固体原子进入液相；二是溶解的原子通过紧接于固体的边界层向液相主体扩散。后者往往是溶解过程的控制环节，废钢的溶解过程属于该反应过程。

### 11.1.5 固体-固体间反应

冶金中的烧结、固相间的转变、碳直接还原氧化物、耐火材料中的硅酸盐和铝酸盐的形成及金属陶瓷制造中的氧化物间的反应都是重要的固-固相间反应。这类反应主要分为两大类，一类为固态反应物生成固态产物的加成反应，另一类为有气体中间产物生成的固-固反应。

（1）固-固相间反应模型。任何固体粉末间的反应，反应的固体颗粒必须相互接触，并至少有一个反应物在反应开始后形成产物层，进一步的反应必须是经过该产物层的扩散。因此，这种类型的反应与其他多相反应一样，过程的总速度可能由串联进行的各步骤

中的一个或几个控制。

（2）有气体中间产物生成的固-固反应。该类型的反应也分为两类，一是有净气体生成的固-固反应，另一类是无净气体生成的固-固反应。

## 11.2 冶金反应器

凡是发生化学反应转化过程的容器和设施，概括起来称为反应器。反应器理论就是研究反应器内流动和混合对化学反应转化过程影响的共性规律。最基本最普遍的规律属于理想反应器理论，然后通过非理想反应器来描述某些特殊流动状态对转化过程的影响。在火法冶金中，不连续的间歇式操作方法占有很大比重。对于不连续操作的反应器，搅拌和混合的研究对转化过程的效率有重要意义。

本部分内容先介绍理想反应器，然后介绍非理想反应器，最后介绍搅拌和反应器内液体的混合。

### 11.2.1 理想反应器

工业中反应器内发生的过程是非常复杂的，但是可以把它概括为两大类，一类为化学反应过程本身；另一类为包含“三传”（动量传递、传热和传质）在内的物理过程两大类。化学过程的规律是化学热力学和化学动力学研究的范畴，而物理过程，特别是三种传输过程不会影响化学过程的本征规律，但它影响化学反应的条件，从而影响化学反应的结果。

传输过程在冶金中具有重大意义，大多数情况下它是冶金综合反应速度的限制环节。传输过程与反应器的形状、大小以及操作方式都有关系。在三种传输过程中，流动起着关键作用，影响着传热和传质，物料的流动状态是反应过程最重要的动力学因素之一。因此，在反应工程学中，人们通常以物料的流动状态为出发点对基本反应器进行分类。

#### 11.2.1.1 理想流动模型

一般情况下，实际反应器中的流动情况非常复杂。但是，从工程角度出发，并不需要了解流动的每一个“细节”，只需要了解其概况的特征，为了研究其规律，人们提出了两种极端的流动模型，即理想流动模型，进而研究在理想流动下各种反应器的过程特征和规律。可以认为实际的流动情况是介于这两种理想流动之间。事实上，许多实际流动经过分析简化处理，可以归于两种理想流动的一种，应用理想流动的原理和计算近似地处理问题不会带来很大的误差。

两种理想的流动模型中一种为理想排挤流或称活塞流，对于细长的管形反应器，反应物从一端流入，产物从另一端流出，物料在反应器内的流动按平行推进，即后面的流体微元不超过前面的流体微元，前面的微元也不会返混到后面，流体在反应器内像活塞似地推进。

另一种为理想混合流或完全混合流，在充分搅拌的槽形反应器（或短粗反应器）中，由于强烈的搅拌，流体分子或微元在反应器内被立即充分混合，需要的混合均匀时间等于零。在反应器内空间的所有位置上，对于任一时间流体的流动状态、流体中各组分的浓度、流体的温度都相同。出流的组成和温度就是反应器内的组成和温度，这种流动称为完全混合流或简称全流。

这两种理想的流动可以更方便用数学模型加以描述。对于实际的、大量存在的非理想流动，一般采用模型法研究，但要引进模型参数来衡量非理想流动与理想流动的偏差，或采用理想流动的组合来描述非理想流动。

11.2.1.2 理想反应器的分类

理想反应器即指反应器内的流动是理想流动的那类反应器。均相理想反应器可以分为三种基本类型：间歇式反应器、活塞流反应器和全混流反应器。

间歇式反应器为非连续反应器，反应物一开始放入反应器中，很好地混合并留在反应器内反应一定时间，然后将最终的混合物倒出来，这是一个非稳态过程。反应器内物质的浓度、温度随时间变化，然而在同一时间，任何位置上浓度和温度是处处均匀的。所有微元在反应器内的反应时间是均等的。

活塞流反应器和全混流反应器都是连续操作的流动系统。当操作进入稳定状态后，对于活塞流反应器，物质的浓度不是时间的函数，而是管长方向位置的函数，它是一个稳态过程，所以物料微元在反应器内停留的时间相同。对于全混流反应器（也称全混槽），进入反应器的物料立即与原有物料混合均匀，浓度均匀一致，既不是位置的函数，也不是时间的函数，它也是一个稳态过程。但是物料各个微元在反应器内停留时间不一样，服从一定的统计分布。

除上述三种基本类型外，还有一种半间歇式或半连续操作的全混槽。研究均相反应器流动模型是研究和描述非均相反应器及其流动过程的基础，例如炼钢用的顶吹转炉、底吹转炉、顶底复吹转炉、钢包精炼炉和电炉等都属于非均相反应器。有色金属冶炼用的反射炉、吹炼冰铜的直立式回转炉、平卧式回转炉、倾斜式回转炉等，都属于非理想混合槽型反应器，而且多半是半间歇（或半连续）操作。炼铁高炉、电高炉和铝电解槽等则是更复杂的反应器，如高炉其上部可以看作管式反应器，而炉缸部分可以看作复杂槽形反应器。烧结机、焙烧竖炉、回转窑等又可归于管式反应器范畴。上述这些反应装置（或反应器）都不是理想反应器，但理想反应器研究揭示的规律和解析方法，是研究上述复杂反应器的基础。

关于几种理想反应器的衡算方程及求解，以及反应器的选择原则请参见参考文献[17]。

### 11.2.2 非理想反应器

上一节讨论的理想反应器仅限于反应器内是两种理想流体的状态，即活塞流和全混流。但是，实际反应器中的流体流动往往不同程度偏离上述的理想流动状态，反应器内流体流动可能会发生以下一些情况：

（1）短路，即存在流动阻力特别小的局部区域；

（2）死区，即不流动或流速极小的局部区域；

（3）回流，即在某个区域内产生回流流动；

（4）反向流动和反混等现象。

反混是逆向混合，它与一般所指的混合有不同含义。一般所指的混合是指对一切物料空间的混合，而反混专指不同停留时间的流体微元的混合。从反混角度看活塞流就是完全无反混的流动，而全混流是反混达到极大程度的流动。

当反应器尺寸加大时，上述所讲到的现象尤为突出。由于这些现象的存在，进入反应器的流体各分子或流体微元在流入到流出这个过程中，时间经历的路程可以长短不一，从而它们在反应器内的停留时间也就不相同，因此不像全混流那样遵循一定的分布规律，这样就偏离了两种理想流动，也导致实际流动反应器与理想反应器反应效果的不同。这种实际情况下的流动称为非理想流动，相应的反应器称为非理想流动反应器，简称非理想反应器。

显然，对非理想反应器的停留时间的分布及其对反应效果的影响就成为十分重要的研究课题。

#### 11.2.2.1 停留时间分布

严格讲，如果要精确地知道反应器内所发生的过程，必须知道反应器内所有微元的速度分布。然而，由于问题的复杂性，要做到这一点很难，而且工程上也不需要知道那么详细，只要宏观了解流动的特性即可。

由于是非理想流动，流体微元在反应器内的停留时间不一样，对整个流体而言，就存在一个停留时间分布问题。

凡是分布问题总是可以用数学函数加以数学描述。对于停留时间可以用停留时间分布函数来描述，其常用的分布函数有 $E$ 函数、$F$ 函数和 $I$ 函数。

关于三种函数的定义及具体形式，以及三种函数之间的关系及其各自的数学特征，可以参见参考文献［17］。

#### 11.2.2.2 停留时间分布的实验测定

直接观察流经反应器内的流体是无法看出流体在反应器中的停留时间分布的。在科学实验和工业生产中，常采用所谓“刺激—响应”实验或“刺激—响应”技术来显示和确定停留时间分布曲线。方法是：在反应器入口输入一个信号，信号常用示踪剂来实现，然后在反应器出口或内部获取该输入信号的输出，即所谓响应，从响应曲线得到流体在反应器的停留时间分布。

在应用“刺激—响应”技术时，应遵循以下原则：

（1）“刺激—响应”过程必须是线性过程，即刺激信号在数量上的变化导致响应在数量上的变化是成比例的，可以用下式表示：

$$\frac{\Delta(\text{响应})}{\Delta(\text{刺激})} = \frac{\mathrm{d}(\text{响应})}{\mathrm{d}(\text{刺激})} = K = \text{常数} \tag{11.16}$$

积分表达式如下：

$$(\text{响应}) = K_1(\text{刺激}) + K_2 \tag{11.17}$$

如果不满足上述条件则为非线性过程。

（2）为了确保“刺激—响应”过程是线性的，作为刺激信号的示踪剂不能参与反应器内发生的化学反应，即不会因反应导致示踪剂的增加或减少，即示踪剂对反应是“惰性”的。

（3）加入示踪剂时，要避免对流体流动状态的干扰，甚至破坏原来的流动状态。如果干扰或破坏了原来的流动状态，则输出的响应信号就不能如实反映原来的流体流动特征。

冶金实验中常用的示踪剂如放射性物质，不参与化学反应的其他元素如铜、金等。在冷态模拟实验中，常使用电解质，如 NaCl、KCl 等。相应的响应则是测量放射强度或示踪物质的浓度随时间的变化。稳态流动下反应器中常用的“刺激—响应”技术有任意输入信号，周期输入信号，脉冲输入信号，阶跃输入信号，冶金问题研究中常采用后两种信号输入方式。

#### 11.2.2.3 停留时间分布信息的应用

停留时间分布信息主要有以下几方面的应用：

（1）利用分布的方差判断流动类型：方差是分布曲线展开程度的定量描述。对 $E(\theta)$ 分布而言，活塞流方差最小，分布最集中；全混流方差最大，分布最分散。因此，只要计算出某流动反应器停留时间的分布方差，并与活塞流和全混流的方差进行比较，就可以估计出该流动与理想流动的偏差。

关于全混流和活塞流停留时间分布的方差具体表达式可以参见参考文献［17］。

（2）利用分布曲线分析流体流动状态：流体的流动状态会影响反应器内的反应进行情况。如：死区的存在相当于反应器的容积变小，实际生产能力降低；沟流的存在使一部分反应物只停留很短的时间就流出了反应器，从而降低了反应物的转化率，强烈的内循环一方面浪费了反应器的体积，若循环区内反应物浓度高，则转化率低，整体上也影响反应的效果。因此，人们关心的问题是如何探测和诊断反应器中的一些不正常现象，并采取措施消除这些现象。从停留时间分布曲线的形状可以直观地诊断出反应器内这些不正常的流动情况，图 11.1 所示用 $E$ 分布诊断流况的情况。

（3）利用分布函数预测反应的效率：若描述反应的微分方程已知，则化学反应的转化率可以由该微分方程在反应时间区间积分求得。但是需要注意：用上述方法求得的转化率结果并没有考虑到流体各微元在反应器中的停留时间可能存在着一个分布问题。反应微元的停留时间不同，其转化率也不同。按照流体混合的“细节”，可以分为两种极端的情况，即微观流体和宏观流体，关于理想流动反应器中微观流体和宏观流体的转化率可以参阅文献［17］。

#### 11.2.2.4 非理想流动反应器数学模型

宏观流体和微观流体是两种极端的混合状态，其反应的转化率可以由停留时间分布或衡算的方法计算。但是，实际的非理想流动，其混合状态往往处于两种极端的中间状态，其混合“细节”很难搞清楚，因此无法求解。工程技术上常采用模型法来解决这一问题，即构造或选择一个能描述实际非理想流动的模型，来导出表征某种非理想流动反应器有关变量间函数关系的数学表达，并引入所谓模型参数来衡量其与理想流动的偏差。如冶金物理化学中引入活度的概念来表征实际溶液的浓度与理想溶液浓度的偏差。

常用的非理想流动反应器的数学模型有三种：

（1）扩散模型。该模型是一种基于伴有轴向扩散的活塞流模型。这种模型形式上类似扩散方程，所以可以应用扩散方程的一系列经典数学模型。该模型的模型参数是贝克来数（$Pe$），它与被等效地认为的有效扩散系数 $D_e$（也称混合分散系数）有关。

（2）槽列模型。该模型用假想的 $N$ 个等容积的全混槽串联来描述非理想反应器的模型，模型参数是虚拟的串联槽数 $N$，$N$ 可为任意正实数。

（3）组合模型。该模型也称复合模型，它是把一个非理想流动反应器看作若干不同类型的理想反应器和死区、短路等的组合而构成。复合模型的各单元，如各类理想反应器，

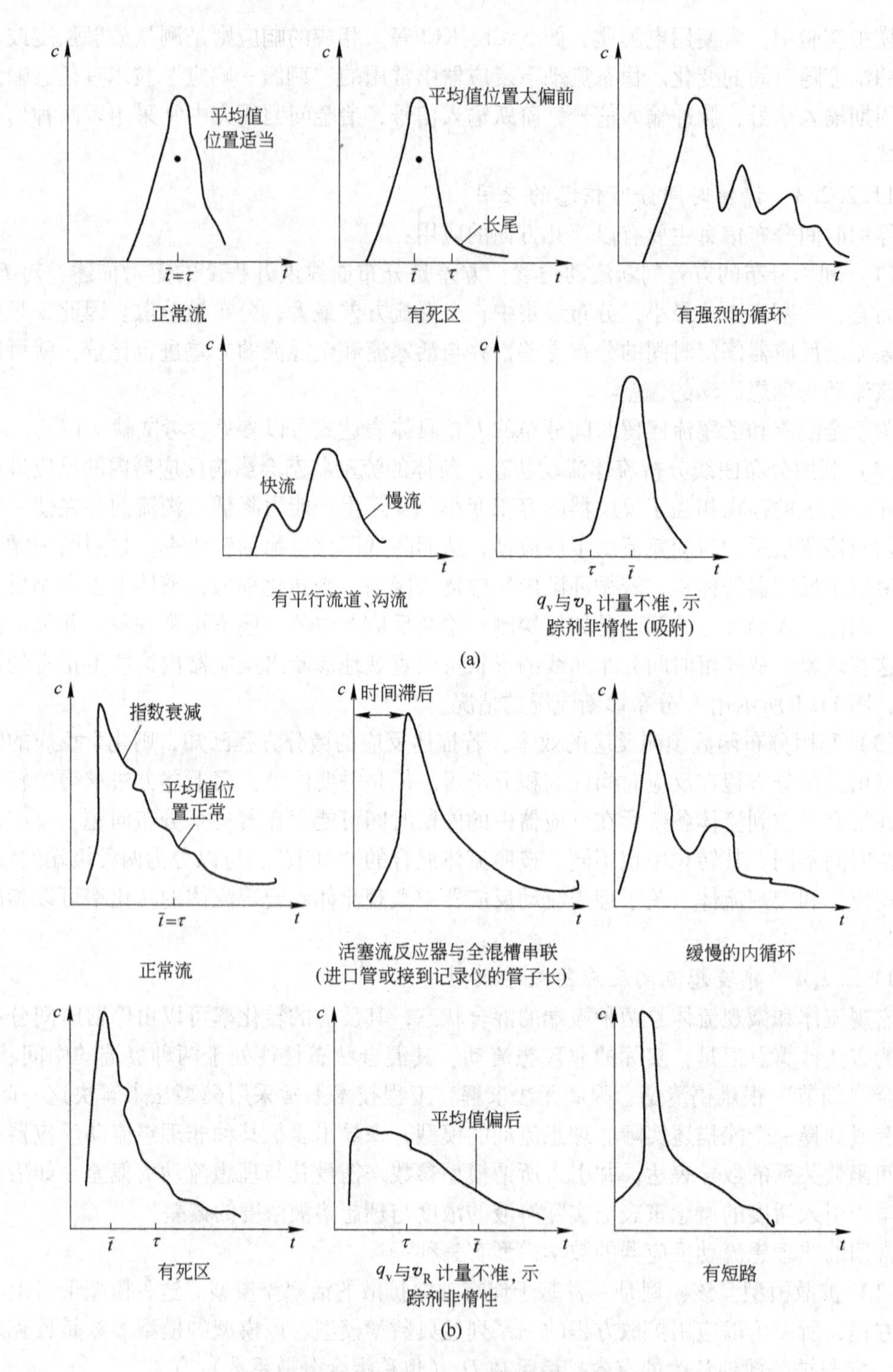


图 11.1　停留时间分布曲线的诊断[2]

(a) 接近活塞流的流动；(b) 接近全混流的流动

其数学模型是已知的。

关于上述三个常用非理想流动模型的建立及求解可以参阅文献［17］。

### 11.2.3 搅拌和反应器内液体的混合

对于连续操作的反应器，活塞流是理想的流动形式。对于间歇操作的反应器或反应产物在操作结束后才放出的半间歇操作反应器，应力求反应器内成分和温度均匀以提高反应速度和效率，反应器内流动以理想混合流为最佳，此时液体的混合均匀时间最短。在实践中，用各种方式加强液体搅拌是达到缩短均混时间的唯一有效途径。另外，对于非均相反应体系和金属液浇注凝固过程，搅拌也具有重要意义。在金属液浇注，特别是钢的连铸过程中，对钢液的搅拌利于凝固传热和铸坯质量的提高。总而言之，搅拌是冶金工作者极为重视的研究领域。

冶金中常用的搅拌方式有气体搅拌、机械搅拌和电磁搅拌三种。

气体搅拌广泛应用于火法冶金过程，尤其是金属液的二次精炼。如顶底复合吹炼转炉、钢包的底吹氩、喷粉脱硫及 RH 精炼等都是气体搅拌在冶金领域的应用。

机械搅拌在火法冶金中由于受到搅拌桨叶寿命的制约应用较少，但是在科学研究和湿法冶金中应用广泛。KR 法铁水预处理脱硫技术属于机械搅拌在火法冶金中的应用。

电磁搅拌最初用于大容量电炉熔池的搅拌和大钢锭的浇注过程以及自然伴有电磁搅拌的感应炉中。连续铸钢和炉外精炼技术的发展大大推动了电磁搅拌技术的发展和应用。目前，在连铸的结晶器、二冷区等位置应用电磁搅拌技术较为普遍。

关于气体搅拌中混匀时间的测定、机械搅拌中搅拌功率密度的计算以及电磁搅拌的类型、基本理论分析等具体知识可以参阅文献 [17]。

## 11.3 典型冶金反应器

大多数冶金反应是多相反应，研究冶金多相反应器的操作特性、数学模型及解析方法是冶金反应工程学的重要任务。在这类反应器中，其共性是体系中存在相界面，但是，气-固、液-固、气-液及液-液等两相间传输和反应行为又都遵循各自的规律，并有相应的理论解析方法。

以气-固过程为主的冶金反应器主要应用于干燥、焙烧和还原等冶炼原料的准备或初始冶炼阶段；以气-液过程为主的冶金反应器主要应用于各类金属的精炼阶段；以液-液过程为主的冶金反应器则贯穿冶炼过程的始终（如喷粉精炼、渣金处理等）；以液-固过程为主的冶金反应器主要应用于过程的开始（如浸出）或最终（如浇注等）阶段。本部分内容主要介绍冶金气-液反应器和冶金液-液反应器。

### 11.3.1 冶金气-液反应器

以气-液为主的冶金反应器主要应用于高温金属熔体的精炼及脱气过程，就气液反应体系的接触方式而言，多数情况下，高温金属熔体以连续相存在，而气体以射流或气泡形式分散通过熔体（如底吹钢包、底吹或顶底复吹炼钢转炉和真空脱气等），或从位于液面上方的喷嘴以射流形式冲击液面（如 LD 转炉）；也有熔融金属呈液滴形态在连续气相中分散落下的情况（如流滴脱气过程）。

在冶金中比较典型的气-液反应有氧气射流、钢包底吹气和 RH 精炼等。

（1）氧气射流及液面冲击坑的形状和表面积。对于LD转炉，通常可以把氧气射流冲击钢水液面形成的凹坑（火点）看成是主要的反应区。因此，凹坑的形状和表面积对LD转炉操作过程有极为重要的影响。

氧气转炉炼钢中的氧枪采用拉瓦尔喷嘴，根据可压缩流体流动的总能量平衡方程可以求得拉瓦尔喷嘴气体出口流速的计算式如下：

$$v_1^2 = \frac{2\gamma}{\gamma - 1}\frac{p_0}{\rho_0}\left[1 - \left(\frac{p_1}{p_0}\right)^{\frac{\gamma-1}{\gamma}}\right] \tag{11.18}$$

计算式的具体推导过程以及氧气射流的速度规律可以参阅文献［17］和［18］。关于液面冲击坑的形状和表面积，一些学者也开展了研究工作，参考文献［17］中也有介绍。

（2）钢包底吹氩的数学模型。向金属熔池中吹入气体使金属液产生强烈地循环流动，从而改善反应动力学条件，可以强化冶炼过程，该技术在钢铁冶金生产中得到广泛应用。其中，钢包底吹氩应用最广，并在此基础上发展了钢包喷粉、喂线及CAS-OB等许多钢包精炼技术。自20世纪70年代起，对底吹氩钢包中的气液两相区行为，混合和搅拌作用，流动及传质传热等进行了大量研究。不同的研究者针对不同的研究目的，采用不同的研究方法。如赫冀成等在若干假设条件下，由动量、质量和能量衡算出发，研究了底吹氩钢包中的气液两相流动和混合特性；Szekely等采用流函数-涡量法，将流体的连续方程和运动方程改形，引入涡湍流黏度，并利用实验测定的边界条件数值求解底吹氩钢包内的流场。

（3）真空脱气反应器（钢包）的数学模型。真空脱气已经成为钢厂的主要精炼方式之一，转炉或电炉冶炼的钢水，经过真空脱气处理后，钢水中的气体夹杂含量会大幅度降低，因此真空脱气成为获得优质钢材的有效途径之一。如液滴脱气法、DH法和RH法都得到广泛应用。关于每一种方法的数学模型，可以查阅相关的文献资料进行了解。

### 11.3.2　冶金液-液反应器

冶金液-液反应主要有渣和金属反应以及有机溶液萃取反应两大类。前者是多种金属熔炼和精炼过程中极为重要的高温液-液相间反应；后者在有色冶金，特别是稀土金属提取中具有重要意义，已经成为一个单独研究领域。钢铁冶金中铁水预处理、电渣重熔、喂线、喷粉精炼及连续炼钢等许多以渣和金属反应为主的冶金单元操作的出现，引起了人们的极大研究兴趣。一些研究者针对渣金反应为主的冶金反应器进行了研究；还有研究者针对浸入式喷粉精炼过程提出了相应的数学模型。另外，还有研究者针对电渣重熔这类伴随金属熔化和再凝固过程的渣和金属反应体系，开展了数学模型的研究工作，这部分研究工作主要包括两部分：一是针对金属熔化和再凝固过程，建立包括金属熔池、两相区及凝固部分在内的传热过程模型，能够计算反应器内的温度场，从而确定电极的下降速度，预测金属熔池的形状等；二是针对渣和金属两相间的传质和反应过程速度建立能够预测重熔锭成分变化规律的数学模型，具体的介绍可以参阅文献［17］。

由于篇幅有限，关于冶金气-固反应器的类型、操作特性解析及数学模型等不做具体介绍，可以参阅文献［17］。

## 本章小结

11-1　冶金宏观反应的分类（主要包括五大类相间反应）：

(1) 气体-固体间反应——如氧化物矿石的气体还原、硫化物矿的氧化焙烧、石灰石的热分解等。

(2) 气体-液体间反应——在冶金过程中发挥着相当重要的作用。主要分为两大类，即分散的气泡通过液体的移动接触和气液两相持续接触反应（该反应类型主要有三种模型：界膜模型、渗透理论和表面更新理论三种，界膜模型在冶金中的应用更广泛）。

(3) 液体-液体间反应——湿法冶金中的有机溶剂萃取、火法冶金中的渣-金属、渣-锍和锍-金属间的反应等。

(4) 液体-固体间反应——火法冶金中，液态金属和合金的凝固、废钢和合金元素在钢水中的熔化溶解、石灰石或球团矿在熔渣中的熔化溶解及熔渣和耐火材料间的反应等，以及湿法冶金中的浸出、沉淀和净化等都是冶金中重要的液-固反应。

(5) 固体-固体间反应——冶金中的烧结、固相间的转变、碳直接还原氧化物、耐火材料中的硅酸盐和铝酸盐的形成及金属陶瓷制造中的氧化物间的反应都是重要的固-固相间反应。该类反应又分为固-固加成反应和有气体中间产物产生的固-固反应。

11-2 冶金反应器：包括理想反应器和非理想反应器。

(1) 理想反应器：即指反应器内的流动是理想流动的那类反应器。均相理想反应器可以分为三种基本类型：间歇式反应器、活塞流反应器和全混流反应器。

(2) 实际反应器：实际情况下的流动称为非理想流动，相应的反应器称为非理想流动反应器，简称非理想反应器。

11-3 常用的非理想流动反应器的数学模型。

(1) 扩散模型。该模型是一种基于伴有轴向扩散的活塞流模型。这种模型形式上类似扩散方程，该模型的模型参数是贝克来数（$Pe$），它与被等效地认为的有效扩散系数 $D_e$（也称混合分散系数）有关。

(2) 槽列模型。该模型是用假想的 $N$ 个等容积的全混槽串联来描述非理想反应器的模型，模型参数是虚拟的串联槽数 $N$，$N$ 可为任意正实数。

(3) 组合模型。该模型也称复合模型，它是把一个非理想流动反应器看作若干不同类型的理想反应器和死区、短路等的组合而构成。复合模型的各单元，如各类理想反应器，其数学模型是已知的。

11-4 冶金中常用的搅拌方式有气体搅拌、机械搅拌和电磁搅拌三种。

11-5 典型冶金反应器。

(1) 冶金气-液反应器：主要应用于高温金属熔体的精炼及脱气过程，气体以射流或气泡形式分散通过熔体（如底吹钢包、底吹或顶底复吹炼钢转炉和真空脱气等），或从位于液面上方的喷嘴以射流形式冲击液面（如 LD 转炉）；也有熔融金属呈液滴形态在连续气相中分散落下的情况（如流滴脱气过程）。

冶金中典型的气-液反应有氧气射流、钢包底吹气和 RH 精炼等。

(2) 冶金液-液反应器：主要有渣和金属反应以及有机溶液萃取反应两大类。前者是多种金属熔炼和精炼过程中极为重要的高温液-液相间反应；后者在有色冶金，特别是稀土金属提取中具有重要意义。

## 工程实例导读

11-1 根据冶金气-液反应器，分析氧气转炉炼钢在硬吹条件下，有哪些因素影响钢水液面的氧气射流冲击凹坑表面积？这些因素是如何影响的？

11-2 简述 RH 真空脱气过程的数学模型应用。

11-3 分析冶金液-液反应器中渣-金的接触方式，如何提高渣-金反应效率？

# 附　　录

## 附录1　大气压下干空气的物理性质

| 温度<br>$t$/℃ | 密度<br>$\rho$/kg·m$^{-3}$ | 质量定压热容<br>$c_p$/kJ·(kg·℃)$^{-1}$ | 导热系数<br>$\lambda$/W·(m·℃)$^{-1}$ | 热扩散系数<br>$\alpha$/m$^2$·s$^{-1}$ | 动力黏度<br>$\mu$/Pa·s | 运动黏度<br>$\nu$/m$^2$·s$^{-1}$ | 普朗特数<br>$Pr$ |
|---|---|---|---|---|---|---|---|
| -50 | 1.584 | 1.013 | $2.034\times10^{-2}$ | $1.27\times10^{-5}$ | $1.46\times10^{-5}$ | $9.23\times10^{-6}$ | 0.727 |
| -40 | 1.515 | 1.013 | $2.115\times10^{-2}$ | $1.38\times10^{-5}$ | $1.52\times10^{-5}$ | $10.04\times10^{-6}$ | 0.723 |
| -30 | 1.453 | 1.013 | $2.196\times10^{-2}$ | $1.49\times10^{-5}$ | $1.57\times10^{-5}$ | $10.8\times10^{-6}$ | 0.724 |
| -20 | 1.395 | 1.009 | $2.278\times10^{-2}$ | $1.62\times10^{-5}$ | $1.62\times10^{-5}$ | $11.6\times10^{-6}$ | 0.717 |
| -10 | 1.342 | 1.009 | $2.359\times10^{-2}$ | $1.74\times10^{-5}$ | $1.67\times10^{-5}$ | $12.43\times10^{-6}$ | 0.714 |
| 0 | 1.293 | 1.005 | $2.440\times10^{-2}$ | $1.88\times10^{-5}$ | $1.72\times10^{-5}$ | $13.28\times10^{-6}$ | 0.708 |
| 10 | 1.247 | 1.005 | $2.510\times10^{-2}$ | $2.01\times10^{-5}$ | $1.77\times10^{-5}$ | $14.16\times10^{-6}$ | 0.708 |
| 20 | 1.205 | 1.005 | $2.591\times10^{-2}$ | $2.14\times10^{-5}$ | $1.81\times10^{-5}$ | $15.06\times10^{-6}$ | 0.686 |
| 30 | 1.165 | 1.005 | $2.673\times10^{-2}$ | $2.29\times10^{-5}$ | $1.86\times10^{-5}$ | $16.00\times10^{-6}$ | 0.701 |
| 40 | 1.128 | 1.005 | $2.754\times10^{-2}$ | $2.43\times10^{-5}$ | $1.91\times10^{-5}$ | $16.96\times10^{-6}$ | 0.696 |
| 50 | 1.093 | 1.005 | $2.824\times10^{-2}$ | $2.57\times10^{-5}$ | $1.96\times10^{-5}$ | $17.95\times10^{-6}$ | 0.697 |
| 60 | 1.060 | 1.005 | $2.893\times10^{-2}$ | $2.72\times10^{-5}$ | $2.01\times10^{-5}$ | $18.97\times10^{-6}$ | 0.698 |
| 70 | 1.029 | 1.009 | $2.963\times10^{-2}$ | $3.86\times10^{-5}$ | $2.06\times10^{-5}$ | $20.02\times10^{-6}$ | 0.701 |
| 80 | 1.000 | 1.009 | $3.044\times10^{-2}$ | $3.02\times10^{-5}$ | $2.11\times10^{-5}$ | $21.08\times10^{-6}$ | 0.699 |
| 90 | 0.972 | 1.009 | $3.126\times10^{-2}$ | $3.19\times10^{-5}$ | $2.15\times10^{-5}$ | $22.10\times10^{-6}$ | 0.693 |
| 100 | 0.966 | 1.009 | $3.207\times10^{-2}$ | $3.36\times10^{-5}$ | $2.19\times10^{-5}$ | $23.13\times10^{-6}$ | 0.695 |
| 120 | 0.898 | 1.009 | $3.335\times10^{-2}$ | $3.68\times10^{-5}$ | $2.29\times10^{-5}$ | $25.45\times10^{-6}$ | 0.692 |
| 140 | 0.854 | 1.013 | $3.486\times10^{-2}$ | $4.03\times10^{-5}$ | $2.37\times10^{-5}$ | $27.80\times10^{-6}$ | 0.688 |
| 160 | 0.815 | 1.017 | $3.637\times10^{-2}$ | $4.39\times10^{-5}$ | $2.45\times10^{-5}$ | $30.09\times10^{-6}$ | 0.685 |
| 180 | 0.779 | 1.022 | $3.777\times10^{-2}$ | $4.75\times10^{-5}$ | $2.53\times10^{-5}$ | $32.49\times10^{-6}$ | 0.684 |
| 200 | 0.746 | 1.026 | $3.928\times10^{-2}$ | $5.14\times10^{-5}$ | $2.60\times10^{-5}$ | $34.85\times10^{-6}$ | 0.679 |
| 250 | 0.674 | 1.038 | $4.625\times10^{-2}$ | $6.10\times10^{-5}$ | $2.74\times10^{-5}$ | $40.61\times10^{-6}$ | 0.666 |
| 300 | 0.615 | 1.047 | $4.602\times10^{-2}$ | $7.16\times10^{-5}$ | $2.97\times10^{-5}$ | $48.33\times10^{-6}$ | 0.675 |
| 350 | 0.566 | 1.059 | $4.904\times10^{-2}$ | $8.19\times10^{-5}$ | $3.14\times10^{-5}$ | $55.46\times10^{-6}$ | 0.677 |
| 400 | 0.524 | 1.068 | $5.206\times10^{-2}$ | $9.31\times10^{-5}$ | $3.31\times10^{-5}$ | $63.09\times10^{-6}$ | 0.679 |
| 500 | 0.456 | 1.093 | $5.740\times10^{-2}$ | $11.53\times10^{-5}$ | $3.62\times10^{-5}$ | $79.38\times10^{-6}$ | 0.689 |
| 600 | 0.404 | 1.114 | $6.217\times10^{-2}$ | $13.83\times10^{-5}$ | $3.91\times10^{-5}$ | $96.89\times10^{-6}$ | 0.700 |
| 700 | 0.362 | 1.135 | $6.700\times10^{-2}$ | $16.34\times10^{-5}$ | $4.18\times10^{-5}$ | $115.4\times10^{-6}$ | 0.707 |
| 800 | 0.329 | 1.156 | $7.170\times10^{-2}$ | $18.88\times10^{-5}$ | $4.43\times10^{-5}$ | $134.8\times10^{-6}$ | 0.714 |
| 900 | 0.301 | 1.172 | $7.623\times10^{-2}$ | $21.62\times10^{-5}$ | $4.67\times10^{-5}$ | $155.1\times10^{-6}$ | 0.719 |
| 1000 | 0.277 | 1.185 | $8.064\times10^{-2}$ | $24.59\times10^{-5}$ | $4.90\times10^{-5}$ | $177.1\times10^{-6}$ | 0.719 |
| 1100 | 0.257 | 1.197 | $8.494\times10^{-2}$ | $27.63\times10^{-5}$ | $5.12\times10^{-5}$ | $193.3\times10^{-6}$ | 0.721 |
| 1200 | 0.239 | 1.210 | $9.145\times10^{-2}$ | $31.65\times10^{-5}$ | $5.35\times10^{-5}$ | $233.7\times10^{-6}$ | 0.717 |

## 附录2　大气压下水的物理性质

| 温度 $t$/℃ | 密度 $\rho$/kg·m$^{-3}$ | 质量定压热容 $c_p$/kJ·(kg·℃)$^{-1}$ | 导热系数 $\lambda$/W·(m·℃)$^{-1}$ | 热扩散系数 $\alpha$/m$^2$·s$^{-1}$ | 运动黏度 $\nu$/m$^2$·s$^{-1}$ | 普朗特数 $Pr$ |
|---|---|---|---|---|---|---|
| 0 | 999.9 | 4.212 | $55.1\times10^{-2}$ | $13.1\times10^{-6}$ | $1.789\times10^{-6}$ | 13.67 |
| 10 | 999.7 | 4.191 | $57.4\times10^{-2}$ | $13.7\times10^{-6}$ | $1.306\times10^{-6}$ | 9.52 |
| 20 | 998.2 | 4.118 | $59.9\times10^{-2}$ | $14.3\times10^{-6}$ | $1.006\times10^{-6}$ | 7.02 |
| 30 | 995.7 | 4.174 | $61.8\times10^{-2}$ | $14.9\times10^{-6}$ | $0.805\times10^{-6}$ | 5.42 |
| 40 | 992.2 | 4.174 | $63.5\times10^{-2}$ | $15.3\times10^{-6}$ | $0.659\times10^{-6}$ | 4.31 |
| 50 | 998.1 | 4.174 | $64.8\times10^{-2}$ | $15.7\times10^{-6}$ | $0.556\times10^{-6}$ | 3.54 |
| 60 | 983.1 | 4.179 | $65.9\times10^{-2}$ | $16.0\times10^{-6}$ | $0.478\times10^{-6}$ | 2.98 |
| 70 | 977.8 | 4.187 | $66.8\times10^{-2}$ | $16.3\times10^{-6}$ | $0.415\times10^{-6}$ | 2.55 |
| 80 | 971.8 | 4.195 | $67.4\times10^{-2}$ | $16.6\times10^{-6}$ | $0.365\times10^{-6}$ | 2.21 |
| 90 | 965.3 | 4.208 | $68.0\times10^{-2}$ | $16.8\times10^{-6}$ | $0.326\times10^{-6}$ | 1.95 |
| 100 | 958.4 | 4.220 | $68.3\times10^{-2}$ | $16.9\times10^{-6}$ | $0.295\times10^{-6}$ | 1.75 |

## 附录3　几种常见气体的物理性质（20℃）

| 气体种类 | 密度 $\rho$/kg·m$^{-3}$ | 质量定压热容 $c_p$/kJ·(kg·℃)$^{-1}$ | 质量定容热容 $c_V$/kJ·(kg·℃)$^{-1}$ | 动力黏度 $\mu$/Pa·s | 气体常数 $R$/J·(kg·K)$^{-1}$ | 绝热指数 $k=c_p/c_V$ |
|---|---|---|---|---|---|---|
| 空　气 | 1.205 | 1003 | 716 | $1.80\times10^{-5}$ | 287 | 1.40 |
| 二氧化碳 | 1.84 | 858 | 670 | $1.48\times10^{-5}$ | 188 | 1.28 |
| 一氧化碳 | 1.16 | 1040 | 743 | $1.82\times10^{-5}$ | 297 | 1.40 |
| 氦 | 0.166 | 5220 | 3143 | $1.97\times10^{-5}$ | 2077 | 1.66 |
| 氢 | 0.0839 | 14450 | 10330 | $0.90\times10^{-5}$ | 4120 | 1.40 |
| 甲　烷 | 0.668 | 2250 | 1730 | $1.34\times10^{-5}$ | 520 | 1.30 |
| 氮 | 1.16 | 1040 | 743 | $1.76\times10^{-5}$ | 297 | 1.40 |
| 氧 | 1.33 | 909 | 649 | $2.00\times10^{-5}$ | 260 | 1.40 |
| 水蒸气 | 0.747 | 1862 | 1400 | $1.01\times10^{-5}$ | 462 | 1.33 |

## 附录4　气体动力函数表（$k=1.400$）

| $Ma$ | $p/p_0$ | $\rho/\rho_0$ | $T/T_0$ | $A/A_{cr}$ | $\lambda$ | $Ma$ | $p/p_0$ | $\rho/\rho_0$ | $T/T_0$ | $A/A_{cr}$ | $\lambda$ |
|---|---|---|---|---|---|---|---|---|---|---|---|
| 0.00 | 1.00000 | 1.00000 | 1.00000 | ∞ | 0.00000 | 0.60 | 0.78400 | 0.84045 | 0.93284 | 1.18820 | 0.63480 |
| 0.05 | 0.99825 | 0.99875 | 0.99950 | 11.59150 | 0.05476 | 0.65 | 0.75283 | 0.81644 | 0.92208 | 1.13500 | 0.68374 |
| 0.10 | 0.99303 | 0.99502 | 0.99800 | 5.82180 | 0.10943 | 0.70 | 0.72092 | 0.79158 | 0.91075 | 1.09437 | 0.73179 |
| 0.15 | 0.98441 | 0.98884 | 0.99552 | 3.91030 | 0.16395 | 0.75 | 0.68857 | 0.76603 | 0.89888 | 1.06242 | 0.77893 |
| 0.20 | 0.97250 | 0.98027 | 0.99206 | 2.96350 | 0.21882 | 0.80 | 0.65602 | 0.74000 | 0.88652 | 1.03823 | 0.82514 |
| 0.25 | 0.95745 | 0.96942 | 0.98765 | 2.40270 | 0.27216 | 0.85 | 0.62351 | 0.71361 | 0.87374 | 1.02067 | 0.87037 |
| 0.30 | 0.93947 | 0.95638 | 0.98232 | 2.03510 | 0.32572 | 0.90 | 0.59113 | 0.68704 | 0.86056 | 1.00886 | 0.91460 |
| 0.35 | 0.91877 | 0.94128 | 0.97608 | 1.77800 | 0.37879 | 0.95 | 0.55946 | 0.66044 | 0.84712 | 1.00214 | 0.95781 |
| 0.40 | 0.89562 | 0.92428 | 0.96899 | 1.59010 | 0.43133 | 1.00 | 0.52828 | 0.63394 | 0.83333 | 1.00000 | 1.00000 |
| 0.45 | 0.87027 | 0.90552 | 0.96108 | 1.44870 | 0.48326 | 1.05 | 0.49787 | 0.60765 | 0.81933 | 1.00202 | 1.04114 |
| 0.50 | 0.84302 | 0.88517 | 0.95238 | 1.33980 | 0.53452 | 1.10 | 0.46835 | 0.58169 | 0.80515 | 1.00793 | 1.08124 |
| 0.55 | 0.81416 | 0.86342 | 0.94295 | 1.25500 | 0.58506 | 1.15 | 0.43983 | 0.55616 | 0.79083 | 1.01746 | 1.12030 |

续附录4

| Ma | $p/p_0$ | $\rho/\rho_0$ | $T/T_0$ | $A/A_{cr}$ | $\lambda$ | Ma | $p/p_0$ | $\rho/\rho_0$ | $T/T_0$ | $A/A_{cr}$ | $\lambda$ |
|---|---|---|---|---|---|---|---|---|---|---|---|
| 1.20 | 0.41238 | 0.53114 | 0.77640 | 1.03044 | 1.15830 | 2.40 | 0.06840 | 0.14720 | 0.46468 | 2.40310 | 1.79220 |
| 1.25 | 0.38606 | 0.50670 | 0.76190 | 1.04676 | 1.19520 | 2.45 | 0.06327 | 0.13922 | 0.45444 | 2.51680 | 1.80930 |
| 1.30 | 0.36092 | 0.48291 | 0.74738 | 1.06631 | 1.23110 | 2.50 | 0.05853 | 0.13169 | 0.44444 | 2.63670 | 1.82580 |
| 1.35 | 0.33697 | 0.45980 | 0.73287 | 1.08904 | 1.26600 | 2.55 | 0.05415 | 0.12458 | 0.43469 | 2.76300 | 1.84170 |
| 1.40 | 0.31424 | 0.43742 | 0.71839 | 1.11149 | 1.29990 | 2.60 | 0.05012 | 0.11787 | 0.42517 | 2.89600 | 1.85720 |
| 1.45 | 0.29272 | 0.41581 | 0.70397 | 1.14400 | 1.33270 | 2.65 | 0.04639 | 0.11154 | 0.41589 | 3.07590 | 1.87210 |
| 1.50 | 0.27240 | 0.39498 | 0.68965 | 1.17620 | 1.36460 | 2.70 | 0.04295 | 0.10557 | 0.40684 | 3.18340 | 1.88650 |
| 1.55 | 0.25326 | 0.37496 | 0.67545 | 1.21150 | 1.39550 | 2.75 | 0.03977 | 0.09994 | 0.39801 | 3.33760 | 1.90050 |
| 1.60 | 0.23527 | 0.35573 | 0.66138 | 1.25020 | 1.42540 | 2.80 | 0.03685 | 0.09462 | 0.38941 | 3.50010 | 1.91400 |
| 1.65 | 0.21839 | 0.33731 | 0.64746 | 1.29220 | 1.45440 | 2.85 | 0.34150 | 0.08962 | 0.38102 | 3.67070 | 1.92711 |
| 1.70 | 0.20259 | 0.31969 | 0.63372 | 1.32760 | 1.48250 | 2.90 | 0.03165 | 0.08489 | 0.37286 | 3.84980 | 1.93980 |
| 1.75 | 0.18782 | 0.30287 | 0.62016 | 1.38650 | 1.50970 | 2.95 | 0.02935 | 0.08043 | 0.36490 | 4.03760 | 1.95210 |
| 1.80 | 0.17404 | 0.28682 | 0.60680 | 1.43900 | 1.53600 | 3.00 | 0.02722 | 0.07623 | 0.35714 | 4.23460 | 1.96400 |
| 1.85 | 0.16120 | 0.27153 | 0.59365 | 1.49520 | 1.56140 | 3.50 | 0.01311 | 0.04523 | 0.28986 | 6.78960 | 2.06420 |
| 1.90 | 0.14924 | 0.25699 | 0.58072 | 1.55520 | 1.58610 | 4.00 | 0.00658 | 0.02766 | 0.23810 | 10.7190 | 2.13810 |
| 1.95 | 0.13813 | 0.24317 | 0.56802 | 1.61930 | 1.60990 | 4.50 | 0.00346 | 0.01745 | 0.19802 | 16.5620 | 2.19360 |
| 2.00 | 0.12780 | 0.23005 | 0.55556 | 1.68750 | 1.63300 | 5.00 | 0.00189 | 0.01134 | 0.16667 | 25.0000 | 2.23610 |
| 2.05 | 0.11823 | 0.21760 | 0.54333 | 1.76000 | 1.65530 | 6.00 | 0.00063 | 0.00519 | 0.12195 | 53.1800 | 2.29530 |
| 2.10 | 0.10935 | 0.20580 | 0.53135 | 1.83690 | 1.67690 | 7.00 | 0.00024 | 0.00261 | 0.09259 | 104.143 | 2.33330 |
| 2.15 | 0.10111 | 0.19463 | 0.51962 | 1.91850 | 1.69770 | 8.00 | 0.00010 | 0.00141 | 0.07246 | 190.109 | 2.35910 |
| 2.20 | 0.09352 | 0.18405 | 0.50813 | 2.00500 | 1.71790 | 9.00 | 0.00005 | 0.00082 | 0.58140 | 327.189 | 2.37720 |
| 2.25 | 0.08648 | 0.17404 | 0.49389 | 2.09640 | 1.73740 | 10.00 | 0.00002 | 0.00050 | 0.04762 | 535.938 | 2.39040 |
| 2.30 | 0.07997 | 0.16458 | 0.48591 | 2.19310 | 1.75630 | ∞ | 0.00000 | 0.00000 | 0.00000 | ∞ | 2.44950 |
| 2.35 | 0.07396 | 0.15564 | 0.47517 | 2.29530 | 1.77450 | | | | | | |

## 附录5　饱和水的热物理性质

| t/℃ | p/Pa | $\rho$ /kg·m$^{-3}$ | $H'$ /kJ·kg$^{-1}$ | $c_p$ /kJ·(kg·K)$^{-1}$ | $\lambda$ /W·(m·K)$^{-1}$ | $\alpha$ /m$^2$·s$^{-1}$ | $\mu$/Pa·s | $\nu$ /m$^2$·s$^{-1}$ | $\beta$/K$^{-1}$ | $\sigma$ /N·m$^{-1}$ | Pr |
|---|---|---|---|---|---|---|---|---|---|---|---|
| 0 | 0.00611 | 999.9 | 0 | 4.212 | $55.1\times10^{-2}$ | $13.1\times10^{-8}$ | $1788\times10^{-6}$ | $1.789\times10^{-6}$ | $-0.81\times10^{-4}$ | $756.4\times10^{-4}$ | 13.67 |
| 10 | 0.01227 | 999.7 | 42.04 | 4.191 | $57.4\times10^{-2}$ | $13.7\times10^{-8}$ | $1306\times10^{-6}$ | $1.306\times10^{-6}$ | $+0.87\times10^{-4}$ | $741.6\times10^{-4}$ | 9.52 |
| 20 | 0.02338 | 998.2 | 83.91 | 4.183 | $59.9\times10^{-2}$ | $14.3\times10^{-8}$ | $1004\times10^{-6}$ | $1.006\times10^{-6}$ | $2.09\times10^{-4}$ | $726.9\times10^{-4}$ | 7.02 |
| 30 | 0.04241 | 995.7 | 125.7 | 4.174 | $61.8\times10^{-2}$ | $14.9\times10^{-8}$ | $801.5\times10^{-6}$ | $0.805\times10^{-6}$ | $3.05\times10^{-4}$ | $712.2\times10^{-4}$ | 5.42 |
| 40 | 0.07375 | 992.2 | 167.5 | 4.174 | $63.5\times10^{-2}$ | $15.3\times10^{-8}$ | $653.3\times10^{-6}$ | $0.659\times10^{-6}$ | $3.86\times10^{-4}$ | $696.5\times10^{-4}$ | 4.31 |

续附录 5

| $t$/℃ | $p$/Pa | $\rho$ /kg·m$^{-3}$ | $H'$ /kJ·kg$^{-1}$ | $c_p$ /kJ·(kg·K)$^{-1}$ | $\lambda$ /W·(m·K)$^{-1}$ | $\alpha$ /m$^2$·s$^{-1}$ | $\mu$/Pa·s | $\nu$ /m$^2$·s$^{-1}$ | $\beta$/K$^{-1}$ | $\sigma$ /N·m$^{-1}$ | $Pr$ |
|---|---|---|---|---|---|---|---|---|---|---|---|
| 50 | 0.12335 | 988.1 | 209.3 | 4.174 | $64.8\times10^{-2}$ | $15.7\times10^{-8}$ | $549.4\times10^{-6}$ | $0.556\times10^{-6}$ | $4.57\times10^{-4}$ | $676.5\times10^{-4}$ | 3.54 |
| 60 | 0.19920 | 983.1 | 251.1 | 4.179 | $65.9\times10^{-2}$ | $16.0\times10^{-8}$ | $469.9\times10^{-6}$ | $0.478\times10^{-6}$ | $5.22\times10^{-4}$ | $662.2\times10^{-4}$ | 2.99 |
| 70 | 0.3116 | 977.8 | 293.0 | 4.187 | $66.8\times10^{-2}$ | $16.3\times10^{-8}$ | $406.1\times10^{-6}$ | $0.415\times10^{-6}$ | $5.83\times10^{-4}$ | $643.5\times10^{-4}$ | 2.55 |
| 80 | 0.4736 | 971.8 | 355.0 | 4.195 | $67.4\times10^{-2}$ | $16.6\times10^{-8}$ | $355.1\times10^{-6}$ | $0.365\times10^{-6}$ | $6.40\times10^{-4}$ | $625.9\times10^{-4}$ | 2.21 |
| 90 | 0.7011 | 965.3 | 377.0 | 4.208 | $68.0\times10^{-2}$ | $16.8\times10^{-8}$ | $314.9\times10^{-6}$ | $0.326\times10^{-6}$ | $6.96\times10^{-4}$ | $607.2\times10^{-4}$ | 1.95 |
| 100 | 1.013 | 958.4 | 419.1 | 4.220 | $68.3\times10^{-2}$ | $16.9\times10^{-8}$ | $282.5\times10^{-6}$ | $0.295\times10^{-6}$ | $7.50\times10^{-4}$ | $588.6\times10^{-4}$ | 1.75 |
| 110 | 1.43 | 951.0 | 461.4 | 4.233 | $68.5\times10^{-2}$ | $17.0\times10^{-8}$ | $259.0\times10^{-6}$ | $0.272\times10^{-6}$ | $8.04\times10^{-4}$ | $569.0\times10^{-4}$ | 1.60 |
| 120 | 1.98 | 943.1 | 503.7 | 4.250 | $68.6\times10^{-2}$ | $17.1\times10^{-8}$ | $237.4\times10^{-6}$ | $0.252\times10^{-6}$ | $8.58\times10^{-4}$ | $548.4\times10^{-4}$ | 1.47 |
| 130 | 2.70 | 934.8 | 546.4 | 4.266 | $68.6\times10^{-2}$ | $17.2\times10^{-8}$ | $217.8\times10^{-6}$ | $0.233\times10^{-6}$ | $9.12\times10^{-4}$ | $528.8\times10^{-4}$ | 1.36 |
| 140 | 3.61 | 926.1 | 589.1 | 4.287 | $68.5\times10^{-2}$ | $17.2\times10^{-8}$ | $201.1\times10^{-6}$ | $0.217\times10^{-6}$ | $9.68\times10^{-4}$ | $507.2\times10^{-4}$ | 1.47 |
| 150 | 4.76 | 917.0 | 632.2 | 4.313 | $68.4\times10^{-2}$ | $17.3\times10^{-8}$ | $186.4\times10^{-6}$ | $0.203\times10^{-6}$ | $10.26\times10^{-4}$ | $486.6\times10^{-4}$ | 1.36 |
| 160 | 6.18 | 907.0 | 675.4 | 4.346 | $68.3\times10^{-2}$ | $17.3\times10^{-8}$ | $173.6\times10^{-6}$ | $0.191\times10^{-6}$ | $10.87\times10^{-4}$ | $466.0\times10^{-4}$ | 1.26 |
| 170 | 7.92 | 897.3 | 719.3 | 4.380 | $67.9\times10^{-2}$ | $17.3\times10^{-8}$ | $162.8\times10^{-6}$ | $0.181\times10^{-6}$ | $11.52\times10^{-4}$ | $443.4\times10^{-4}$ | 1.17 |
| 180 | 10.03 | 886.9 | 763.3 | 4.417 | $67.4\times10^{-2}$ | $17.2\times10^{-8}$ | $153.0\times10^{-6}$ | $0.173\times10^{-6}$ | $12.21\times10^{-4}$ | $422.8\times10^{-4}$ | 1.10 |
| 190 | 12.55 | 876.0 | 807.8 | 4.459 | $67.0\times10^{-2}$ | $17.1\times10^{-8}$ | $144.2\times10^{-6}$ | $0.165\times10^{-6}$ | $12.96\times10^{-4}$ | $400.2\times10^{-4}$ | 1.05 |
| 200 | 15.55 | 863.0 | 852.0 | 4.505 | $66.3\times10^{-2}$ | $17.0\times10^{-8}$ | $136.4\times10^{-6}$ | $0.158\times10^{-6}$ | $13.77\times10^{-4}$ | $376.7\times10^{-4}$ | 1.00 |
| 210 | 19.08 | 852.3 | 897.7 | 4.555 | $65.5\times10^{-2}$ | $16.9\times10^{-8}$ | $130.5\times10^{-6}$ | $0.153\times10^{-6}$ | $14.67\times10^{-4}$ | $354.1\times10^{-4}$ | 0.96 |
| 220 | 23.20 | 840.3 | 943.7 | 4.614 | $64.5\times10^{-2}$ | $16.6\times10^{-8}$ | $124.6\times10^{-6}$ | $0.148\times10^{-6}$ | $15.67\times10^{-4}$ | $331.6\times10^{-4}$ | 0.93 |
| 230 | 27.98 | 827.3 | 990.2 | 4.681 | $63.7\times10^{-2}$ | $16.4\times10^{-8}$ | $119.7\times10^{-6}$ | $0.145\times10^{-6}$ | $16.80\times10^{-4}$ | $310.0\times10^{-4}$ | 0.91 |
| 240 | 33.48 | 813.6 | 1037.5 | 4.756 | $62.8\times10^{-2}$ | $16.2\times10^{-8}$ | $114.8\times10^{-6}$ | $0.141\times10^{-6}$ | $18.08\times10^{-4}$ | $285.5\times10^{-4}$ | 0.89 |

续附录5

| $t$/℃ | $p$/Pa | $\rho$ /kg·m$^{-3}$ | $H'$ /kJ·kg$^{-1}$ | $c_p$ /kJ·(kg·K)$^{-1}$ | $\lambda$ /W·(m·K)$^{-1}$ | $\alpha$ /m$^2$·s$^{-1}$ | $\mu$/Pa·s | $\nu$ /m$^2$·s$^{-1}$ | $\beta$/K$^{-1}$ | $\sigma$ /N·m$^{-1}$ | $Pr$ |
|---|---|---|---|---|---|---|---|---|---|---|---|
| 250 | 39.78 | 799.0 | 1085.7 | 4.844 | $61.8\times10^{-2}$ | $15.9\times10^{-8}$ | $109.9\times10^{-6}$ | $0.137\times10^{-6}$ | $19.55\times10^{-4}$ | $261.9\times10^{-4}$ | 0.88 |
| 260 | 46.94 | 784.0 | 1135.7 | 4.949 | $60.5\times10^{-2}$ | $15.6\times10^{-8}$ | $105.9\times10^{-6}$ | $0.135\times10^{-6}$ | $21.27\times10^{-4}$ | $237.4\times10^{-4}$ | 0.87 |
| 270 | 55.05 | 767.9 | 1185.7 | 5.070 | $59.0\times10^{-2}$ | $15.1\times10^{-8}$ | $102.0\times10^{-6}$ | $0.133\times10^{-6}$ | $23.31\times10^{-4}$ | $214.8\times10^{-4}$ | 0.88 |
| 280 | 64.19 | 750.7 | 1236.8 | 5.230 | $57.4\times10^{-2}$ | $14.6\times10^{-8}$ | $98.1\times10^{-6}$ | $0.131\times10^{-6}$ | $25.79\times10^{-4}$ | $191.3\times10^{-4}$ | 0.90 |
| 290 | 74.45 | 732.3 | 1290.0 | 5.485 | $55.8\times10^{-2}$ | $13.9\times10^{-8}$ | $94.2\times10^{-6}$ | $0.129\times10^{-6}$ | $28.84\times10^{-4}$ | $168.7\times10^{-4}$ | 0.93 |
| 300 | 85.92 | 712.5 | 1344.9 | 5.736 | $54.0\times10^{-2}$ | $13.2\times10^{-8}$ | $91.2\times10^{-6}$ | $0.128\times10^{-6}$ | $32.73\times10^{-4}$ | $144.2\times10^{-4}$ | 0.97 |
| 310 | 98.70 | 691.1 | 1402.2 | 6.071 | $52.3\times10^{-2}$ | $12.5\times10^{-8}$ | $88.3\times10^{-6}$ | $0.128\times10^{-6}$ | $37.85\times10^{-4}$ | $120.7\times10^{-4}$ | 1.03 |
| 320 | 112.90 | 667.1 | 1462.1 | 6.574 | $50.6\times10^{-2}$ | $11.5\times10^{-8}$ | $85.3\times10^{-6}$ | $0.128\times10^{-6}$ | $44.91\times10^{-4}$ | $98.10\times10^{-4}$ | 1.11 |
| 330 | 128.65 | 640.2 | 1526.2 | 7.244 | $48.4\times10^{-2}$ | $10.4\times10^{-8}$ | $81.4\times10^{-6}$ | $0.127\times10^{-6}$ | $55.31\times10^{-4}$ | $76.71\times10^{-4}$ | 1.22 |
| 340 | 146.08 | 610.1 | 1594.8 | 8.165 | $45.7\times10^{-2}$ | $9.17\times10^{-8}$ | $77.5\times10^{-6}$ | $0.127\times10^{-6}$ | $72.10\times10^{-4}$ | $56.70\times10^{-4}$ | 1.39 |
| 350 | 165.37 | 574.4 | 1671.4 | 9.504 | $43.0\times10^{-2}$ | $7.88\times10^{-8}$ | $72.6\times10^{-6}$ | $0.126\times10^{-6}$ | $103.7\times10^{-4}$ | $38.16\times10^{-4}$ | 1.60 |
| 360 | 186.74 | 528.0 | 1761.5 | 13.984 | $39.5\times10^{-2}$ | $5.36\times10^{-8}$ | $66.7\times10^{-6}$ | $0.126\times10^{-6}$ | $182.9\times10^{-4}$ | $20.21\times10^{-4}$ | 2.35 |
| 370 | 210.53 | 450.5 | 1892.5 | 40.321 | $33.7\times10^{-2}$ | $1.86\times10^{-8}$ | $56.9\times10^{-6}$ | $0.126\times10^{-6}$ | $676.7\times10^{-4}$ | $4.709\times10^{-4}$ | 6.79 |

注：$\beta$ 值选自 Steam Tables in SI Units, 2nd Ed., Ed. by Grigull U. et al, Springer—Verlag, 1984。

## 附录6　金属材料的密度、比热容和热导率

| 材料名称 | 20℃ | | | 温度/℃ | | | | | | | | | |
|---|---|---|---|---|---|---|---|---|---|---|---|---|---|
| | | | | -100 | 0 | 100 | 200 | 300 | 400 | 600 | 800 | 1000 | 1200 |
| | 密度 $\rho$ /kg·m$^{-3}$ | 比热容 $c_p$/J·(kg·℃)$^{-1}$ | 热导率 $\lambda$/W·(m·℃)$^{-1}$ | 热导率 $\lambda$/W·(m·℃)$^{-1}$ | | | | | | | | | |
| 铬镍钢 (18～20Cr/8～12Ni) | 7.820 | 460 | 15.2 | 12.2 | 14.7 | 16.6 | 18.0 | 19.4 | 20.8 | 23.5 | 26.3 | | |
| 铬镍钢 (17～19Cr/9～13Ni) | 7830 | 460 | 14.7 | 11.8 | 14.3 | 16.1 | 17.5 | 18.8 | 20.2 | 22.8 | 25.5 | 28.2 | 30.9 |
| 镍钢 ($w_{Ni}\approx1\%$) | 7900 | 460 | 45.5 | 40.8 | 45.2 | 46.8 | 46.1 | 44.1 | 41.2 | 35.7 | | | |

续附录 6

| 材料名称 | 20℃ | | | 温度 /℃ | | | | | | | | | |
|---|---|---|---|---|---|---|---|---|---|---|---|---|---|
| | 密度 $\rho$ /kg·m$^{-3}$ | 比热容 $c_p$/J·(kg·℃)$^{-1}$ | 热导率 $\lambda$/W·(m·℃)$^{-1}$ | −100 | 0 | 100 | 200 | 300 | 400 | 600 | 800 | 1000 | 1200 |
| | | | | 热导率 $\lambda$/W·(m·℃)$^{-1}$ | | | | | | | | | |
| 镍钢 ($w_{Ni}\approx3.5\%$) | 7910 | 460 | 36.5 | 30.7 | 36.0 | 38.8 | 39.7 | 39.2 | 37.8 | | | | |
| 镍钢 ($w_{Ni}\approx25\%$) | 8030 | 460 | 13.0 | | | | | | | | | | |
| 镍钢 ($w_{Ni}\approx35\%$) | 8110 | 460 | 13.8 | 10.9 | 13.4 | 15.4 | 17.1 | 18.6 | 20.1 | 23.1 | | | |
| 镍钢 ($w_{Ni}\approx44\%$) | 8190 | 460 | 15.8 | | 15.7 | 16.1 | 16.5 | 16.9 | 17.1 | 17.8 | 18.4 | | |
| 镍钢 ($w_{Ni}\approx50\%$) | 8260 | 460 | 19.6 | 17.3 | 19.4 | 20.5 | 21.0 | 21.1 | 21.3 | 22.5 | | | |
| 锰钢 ($w_{Mn}\approx1.2\%\sim31\%$, $w_{Ni}\approx3\%$) | 7800 | 487 | 13.6 | | | 14.8 | 16.0 | 17.1 | 18.3 | | | | |
| 锰钢 ($w_{Mn}\approx0.4\%$) | 7860 | 440 | 51.2 | | | 51.0 | 50.0 | 47.0 | 43.5 | 35.5 | 27 | | |
| 钨钢 ($w_{W}\approx5\%\sim6\%$) | 8070 | 436 | 18.7 | | 18.4 | 21.0 | 22.3 | 28.6 | 24.9 | 26.3 | | | |
| 铅 | 11340 | 128 | 35.3 | 37.2 | 35.5 | 34.3 | 32.8 | 31.5 | | | | | |
| 镁 | 1730 | 1020 | 156 | 160 | 157 | 154 | 152 | 150 | | | | | |
| 钼 | 9590 | 255 | 138 | 146 | 139 | 135 | 131 | 127 | 123 | 116 | 109 | 103 | 93.7 |
| 镍 | 8900 | 444 | 91.4 | 144 | 94 | 82.8 | 74.2 | 67.3 | 64.6 | 69.0 | 73.3 | 77.6 | 81.9 |
| 铂 | 21450 | 133 | 71.4 | 73.3 | 71.5 | 71.6 | 72.0 | 72.8 | 73.6 | 76.6 | 80.0 | 84.2 | 88.9 |
| 银 | 10500 | 234 | 427 | 431 | 428 | 422 | 415 | 407 | 399 | 384 | | | |
| 锡 | 7319 | 228 | 67 | 75 | 68.2 | 63.2 | 60.9 | | | | | | |
| 钛 | 4500 | 520 | 22 | 23.3 | 22.4 | 20.7 | 19.9 | 19.5 | 19.4 | 19.9 | | | |
| 铀 | 19070 | 116 | 27.4 | 24.3 | 27 | 29.1 | 31.1 | 33.4 | 35.7 | 40.6 | 45.6 | | |
| 锌 | 7140 | 388 | 121 | 123 | 122 | 117 | 112 | | | | | | |
| 钴 | 6570 | 276 | 22.9 | 26.5 | 23.2 | 21.8 | 21.2 | 20.9 | 21.4 | 22.3 | 24.5 | 26.4 | 28.0 |
| 钨 | 19350 | 134 | 179 | 204 | 182 | 166 | 153 | 142 | 134 | 125 | 119 | 114 | 110 |
| 纯铝 | 2710 | 902 | 236 | 243 | 236 | 240 | 238 | 234 | 228 | 215 | | | |
| 铝合金 (92Al-8Mg) | 2610 | 904 | 107 | 86 | 102 | 123 | 148 | | | | | | |
| 铝合金 (87Al-13Sc) | 2660 | 871 | 162 | 139 | 158 | 173 | 176 | 180 | | | | | |
| 铍 | 1850 | 1758 | 219 | 382 | 218 | 170 | 145 | 129 | 118 | | | | |
| 纯铜 | 8930 | 386 | 398 | 421 | 401 | 393 | 389 | 384 | 379 | 366 | 352 | | |
| 铝青铜 (90Cu-10Al) | 8360 | 420 | 56 | | 49 | 57 | 66 | | | | | | |
| 青铜 (89Cu-11Sn) | 8800 | 343 | 24.8 | | 24 | 28.4 | 33.2 | | | | | | |
| 黄金 | 19300 | 127 | 315 | 331 | 318 | 313 | 310 | 305 | 300 | 287 | | | |
| 黄铜 (70Cu-30Zn) | 8440 | 377 | 109 | 90 | 106 | 131 | 143 | 145 | 148 | | | | |
| 铜合金 (70Cu-30Ni) | 8920 | 410 | 22.2 | 19 | 22.2 | 23.4 | | | | | | | |

续附录6

| 材料名称 | 20℃ | | | 温度/℃ | | | | | | | | | |
|---|---|---|---|---|---|---|---|---|---|---|---|---|---|
| | | | | -100 | 0 | 100 | 200 | 300 | 400 | 600 | 800 | 1000 | 1200 |
| | 密度 $\rho$ /kg·m$^{-3}$ | 比热容 $c_p$/J·(kg·℃)$^{-1}$ | 热导率 $\lambda$/W·(m·℃)$^{-1}$ | 热导率 $\lambda$/W·(m·℃)$^{-1}$ | | | | | | | | | |
| 纯　铁 | 7870 | 455 | 81.1 | 96.7 | 83.5 | 72.1 | 63.5 | 56.5 | 50.3 | 39.4 | 29.6 | 29.4 | 31.6 |
| 阿姆口铁 | 7860 | 455 | 73.2 | 82.9 | 74.7 | 67.5 | 61.0 | 54.8 | 49.9 | 38.6 | 29.36 | 31.1 | |
| 灰铸铁 ($w_C \approx 3\%$) | 7570 | 470 | 39.2 | | 28.5 | 32.4 | 35.8 | 37.2 | 36.6 | 20.8 | 19.2 | | |
| 碳　钢 ($w_C \approx 0.5\%$) | 7840 | 465 | 49.8 | | 50.5 | 47.5 | 44.8 | 42.0 | 39.4 | 34.0 | 29.0 | | |
| 碳　钢 ($w_C \approx 1.0\%$) | 7790 | 470 | 43.2 | | 43.0 | 42.8 | 42.2 | 41.5 | 40.6 | 36.7 | 32.2 | | |
| 碳　钢 ($w_C \approx 1.5\%$) | 7750 | 470 | 36.7 | | 36.8 | 36.6 | 36.2 | 35.7 | 34.7 | 31.7 | 27.8 | | |
| 铬　钢 ($w_{Cr} \approx 5\%$) | 7830 | 460 | 36.1 | | 36.3 | 35.2 | 34.7 | 33.5 | 31.4 | 28.0 | 27.2 | 27.2 | 27.2 |
| 铬　钢 ($w_{Cr} \approx 13\%$) | 7740 | 460 | 26.8 | | 26.5 | 27.0 | 27.0 | 27.0 | 27.6 | 28.4 | 29.0 | 29.0 | |
| 铬　钢 ($w_{Cr} \approx 17\%$) | 7710 | 460 | 22 | | 22 | 22.2 | 22.6 | 22.6 | 23.3 | 24.0 | 24.8 | 24.8 | 25.5 |
| 铬　钢 ($w_{Cr} \approx 26\%$) | 7650 | 460 | 22.6 | | 22.6 | 23.8 | 25.5 | 27.2 | 28.5 | 31.8 | 38 | 38 | |

## 附录7　几种保温材料的热导率与温度的关系

| 材料名称 | 材料最高允许温度/℃ | 密度 $\rho$/kg·m$^{-3}$ | 热导率 $\lambda$/W·(m·℃)$^{-1}$ |
|---|---|---|---|
| 超细玻璃棉毡、管 | 400 | 18～20 | 0.033+0.00023[t] |
| 矿渣棉 | 550～600 | 350 | 0.0674+0.000215[t] |
| 水泥珍珠岩制品 | 600 | 300～400 | 0.0651+0.000105[t] |
| 煤粉灰泡沫砖 | 300 | 500 | 0.099+0.0002[t] |
| 岩棉玻璃布缝板 | 600 | 100 | 0.0314+0.00019[t] |
| A级硅藻土制品 | 900 | 500 | 0.0395+0.000198[t] |
| B级硅藻土制品 | 900 | 550 | 0.0477+0.0002[t] |
| 膨胀珍珠岩 | 1000 | 55 | 0.0424+0.000137[t] |
| 微孔硅酸钙制品 | 650 | ≤250 | 0.041+0.0002[t] |
| 耐火黏土砖 | 1350～1450 | 1800～2040 | (0.7～0.84)+0.00058[t] |
| 轻质耐火黏土砖 | 1250～1300 | 800～1300 | (0.29～0.41)+0.00026[t] |
| 超轻质耐火黏土砖 | 1150～1300 | 540～610 | 0.093+0.00016[t] |
| 硅　砖 | 1700 | 1900～1950 | 0.93+0.0007[t] |
| 镁　砖 | 1600～1700 | 2300～2600 | 2.1+0.00019[t] |
| 铬　砖 | 1600～1700 | 2600～2800 | 4.7+0.00017 |

# 附录 8　常用的材料的表面发射率

| 材料名称及表面状态 | 温度 $t$/℃ | 发射率 $\varepsilon$ |
|---|---|---|
| 铝：抛光，纯度 98% | 200 ~ 600 | 0.04 ~ 0.06 |
| 工业用板 | 100 | 0.09 |
| 粗糙板 | 40 | 0.07 |
| 严重氧化 | 100 ~ 550 | 0.20 ~ 0.33 |
| 箔，光亮 | 100 ~ 300 | 0.06 ~ 0.07 |
| 黄铜：高度抛光 | 250 | 0.03 |
| 抛光 | 40 | 0.07 |
| 无光泽 | 40 ~ 250 | 0.22 |
| 氧化 | 40 ~ 250 | 0.46 ~ 0.56 |
| 铬：抛光薄板 | 40 ~ 550 | 0.08 ~ 0.27 |
| 紫铜：高度抛光的电解铜 | 100 | 0.02 |
| 抛光 | 40 | 0.04 |
| 轻度抛光 | 40 | 0.12 |
| 无光泽 | 40 | 0.15 |
| 氧化发黑 | 40 | 0.76 |
| 金：高度抛光、纯金 | 100 ~ 600 | 0.02 ~ 0.035 |
| 钢铁：低碳钢、抛光 | 150 ~ 550 | 0.14 ~ 0.32 |
| 钢、抛光 | 40 ~ 250 | 0.07 ~ 0.10 |
| 钢板、轧制 | 40 | 0.66 |
| 钢板、粗糙、严重氧化 | 40 | 0.80 |
| 铸铁、有处理表皮面 | 40 | 0.70 ~ 0.80 |
| 铸铁、新加工面 | 40 | 0.44 |
| 铸铁、氧化 | 40 ~ 250 | 0.57 ~ 0.66 |
| 铸铁、抛光 | 200 | 0.21 |
| 锻铁、光洁 | 40 | 0.35 |
| 锻铁、暗色氧化 | 20 ~ 360 | 0.94 |
| 不锈钢、抛光 | 40 | 0.07 ~ 0.17 |
| 不锈钢、重复加热冷却 | 230 ~ 930 | 0.50 ~ 0.70 |
| 石棉：石棉板 | 40 | 0.96 |
| 石棉水泥 | 40 | 0.96 |
| 石棉瓦 | 40 | 0.97 |
| 砖：粗糙红砖 | 40 | 0.93 |
| 耐火黏土砖 | 1000 | 0.75 |
| 黏土：烧结 | 100 | 0.91 |
| 混凝土：粗糙表面 | 40 | 0.94 |
| 玻璃：平面玻璃 | 40 | 0.94 |
| 石英玻璃（厚 2mm） | 250 ~ 550 | 0.96 ~ 0.66 |
| 硼硅酸玻璃 | 250 ~ 550 | 0.94 ~ 0.75 |
| 石膏 | 40 | 0.80 ~ 0.90 |
| 雪 | -3 | 0.82 |
| 冰：光滑面 | 0 | 0.97 |
| 水：厚大于 0.1 mm | 40 | 0.96 |
| 云母 | 40 | 0.75 |
| 油漆：各种油漆 | 40 | 0.92 ~ 0.96 |
| 白色油漆 | 40 | 0.80 ~ 0.95 |
| 光亮油漆 | 40 | 0.9 |
| 纸：白纸 | 40 | 0.95 |
| 粗糙屋面焦油纸毡 | 40 | 0.90 |
| 瓷：上釉 | 40 | 0.93 |
| 橡胶：硬质 | 40 | 0.94 |
| 人的皮肤 | 32 | 0.98 |
| 锅炉炉渣 | 0 ~ 1000 | 0.97 ~ 0.70 |
| 抹灰的墙 | 20 | 0.94 |
| 各种木料 | 40 | 0.80 |

# 附录 9　高斯误差函数值

| $N$ | $f(N)$ | $N$ | $f(N)$ | $N$ | $f(N)$ |
|---|---|---|---|---|---|
| 0. 00 | 0. 00000 | 0. 76 | 0. 71754 | 1. 52 | 0. 6841 |
| 0. 02 | 0. 02256 | 0. 78 | 0. 73001 | 1. 54 | 0. 97059 |
| 0. 04 | 0. 04511 | 0. 80 | 0. 74210 | 1. 56 | 0. 97263 |
| 0. 06 | 0. 06762 | 0. 82 | 0. 75381 | 1. 58 | 0. 97455 |
| 0. 08 | 0. 09008 | 0. 84 | 0. 76514 | 1. 60 | 0. 97635 |
| 0. 10 | 0. 11246 | 0. 86 | 0. 77610 | 1. 62 | 0. 97804 |
| 0. 12 | 0. 13476 | 0. 88 | 0. 78669 | 1. 64 | 0. 97962 |
| 0. 14 | 0. 15695 | 0. 90 | 0. 79691 | 1. 66 | 0. 98110 |
| 0. 16 | 0. 17901 | 0. 92 | 0. 80677 | 1. 68 | 0. 98249 |
| 0. 18 | 0. 20094 | 0. 94 | 0. 81627 | 1. 70 | 0. 98379 |
| 0. 20 | 0. 22270 | 0. 96 | 0. 82542 | 1. 72 | 0. 98500 |
| 0. 22 | 0. 24430 | 0. 98 | 0. 83423 | 1. 74 | 0. 98613 |
| 0. 24 | 0. 26570 | 1. 00 | 0. 84270 | 1. 76 | 0. 98719 |
| 0. 26 | 0. 28690 | 1. 02 | 0. 85084 | 1. 78 | 0. 98817 |
| 0. 28 | 0. 30788 | 1. 04 | 0. 85965 | 1. 80 | 0. 98909 |
| 0. 30 | 0. 32863 | 1. 06 | 0. 86615 | 1. 82 | 0. 98994 |
| 0. 32 | 0. 34913 | 1. 08 | 0. 87333 | 1. 84 | 0. 99074 |
| 0. 34 | 0. 36936 | 1. 10 | 0. 88020 | 1. 86 | 0. 99147 |
| 0. 36 | 0. 38933 | 1. 12 | 0. 88679 | 1. 88 | 0. 99216 |
| 0. 38 | 0. 40901 | 1. 14 | 0. 89308 | 1. 90 | 0. 99279 |
| 0. 40 | 0. 42839 | 1. 16 | 0. 89911 | 1. 92 | 0. 99338 |
| 0. 42 | 0. 44749 | 1. 18 | 0. 90484 | 1. 94 | 0. 99392 |
| 0. 44 | 0. 46622 | 1. 20 | 0. 91031 | 1. 96 | 0. 99443 |
| 0. 46 | 0. 48466 | 1. 22 | 0. 91553 | 1. 98 | 0. 99489 |
| 0. 48 | 0. 50275 | 1. 24 | 0. 92050 | 2. 00 | 0. 995322 |
| 0. 50 | 0. 52050 | 1. 26 | 0. 92524 | 2. 10 | 0. 997020 |
| 0. 52 | 0. 53790 | 1. 28 | 0. 92973 | 2. 20 | 0. 998137 |
| 0. 54 | 0. 55494 | 1. 30 | 0. 93401 | 2. 30 | 0. 998857 |
| 0. 56 | 0. 57162 | 1. 32 | 0. 93806 | 2. 40 | 0. 999311 |
| 0. 58 | 0. 58792 | 1. 34 | 0. 94191 | 2. 50 | 0. 999593 |
| 0. 60 | 0. 60386 | 1. 36 | 0. 94556 | 2. 60 | 0. 999764 |
| 0. 62 | 0. 61941 | 1. 38 | 0. 94902 | 2. 70 | 0. 999866 |
| 0. 64 | 0. 63459 | 1. 40 | 0. 95228 | 2. 80 | 0. 999925 |
| 0. 66 | 0. 64938 | 1. 42 | 0. 95538 | 2. 90 | 0. 999959 |
| 0. 68 | 0. 66378 | 1. 44 | 0. 95830 | 3. 00 | 0. 999978 |
| 0. 70 | 0. 67780 | 1. 46 | 0. 96105 | 3. 20 | 0. 999994 |
| 0. 72 | 0. 69143 | 1. 48 | 0. 96365 | 3. 40 | 0. 999998 |
| 0. 74 | 0. 70468 | 1. 50 | 0. 96610 | 3. 60 | 1. 000000 |

# 参 考 文 献

[1] 张先棹，吴懋林，沈颐身．冶金传输原理[M]．北京：冶金工业出版社，1988.
[2] 威尔特 J R，威克斯 C E，威尔逊 R E，等．动量、热量和质量传递原理[M]．马紫峰，吴卫生，等译．北京：化学工业出版社，2005.
[3] 弗兰克 P 英克鲁佩勒，大卫 P 德维特，迪奥多尔 L 博格曼，等．传热和传质基本原理[M]．葛新石，叶宏，译．北京：化学工业出版社，2009.
[4] 沈颐身，李保卫，吴懋林．冶金传输原理基础[M]．北京：冶金工业出版社，1999.
[5] 华建设，朱军，李小明，等．冶金传输原理[M]．西安：西北工业大学出版社，2005.
[6] 陈卓如，金朝铭，王洪杰，等．工程流体力学[M]. 2 版．北京：高等教育出版社，2009.
[7] 张兆顺，崔桂香．流体力学[M]. 2 版．北京：清华大学出版社，2006.
[8] 王经．传热学与流体力学基础[M]．上海：上海交通大学出版社，2007.
[9] 周筠清．传热学[M]. 2 版．北京：冶金工业出版社，1999.
[10] 邓元望，袁茂强，刘长青．传热学[M]．北京：中国水利电力出版社，2007.
[11] 卡法罗夫 B. 传质原理[M]．北京：中国工业出版社，1966.
[12] 修伍德，等．传质学[M]．时钧，等译．北京：化工工业出版社，1988.
[13] 杨世铭．传热学基础[M]. 2 版．北京：高等教育出版社，2004.
[14] 陈敏恒，等．化工原理[M]．北京：化学工业出版社，2000.
[15] 张爱民，王长永．流体力学[M]．北京：科学出版社，2010.
[16] J. 舍克里．冶金中的流体流动现象[M]．彭一川等译．北京：冶金工业出版社，1985.
[17] 肖兴国，谢蕴国．冶金反应工程学基础[M]．北京：冶金工业出版社，1997.
[18] 蔡志鹏．反应工程和有色及三年后冶金学会议论文集[C]．北京，1993.
[19] 魏季和，等．金属学报，20(1984)，B280；第六届冶金过程物理化学学术会议论文集（上册）[C]，1986，66，重庆．
[20] 唐铁驯，等．第二届冶金反应动力学学术会议论文集（下册）[C]，1984，413，鞍山．
[21] 吉泽升，朱荣凯，李丹，等．传输原理[M]．哈尔滨：哈尔滨工业大学出版社，2012.

# 冶金工业出版社部分图书推荐